国家示范性高等职业院校建设规划教材
建筑工程技术专业理实一体化特色教材

建筑工程测量

（修订本）

主　编　朱　林
副主编　满广生
主　审　李兴旺

黄河水利出版社
·郑州·

内 容 提 要

本书是国家示范性高等职业院校建设规划教材、建筑工程技术专业理实一体化特色教材，是安徽省地方高水平大学理实一体化项目建设系列教材之一，根据高职高专教育建筑工程测量课程标准及理实一体化教学要求编写完成。本书主要内容包括：绪论、水准测量、角度测量、距离测量、全站仪及其使用、测量误差的基本知识、地区控制测量、全球定位系统(GPS)的原理及测量方法与数据处理、大比例尺地形图的测绘、地形图的应用、大比例尺数字测图及其在工程中的应用、路线测量、建筑施工测量与变形观测等。

本书可供高职高专建筑类专业教学使用，也可供土建类相关专业及从事建筑工程专业技术人员学习参考。

图书在版编目(CIP)数据

建筑工程测量/朱林主编. —郑州：黄河水利出版社，2016.2 (2024.1 修订本重印)
国家示范性高等职业院校建设规划教材
ISBN 978-7-5509-1375-2

Ⅰ.①建… Ⅱ.①朱… Ⅲ.①建筑测量-高等职业教育-教材 Ⅳ.①TU198

中国版本图书馆 CIP 数据核字(2016)第 031111 号

组稿编辑：王路平　电话：0371-66022212　E-mail：hhslwlp@163.com

出 版 社：黄河水利出版社　网址：www.yrcp.com
地址：河南省郑州市顺河路黄委会综合楼 14 层　邮政编码：450003
发行单位：黄河水利出版社
发行部电话：0371-66020550、66028024
E-mail：hhslcbs@126.com
承印单位：河南承创印务有限公司
开本：787 mm×1 092 mm　1/16
印张：18.5
字数：430 千字　印数：4 101—4 500
版次：2016 年 2 月第 1 版　印次：2024 年 1 月第 2 次印刷
2024 年 1 月修订本

定价：40.00 元

前 言

本书是根据高职高专教育建筑工程技术专业人才培养方案和课程建设目标并结合安徽省地方高水平大学立项建设项目的建设要求进行编写的。

本套教材在编写过程中,充分汲取了高等职业教育探索培养技术应用性专门人才方面取得的成功经验和研究成果,使教材编写更符合高职学生培养的特点;教材内容体系上坚持"以够用为度,以实用为主,注重实践,强化训练,利于发展"的理念,淡化理论,突出技能培养这一主线;教材内容组织上兼顾"理实一体化"教学的要求,将理论教学和实践教学进行有机结合,便于教学组织实施;注重课程内容与现行规范和职业标准的对接,及时引入行业新技术、新材料、新设备、新工艺,注重教材内容设置的新颖性、实用性、可操作性。

为了不断提高教材质量,编者根据近年来在教学实践中发现的问题和错误,对教材进行了系统修订。

本书是高职高专建筑工程测量重点建设课程研究项目成果之一, 1999 年 1 月 1 日颁布实施的《中华人民共和国高等教育法》规定:"专科教育应当使学生掌握本专业必备的基础理论、专门知识,具有从事本专业实际工作的基本技能和初步能力。"必备的理论是解决问题的基础,实践能力一般是指综合应用专业技术知识完成某项任务的能力,衡量其强弱的标准是完成任务的质量和效率。工程测量作为建筑工程类专业一门重要的专业基础课程,培养学生工程实践能力主要体现在测、算、绘三个方面,本教材在以上三个方面有所创新:"测"方面重点讲述了电子经纬仪、全站仪、GPS 等在工程上的应用;"算"方面在传统手算的基础上增加了 Excel 电子表格和 AutoCAD 在测绘数据处理上的应用;"绘" 方面可借助测绘软件进行联机成图。3S 技术——GPS(全球定位系统)、GIS(地理信息系统)和 RS(遥感系统)的不断发展、成熟与应用的日益普及,赋予了传统测量学中测、算、绘崭新的诠释。在 21 世纪,如果不将测绘新技术,尤其是市场上已经非常成熟的新技术引入到测量学课程的教学中,很难让工程单位满意我们高职学校培养的学生具有较强的实践能力。

现在诸如 Excel 电子表格软件、AutoCAD 绘图软件等许多工具软件,就像 20 世纪 80 年代的电子计算器一样,已经成为当代大学生学习与获取知识的重要基本工具。因此,测量学教材必须应用这些基础课教学改革的成果。

随着 GPS 接收机的高度智能化、数据处理的自动化以及价格的不断下降,使用 GPS 进行控制测量已经变得比其他传统的测角量边的测量方法更加便利和容易掌握;而作为 GIS 前端数据采集的数字测图技术,在学生已经学习过 AutoCAD 以后,也变得比传统的经纬仪和平板仪测图法更容易操作。新技术的使用,不但可以激发学生学习测量学的兴趣,更重要的是可以极大地提高他们学习和工作的效率。

本书在编写过程中力求概念清晰、深入浅出、联系实际,突出实用,本着基础知识“必学、够用”的原则,着重介绍现代测绘学中新技术、新方法的应用,充分体现高职高专教育的特色。

本书由安徽水利水电职业技术学院承担编写工作,编写人员及编写分工如下:朱林编写第 1 章、第 6 章、第 7 章、第 8 章、第 11 章和全书的 Excel 及 AutoCAD 的计算和撰写并绘制了所有插图;满广生编写第 2 章、第 3 章;李欣编写第 4 章、第 9 章;蒋光俊编写第 5 章、第 10 章;段昌盛编写第 12 章、第 13 章。本书由朱林担任主编并负责全书统稿,由满广生教授担任副主编,由李兴旺教授担任主审。

本书的编写出版,得到了安徽水利水电职业技术学院各级领导、建筑工程系领导及专业老师,以及黄河水利出版社的大力支持,在此一并表示衷心的感谢!

由于编者水平有限,书中难免存在错漏和不足之处,恳请广大师生及专家、读者批评指正。

编　者

2024 年 1 月

目 录

第1章 绪 论

【本章提要】

本章主要介绍测绘学的研究对象和内容。重点讲述现代测绘学的发展现状和地球空间信息学与现代测绘学的任务。简要概述地球形状和大小的概念及研究方法。介绍测量常用坐标系统,地球表面位置的确定方法及测量原理。分析用水平面代替水准面的限度。介绍现代测绘学在国民经济建设和工程中的作用。简要介绍了学习目的和要求。

1.1 测绘学与测量学

测量学与制图学统称为测绘学。测绘学研究的对象是地球整体及其表面和外层空间中的各种自然物体和人造物体的有关信息。它研究的内容是对这些与地理空间有关的信息进行采集、处理、管理、更新和利用。它既要研究测定地面点的几何位置、地球形状、地球重力场以及地球表面自然形态和人工设施的几何形态,又要结合社会和自然信息的地理分布,研究绘制全球和局部地区各种比例尺的地形图和专题图的理论和技术。由此可见,测量学是测绘学科的重要组成部分。

1.1.1 测绘学研究的对象

人类生活的地球表面极不规则,既有高山、丘陵、平原、盆地、湖泊、河流和海洋等自然形成的物体,还有房屋建筑、工厂、公路、铁路、桥梁等人工建造的建筑物和构筑物。测量学将这些地表物体分为地物和地貌。

地物是指地面上天然或人工形成的物体,它包括湖泊、河流、海洋、房屋、道路、桥梁等。地貌是指地表高低起伏的形态,它包括山地、丘陵和平原等。

地物和地貌总称为地形。测量学是研究地球的形状和大小,确定地球表面各种物体的形状、大小和空间位置的学科。其主要任务是测定和测设。

测定是使用测量仪器和工具,通过测量和计算将地物和地貌的位置按一定比例尺,用规定的符号缩小绘制成地形图,供科学研究和工程建设规划设计使用。

测设是将在图纸上设计出的建筑物和构筑物的位置在实地标定出来,作为施工的依据。

传统的测量学研究的对象是地球及其表面,但随着现代科学技术的发展,它已扩展到地球的外层空间,并且已由静态对象发展到动态对象;同时,所获得的量既有宏量,也有微量;使用的手段和设备,也已转向自动化、遥测、遥控和数字化。

1.1.2 测绘学的分科

伴随着社会的进步,科学技术的发展,各方面对测量的要求不断变化和提高,测量学的分科也越来越细,测绘学包括以下学科。

1.1.2.1 大地测量学

研究和测定地球的形状、大小和地球重力场,以及测定特定地面上点的空间位置。

大地测量学分几何大地测量学、物理大地测量学和卫星大地测量学(或空间大地测量学)三个分支学科。几何大地测量学是以一个与地球外形最为接近的几何体(旋转椭球)代表地球形状,用天文方法测定该椭球的形状和大小。物理大地测量学是研究用物理方法测定地球形状及其外部重力场的学科。卫星大地测量学是利用人造地球卫星进行地面点定位及测定地球形状、大小和地球重力场的理论、方法的学科。现代大地测量学是综合利用几何、物理、空间大地测量的理论和方法,解决大地测量学中各种问题的学科。摄影测量与遥感学是研究用摄影和遥感的手段,获取被测物体的信息,进行分析、处理,以确定物体的形状、大小和空间位置,并判定其属性的学科。摄影测量与遥感学分为地面摄影测量学、航空摄影测量学和航天遥感测量学。

1.1.2.2 工程测量学

工程测量学是研究工程建设和资源开发中,在规划、设计、施工和运营管理各个阶段进行的控制测量、地形测绘和施工放样、变形监测的理论、技术和方法的学科。由于建设工程的不同,工程测量学又分为建筑工程测量学、水利工程测量学、矿山测量学、公路测量学、铁路测量学以及海洋工程测量学等;由于工程的不同,精度要求的不同,又有精密工程测量学等。

1.1.2.3 地图制图学(地图学)

地图制图学是研究地图的编制和应用的学科。它研究用地图图形信息反映自然界和人类社会各种现象的空间分布、相互联系及其动态变化。

1.1.2.4 海洋测绘学

海洋测绘学是研究以海洋水体和海底为对象所进行的测量和海图编制理论、方法的学科。

1.1.2.5 普通测量学

普通测量学是研究地球局部地区,不考虑地球曲率的影响,使用常规测量仪器设备,进行测定和测设所涉及的测量理论和技术的学科。其内容包括图根控制网的建立、地形图测绘及一般工程的测设。

也有人称地形测量学为普通测量学,但这种测量学只是为测量地球局部的形状和绘制地形图服务,不包括其他内容。

1.2 测绘学的发展与现状

1.2.1 测绘学的发展简史

学科的产生和发展是由生产决定的。测绘学也不例外,它是人类长期以来,在生活和生产方面与自然斗争的结晶。早在几千年前,由于当时社会生产发展的需要,我国、埃及、希腊等国家的人民就开始创造与运用测量工具进行测量。在远古时代我国就发明了指南针,以后又发明了浑天仪等测量仪器,并绘制了相当精确的全国地图。指南针于中世纪由阿拉伯人传到欧洲,以后在全世界得到了广泛的应用,直到今天,它仍然是利用地磁定方位的简便测量工具。

测绘学的发展很大部分是从测绘仪器的发展开始的,测绘仪器的发展使测绘技术发生重大的变革。20世纪60年代激光器作为光源用于电磁波测距,使长期以来艰苦的手工业生产方式的测距工作发生了根本性的变革,彻底改变了大地测量工作中以测角换算距离的方法,因此除用三角测量外,还可用导线测量和三边测量。随着光源和微处理器的问世和应用,测距工作向着自动化方向发展。氦氖激光光源的应用使测程达到60 km以上,精度达到$\pm(5\ \mathrm{mm}+5\times10^{-6}D)$。固体激光器的应用使测程大大加大,因此测月、测卫工作得以实现。20世纪80年代开始,多波段(多色)载波测距的出现,抵偿、减弱了大气条件的影响,使测距精度大大提高。ME5000测距仪达到$\pm(0.2\ \mathrm{mm}+0.1\times10^{-6}D)$的标称精度。

测角仪器的发展也十分迅速,它和其他仪器一样,随着科学技术的进步而发展,从金属度盘发展为光学度盘。近20年来,伴随着电子技术、微处理器技术的广泛应用,经纬仪已使用电子度盘和电子读数,且能自动显示、自动记录,完成了自动化测角的进程。自动测角的电子经纬仪已经问世,并得到应用。同时,电子经纬仪、测距仪、存储器和微处理器结合,形成了电子速测仪,其体积小、重量轻、功能全、自动化程度高,为数字测图开拓了广阔前景。最近又推出了智能全站仪,连瞄准目标也可自动化。从此将结束测角、测距手工业生产方式的漫长历史。

20世纪90年代,全球定位系统(GPS)问世,采用卫星直接进行空间点的三维定位,引起了测绘工作重大变革。由于卫星定位具有全球、全天候、快速、高精度和无须建立觇标等优点,被广泛用在大地测量、工程测量、地形测量及军事的导航、定位上。目前除美国研制的GPS定位系统外,还有苏联研制的GLONASS定位系统、欧洲空间局的“伽利略”全球卫星导航系统(NAVSAT)、我国的“北斗星”定位系统。

20世纪90年代,除用飞机进行航空摄影测量测绘地(形)图外,还通过人造地球卫星、航天飞机拍摄地球照片,监测自然现象的变化,并且利用这些卫星图片测绘地图,如2005年8月美国的“发现”号航天飞机就对地球北纬75°到南纬75°的区域进行了航天摄影测量,其精度逐步提高。近年来,已改变了过去摄影测量的方式,用数字摄影测量技术进行测量工作,使摄影测量的成果稳定、可靠,并且自动化程度高,还可与计算机组成一个系统,易于完成地图的生产、使用、修改和换代。

由于测绘仪器的飞速发展和计算机技术的广泛应用,地面的测图系统,由过去的传统测绘方式发展为数字测图。地形图是由数字表示的,用计算机进行绘制和管理既便捷,又迅速,精度可靠。

综上所述,从20世纪60年代后,新的科学技术得到了快速发展,特别是电子学、信息学、电子计算机科学和空间科学,在自身发展的同时,给测绘学的发展开拓了广阔的空间,创造了发展的条件,推动着测绘技术和仪器的变革与进步。随着社会经济的发展,世界科技进入高速发展时期,同时也促进了测绘学技术的发展。光电技术和微型电子计算机引入测绘仪器制造领域后,产生了将电磁波测距与电子测角融为一体的全站仪,它自动计算测点三维坐标,自动保存观测数据,将观测数据传输到计算机从而实现数字化测绘地形图。随着航天遥感技术的不断完善,利用航天遥感像片及扫描信息测绘地形图,不仅覆盖面积大,而且不受地理及气候条件的限制,能全天候作业,极大地提高了测绘工作效率。1993年后迅速发展和普及的利用卫星测定地面控制点坐标的新技术——全球定位系统(GPS,Global Positioning System)彻底改变了传统的通过测角量边计算地面点位坐标的方法,测量人员只需将GPS接收机安置在测点上,通过接收卫星信号,使用专门的数据处理软件就可以快速计算出测点的三维坐标。1992年开始研究的地理信息系统(GIS,Geographic Information System)是一定格式的数字地图与地面有关资源信息的集成并实现有关空间数据管理、空间信息分析及其传播的计算机系统,是传统学科(测量学、地理学和地图学等)与现代科学技术(遥感技术、计算机科学等)相结合的产物,经过多年的发展历程已经取得了巨大的成就,被广泛应用于土地利用、资源管理、环境监测、交通运输、城市规划、经济建设以及政府各职能部门。

1.2.2 地球空间信息学(Geomatics)与现代测绘学的任务

随着科学技术的发展,高新技术不断涌现,如计算机科学、信息科学、空间技术、卫星技术、微电子技术、传感器技术等,在现代都得到了高速发展和应用。在此基础上,测绘学发展十分迅速。同时,测绘学的相邻学科如地球物理学、地球动力学、海洋学、地质学、天体力学的交叉发展,以及全球定位系统(GPS)、遥感(RS)、地理信息系统(GIS)、专家系统(ES)、数字摄影测量系统(DPS)的出现,使传统的测绘学从地面到空间,从静态到动态,从宏量到微量,从手工业生产方式到自动化、信息化,有了一个根本性的变革。因此,测绘学的手段、方法、理论,甚至测量的观念和内涵有了较大的改变,传统的"测"和"绘"的科学概念已经不能概括现代测绘学的研究对象和任务,更不能覆盖高新技术对测绘学的渗透和冲击而产生的新内容。因此,如何界定测绘学含义,使形式和内容统一,已引起世界各国测绘工作者的关注。1975年,法国大地测量与摄影测量学者Bernard Dubuisson博士首先提出以Geomatics反映测绘学的学科实质,得到了各国测绘科学家的认可,并一致认为Geomatics能准确地反映现代测绘学的内容实质。

Geomatics的含义是比"测绘"更广泛、更深远、更现代化的一个学科名词,如果说它与测绘紧密相连,只能说测绘是其内容的一个组成部分。国际标准组织对它的定义是:Geomatics是一个活动性的学科领域,它以系统的方法将所有用于空间数据的采集和管理的手段进行综合。这类空间数据是在空间信息产生和管理过程中所涉及的科学的、行政的、法律的以及技术的工作所需要的。上述活动包括地图学、控制测量、数字测图、大地测量、地理信息系统、水道测量、土地信息管理、土地测量、矿山测量、摄影测量和遥感等，但并不限于此。

结合我国测绘学的具体情况，我国的测绘专家们了解和分析了国外对 Geomatics 的含义之后，对 Geomatics 提出了如下定义：对所研究的物体，包括地球的整体及其表面和外层空间的各种自然和人造实体，利用接触式与非接触式测量仪器、传感器及其组合系统，对这些实体进行信息的采集、量测、存储、管理、更新、分析、显示、分发和利用的一门科学和技术。

由上述内容可见，现代测绘学的任务是研究人类对赖以生存的地球环境信息的采集、量测、描述和利用的科学。其内容如下：空间定位、地球形状和重力场；获取地球及其外层空间宇宙星体的自然形态、人为设施以及与其属性有关的信息；制成各种地形图、专题图和建立地理信息系统，为研究地球上的自然和有关的社会现象，以及社会可持续发展提供基础信息。

1.3 测绘学的广泛应用和在土木建筑工程中的作用

1.3.1 测绘学在国民经济建设、国防建设和科学领域中的作用

由以上讨论可知，现代测绘学的内容广泛、任务涉及面大，是现代高新技术互相渗透的结果。现代普通测量学是现代测绘学的一个重要的组成部分，担负着现代测量学的历史任务。其内涵也与传统的测量学有所不同，它不只是手段先进、方法新颖，而且其研究和服务的对象、范围越来越广泛，重要性越来越显著。如上所述，现代测量学是一门科学性、技术性很强的学科，对于国民经济建设、国防建设以及科学研究等领域而言，是一门重要的基础科学。

在工程建设方面，工程的勘测、规划、设计、施工、竣工及运营后的监测、维护都需要测量工作。在军事上，首先由测绘工作提供地形信息，在战略的部署、战役的指挥中，除必需的军用地图(包括电子地图、数字地图)外，还需要进行目标的观测定位，以便进行打击。至于远程导弹、空间武器、人造卫星以及航天器的发射等，都要随时观测、校正飞行轨道，保证其精确入轨飞行。为了使飞行器到达预定目标，除测算出发射点和目标点的精确坐标、方位、距离外，还必须掌握地球形状、大小、重力场的精确数据。航天器发射后，还要跟踪观测飞行轨道是否正确。总之，现代战争与现代测绘技术紧密结合在一起，是军事上决策的重要依据之一。

在科学试验方面，如地震预测预报、灾情监测、空间技术研究、海底资源探测、大坝变形监测、加速器和核电站运营的监测以及其他科学研究，无一不需要测绘工作紧密配合和提供空间信息的。

此外，对建立各种地理信息系统(GIS)、数字城市、数字中国，都需要现代测绘学提供基础数据信息。

1.3.2　测绘学在土木建筑工程中的作用

测绘学在土木建筑类各专业的工作中,不但应用广泛,而且与各专业结合得越来越紧密。但在不同的领域中,测量工作的内容和步骤是不相同的。

在城市规划、给水排水、煤气管道、工业厂房和高层建筑建设中的测量工作如下:在设计阶段,要测绘各种比例尺的地形图,供工程规划、选址、设计使用;在施工阶段,要将设计好的建筑物或构筑物的平面位置和高程在实地标定出来,作为施工的依据;工程完工后,要测绘竣工图,供日后扩建、改建、维修和城市管理应用;对某些重要的建筑物或构筑物,在建设中和建成以后都需要进行变形观测,以保证建筑物的安全。

在铁路、公路建设中的测量工作如下:为了确定一条最经济合理的路线,应预先测绘路线附近的地形图,在地形图上进行路线设计,然后将设计路线的位置标定在地面上以指导施工;当路线跨越河流时,应建造桥梁,在建桥之前,要测绘河流两岸的地形图,测定河流的水位、流速、流量和河床地形图以及桥梁轴线长度等,为桥梁设计提供必要的资料,最后将设计桥台、桥墩的位置标定到实地;当路线穿过山岭需要开挖隧道时,开挖之前,应在地形图上确定隧道的位置,根据测量数据计算隧道的长度和方向;隧道施工通常是从隧道两端相向开挖,这就需要根据测量成果确定开挖方向,保证其正确贯通。

1.4　学习测量学的目的与要求

本课程是工程类各专业的技术基础课。工程类专业的学生,学习该课程之后,要求掌握测量学的基本知识和基本理论;具有使用常规测量仪器的操作技能,了解先进测绘仪器的原理、使用方法;基本掌握大比例尺地形图测图的原理、方法;对数字测图的过程有所了解;在工程规划、设计和施工中能正确使用地形图和测量信息;掌握处理测量数据的理论和评定精度的方法。

通过本课程的学习,要掌握下列有关测定和测设的基本内容。

1.4.1　地形图测绘

运用各种测量仪器和工具,通过实地测量和计算,把小范围内地面上的地物、地貌按一定的比例尺测绘成图。

1.4.2　地形图应用

在工程设计中,从地形图上获取设计所需要的资料,例如点的坐标和高程、两点间的水平距离、地块的面积、土方量、地面的坡度、地形的断面和进行地形分析等。

1.4.3　施工放样

将图上设计好的建筑物或构筑物的位置标定在实地上,作为施工的依据。

1.4.4　变形观测

监测建筑物或构筑物的水平位移、垂直沉降、倾斜观测和裂缝观测,以便采取措施,保证建筑物的安全。

1.4.5　竣工测量

在工程建设竣工后,应编绘竣工总平面图。它包括外业实测和内业资料编绘两方面内容。

生活在科学技术尤其是新技术飞速发展年代的大学生,既要熟练掌握传统的测绘理论与方法,也要努力学习和掌握成熟的测绘新技术,例如全站仪和 GPS 测量、数字测图及计算机数据处理(测、绘、算)等,并能将它们应用到建筑工程建设的生产实践中,只有这样,才能使自己在激烈的市场竞争中立于不败之地。

1.5　地球的形状和大小

地球是一个南北极稍扁、赤道稍长、平均半径为 6 371 km 的椭球体。测量工作是在地球表面上进行的,而地球的表面有高山、丘陵、平原、盆地、湖泊、河流和海洋等高低起伏的形态,其中海洋面积约占 71%,陆地面积约占 29%。下面介绍重力、铅垂线、水准面、大地水准面、参考椭球面和法线的概念及关系。

如图 1-1(a)所示,由于地球的自转,其表面的质点 P 除受万有引力的作用外,还受到离心力的影响。P 点所受的万有引力与离心力的合力称为重力,重力的方向称为铅垂线方向。

假想静止不动的水面延伸穿过陆地,包围整个地球,形成一个封闭曲面,这个封闭曲面称为水准面。水准面是受地球重力影响形成的,是重力等位面,其特点是曲面上任意一点的铅垂线垂直于该点的曲面。根据这个特点,水准面也可以定义为:处处与铅垂线垂直的连续封闭曲面。由于水准面的高度可变,因此符合该定义的水准面有无数个,其中与平均海水面相吻合的水准面称为大地水准面。大地水准面是唯一的。

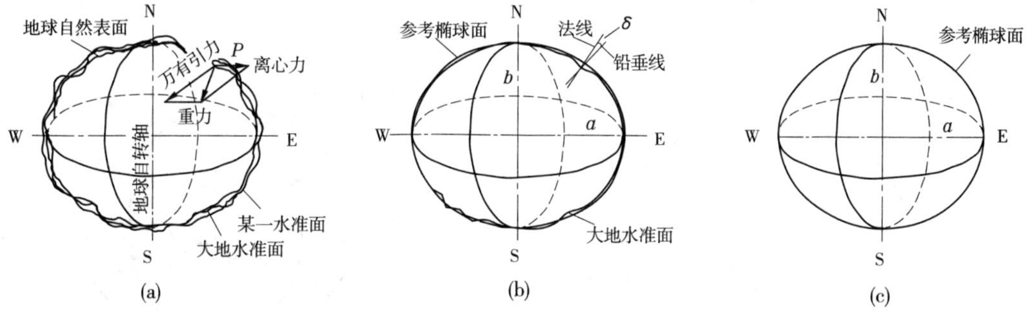

图 1-1　地球自然表面、水准面、大地水准面、参考椭球面、铅垂线、法线间的关系

由于地球内部的物质密度分布不均匀造成地球各处万有引力的大小不同,致使重力方向产生变化,所以大地水准面实际上是有微小起伏的、不规则的、很难用数学方程表示

的复杂曲面。如果将地球表面上的物体投影到这个复杂的曲面上,计算起来将非常困难。为了解决投影计算问题,通常是选择一个与大地水准面非常接近的、能用数学方程表示的椭球面作为投影的基准面,这个椭球面是由长半轴为 a、短半轴为 b 的椭圆 NESW 绕其短轴 NS 旋转而成的旋转椭球面。旋转椭球又称为参考椭球,其表面称为参考椭球面,如图 1-1(c)所示。

由地表任一点向参考椭球面所作的垂线称为法线,地表点的铅垂线和法线一般不重合,其夹角 δ 称为垂线偏差,如图 1-1(b)所示。

我国采用过的有两个参考椭球元素值以及 GPS 测量使用的参考椭球元素值列于表 1-1。

表 1-1　参考椭球元素值

序号	坐标系名称	a(m)	f(扁率)	e^2(第一偏心率)	e'^2(第二偏心率)
1	1954 北京坐标系	6 378 245	1:298.3	0.006 693 421 622 966	0.006 738 525 414 683
2	1980 西安坐标系	6 378 140	1:298.257	0.006 694 384 999 59	0.006 739 501 819 47
3	WGS-84 坐标系(GPS 用)	6 378 137	1:298.257 223 563	0.006 694 379 990 13	0.006 739 496 742 23

由于参考椭球的扁率很小,当测区范围不大时,可以将参考椭球近似看作半径为 6 371 km 的圆球。

1.6　测量坐标系与地面点位的确定

测量学的主要任务是测定和测设,无论测定还是测设,都需要通过确定地面点的空间位置来实现。空间是三维的,所以表示地面点在某个空间坐标系中的位置需要三个参数,确定地面点位的实质就是确定其在某个空间坐标系中的三维坐标。测量中,将空间坐标系分为地心坐标系和参心坐标系。GPS 使用的 WGS-84 坐标系属于地心坐标系,如图 1-2 所示。工程测量通常使用参心坐标系,如图 1-3 所示。

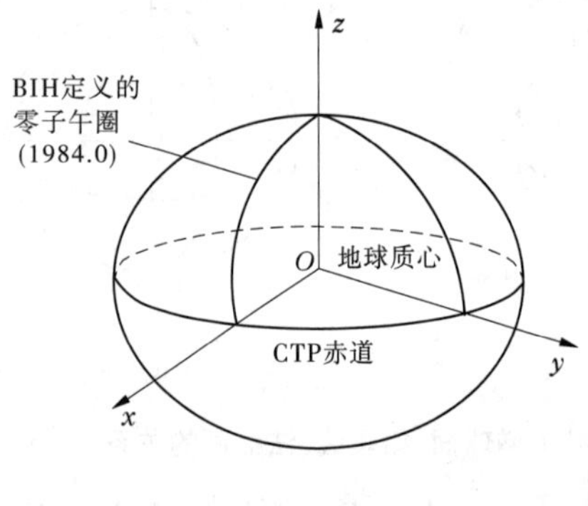

图 1-2　地心坐标系

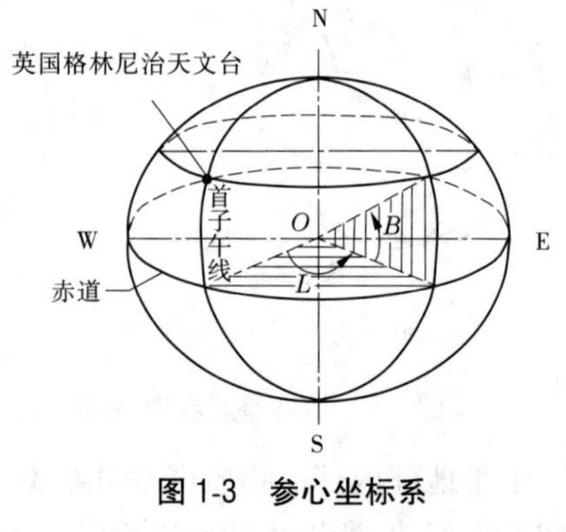

图 1-3　参心坐标系

1.6.1 确定点的球面位置的坐标系

由于地表高低起伏不平，所以一般是用地面某点投影到参考曲面上的位置和该点到大地水准面间的铅垂距离来表示该点在地球上的位置。为此，测量上将空间坐标系分解为确定点的球面位置的坐标系(二维)和高程系(一维)。

确定点的球面位置的坐标系有地理坐标系和平面直角坐标系两类。

1.6.1.1 地理坐标系

地理坐标系是用经纬度表示点在地球表面的位置。1884 年，在美国华盛顿召开的国际经度会议上，正式将经过格林尼治天文台的经线确定为 0°，分别向东西推算，纬度以赤道为 0°，分别向南北半球推算。按坐标系所依据的基准线和基准面的不同以及求坐标方法的不同，地理坐标系又分为天文地理坐标系和大地地理坐标系两种。

1. 天文地理坐标系

天文地理坐标又称天文坐标，表示地面点在大地水准面上的位置，其基准是铅垂线和大地水准面，它用天文经度 λ 和天文纬度 φ 两个参数来表示地面点在球面的位置。

2. 大地地理坐标系

大地地理坐标又称大地坐标，是表示地面点在参考椭球面上的位置，其基准是法线和参考椭球面，它用大地经度 L 和大地纬度 B 表示。大地经纬度是根据起始大地点(又称大地原点，该点的大地经纬度与天文经纬度一致)的大地坐标，按大地测量所得的数据推算而得到的。我国以陕西省泾阳县永乐镇大地原点为起算点，由此建立的大地坐标系，称为“1980 西安坐标系”。之前的“1954 北京坐标系”其大地原点位于苏联列宁格勒天文台中央。

如合肥处在北纬 31°14′，东经 117°52′，用 $B=31:14\text{N}$，$L=117:52\text{E}$ 表示。

1.6.1.2 平面直角坐标系

1. 高斯平面直角坐标系

地理坐标对局部测量工作来说是非常不方便的。例如，在赤道上，1″的经度差或纬度差对应的地面距离约为 30 m。测量计算最好在平面上进行，但地球是个不可展的曲面，应通过投影的方法将地球表面上点位化算到平面上。地图投影有多种方法，我国采用的是高斯-克吕格正形投影。正形投影的实质就是椭球面上微小区域的图形投影到平面上后仍然与原图形相似，即不改变原图形的形状。例如，椭球面上一三角形投影到平面上后，其三个内角保持不变，即等角投影。

高斯-克吕格正形投影简称高斯投影(见图 1-4)。使用高斯投影的国家有德国和苏联。高斯投影是将地球按经线划分成若干分带投影，带宽用投影带两边缘子午线的经度差表示，常用带宽为 6°和 3°，分别简称为 6°带投影和 3°带投影。国际上对 6°带投影和 3°带投影的中央子午线经度有统一规定，满足这一规定的投影称为统一 6°带投影和统一 3°带投影。

1) 统一 6°带投影

从首子午线起，每隔经度 6°划分为一带，如图 1-5 所示，自西向东将整个地球划分为 60 个投影带，带号从首子午线开始，用阿拉伯数字表示。第一个 6°带的中央子午线的经

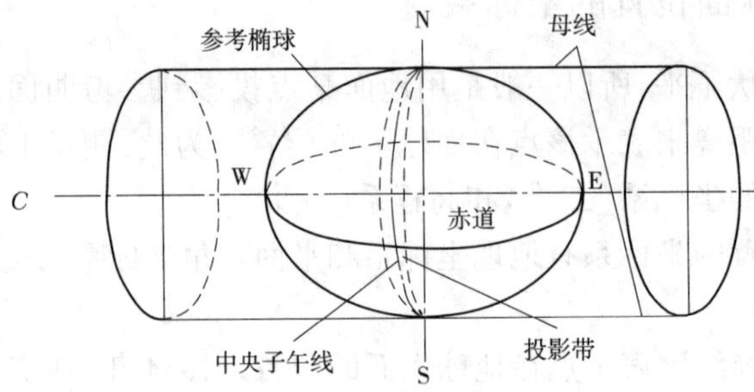

图 1-4 高斯投影

度为 3°，任意带的中央子午线经度 L_0 与投影带号 N 的关系为

$$L_0 = 6N - 3 \tag{1-1}$$

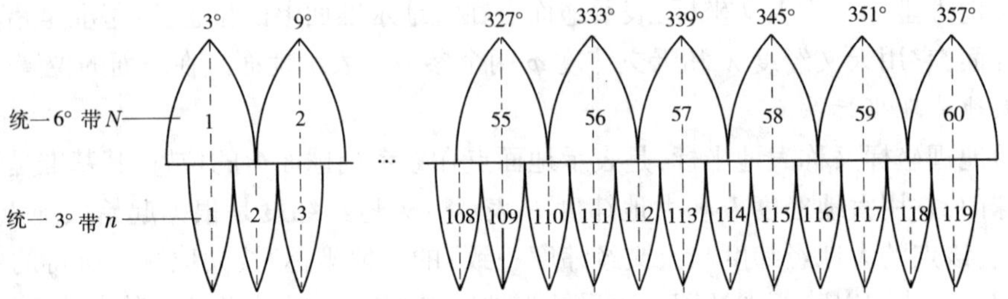

图 1-5 统一 6°带投影与统一 3°带投影高斯平面直角坐标系的关系

反之，已知地面任一点的经度 L，要计算该点所在的统一 6°带编号的公式为

$$N = \mathrm{Int}\left(\frac{L}{6} + 1\right) \tag{1-2}$$

投影后的中央子午线和赤道均为直线并保持相互垂直。以中央子午线为坐标纵轴(x 轴)，向北为正；以赤道为坐标横轴(y 轴)，向东为正；中央子午线与赤道的交点为坐标原点 O。

与数学的笛卡儿坐标系比较，在高斯平面直角坐标系中，为了定向的方便，定义纵轴为 x 轴，横轴为 y 轴，x 轴与 y 轴互换了位置，象限则按顺时针方向编号，这样就可以将数学上定义的各类三角函数在高斯平面直角坐标系中直接应用。

我国位于北半球，x 坐标值恒为正，y 坐标值则有正有负，当测点位于中央子午线以东时为正、以西时为负。例如，图 1-6(a)所示的 P 点位于中央子午线以西，其 y 坐标值为负值。对于 6°带高斯平面直角坐标系，最大的 y 坐标负值约为-365 km。为了避免 y 坐标出现负值，我国统一规定将每带的坐标原点向西平移 500 km，也就是给每个点的 y 坐标值加上 500 km，使之恒为正值，见图 1-6(b)。

为了能够根据横坐标值确定某点位于哪一个 6°带内，还应在 y 坐标值前冠以带号。将经过加 500 km 和冠以带号处理后的横坐标用 Y 表示。例如，图 1-6(b)中的 P 点位于第 20 带内，其横坐标为 y_P = - 58 269.593 m，则有 Y_P = $\boxed{20}$ 441 730.407 m。

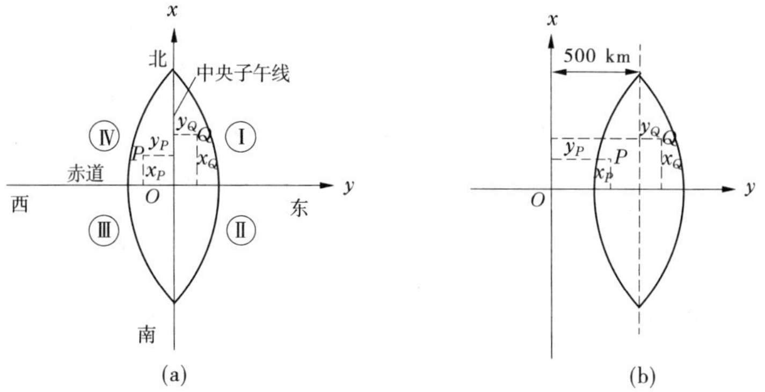

图 1-6　高斯平面直角坐标系

高斯投影属于正形投影的一种,它保证了球面图形的角度与投影后的平面图形的角度不变,但球面上任意两点间的距离经投影后会产生变形,其规律是除中央子午线没有距离变形外,其余位置的距离均存在变形。

2) 统一 3°带投影

统一 3°带的中央子午线经度 L_0'与投影带号 n 的关系为

$$L_0' = 3n \tag{1-3}$$

反之,已知地面任一点的经度 L,要计算该点所在的统一 3°带编号的公式为

$$n = \mathrm{Int}\left(\frac{L}{3} + 0.5\right) \tag{1-4}$$

3) 任意带投影

任意带投影通常用于建立城市独立坐标系。例如,可以选择过城市中心某点的子午线为中央子午线进行投影,这样可以使整个城市范围内的距离投影的变形比较小。

2. 假定平面直角坐标系

在面积小于 320 km^2 区域,可不经投影采用假定平面直角坐标系在平面上直接进行计算。

1.6.2　确定点的高程系统

地面点的高程是指地面点沿基准线方向至基准面的距离。由于高程基准面选择的不同,有不同的高程系统。测量上常用的高程基准面有参考椭球体面和大地水准面。其相应的高程为大地高和海拔。

大地高是以参考椭球体面为高程基准面。大地高是地面点沿法线到椭球体面的距离,用 $H^{大}$ 表示,见图 1-7。

海拔是以大地水准面为高程基准面,即地面点沿铅垂线到大地水准面的距离,也称为绝对高程,用 $H^{海}$ 表示。

海水面由于受潮汐、风浪的影响,是个动态曲面。所谓的静止海水面是不存在的,常用平均海水面代替,即在海边设立验潮站,进行长期潮汐观测,取海水面平均高度作为高程零点。新中国成立后,我国采用青岛验潮站长期观测资料求得黄海平均海水面作为我

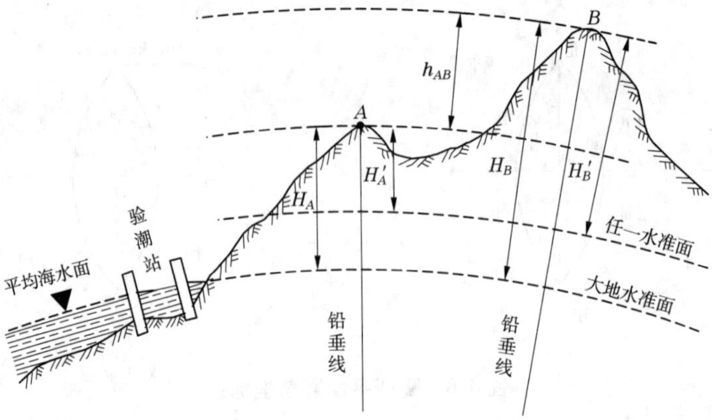

图 1-7 高程与高差的定义及其相互关系

国高程基准面,称为“1956 年黄海高程系”。在青岛市观象山建立水准原点,其高程为 72.289 m。后又将 1953 年到 1979 年验潮资料进行归算,推算青岛国家水准原点高程为 72.260 m,称为“1985 国家高程基准”。1987 年我国开始启用这个基准。

由上可知,在水准原点,“1985 国家高程基准”使用的大地水准面比“1956 年黄海高程系”使用的大地水准面高出 0.028 6 m。

在局部地区特殊条件下,不需要和国家高程系联系,也可以采用一个假设水准面为高程起算面。这样所得到的地面高程称为假设高程或相对高程。

在同一个高程系统中地面上两点间的高程差称为高差,用 h 表示,见图 1-7。A、B 两点高差为

$$h_{AB} = H_B - H_A \tag{1-5}$$

由于大地水准面不是光滑曲面,所以一点的大地高和海拔是不同的。这个高程差不是常数。两点之间的大地高差和海拔高差也是不相同的。

1.7 地面点位的确定原理

测量的主要任务是测定和测设。测定是将地物和地貌按一定的比例尺缩小绘制成地形图。如图 1-8 所示,测区内有山丘、房屋、河流、小桥、公路等,测绘地形图的过程是先测量出这些地物地貌特征点的坐标,然后按一定的比例尺、规定的符号缩小展绘在图纸上。例如,要在图纸上绘出一幢房屋,就需要在这幢房屋附近、与房屋通视且坐标已知的点(图中的 A 点)上安置测量仪器,选择另一个坐标已知点(图中的 F 点或 B 点)作为定向方向(也称为后视点),才能测量出这幢房屋角点的坐标。地物地貌的特征点又称碎部点,测量碎部点坐标的方法与过程称为碎部测量。

由图 1-8 可知,在 A 点安置测量仪器还可以测绘出西面的河流、小桥,北面的山丘,但山北面的工厂区就看不见了。因此,还需要在山北面布置一些点,如 C、D、E 点,这些点的坐标应已知。由此可知,要测绘地形图,首先要在测区内均匀布置一些点,并测量计算出

图 1-8 某测区地物地貌透视图

它们的 x, y, H 三维坐标。测量上将这些点称为控制点，测量与计算控制点坐标的方法与过程称为控制测量。

测设是将在图纸上设计好的建筑物和构筑物的位置在实地标定出来。假设图 1-9 是图 1-8 已经测绘出来的地形图。根据需要，设计人员已经在图纸上设计出了 P、Q、R 三幢建筑物，用极坐标法将它们的位置标定到实地的方法是在控制点 A 上安置仪器，用控制点 F（或 B）及 P、Q、R 三幢建筑物轴线点的设计坐标，计算出水平夹角和水平距离，然后用仪器分别定出设计建筑物的实地平面位置。

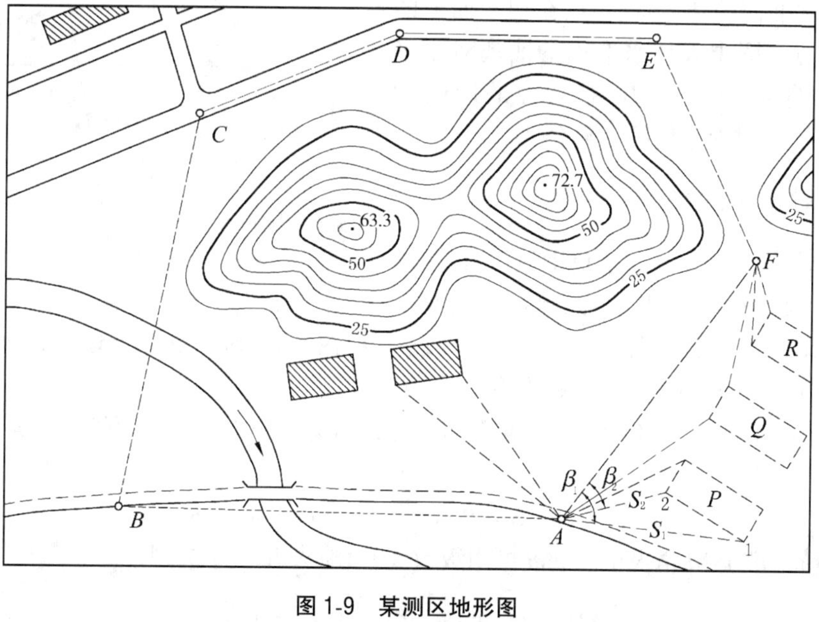

图 1-9 某测区地形图

通过上述可知，无论测定还是测设，都是在控制点上进行的，由此得出测量工作的原则之一是“先控制后碎部”。

测量规范规定,测量控制网应由高级向低级分级布设。如平面三角控制网是按一等、二等、三等、四等和图根的级别布设,而城市导线网是在国家一等、二等、三等、四等控制网下按一级、二级、三级和图根网的级别布设。一等网的精度最高,图根网的精度最低。控制网的等级越高,网点之间的距离就越大,点的密度也就越稀,控制范围也就越大;控制网的等级越低,网点之间的距离也就越小,点的密度也就越密,控制的范围也就越小。如国家一等三角网的平均边长为 20~25 km,而城市一级导线网的平均边长为 300 m。由此可见,控制测量是先布设能控制大范围的高级网,再逐级布设次级网加密,因此将这种测量控制网的布设原则称为"从整体到局部"。测量工作的原则可以归纳为"从整体到局部,先控制后碎部"。遵循这一原则可以防止误差累积和便于分幅测图。

1.8 用水平面代替水准面的限度

在建筑工程测量中,由于测区范围小,或者工程对测量精度要求较低时,为了简化投影计算,常将椭球体面视为球面,甚至将球面视为平面,直接将地面点沿垂线投影到平面上进行几何计算或绘图。但是,这样的替代是有限度的,即要求将椭球体面作为平面所产生的误差不超过工程地形图和施工放样的精度要求。本节将要讨论水平面代替椭球体面对距离、角度和高程的影响。

如图 1-10 所示,设地面 C 点为测区中心点,P 点为测区内任一点,两点沿铅垂线投影到大地水准面上的点分别为 c 点和 p 点。过 c 点作大地水准面的切平面,p 点在切平面上的投影为 p' 点。图中大地水准面的曲率对水平距离的影响为 $\Delta D=S-D$,对高程的影响为 $\Delta h=pp'$。下面讨论它们的计算公式。

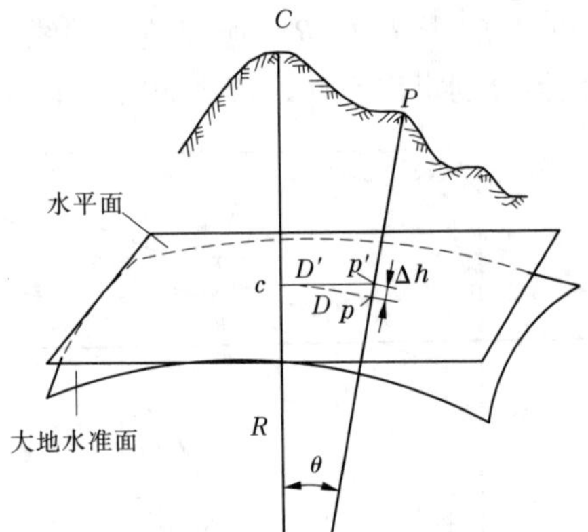

图 1-10 切平面代替大地水准面的影响

1.8.1 对距离的影响

在地球表面上有一个小范围测区,R 为地球半径,地球表面有 C、P 两点,该两点沿垂线投影到大地水准面上分别为 c 点和 p 点。过 c 点作切平面 p'。用 p' 代替该测区的水平面。大地水准面上两点间距离为 $cp=S$,在平面上的距离为 $cp'=D$。由平面代替曲面产生的误差为 ΔD。

$$\Delta D = D - S = R\tan\theta - R\theta = R(\tan\theta - \theta) \tag{1-6}$$

在小范围测区 θ 角很小。$\tan\theta$ 可用级数展开,略去五次方项,则

$$\Delta D = R\left[\left(\theta + \frac{1}{3}\theta^3\cdots\right) - \theta\right] = R\frac{\theta^3}{3} \tag{1-7}$$

将 $\theta=\dfrac{D}{R}$代入,则

$$\Delta D = \frac{1}{3}\frac{D^3}{R^2}$$

$$\frac{\Delta D}{D} = \frac{1}{3}\left(\frac{D}{R}\right)^2 \tag{1-8}$$

取地球平均半径 $R=6\ 371$ km。D 用不同距离代入，计算结果如表 1-2 所示。

表 1-2 用水平面代替大地水准面对距离的影响

D(km)	ΔD(cm)	$\Delta D/D$
1	0	—
10	0.82	1/120 万
20	6.57	1/30 万
25	12.83	1/19 万

计算表明，两点相距 10 km 时，用平面代替曲面产生长度误差为 0.82 cm。相对误差为 1/120 万，相当于精密测距的精度（1/100 万）。所以，在半径为 10 km 测区内，可以用平面代替大地水准面，其产生的距离投影误差可以忽略不计。

1.8.2 对高程的影响

用平面代替大地水准面时，产生高程误差 $pp' = \delta_h$，也称为地球曲率的影响。

$\Delta cpp'$中

$$\delta_h = \frac{D^2}{2R + \delta_h} \tag{1-9}$$

式(1-9)中因 δ_h 相对于 R 很小，故可以略去。D 用大地水准面上距离 S 代替，则

$$\delta_h = \frac{S^2}{2R} \tag{1-10}$$

对于不同的 S，产生的高程误差如表 1-3 所示。

表 1-3 用水平面代替大地水准面对高程的影响

S(m)	10	50	100	150	200
δ_h(mm)	0.0	0.2	0.8	1.7	3.1

计算表明，地球曲率对高差影响较大，即使在不长的距离如 150 m，也会产生 1.7 mm 的高程误差，所以高程测量中应考虑地球曲率的影响。

思考与练习题

1. 测量学的主要任务是什么？
2. 地球空间信息学(Geomatics)的含义是什么？
3. 简述地物、地貌和地形的概念。

4. 简述铅垂线、水准面、大地水准面、法线、参考椭球面、高程、绝对高程、大地高程、相对高程、高差的概念。

5. 地心坐标系和参心坐标系是什么？工程中采用什么坐标系？

6. 铅垂线和法线不重合，它们的夹角称作什么？

7. 大地水准面有什么特点？在测量中起什么作用？

8. 测量工作的基准面是什么？测量计算的基准面是什么？

9. 测量上常用的坐标系统有几种？各有什么特点？

10. 测量上的平面直角坐标和数学中的笛卡儿坐标有什么区别？为什么这样规定？

11. 水准面和水平面有什么区别？用水平面代替水准面对于测量基本工作有什么影响？

12. 某地大地经度为105°17′，试计算它所在的6°带和3°带带号及中央子午线经度。

13. 测量工作应遵循的原则是什么？为何要遵循这一原则？

第2章 水准测量

【本章提要】

本章重点介绍了水准测量原理,水准仪的使用、普通水准测量以及三、四等水准测量的方法和水准仪检验校正,水准测量误差来源、影响及消除方法和高程测设的方法。同时介绍了自动安平水准仪、精密水准仪、激光水准仪及数字水准仪的构造和使用方法。

2.1 水准测量原理

测定地面点高程的工作称为高程测量。高程测量按所使用的仪器和施测方法的不同,主要有水准测量、三角高程测量、GPS 测量和物理高程测量等。其中物理高程测量又分为气压高程测量和液体静力水准测量。而水准测量则是高程测量中最精密、最主要的方法。其原理是利用一台能提供水平视线的仪器——水准仪,对竖立在地面上的两根水准尺进行读数,求得两点间的高差,通过一点的高程推算出另一点的高程。其原理图如图 2-1 所示,已知地面点 A 的高程 H_A,欲求地面点 B 的高程 H_B,为此在 A、B 两点上分别竖立水准尺,中间安置水准仪,根据水准仪提供的水平视线先后读出 A 点尺上的读数 a 和 B 点尺上的读数 b。由于观测顺序(前进方向)是由 A 点到 B 点,测量上规定,A 点为后视点,A 点上竖立的水准尺称为后视尺,后视尺上的读数为后视读数;B 点为前视点,B 点上竖立的水准尺称为前视尺,前视尺上的读数为前视读数,由水准测量原理图可以看出,B 点对 A 点的高差为

$$h_{AB} = a - b \tag{2-1}$$

即高差等于后视读数减去前视读数。

如已知 A 点高程 H_A,则 B 点高程为

$$H_B = H_A + h_{AB} \tag{2-2}$$

由式(2-1)可知,当 a 大于 b 时,高差为正,说明 B 点高于 A 点;当 a 小于 b 时,高差为负,说明 B 点低于 A 点。高差 h_{AB} 的下标符号是表示由 A 点推算 B 点的高差,而 h_{BA} 则表示由 B 点推算 A 点的高差,因此在计算高程时,高差应连同符号一并运算。另外,式(2-2)亦可写成 $H_B=H_A+(a-b)=(H_A+a)-b$ 的形式。如令 $H_A+a=H_i$,即水准仪的视线高程,简称为视线高,则根据视线高计算前视点的高程称为仪高法。此时 B 点的高程可写为

$$H_B = H_i - b \tag{2-3}$$

工程测量中,在同一测站上,若需要观测若干个前视点的高程,则用仪高法是较方便的。

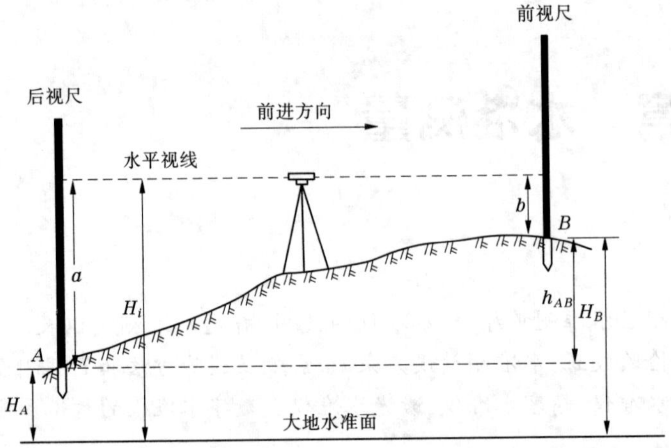

图 2-1　水准测量原理图

当 A、B 两点相距较远、高差较大时或遇障碍物视线受阻，安置一次仪器不能测得其间的高差时，必须分成若干站，逐站安置仪器连续观测，测得其总高差，从而推求出待测点的高程，如图 2-2 所示。设 A 点的高程已知为 H_A，现欲测量 B 点的高程 H_B，则可在 A、B 两点之间安置若干次仪器。逐站连续进行观测，根据水准测量的原理有：

$$h_1 = a_1 - b_1$$
$$h_2 = a_2 - b_2$$
$$\vdots$$
$$h_n = a_n - b_n$$

则
$$h_{AB} = h_1 + h_2 + \cdots + h_n = \sum a_i - \sum b_i = \sum h_i (i = 1, 2, \cdots, n)$$

而 B 点高程为

$$H_B = H_A + h_{AB} \tag{2-4}$$

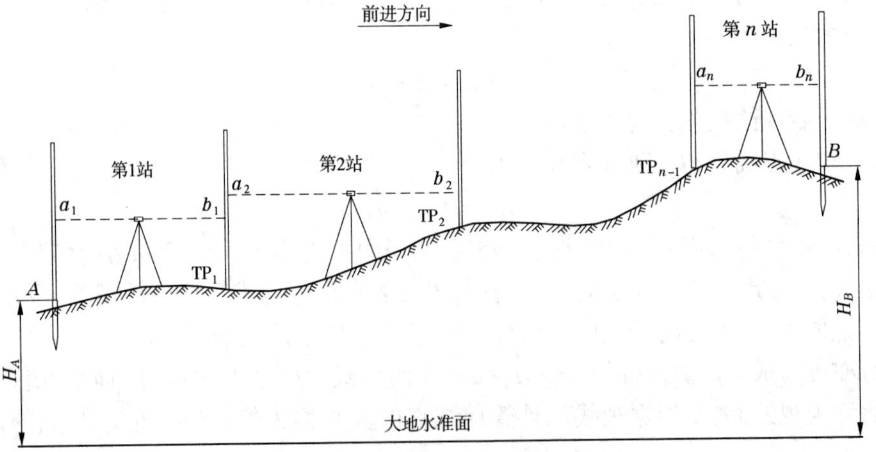

图 2-2　连续设站水准测量原理

在图 2-2 中 1,2,3,…,n 各立尺点，既有前视读数又有后视读数，本身点的高程不需求得。这些点称为转点，它只起传递高程作用（即把 A 点高程传递到 B 点），常用"TP"表示，即 $TP_1, TP_2, \cdots, TP_n$。在水准测量中，转点需倍加注意，否则会影响观测结果的质量。通常在这些转点上放置尺垫。

2.2 水准仪、水准尺及尺垫

2.2.1 微倾式水准仪的基本构造

水准仪通常用符号 DS 表示，D 和 S 分别为大地测量和水准仪的汉语拼音的第一个字母。水准仪其精度可分为 DS_{05}、DS_1、DS_3 和 DS_{10} 等型号，其种类有微倾式水准仪、自动安平水准仪、激光水准仪和电子水准仪等。由于微倾式水准仪在工程测量中最为常用，在此我们主要介绍微倾式水准仪。

图 2-3 是我国生产的 DS_3 型微倾式水准仪，DS_3 的"3"表示这种水准仪进行水准测量时，每千米往返测高差中数的偶然误差为±3 mm 。数字越小表明这种水准仪精度越高，数字越大表明精度越低。这种微倾式水准仪主要由望远镜、水准器和基座三个部分构成。下面具体介绍这三个部分。

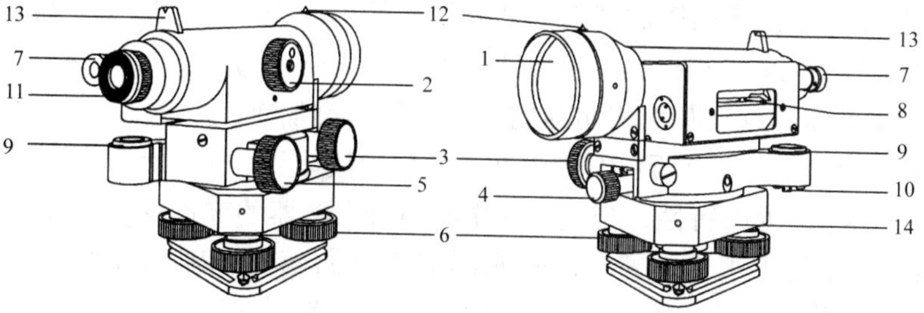

1—物镜；2—物镜调焦螺旋；3—微动螺旋；4—制动螺旋；5—微倾螺旋；6—脚螺旋；7—管水准器气泡观察窗；8—管水准器；9—圆水准器；10—圆水准器校正螺钉；11—目镜；12—准星；13—照门；14—基座

图 2-3 DS_3 型微倾式水准仪

2.2.1.1 望远镜

望远镜是用来照准目标和对水准尺进行读数的设备。它主要由物镜、目镜、调焦透镜、十字丝分划板、准星和照门组成。准星和照门是用来粗略照准目标的。图 2-4 是望远镜的结构图。望远镜的放大率通常用 V 表示。DS_3 型水准仪的望远镜的放大率一般为 28 倍以上。

十字丝分划板是由一块平板玻璃做成的，上面刻有两根对径且互相垂直的细丝。竖直的一条称竖丝，水平的一条称为横丝（亦称中丝）。与水平横丝平行的上下两根短丝称为视距丝，是用来测定距离的。上、下视距丝分别称为上丝和下丝。十字丝交点与物镜光心的连线称为望远镜的视准轴（通常用 CC 表示），是用来瞄准和读数的视线。

2.2.1.2 水准器

水准器是用来整平仪器的设备，分别有圆水准器和管水准器两种。圆水准器是用一个圆柱形的玻璃体装嵌在金属的框内，顶部玻璃的内壁磨成球面，中央刻有小圆圈，其圆

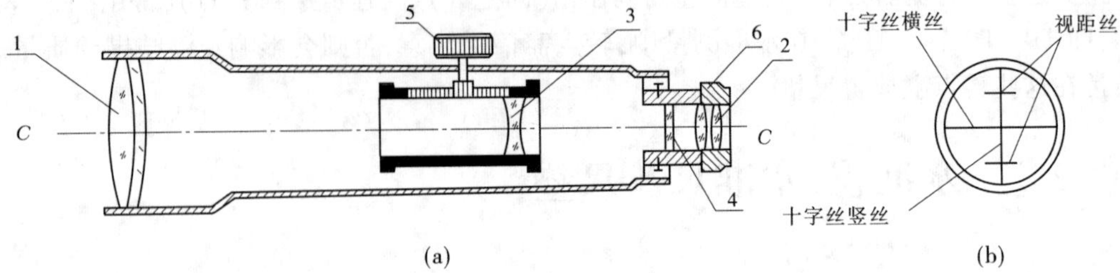

1—物镜;2—目镜;3—调焦透镜;4—十字丝分划板;5—物镜调焦螺旋;6—目镜调焦螺旋

图 2-4　望远镜的结构

心即圆水准器的零点,过零点作球心的法线称为圆水准器轴,一般用 $L'L'$ 表示,如图 2-5 所示。国产 DS_3 型水准仪的圆水准器的分划值一般为 8′。圆水准器安装在旋转轴平台上,其轴线与竖轴平行,当圆水准器气泡居中时,仪器的竖轴已基本处于铅垂位置,由于圆水准器的分划值较大,精度较低,故只用于粗略整平水准仪。

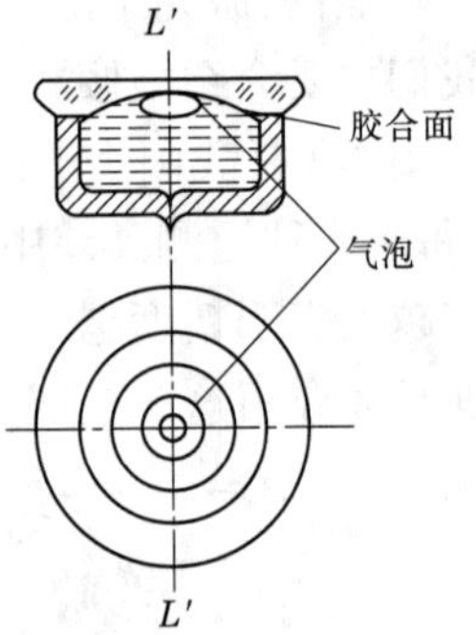

图 2-5　圆水准器

管水准器是一个内表面磨成圆弧的玻璃管。管内的充填物及气泡的形成与圆水准器相同。管内圆弧的中点为管水准器零点,过管水准器零点与圆弧相切的切线称为管水准器轴,一般用 LL 表示,如图 2-6(a)所示。管水准器是利用液体受重力作用后气泡居于高处的特性。当气泡的中心与管水准器的零点重合时,称气泡居中,此时管水准器轴也就处于水平位置。因管水准器零点向两侧分别刻有 2 mm 间隔的分划线,管上每 2 mm 的弧长所对的圆心角值,称为管水准器分划值,它是反映管水准器性能的重要指标,通常以 τ 表示,如图 2-6(b)所示。$\tau = 2\ \text{mm}\rho/R$($\rho$ 为 206 265″)。分划值越小,则灵敏度(即仪器整平的精度)越高。DS_3 型水准仪的管水准器分划值一般为 20″/2 mm,如图 2-6(c)所示。水准仪上的管水准器与望远镜固连在一起,而管水准器的管水准器轴与望远镜的视准轴是互相平行的,因此为了得到一条水平视线,只需转动望远镜目镜端下面的微倾螺旋,使管水准器气泡居中,视线就水平了。为了提高管水准器气泡居中的精度,在管水准器的上方安装了一组附合棱镜,利用棱镜的折光作用,使气泡两端的影像反映在直角棱镜上,如图 2-7 所示。因此,观测者可以很方便地从望远镜旁的小孔中直接观察到气泡两端的影像,当气泡两端各半个影像错开,表明气泡未居中,当气泡两端各半个影像符合一致时,则说明气泡居中。这种具有棱镜装置的水准器,亦称为符合水准器。

2.2.1.3　旋转平台及基座

旋转平台起支承望远镜在水平方向转动的作用。平台下部有一根竖轴,插入基座的轴套内。基座下面有三个脚螺旋和一块三角形托板,将水准仪装到三脚架上,从架头向底板旋入中心连接螺旋,可使水准仪和脚架连接在一起。转动脚螺旋使圆水准器气泡居中,旋转轴(竖轴)即垂直。望远镜的物镜通过一块金属片与平台连接;转动靠近目镜端的微倾螺旋,望远镜可绕弹簧片微微俯仰,达到管水准器气泡居中(即视线水平)的目的。平

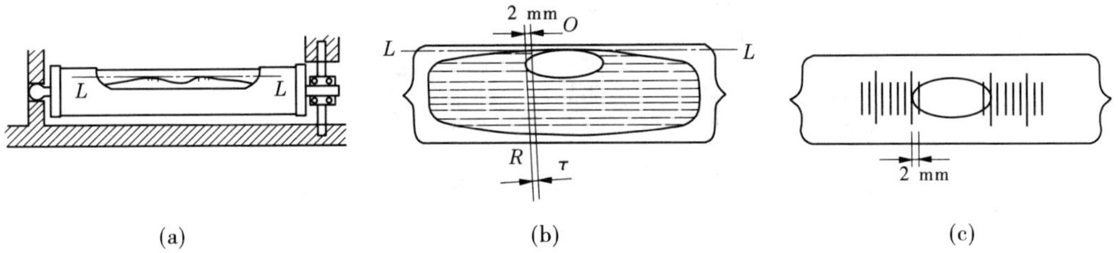

图 2-6　管水准器

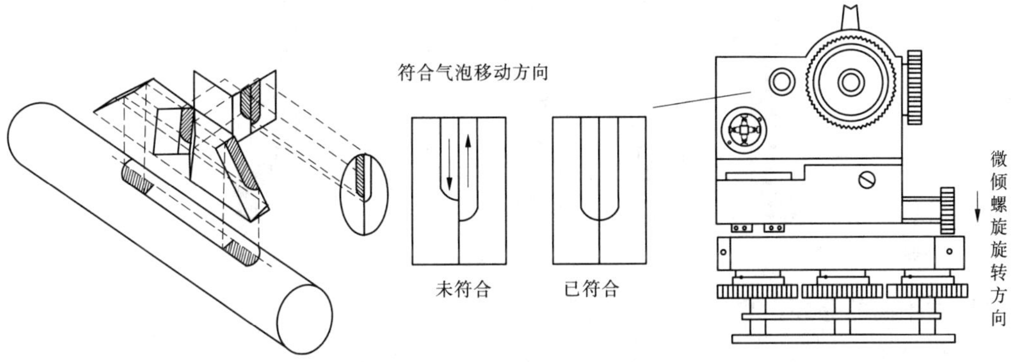

图 2-7　符合水准器

台上还有望远镜制动螺旋和微动螺旋，以控制望远镜在水平方向的转动。微动螺旋是用来精确照准目标的，只有当制动螺旋旋紧后才起作用。

2.2.2　水准尺及尺垫

水准尺是水准测量的重要工具，其质量好坏直接影响水准测量的观测成果。因此，要求尺身正直，分划准确，注记清晰。水准尺常选用干燥且伸缩性小的优质木材制成。图 2-8 为常用水准尺的几种类型：直尺、折尺、塔尺。另外，还有因瓦合金尺和条纹编码尺等。

直尺常为两面注记较多，长 3 m，每 1 cm 刻划一格。一面为黑白相间，底部从零开始，每分米注记数字，而另一面为红白相间，其底部不是从零开始，而为某一数值，如 4 687 mm 或 4 787 mm 两根为一对，其红面注记相差 100 mm；同一根尺子的红、黑面注记相差某一数值，其目的是在观测时进行读数检核，同时可利用红、黑面求得的高差进行测站的校核，从而提高水准测量的精度。

折尺是一种可以绕尺长中心对折的尺子，其长度通常有 3 m 和 4 m，为单面刻划，其刻划与直尺相同，为黑白相间，底部从零开始。折尺虽便于携带，但在折合处容易损坏。

塔尺是可以伸缩的，一般由铝合金制成，分两节或三节套接在一起，全长为 5 m，尺的底部为零点，黑白相间刻划，每隔 1 cm 或 0.5 cm 刻一格，塔尺在各节接合处容易松动和损坏，其稳定性也较差。由于折尺和塔尺在其接合处容易松动和损坏，所以它们只适用于

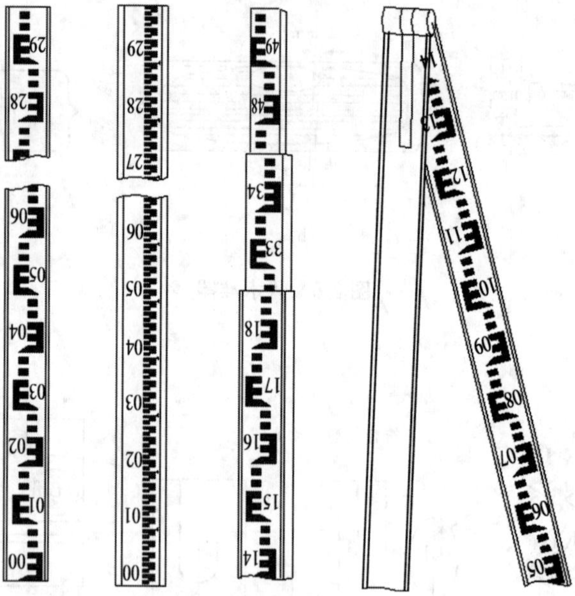

图 2-8 水准尺

精度要求不高的等外水准测量和地形测量中。

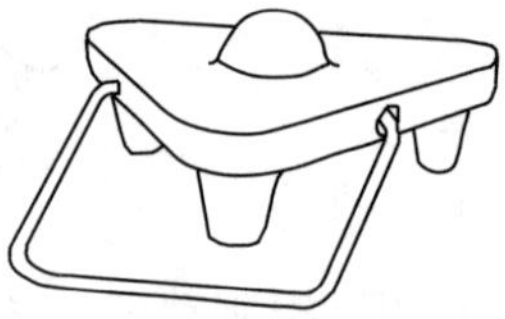

图 2-9 尺垫

尺垫是用生铁铸成的，一般做成三角形或圆形，中央有一突起的半圆球顶（见图 2-9），以便放置水准尺。尺垫下面有三个尖脚，便于踩入土中。在连续水准测量中，为防止水准尺下沉导致高程发生变化，除在已知点或待求点上不放置尺垫外，在各转点上的水准尺底部都应放置尺垫。

2.3 水准测量的一般方法

2.3.1 微倾式水准仪的使用方法

正确地使用水准仪是获得正确可靠的成果和提高工作效率的前提和保证。用水准仪进行测量的基本操作步骤一般为安置仪器、粗略整平、瞄准水准尺、精确整平和读数五步。

2.3.1.1 安置仪器

张开三脚架，此时应注意以下几点：①使任意两支脚架的方向与后、前尺观测方向大致一致；②使架头（架平面）大致水平；③使架头高度与观测者身高相适合（不能太高也不能太低）。把三脚架腿尖踩入土中，使三脚架稳定，然后把水准仪从仪器箱中取出，放在三脚架头上，一手扶住仪器，一手用连接螺旋将水准仪连接在三脚架上。

2.3.1.2 粗略整平

粗略整平的目的是使水准仪的竖轴铅垂，望远镜的视准轴大致水平，它是通过调节三个脚螺旋，使圆水准器气泡居中来完成的。具体操作方法是：松开制动螺旋，转动仪器，使圆水准器置于三个脚螺旋的任意两个脚螺旋一侧的中部，如图 2-10 所示，气泡移动与双手拇指运动方向一致，操作时注意圆水准器应在右手虎口上方。

2.3.1.3　瞄准水准尺

首先转动目镜调焦螺旋，使十字丝清晰；然后松开制动螺旋，转动望远镜，利用望远镜上部的照门和准星，瞄准水准尺（三点一线），旋紧制动螺旋；最后转动调焦螺旋，使水准尺成像清晰。此时，若水准尺的像不在视场中央，可转动微动螺旋，将其移至视场中央（最好让竖丝平分水准尺）。

物镜经调焦后，将眼睛在目镜端上、下微微移动，若发现十字丝和水准尺影像之间有相对运动，这种现象称为视差。它直接影响观测成果的正确。产生视差的原因是水准尺的影像没有落在十字丝的分划板上（见图 2-11）。消除视差的方法是，反复仔细地调节目镜和物镜的调焦螺旋，直至水准尺的影像与十字丝无相对移动。

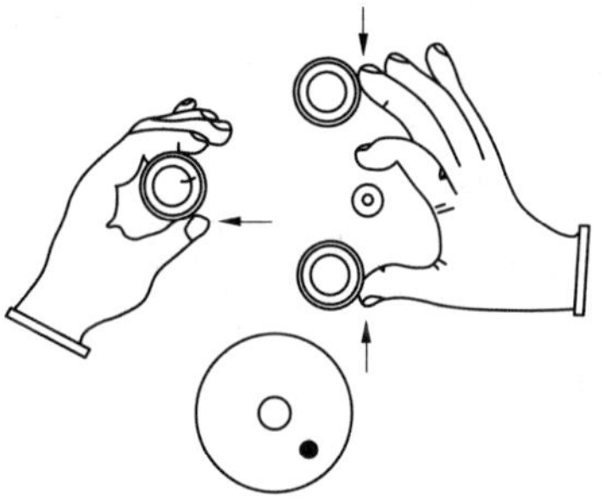

图 2-10　粗略整平

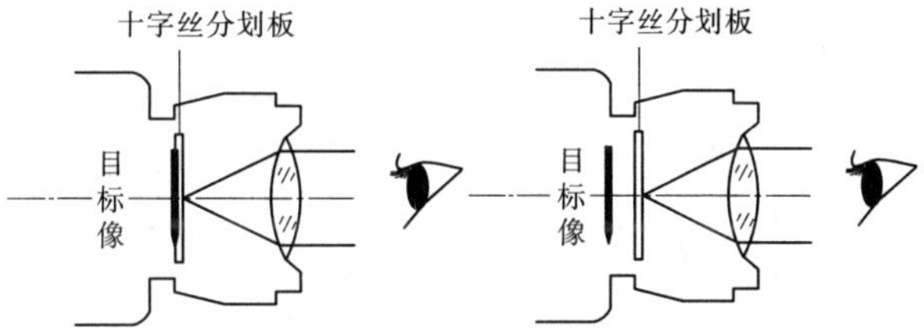

(a)没有视差　　(b)有视差

图 2-11　视差

2.3.1.4　精确整平

每次在水准尺上读数前，均应转动微倾螺旋，使管水准器气泡观察窗中所看到的两半气泡影像严密符合在一起，此时管水准器气泡精确居中。

2.3.1.5　读数

精确整平后，应立即用十字丝横丝在水准尺上读数，如图 2-12 所示。

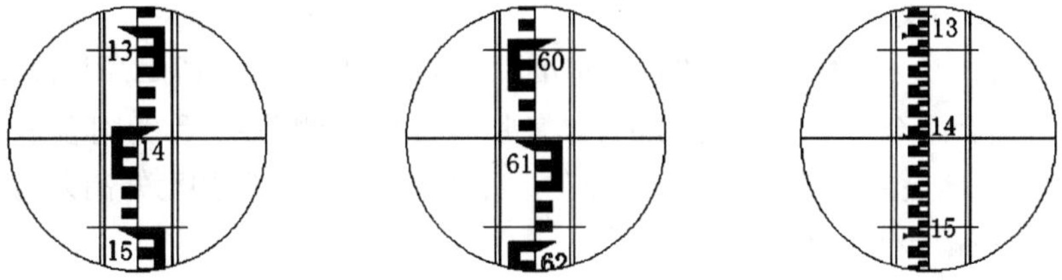

(a) 黑面读数 1 411　　(b) 红面读数 6 098　　(c) 黑面读数 1 402.5

图 2-12　水准尺读数

2.3.2　普通水准测量的观测、记录和计算

2.3.2.1　水准点与水准路线

1. 水准点

用水准测量的方法测定的高程控制点称为水准点，简记为 BM。它们的表示方法一

般用罗马字母,在 BM 的脚标处标明等级,并用阿拉伯数字加注点的序号。为了统一全国的高程系统和满足各种工程建设的需要,由测绘部门在全国各地设置并测定各种等级的水准点,按精度的不同分为一、二、三、四等。它们的高程数据及点位资料,一般由各级测绘管理机构保存。不属于国家规定等级的水准测量称为普通水准测量或等外水准测量。

水准点有永久性和临时性两种。永久性水准点一般用混凝土制成上小下大的四棱柱形标石(多用于等级水准点)。标石顶部嵌有半球形的金属标志,表示该水准点的点位。标石可埋设在地表面或地表面以下且地基坚实稳固,便于长期保存和观测的地方。另外,永久性水准点也可以镶嵌埋设在坚固稳定的永久性建筑物的墙脚上,称为墙上水准点。临时性水准点可设在地面上突出的坚硬岩石、房屋的台阶、勒脚等处,也可在地面打入木桩,在桩顶钉以半球形的金属钉,以示点位。如图 2-13 所示。

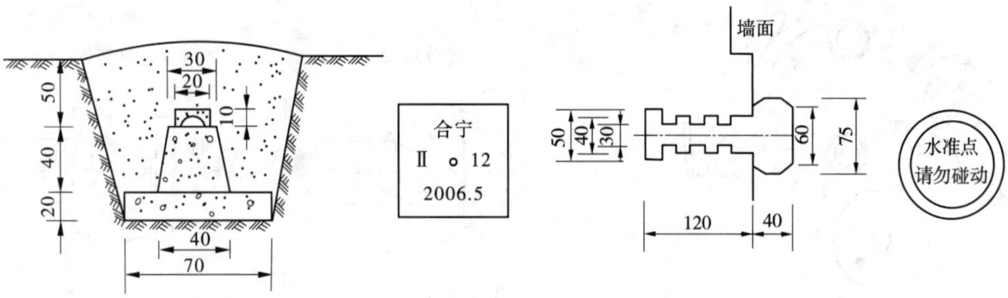

(a)混凝土普通水准标石　(b)墙角水准标志埋设

图 2-13　水准点　(单位:cm)

2. 水准路线

为了便于观测和计算,检查和发现水准测量中可能产生的错误,水准测量中必须要按一定的施测路线进行施测。这种施测路线就称为水准路线。另外,在水准路线上,每两个相邻水准点之间的线段称为一个测段,水准路线一般有以下三种形式。

1)附合水准路线

如图 2-14(a)所示,从一个已知高级水准点(BM_1)出发,沿各待定高程点 1、2、3…进行水准测量,最后测至另一水准点(BM_2)结束所构成的施测路线,称为附合水准路线,附合水准路线上各段高差的总和,理论上应等于两高级水准点之间的已知高差,据以检查水准测量是否存在错误或误差。

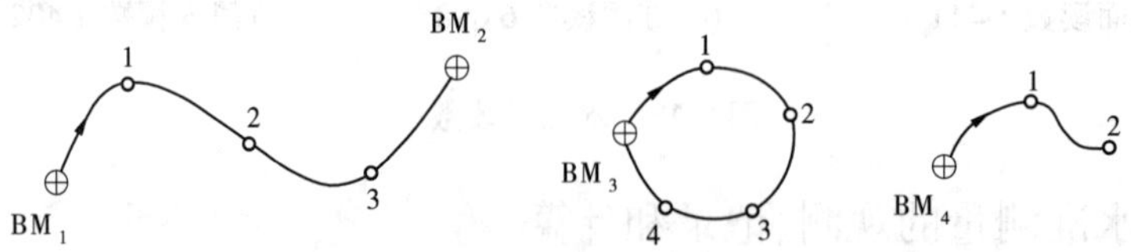

(a)附合水准路线　(b)闭合水准路线　(c)支水准路线

图 2-14　水准路线

2) 闭合水准路线

如图2-14(b)所示,从一个已知高级水准点(BM_3)出发,沿各待定高程点1、2、3…进行水准测量,最后仍回到这个水准点(BM_3),这样所组成的环形闭合路线就称为闭合水准路线,由于闭合水准路线的起点和终点为同一点,因此所测各段高差的总和理论上应等于零,据以检查水准测量是否存在错误或误差。

3) 支水准路线

如图2-14(c)所示,从一个已知高级水准点(BM_4)出发,沿待定高程点1、2进行水准测量,其路线既不闭合也不附合,这种水准路线称为支水准路线。因而支水准路线必须进行往返观测才能得以检核。很显然往测高差与返测高差理论上应该绝对值相等而符号相反。

2.3.2.2 普通水准测量的观测、记录与计算

1. 观测和记录

普通水准测量的观测应按以下程序或步骤进行:

(1)首先应在起始水准点(已知高程或假定高程的水准点)上竖立水准尺作为后视。

(2)在施测路线上适当高度和距离(视线水平时能够看得到水准尺,水准仪离水准尺的距离最远不应超过150 m)的地方安置水准仪,概略整平(粗平)照准后视尺,消除视差,精确整平,用中丝读数并记入手簿(见表2-1)。

(3)在前进方向的另一适当高度和距离的地方选定一个转点,放置尺垫并将尺垫踩紧,在尺垫突起的半球顶上竖立另一根水准尺作为前视。

(4)松开制动螺旋,转动水准仪,照准前视尺,消除视差(此时不需再粗平),精确整平,用中丝读数并记入手簿(见表2-1)。

表2-1 普通水准测量手簿

工程名称:________ 仪 器:________ 天气:________

观 测 者:________ 记录者:________ 日期:________

测站	测点(立尺点)	水准尺中丝读数(mm)		每站高差(m)	高程(m)	备注
		后视	前视			
1	BM_{II-2}	1 864		+0.412	**32.682**	(已知)
	TP_1		1 452			
2	TP_1	1 745		+0.413		
	TP_2		1 332			
3	TP_2	1 246		−0.321		
	TP_3		1 567			
4	TP_3	1 434		+0.468		
	临1		0 966		33.654	(待求点)
校核计算	Σ	6 289	5 317	+0.972		

注:表中黑体为已知。

(5)前视尺位置不动,变作后视,将原来的后视尺移到前面去作为下一站的前尺。

(6)将水准仪移到前面适当的高度和距离的地方,重复前面(2)、(3)、(4)步的操作即可。

2. 观测和记录时应注意事项

(1)在水准点(包括已知点和待测点)上立尺时,不能放置尺垫,尺垫只能放在转点上。

(2)竖水准尺时人应站在尺的后面双手扶尺,不能左右偏斜,更不能前后俯仰。

(3)在观测员未搬迁测站之前,后视转点上的尺垫不能提动。

(4)前、后视距应大致相等(可用步测或目测确定)。

(5)记录和计算时要用2H以上的硬铅笔,且字迹要工整清晰,字长一般为半格左右,如因读错、听错而记错的数据应当杠去,将正确的数据记在它的上方,原始记录数据不能用橡皮擦,不能誊抄,更不能就字改字。

(6)搬迁测站时应将仪器扛于肩上,一条架腿在前另两条架腿在后,尽量使仪器保持水平。

2.3.2.3 普通水准测量的计算

普通水准测量的计算即对各待测点高程的计算。在计算前应对外业观测手簿进行检查整理。每测段高差的计算结果应按公式$\sum h=\sum a-\sum b$进行检核,以免发生错误。

1. 高差闭合差及允许值的计算

水准测量总会受到各种因素的影响而产生误差,导致我们所测的高差与水准路线的已知理论值不相符而有一个差数,这个差数就称为高差闭合差,通常用f_h表示。各水准路线高差闭合差的计算分别如下。

对于闭合水准路线:$f_h=\sum h$ (2-5)

对于附合水准路线:$f_h=\sum h-(H_{终}-H_{始})$ (2-6)

对于支水准路线:$f_h=\sum h_{往}+\sum h_{返}$ (2-7)

我们所进行的水准测量中,高差闭合差的产生总是不可避免的,但如果高差闭合差的值不超过测量规范中规定的允许范围,那么则认为水准测量的成果是符合精度要求的。在图根水准测量中,各路线高差闭合差的容许值,在平坦地区为

$$f_{h容}=\pm 40\sqrt{L}\quad (\text{mm}) \tag{2-8}$$

式中 L——水准路线的长度,km。

在山地,每千米水准测量的站数超过16站时,有

$$f_{h容}=\pm 12\sqrt{n}\quad (\text{mm}) \tag{2-9}$$

式中 n——水准路线的测站数。

2. 高差闭合差的调整

对于闭合水准路线和附合水准路线,当高差闭合差在允许范围内时,可以进行调整(即平差)。平差的方法是根据近似平差的理论进行的,即认为由于各站观测条件相同则各站产生的误差相等,调整时给予每一测段的实测高差配一个相应的改正数V_i,其大小应与测站数或测段长度成正比,符号则与高差闭合差的符号相反。改正数V_i可按下式进行计算:

$$V_i = -\frac{f_h}{\sum n} n_i \tag{2-10}$$

或

$$V_i = -\frac{f_h}{\sum L} L_i \tag{2-11}$$

式中 $\sum n$——全线总站数；

n_i——每测段测站数；

$\sum L$——全线总长；

L_i——每测段长度。

由式(2-10)或式(2-11)算出改正数后，按代数法加到各测段的实测高差中，即可求得各测段改正后的高差。

对于支水准路线，往测高差减去返测高差后取平均值，作为改正后往测方向的高差，即

$$h_i = \frac{h_{往} - h_{返}}{2} \tag{2-12}$$

3. 各待测点高程的计算

对于闭合水准路线和附合水准路线，应根据起点高程和各测段改正后的高差值，依次推算出各待测点高程，推算到终点时应和终点的已知高程相等。

对于支水准路线，应根据起点高程和各测段平均高差依次推算各待测点的高程。但由于终点没有已知高程可供校核，所以在推算时应更加认真仔细，一般应反复推算2~3次，以免出错。

下面以一条附合水准路线为例来介绍各待测点高程的推算过程。如图2-15所示，$BM_{Ⅲ-5}$和$BM_{Ⅲ-6}$分别是两个三等的已知高程水准点。各起点数据和实测结果如图中所示。高差闭合差的计算、调整以及高程的计算按表2-2进行。

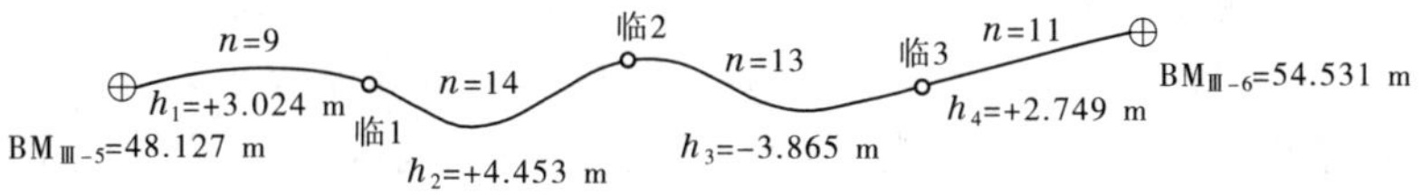

图2-15 附合水准路线算例略图

首先将起算数据(点号、测站数、已知高程)和实测高差填入表上相应的1、2、3、6栏目中，然后进行高差闭和差和允许值的计算。

$$f_h = \sum h - (H_{终} - H_{始}) = +6.361 - (54.531 - 48.127) = -0.043(\mathrm{m})$$

$$f_{h容} = \pm 12\sqrt{n} = \pm 12\sqrt{47} = \pm 82(\mathrm{mm})$$

表 2-2　附合水准路线高差闭合差调整与高程计算

点号	测站数	实测高差（m）	高差改正数（m）	改正后的高差（m）	高程（m）	备注
1	2	3	4	5	6	7
$BM_{Ⅲ-5}$					**48.127**	
	9	**+3.024**	+0.008	+3.032		
临 1					51.159	
	14	**+4.453**	+0.013	+4.466		
临 2					55.625	
	13	**−3.865**	+0.012	−3.853		
临 3					51.772	
	11	**+2.749**	+0.010	+2.759		
$BM_{Ⅲ-6}$					**54.531**	
Σ	47	+6.361	+0.043	+6.404		

注：表中黑体为已知。

显然 $f_h \leqslant f_{h容}$，说明观测成果符合要求，接下来进行高差闭合差的调整，先计算出每一测站的改正数。

$$-f_h/\sum n=-(-43/47)=+0.91(\text{mm})$$

再将+0.91 mm 分别乘以各测段的测站数，即可得到各测段的高差改正数，每一测段的改正数分别为

$$V_1=0.91\times 9=+8\ (\text{mm})$$
$$V_2=0.91\times 14=+13\ (\text{mm})$$
$$V_3=0.91\times 13=+12\ (\text{mm})$$
$$V_4=0.91\times 11=+10\ (\text{mm})$$

每一测段的改正数应凑整为整毫米，且改正数总和应与闭合差绝对值相等、符号相反，并以此作为计算检核。将改正数填入表 2-2 中第 4 栏，并将各测段实测高差加上相应的改正数，便得到各测段改正后的高差，将改正后的高差分别填入表 2-2 中第 5 栏，改正后的各测段高差代数和应等于两已知点之间高差，据以检查高差改正计算是否有误。最后用改正后的各测段高差推算各待测点高程。算得终点的高程应等于已知高程，以此作为最后的检核。

需要注意：改正数或高差改正的计算结果，乃至以后的角度、坐标等计算结果均应按“4 舍 6 入 5 看奇数入，奇进偶不进”的法则进行取舍，其中的“双”和“偶”也包括“零”在内。此处的高差改正数和高差计算结果按此法则取至小数点后第 3 位（即取至毫米即可）。例如 0.006 5 m，应取成 0.006 m；如果是 0.005 5 m，也应取成 0.006 m。最后由于需要凑整，可能会使改正后高差的代数和与理论值或已知值有 1 mm 的出入，这时应将其分配到测站数最多或距离最长的一段。

使用 Excel 计算表 2-2 的结果如图 2-16 所示，第 1、第 2 行用作表题栏，第 3、第 4 行用作标题栏，在 A 列输入测点，B 列输入测站数，C 列输入实测高差，D 列输入高差改正数，

E 列输入改正后的高差,F 列输入高差,G 列输入备注,其中在 F3 输入 BM_{III-5} 点的高程,在 F7 输入 BM_{III-6} 点的高程。计算操作步骤如下:

	A	B	C	D	E	F	G
1–2	附合水准路线高差闭合差调整与高程计算						
3–4	测点	测站数	实测高差(m)	高差改正数(m)	改正后的高差(m)	高程(m)	备注
5–6	BMⅢ-5					48.127	
6–7		9	3.024	0.008	3.032		
7–8	临1					51.159	
8–9		14	4.453	0.013	4.466		
9–10	临2					55.625	
10–11		13	-3.865	0.012	-3.853		
11–12	临3					51.772	
12–13		11	2.749	0.010	2.759		
13–14	BMⅢ-6					54.531	
15–16	Σ	47	6.361	0.043	6.404		
17	辅助计算			校核计算	6.404	54.531	
18		高差闭合差		-0.043			
19		高差闭合差的允许误差		0.082267855			
20		每站改正数		0.000914894			

图 2-16 使用 Excel 进行水准测量成果的计算

(1)在 B15 单元格输入公式“=SUM(B6:B12)”计算路线总测站数;

(2)在 B15 单元格拖动该单元格右下角的填充句并至 E 列,计算出现 15 行的总和;

(3)在 BC18 输入“高差闭合差”,在 D18 单元输入公式“=C15-(F13-F5)”计算出高差闭合差;

(4)在 BC19 输入“高差闭合差的允许误差”,在 D19 单元输入公式“=12 * SQRT(B15)/1000”计算出高差闭合差的允许误差;

(5)在 BC20 输入“每站改正数”,在 D20 单元输入公式“=-D18/B15”计算出每站改正数;

(6)在 D6 单元输入公式“=D20 * B6”,拖动该单元格右下角的填充句并向下填充至 D12,计算出每测段改正量;

(7)在 E6 单元输入公式“=C6+D6”,拖动该单元格右下角的填充句并向下填充至 E12,计算出改正后高差;

(8)在 F7 单元输入公式“=E6+F5”,拖动该单元格右下角的填充句并向下填充至 F11,计算出各个高程;

(9)D17 输入“校核计算”,在 E17 单元输入公式“=F13-F5”, 在 F17 单元输入公式“=F11+E12”,计算结果应与 E15 和 F13 的数值相同。

2.4 三、四等水准测量

三、四等水准测量除用于国家高程控制网的加密外,还用于建立基本高程控制测量。三、四等水准点的高程一般应从附近的一、二等水准点引测,若测区内或附近没有国家一、二等水准点,可建立测区独立基本高程控制网。现将这两个等级水准测量的主要技术要求列于表 2-3。

表 2-3　三、四等水准测量测站的技术要求

等级	水准仪型号	视线高度	视线长度（m）	前后视距差（m）	前后视距累积差（m）	红黑面读数差（mm）	红黑面高差之差（mm）	附合环线闭合差（mm）	
								平原	山区
三	DS_3	三丝读数	≤65	≤±3	≤±6	≤±2	≤±3	$\pm 12\sqrt{L}$	$\pm 4\sqrt{n}$
四	DS_3	三丝读数	≤80	≤±5	≤±10	≤±3	≤±5	$\pm 20\sqrt{L}$	$\pm 6\sqrt{n}$

2.4.1　四等水准路线的选择和水准点设置

水准点应选在土质坚实、观测方便和便于长期保存的地点,需长期保存的永久性水准点,应采用混凝土标石,埋冻土层以下,掩土护盖,并绘制水准点之记;只需短期保存的水准点,可在固定建筑物或岩石上刻注标记。在水准路线上应每隔 2～6 km 埋设一个水准点。

2.4.2　四等水准测量的观测程序和记录方法

四等水准测量常用仪器为 DS_3 型水准仪和带红、黑双面的水准尺。作业之前,要对水准仪和水准尺进行检验,在作业中为抵消因水准尺磨损而造成的标尺零点差,要求每一水准测段的测站数目应为偶数站。四等水准观测应在标尺分划线成像清晰稳定时进行,若成像不好,应酌情缩短视线长度。

在每一测站上按以下观测顺序进行,读数填入记录表 2-4 中的相应位置。

(1)后视水准点上的黑面尺,读取下、上、中丝读数①、②、③;

(2)后视红面尺,读取中丝读数④;

(3)前视黑面尺,读取下、上、中丝读数⑤、⑥、⑦;

(4)前视红面尺,读取中丝读数⑧。

以上①,②,…,⑧表示观测与记录的顺序。因此,四等水准采用的程序可简称为"后—后—前—前"或"黑—红—黑—红"法。观测结束后,就可进行测站上的计算。如果所有计算满足表 2-3 中的技术要求,可迁站前进,否则应重新观测。

三等水准测量观测程序简称为"后—前—前—后"或"黑—黑—红—红"法。记录表格同四等水准测量的记录表格,但因观测程序与四等水准测量不同,各基本数据在表格中的位置也有所不同,而计算与检校的方法与四等水准测量是相同的,最后的限差规定比四等水准测量更严格一点,见表 2-3。

表 2-4 三、四等水准测量观测记录表

测站编号	后视点名 前视点名	后尺 下丝 上丝	前尺 下丝 上丝	+	方向及尺号	水准尺读数		K+黑-红 (mm)	高差中数 (m)
		后视距	前视距			黑面 (mm)	红面 (mm)		
		①	⑤	⑪	后	③	④	⑭	
		②	⑥	⑫	前	⑦	⑧	⑮	⑲
		⑨	⑩	⑬	后-前	⑰	⑱	⑯	
	BM_3	**1 614**	**0 774**	+1.0	后	**1 384**	**6 171**	+0	
1	TP_1	**1 156**	**0 326**	+1.0	前	**0 551**	**5 239**	-1	+0.832 5
		45.8	44.8	90.6	后-前	+0.833	+0.932	+1	
	TP_1	**1 519**	**1 426**	+0.2	后	**1 409**	**6 095**	+1	
2	TP_2	**1 297**	**1 206**	+1.2	前	**1 316**	**6 104**	-1	+0.092 0
		22.2	22.0	44.2	后-前	+0.093	-0.009	+2	
	TP_2	**1 922**	**2 066**	-0.5	后	**1 726**	**6 512**	+1	
3	TP_3	**1 529**	**1 668**	+0.7	前	**1 866**	**6 554**	-1	-0.141 0
		39.3	39.8	79.1	后-前	-0.140	-0.042	+2	
	TP_3	**2 041**	**2 220**	-1.1	后	**1 832**	**6 520**	-1	
4	TP_4	**1 622**	**1 790**	-0.4	前	**2 007**	**6 793**	+1	-0.174 0
		41.9	43.0	84.9	后-前	-0.175	-0.273	-2	
	TP_4	**1 531**	**2 820**	-1.5	后	**1 304**	**6 093**	-2	
5	BM_4	**1 075**	**2 349**	-1.9	前	**2 585**	**7 271**	+1	-1.279 5
		45.6	47.1	92.7	后-前	-1.281	-1.178	-3	

注:表中黑体为水准测量时读取的观测值。

2.4.3 测站计算

2.4.3.1 视距计算

后距:⑨=100×(①-②)

前距:⑩=100×(⑤-⑥)

后、前距差:⑪=⑨-⑩

后、前距累积差:⑫=上站⑫+本站⑪

测站长:⑬=⑨+⑩

2.4.3.2 **同一水准尺黑、红面中丝读数的检核**

黑、红面读数差:同一水准尺红、黑面中丝读数之差,应等于该尺的尺常数 K(红面的起始读数,一般为 4 687 和 4 787),其差值为

后视尺:⑭=③+K-④。

前视尺:⑮=⑦+K-⑧。

2.4.3.3 **高差计算**

黑面所测高差:⑰=③-⑦。

红面所测高差:⑱=④-⑧。

黑、红面高差之差:⑯=⑰-⑱±100=⑭-⑮。其中 100 为单、双号两根水准尺常数之差,以 mm 为单位。

高差中数:⑲ $=\frac{1}{2}$[⑰+⑱±100]。

2.4.4 三、四等水准测量成果处理

水准测量成果处理是根据已知点高程和水准路线的观测高差,求出待定点的高程值。前面介绍的水准测量成果处理方法是一种近似的成果处理方法,它不能用于三、四等水准测量的成果处理。因为《城市测量规范》(CJJ/T 8—2011)规定,各等级高程控制网应采用条件平差或间接平差进行成果计算,条件平差或间接平差是符合最小二乘数原理的严密平差的方法,因三、四等水准测量成果处理的方法已经超出本教材的范围,如果需要,可以使用平差计算软件如武汉大学测绘学院开发的“科傻”软件,南方测绘公司的“平差易”软件和启飞软件公司的“导线测量平差”软件进行计算。

2.5 微倾式水准仪的检验与校正

2.5.1 水准仪的轴线及其应满足的条件

如图 2-17 所示,水准仪的主要轴线有望远镜视准轴 CC、管水准器轴 LL,圆水准器轴 $L'L'$ 和仪器竖轴 VV。

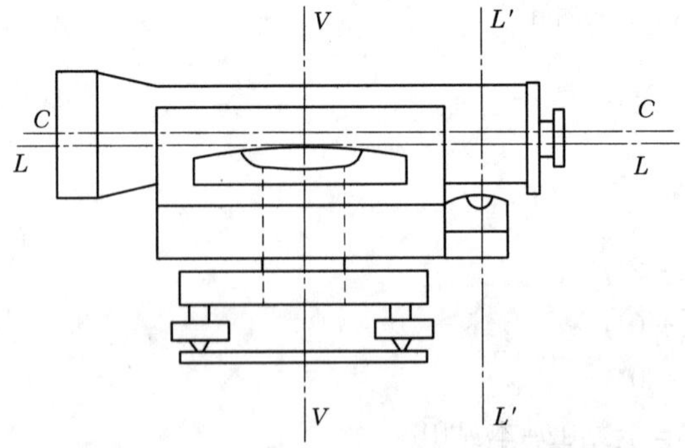

图 2-17 水准仪的轴线

为使水准仪能正确工作,水准仪的上述轴线应满足以下条件:

(1)圆水准器轴平行于竖轴,即 $L'L'//VV$;

(2)十字丝中横丝垂直于竖轴;

(3)管水准器轴平行于视准轴,即 $LL//CC$。

2.5.2 水准仪的检验与校正

仪器出厂前都经过严格检查,均能满足条件,但经过长期使用或震动,轴线间的关系会受到破坏。为此,测量之前必须对仪器进行检验和校正。

2.5.2.1 圆水准器的检验与校正

1. 检验目的

让仪器竖轴 VV 与基准线吻合。

2. 检验方法

首先用脚螺旋使圆水准器气泡居中,此时圆水准器轴 $L'L'$ 处于竖直位置,如图 2-18(a)所示,若仪器竖轴 VV 与 $L'L'$ 不平行,且夹角为 δ,也就是竖轴倾斜了 δ 角。将仪器绕竖轴 VV 旋转 180°,如图 2-18(b)所示,此时位于竖轴左边的圆水准器轴 $L'L'$ 不但不竖直,而且与基准线的夹角为 2δ,显然气泡不居中,说明仪器不满足 $L'L'//VV$ 的几何条件,需要校正。

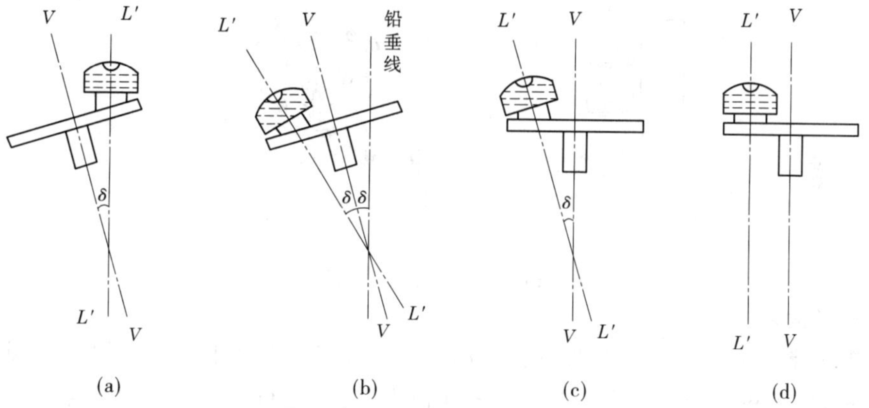

图 2-18 圆水准器轴检验与校正原理

3. 校正方法

首先调节脚螺旋让圆水准器气泡向中间移动偏移量的一半,此时仪器的竖轴已处于铅直位置,如图 2-18(c)所示,但圆水准器轴还处在倾斜位置;再稍松位于圆水准器下面中间部位的紧固螺丝,调整其周围的三个校正螺丝,如图 2-19 使气泡居中,如图 2-18(d)所示。此校正工作一般需反复进行,直到仪器旋转到任何位置时圆水准器气泡均居中为止,最后应注意旋紧紧固螺丝。

2.5.2.2 十字丝的横丝垂直于竖轴的检验与校正

1. 检验目的

读数方便、正确。

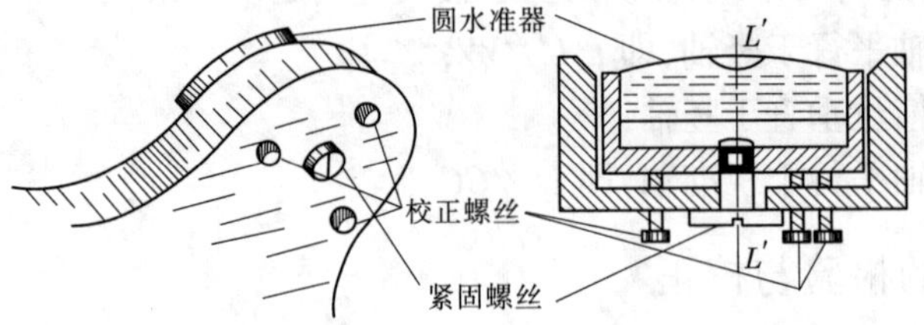

图 2-19　圆水准器的校正螺丝

2. 检验方法

首先安置好仪器，用十字丝横丝的一端对准一个明细的小点 P（见图 2-20(a)），然后固定制动螺旋，转动水平微动螺旋。如果目标点 P 沿横丝移动（见图 2-20(b)），则说明横丝垂直于竖轴 VV，不需要校正。否则，如图 2-20(d) 所示，则需要校正。

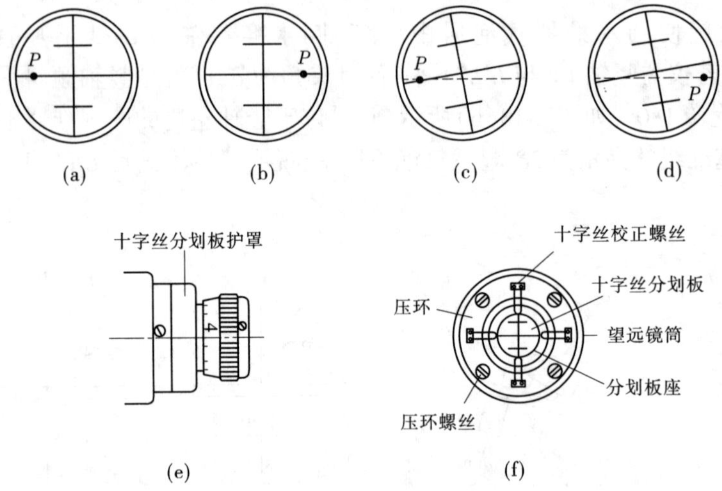

图 2-20　十字横丝的检验与校正

3. 校正方法

旋下十字丝分划板护罩（见图 2-20(e)），用螺丝刀松开四个压环螺丝（见图 2-20(f)），按横丝倾斜的反方向转动十字丝分划板组件，再进行检验。如果 P 点始终在横丝上移动，则表明横丝已经水平，最后拧紧四个压环螺丝。

2.5.2.3　管水准器轴平行于视准轴的检验与校正

1. 检验目的

让视线水平。

2. 检验方法

(1) 条件。在较平坦的地面上选 A、B 两点打上木桩，在木桩顶部按上图钉；用钢尺量取 AB 的长度，得其中点 C。

(2) 在 C 点安置水准仪，精确测定 A、B 两点的高差 h_{AB}，需进行测站检核，若两次测出的高差之差不超过 3 mm，则取其平均值 h_{AB} 作为最后结果。由于距离相等，两轴不平行的误差 x 可在高差计算中消除，故所得高差值不受视准轴误差的影响。如图 2-21 所示。

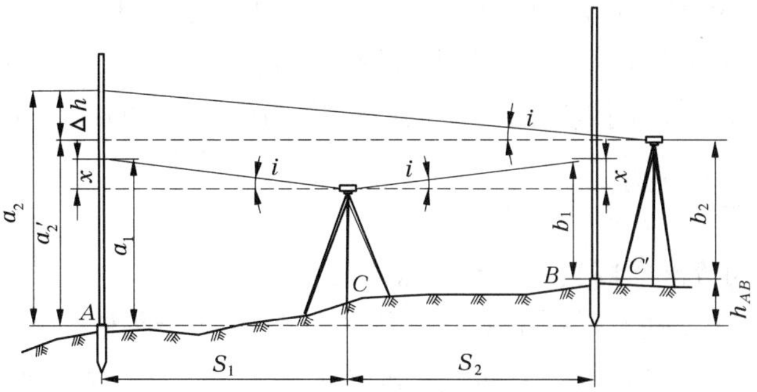

图 2-21　管水准器轴平行于视准轴的检验

(3)安置仪器于 B 点附近，离 B 点 2~3 m，精平后读得 B 点水准尺上的读数为 b_2，因仪器离 B 点很近，两轴不平行引起的读数误差可忽视不计。故根据 b_2 和 A、B 两点的正确高差 h_{AB} 算出 A 点尺上应有读数为

$$a_2 = b_2 + h_{AB}$$

然后，瞄准 A 点水准尺，读出中丝读数 a_2，如果与 a_2' 相等，则说明两轴平行；否则存在 i 角，其值为

$$i = \frac{\Delta h}{D_{AB}} \rho''$$

式中，$\Delta h = |a_2' - a_2|$，$\rho = 206\ 265''$。

对于 DS_3 级微倾水准仪，i 角值不得大于 20″，如果超限，则需要校正。

3. 校正方法

转动微倾螺旋使中丝对准 A 点尺上正确读数 a_2，此时视准轴处于水平位置，但管水准器气泡必然偏离中心。这时可用校正针稍松开管水准器一端的左右两颗校正螺丝，再拨动上、下两个校正螺丝，使气泡的两个半像符合，如图 2-22 所示。这项检验校正要反复进行，直至 i 角误差小于 20″，校正完毕再旋紧四颗螺丝。

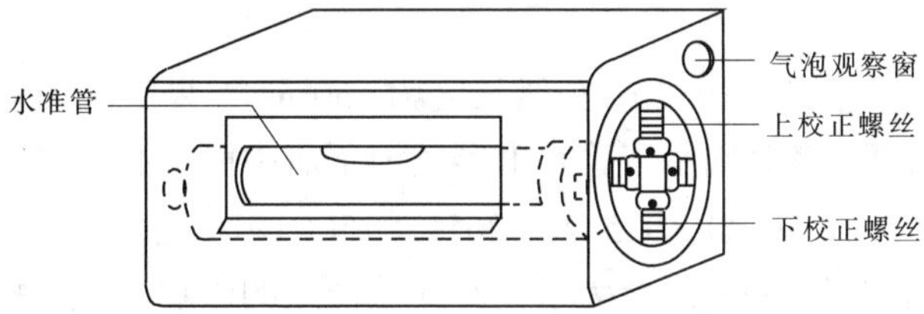

图 2-22　管水准器的校正

2.6　水准测量的误差及消减方法

在测量工作中，如果作业人员疏忽大意就容易发生错误，如读错、听错、写错、算错等，这也叫粗差。但是只要我们工作认真、仔细，这些错误是完全可以避免的。而观测仪器自身构造的不精确或检校的不完善，观测者感觉器官局限以及观测时外界各因素的干扰会

使得测量成果中总包含有误差,这是不可避免的。如何防止、减弱或消除各种误差,使我们的各项观测结果的精度提高、满足要求,是我们每一位测量工作者应该重视、研究的重要课题。下面我们对水准测量中的几项主要误差来源及消减的方法加以分析和研究。

2.6.1 仪器及工具误差

2.6.1.1 水准仪的管水准器轴不平行于视准轴

水准仪的管水准器轴不平行于视准轴是水准测量时的最主要误差,当管水准器气泡居中时,视准轴却处于倾斜位置,从而使水准尺上的读数产生误差。仪器离水准尺的距离越远,引起的误差也越大。对于这种误差的影响,只要在观测时尽可能地将仪器安置于前、后视水准尺的中间(中点法),即可减少此项误差。

2.6.1.2 水准尺误差

1. 水准尺刻划误差及尺长误差

水准尺表面刻划不准确、尺长变化或尺身弯曲等都会影响读数的精度,特别是当水准测量精度要求较高时对水准尺自身的精度要求也较高,对此项误差的消减方法是测量者对水准尺要进行检定,选用符合要求的水准尺。

2. 水准尺零点误差

水准尺长期使用会使底部钢片磨损或松动,这就相当于改变了水准尺的零点位置,这称为水准尺的零点误差。在测量过程中,如果以两根水准尺交替进行且使每一测段的测站数为偶数,就可以消减此项误差。

2.6.2 观测误差

2.6.2.1 管水准器气泡居中误差

在进行读数时,如果管水准器气泡没有精确居中,则管水准器轴将有一微小倾角,从而引起视准轴不水平而产生误差,这种误差在前、后视读数中一般不相等,也不能在计算时相互抵消。

例如,设管水准器分划值 $\tau=20''$,视线长度为 150 m,如果气泡偏离半格,装有符合水准器的水准仪精度提高 1 倍,则由于管水准器气泡不居中而引起的读数误差为

$$\delta_{居}=(0.5\times20''\times0.5/206\ 265'')\times150\times10^3\approx3.64(\text{mm})$$

这样大的误差是不允许的,因此为了消减此项误差的影响,要求每次读数前一定要使管水准器气泡严格居中,且气泡居中后应立即在水准尺上读数。

2.6.2.2 读数误差

读数误差是指在水准尺上估读毫米值的误差。此项误差与水准仪望远镜的放大倍率以及水准仪到水准尺的距离有关。由于一般人类分辨角度的极值为 60″,望远镜的放大倍率为 30 倍,视线长度为 150 m,由此引起的读数误差为

$$\delta_{读}=(60''/30/206\ 265'')\times150\times10^3\approx1.45(\text{mm})$$

减弱这一误差的影响只有通过控制视距,因此规范规定普通水准测量视距不能超过 150 m,四等水准测量视距不能超过 80 m,三等水准测量视距不能超过 65 m。

2.6.2.3 水准尺的倾斜误差

如果读数时水准尺倾斜，不论前倾、后仰其读数总比竖直时要大，此项误差与尺子倾斜程度以及视线高度有关。例如当尺子倾斜角为3°，尺上读数为2 m时(见图2-23)，此时将产生约2.7 mm的误差。因此，要想减弱此项误差，扶尺人就一定要认真地、尽量将尺子扶直，有些水准尺上安装有圆水准器，扶尺时要注意使圆水准器气泡居中，如没有圆水准器，特别是在读数超过2 m或在有一定坡度的山坡上扶尺，可将水准尺前后徐徐摇动，即摇尺法，观测者读取一个最小的读数。

2.6.3 外界因素的影响

2.6.3.1 地球曲率的影响

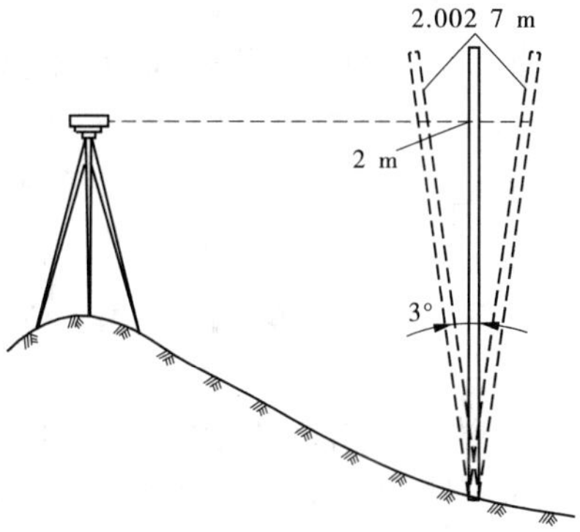

图2-23 水准尺倾斜误差

如图2-24所示，大地水准面是一个曲面，如果水准仪的视线与大地水准面平行，对A、B两地面点上水准尺的读数为a和b，那么正确的高差应为$h=a-b$；但观测时是利用水准仪提供的水平视线进行读数的，即应该是a'和b'，因此a'与a，b'与b之差就是受地球曲率影响而导致的误差。很显然，水准仪离水准尺距离越长，引起的误差也就越大。如果水准仪至A、B两点距离相等，即都等于D，则$a'-a=b'-b=c=D^2/2R$。于是，地球曲率的影响在计算高差时就可以相互抵消，即：$h=a'-b'=(a+c)-(b+c)=a-b$。可见，在水准测量时应尽量将水准仪安置于两根尺子中间(中点法)，可消减此项由于地球曲率的影响而带来的误差。

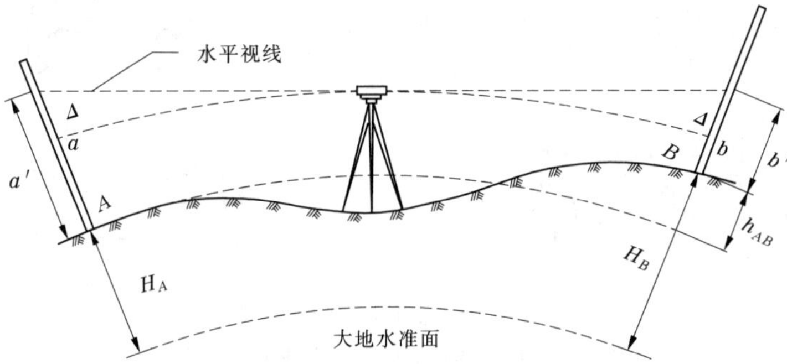

图2-24 地球曲率对水准测量的影响

2.6.3.2 仪器和尺垫的下降或上升的影响

在观测过程中，土质较松软和仪器、尺子自重的影响会导致仪器或尺垫下沉，从而使视线降低或抬高，使读数减小或增大。在一些施工现场当载重汽车从仪器和尺垫附近经过时往往可将仪器和尺垫抬高，使视线升高，从而造成读数的减小或增大。消减此类误差的方法是尽量将测站和转点选在土质较坚实的地方，踩实脚架和尺垫，尽快地进行观测，同时在每次读数后应将水准尺移离尺垫,待观测时再放上。

2.6.3.3 大气折光的影响

由于地面以上空气层的密度不均匀,而光线通过不同密度的空气层时,将会产生折射现象,称为大气折光。大气折光一般较小,可忽略不计,但在强烈的阳光直射下,地面的温度较高,靠近地面处的空气温度与密度的变化也较大,导致靠近地面处的大气折光的影响也较大,因此消减此项误差的方法是使视线距地面要有一定的高度,一般为 0.3 m 以上,另外对不同等级的水准测量,视线离开的高度应按规范中的规定实施。

2.6.3.4 阳光和温度的影响

当夏季强烈的阳光照射到水准仪上时,仪器中各部件会因受热不均匀而引起不规则的膨胀,从而导致仪器中各轴线之间位置关系不正确,使观测产生误差。因此,在夏季阳光强烈时,进行水准测量应注意撑伞遮阳,以防强烈阳光的直接照射。

2.7 自动安平水准仪

自动安平水准仪的特点是只有圆水准器,用自动补偿装置代替了管水准器和微倾螺旋,使用时只要水准仪的圆水准器气泡居中,使仪器粗平,十字丝读数便是视准轴水平的读数。由于无须精平、操作简单,可以大大加快水准测量的速度,另外减少了外界条件(如地面微小震动,仪器的不规则下沉,风力和温度变化)对测量成果的影响,从而提高了水准测量的精度,因此自动安平水准仪在各种精度等级的水准测量中应用越来越普及,并将逐步取代微倾式水准仪。图 2-25 为北京博飞公司生产的 DZS_3 型自动安平水准仪。

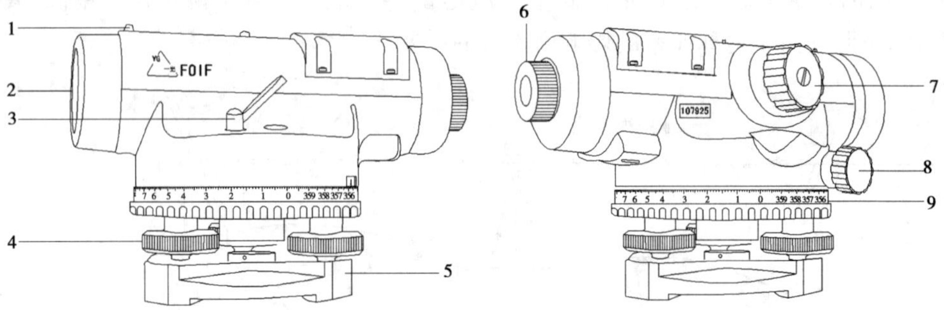

1—准星;2—物镜;3—圆水准器反光镜;4—脚螺旋;
5—基座;6—目镜;7—物镜调焦螺旋;8—水平微动螺旋;9—刻度盘

图 2-25 苏一光 DZS_3 自动安平水准仪

自动安平的原理如图 2-26 所示。当视准轴水平时,设在水准尺上的正确读数为 a,因为没有管水准器和微倾螺旋,依据圆水准器将仪器粗平后,视准轴相对于水平面将有微小的倾斜角 α。如果没有补偿器,此时在水准尺上的读数设为 a';当在物镜和目镜之间设置有补偿器后,进入十字丝分划板的光线将全部偏转 β 角,使来自正确读数 a 的光线经过补偿器后正好通过十字丝分划板的横丝,从而读出视线水平时的正确读数。

自动安平水准仪的使用与微倾式水准仪的基本操作大致相同。首先利用脚螺旋使圆

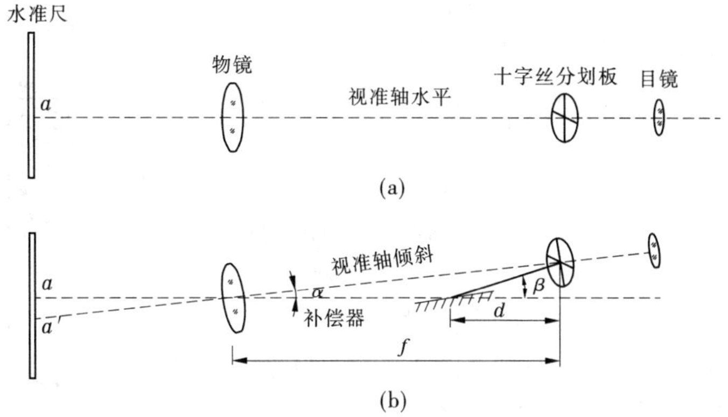

图 2-26　自动安平的原理

水准器气泡居中，然后将望远镜瞄准水准尺，即可直接用十字丝横丝进行读数。为了检查补偿器是否起作用，可稍微转动一下脚螺旋，看尺上读数是否有变化，如尺上读数无变化，则说明补偿器处于正常的工作状态，否则要进行修理。另外，补偿器中的金属吊丝相当脆弱，使用时要防止剧烈震动和保证仪器正直，以免损坏。

2.8　精密水准仪与精密水准尺

图 2-27 是徕卡公司新 N3 微倾式精密水准仪。精密水准仪主要用于国家一、二等水准测量和高精度的工程测量，例如建筑物、构筑物的沉降观测，大型桥梁工程的施工测量和大型精密设备安装的水平基准测量等。

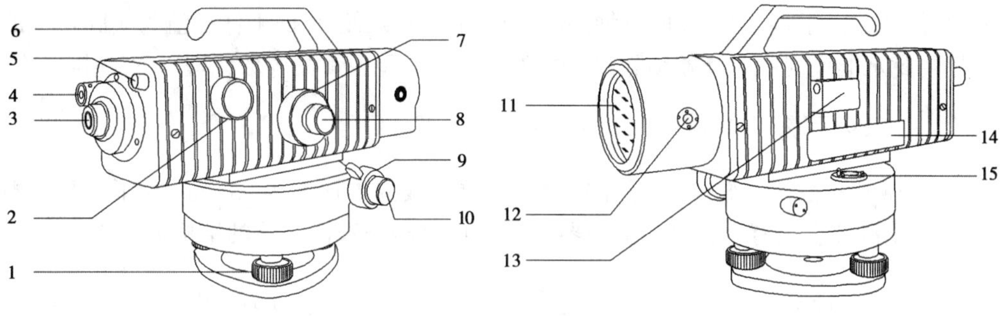

1—脚螺旋；2—物镜调焦螺旋；3—目镜；4—测微尺与管水准器气泡观察窗；5—微倾螺旋行程指示器；6—手柄；7—平板玻璃测微螺旋；8—微倾螺旋；9—制动螺旋；10—微动螺旋；11—物镜；12—平板旋转轴；13—圆水准器观察装置；14—管水准器照明窗口；15—圆水准器

图 2-27　徕卡公司新 N3 微倾式精密水准仪

2.8.1　精密水准仪的特点

与 DS_3 普通水准仪相比，精密水准仪的特点如下：①望远镜的放大倍数大，分辨率高，如规范要求 DS_1 不小于 38 倍，DS_{05} 不小于 40 倍；②管水准器分划值为 10″/2 mm，精平精度高；③望远镜的物镜有效孔径大，亮度好；④望远镜外表材料一般采用受温度变化小的因瓦合金钢,以减小环境温度变化的影响;⑤采用平板玻璃测微器读数,读数误差小;⑥配备精密水准尺。

2.8.2　精密水准尺(因瓦水准尺)

精密水准尺是在木质尺身的凹槽内引张一根因瓦合金钢带,其中零点端固定在尺身上,另一端用弹簧以一定的拉力将其引张在尺身上,以使因瓦合金钢带不受尺身伸缩变形的影响。长度分划在因瓦合金钢带上,数字注记在木质尺身上,精密水准尺的分划值有 10 mm 和 5 mm 两种。图 2-28(a)为徕卡公司生产的与新 N3 精密水准仪配套的精密水准尺。因为新 N3 的望远镜为正像望远镜,所以水准尺上的注记也是正立的。水准尺全长约 3.2 m,在因瓦合金钢带上刻有两排分划,右边一排分划为基本分划,数字注记从 0 到 300 cm,左边一排分划为辅助分划,数字注记从 300 cm 到 600 cm,基本分划与辅助分划的零点相差一个常数 301.55 cm,称为基辅差或尺常数。水准测量作业时,用以检查读数是否存在粗差。

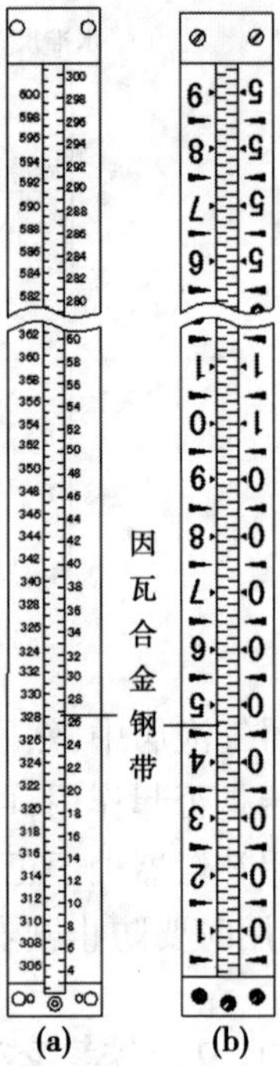

图 2-28　精密水准尺

图 2-28(b)为蔡司公司生产的与 Ni004 精密水准仪配套的精密水准尺,国产精密水准仪也使用这种水准尺。因为 Ni004 的望远镜为倒像望远镜,所以水准尺上的注记是倒立的。水准尺的分划值为 0.5 cm,只有基本分划而无辅助分划,左边一排分划为奇数值,右边一排分划为偶数值;右边注记为 m 数,左边注记为 dm 数;小三角形表示半 dm 数,长三角形表示半 dm 起始线。由于将 0.5 cm 的分划间隔注记为 1 cm,所以尺面上注记值为实际长度的 2 倍,故用此水准尺观测的高差须除以 2 才等于实际高差值。其读数原理与 N3 相同。

2.8.3　徕卡公司新 N3 精密水准仪及其读数原理

新 N3 微倾式精密水准仪,每千米往返测高差中数的中误差为±3 mm,为了提高读数精度,精密水准仪上设有平板玻璃测微器,新 N3 的平板玻璃测微器的结构见图 2-29。

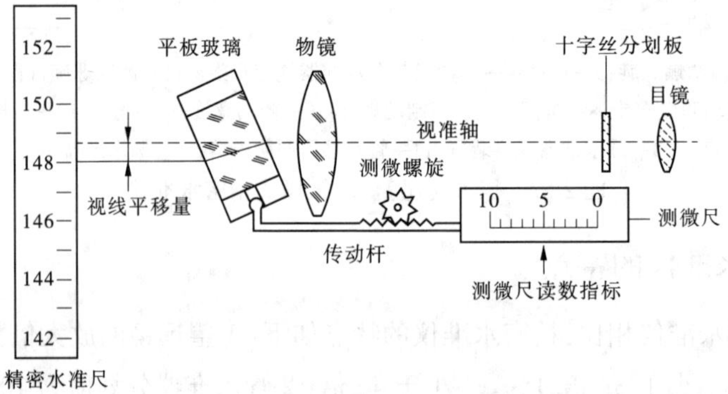

图 2-29　新 N3 微倾式精密水准仪的平板玻璃测微器结构

新 N3 的平板玻璃测微器由平板玻璃、测微尺、传动杆和测微螺旋等构件组成。平板玻璃安装在物镜前，它与测微尺之间用带有齿条的传动杆连接，当旋转测微螺旋时，传动杆带动平板玻璃绕其旋转轴做偏低倾斜。视线经过倾斜的平板玻璃时，产生上下平行移动，可以使原来并不对准水准尺上某一分划的视线能够精确对准某一分划，从而读到一个整分划读数（见图 2-29 中的 148 cm 分划），而视线在尺上的平行移动量则由测微尺记录下来，测微尺的读数通过光路成像在测微尺读数窗内。旋转新 N3 的平板玻璃，可以产生的最大视线平移量为 10 mm，它对应测微尺上的 100 个分格，因此测微尺上 1 个分格等于 0.1 mm。将标尺上的读数加上测微尺上的读数，就等于标尺的实际读数。如图 2-30 所示的读数为 148+0.655=148.655 cm=1.486 55 m。

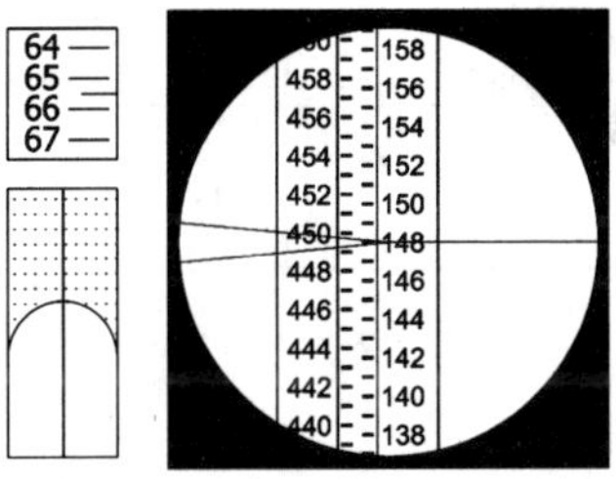

测微尺与管水准器气泡观察窗视场　　望远镜视场

图 2-30　新 N3 微倾式精密水准仪的望远镜视场

2.9　数字水准仪和条码水准尺

与光学水准仪比较，数字水准仪的特点如下：

（1）用自动电子读数代替人工读数，不存在读错、记错等问题，没有人为读数误差。

（2）精度高，多条码（等效为多分划）测量，削弱标尺分划误差，自动多次测量，削弱外界环境变化的影响。

（3）速度快、效率高，实现自动记录、检核、处理和存储，可实现水准测量从外业数据采集到最后成果计算的内外业一体化。

（4）数字水准仪一般是设置有补偿器的自动安平水准仪，当采用普通水准尺时，数字水准仪又可当作普通自动安平水准仪使用。

2.9.1　数字水准仪的原理

数字水准仪又称电子水准仪，它是以自动安平水准仪为基础，在望远镜光路中增加了分光镜和探测器（CCD），并采用条码标尺和图像处理电子系统构成的光机电测一体化的高科技产品。当前电子水准仪采用了相关法（徕卡）、几何法（蔡司）、相位法（拓普康）三种自动电子读数方法。采用普通标尺时，又可像一般自动安平水准仪一样使用。徕卡数字水准仪测量原理见图 2-31。

2.9.2 条码水准尺

与数字水准仪配套的条码水准尺一般为因瓦带尺、玻璃钢或铝合金制成的单面尺或双面尺,形式有直尺和折叠尺两种,规格有 1 m、2 m、3 m、4 m、5 m 几种,尺子的分划一面为二进制伪随机码分划线(配徕卡仪器)或规则分划线(配蔡司仪器),其外形类似于一般商品外包装上印制的条纹码,图 2-32 为与徕卡数字水准仪配套的条码水准尺,它用于数字水准测量;双面尺的另一面为长度单位的分划线,用于普通水准测量。

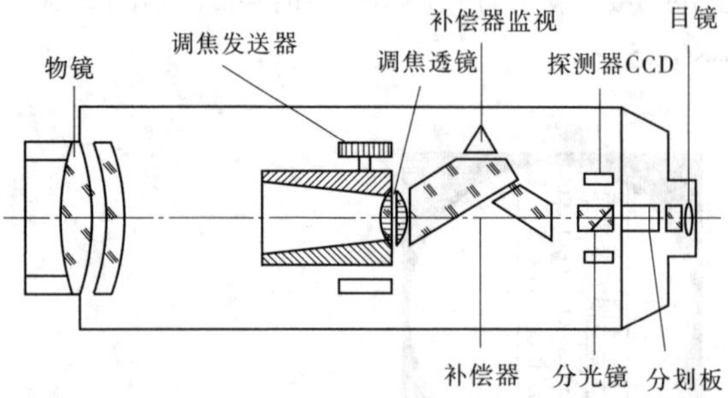

图 2-31 徕卡数字水准仪测量原理

图 2-32 条码水准尺

2.9.3 徕卡 DNA03 中文精密数字水准仪简介

1990 年,徕卡公司在世界上首次推出了第一代精密数字水准仪 NA3003,现在又在 NA3003 的基础上推出了第二代精密数字水准仪 DNA03(见图 2-33)。其中销往中国市场的 DNA03 的显示界面全部为中文,同时内置了适合我国测量规范的观测程序。DNA03 的主要技术参数如下。

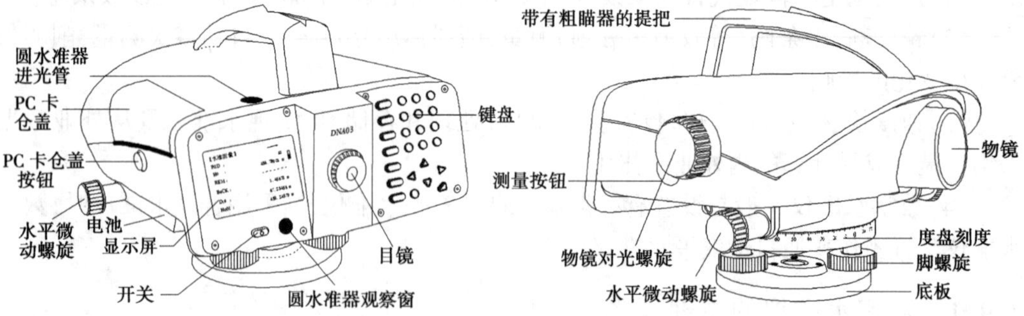

图 2-33 徕卡公司 DNA03 中文精密水准仪

精度:0.3 mm/km(采用因瓦水准尺)。

最小读数:0.01 mm。

测距精度:1 cm/20 m。

内存:可以存储 1 650 组测站数据或 6 000 个测量数据。

补偿器:磁性阻尼补偿器。

补偿范围:±8′。

补偿精度:±0.3″。

单次测量时间:3 s 。

GEB 电池:连续测量 12 h。

仪器通过 RS232C 接口与计算机通信。为确保外业观测数据的安全,DNA03 上还有一个与普通数码相机通用的 PCMCIA 闪存卡插槽,可以插入下个 PCMCIA 卡备份内存中的观测数据。

2.10 Leica Sprinter250 m 电子水准仪

Leica Sprinter250 m 电子水准仪(见图 2-34)特点介绍如下。

2.10.1 与传统仪器相比具有的特点

(1)读数客观。不存在误差、误记问题,没有人为读数误差。

(2)精度高。视线高和视距读数都是采用大量条码分划图像经处理后取平均得出来的,因此削弱了标尺分划误差的影响。多数仪器都有进行多次读数取平均的功能,可以削弱外界条件影响。不熟练的作业人员也能进行高精度测量。

(3)速度快。由于省去了报数、听记、现场计算的时间以及人为出错的重测数量,测量时间与传统仪器相比可以节省 1/2 左右。

(4)效率高。只需调焦和按键就可以自动读数,减轻了劳动强度。视距还能自动记录、检核,处理并能输入电子计算机进行后处理,可实现内外业一体化。

2.10.2 Leica Sprinter250 m 电子水准仪的特点和参数

(1)电子记录无转录错误。

(2)支持国家二等、三等、四等多种测量方式。

(3)挖方和填方。

(4)内存 3 000 个点。

(5)使用 USB 口将数据直接导出 Excel 表格文件。

(6)输出各等级水准测量报表。

(7)垂直精度 0.7 mm,水平精度 $D\times0.001$。

(8)磁阻尼补偿器范围±10′。

(9)防水防尘 IP55。

(10)质量小于 2.5 kg。

2.10.3 Leica Sprinter250 m 电子水准仪的按键及功能

Leica Sprinter250 m 按键及功能如图 2-35、表 2-5 所示。

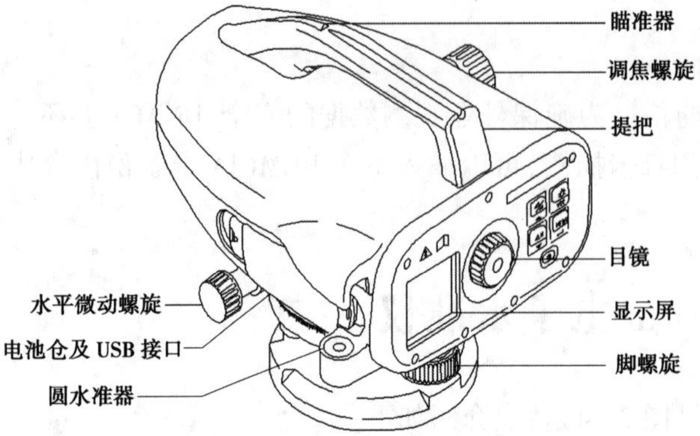

图 2-34　Leica Sprinter250 m 电子水准仪

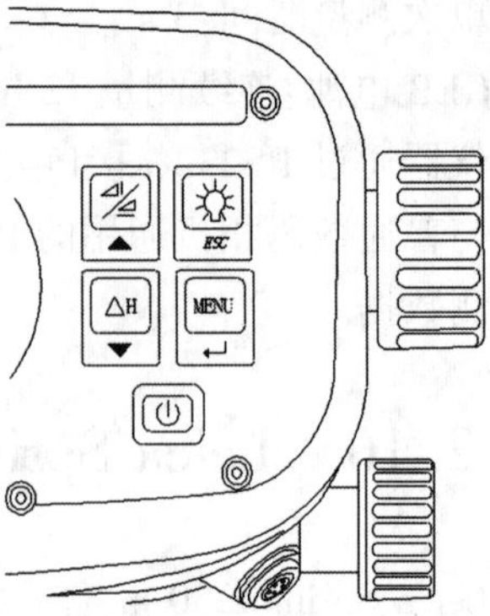

图 2-35　Leica Sprinter250 m 按键

表 2-5　按键及功能

按键	第一功能	第二功能
(开关)	电源开关	无
(测量)	测量键	按住此键 3 s 用来启动或停止跟踪测量/延迟测量
(高程/距离)	距离和高程之间切换	光标向上移(在菜单/设置模式下有效),在线水平 BIF 程序下,在中间瞄准 I 和前视 F 之间切换
(高差)	高差和水平测量	光标向下移(在菜单/设置模式下有效)
(菜单)	激活并选择设置	回车键用于确认设置
(背景照明)	LCD 背景照明	ESC 中断退出程序或退出设置(在菜单/设置模式下有效)

2.10.4　测量图标及数据显示图标

测量图标及数据显示图标和表示的含义见表 2-6。

表 2-6　图标和表示的含义

	LCD 背景灯开启		电池容量图标		标尺高度测量
	垂直标尺测量模式		数据保存到内存		测量距离
	标尺倒立测量模式		倾斜警告关	dH:	BFFB 的平均高差
	连接外接电源	$\overline{X}$	平均值测量开启		填方/提高到设计高程
	挖方和填方		仪器待机和延迟器启动		挖方/降低到设计高程

2.10.5　菜单设置

菜单设置见表 2-7。

表 2-7　菜单设置

菜单	选项	功能
1. 程序	水准路线测量	1. 二等水准、2. 三等水准、3. 四等水准、4. BIF、5. BF、6. BFFB
	挖↘和填↗	设定基点名及基点高程(进入菜单改变设定)
2. 支点	无	
3. 输入点号	输入后视点点名	
4. 输入基准高 H_0	输入后视点高程	
5. 输入设计高 H	在“挖↘和填↗”中有效	
6. 数据管理	查看数据	
	下载数据	将内存中的数据传输到 PC 上,格式为 GSI或 ASCII
	删除全部数据	删除所有储存的数据/内存记忆
7. 记录	内在	将测量结果储存在仪器里
	关	不储存测量数据
	外接	测量结果通过数据线以 GSI-8 的格式储存于外部设备
8. 检校	校正程序	
9. 倒尺测量	开,关,自动	开(倒立),关(正立),自动(自动识别标尺的方向)
10. 设置	对比度	LCD 显示屏对比度设定(10 个级别)
	单位	单位设定(M,Int,ft,US)
	自动关机	ON 15 min,OFF。(ON 15 min,在 15 min 无按键的情况下仪器自动关机;OFF,仪器不自动关机)
	小数位数	标准:高度为 0.001 m,距离为 0.01 m。精确:高度为 0.000 1 m,距离为 0.001 m
	蜂鸣	设置按键音(开/关)
	RS232	通信接口设置(波特率、奇偶性、停止位、数据位)
	倾斜告警	电子倾斜提示设置(开/关)
	背景光	背景光设置(开/关)
	积值	输入的测量次数的数据平均值
	语言	设置界面语言
	Timer	输入测量停止的时间(只适用于高度和距离测量)

2.10.6　程序说明

程序选项及含义见表 2-8。

表 2-8　程序选项及含义

程序	显示	备注
二等水准测量方法	BFFB　BFFB　BFFB　BFFB　菜单 FBBF　FBBF　FBBF　FBBF　菜单	后视→前视→前视→后视 前视→后视→后视→前视
三等水准测量方法	BFFB　BFFB　BFFB　BFFB　菜单	后视→前视→前视→后视
四等水准测量方法	BBFF　BBFF　BBFF　BBFF　菜单	后视→后视→前视→前视
一般 BF 水准方法	BF　BF	后视→前视
间视 BIF 测量方法	BIF　BIF　BIF	后视→间视→前视
BFFB 水准测量方法	BFFB　BFFB　BFFB　BFFB　BFFB	后视→前视→前视→后视
挖↘和填↗		

2.10.7　线路测量操作

2.10.7.1　水准读数与水平距离测量

为了确保测量结果的精度，将仪器瞄准条形码标尺的中间（见图 2-36），然后对标尺目镜和物镜调焦。水准读数与水平距离测量流程见图 2-37。

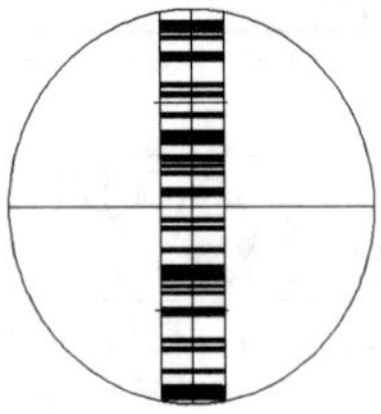

图 2-36　条形码及瞄准

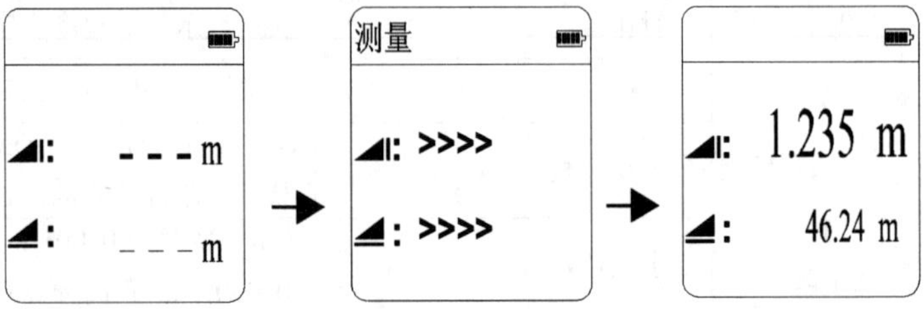

图 2-37　水准读数与水平距离测量流程

2.10.7.2　高程和水平距离测量

高程和水平距离测量流程见图 2-38。

2.10.7.3　挖方和填方测量（只操作填方）

挖方和填方测量流程见图 2-39。

2.10.7.4　间视法（BIF）水准测量

间视法（BIF）水准测量流程见图 2-40。

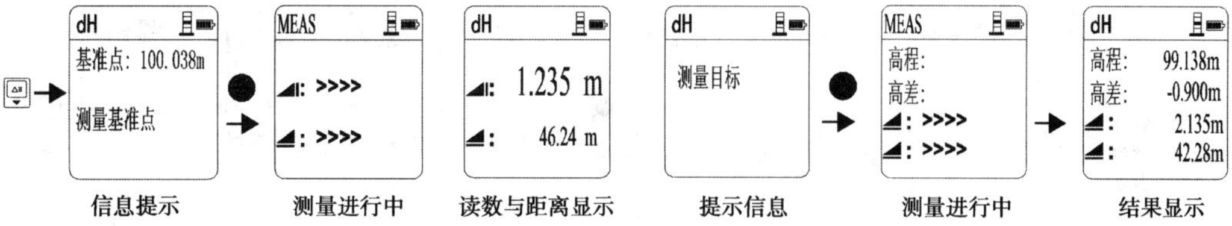

图 2-38　高程和水平距离测量流程

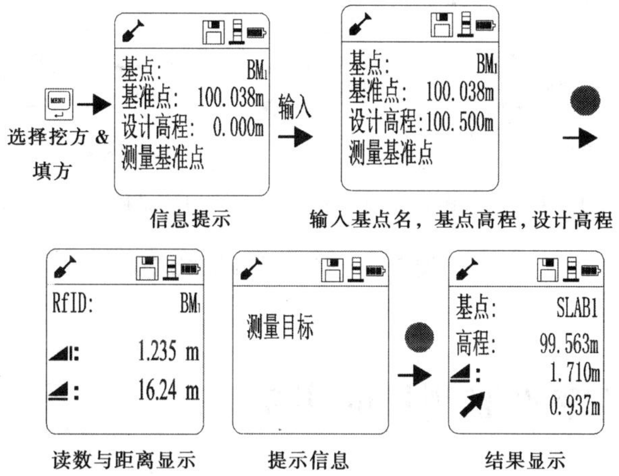

图 2-39　挖方和填方测量流程

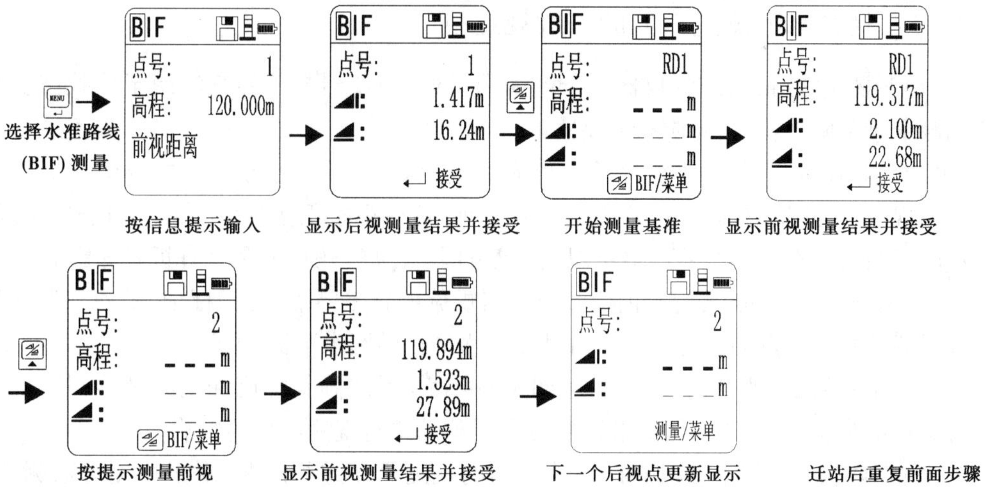

图 2-40　间视法(BIF)水准测量流程

2.10.7.5　二等(BFFB、FBBF)水准测量

二等(BFFB、FBBF)水准测量流程见图 2-41。

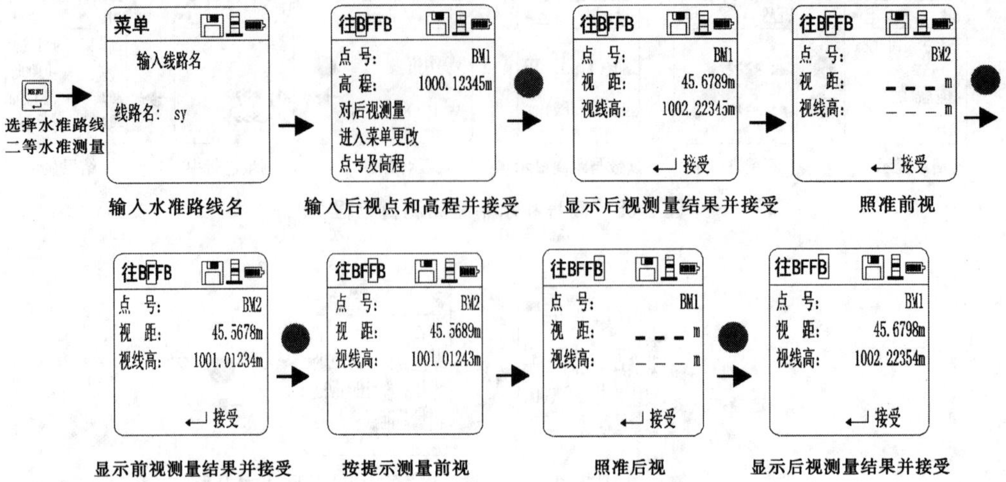

图 2-41　BFFB 水准测量流程

（FBBF 操作与 BFFB 完全一样）

2.11　精密水准测量的实施

精密水准测量一般指国家一、二等水准测量，在各项工程的不同建设阶段的高程控制测量中，极少进行一等水准测量，故以二等水准测量为例来说明精密水准测量的实施。

2.11.1　精密水准测量作业的一般规定

(1)观测前 30 min，应将仪器置于露天阴影处，使仪器与外界气温趋于一致；观测时应用测伞遮蔽阳光；迁站时应罩上仪器罩。

(2)仪器距前、后视水准标尺的距离应尽量相等，其差应小于规定的限值；二等水准测量中规定，一测站前、后视距差应小于 1 m，前、后视距累积差应小于 3 m。这样，可以消除或削弱与距离有关的各种误差对观测高差的影响，如 i 角误差和垂直折光等影响。

(3)对气泡式水准仪，观测前应测出倾斜螺旋的置平零点，并做标记，随着气温变化，应随时调整置平零点的位置。对于自动安平水准仪的圆水准器，须严格置平。

(4)同一测站上观测时，不得两次调焦；转动仪器的倾斜螺旋和测微螺旋，其最后旋转方向均应为旋进，以避免倾斜螺旋和测微器隙动差对观测成果的影响。

(5)在两相邻测站上，应按奇、偶数测站的观测程序进行观测，对于往测奇数测站按“后—前—前—后”、偶数测站按“前—后—后—前”的观测程序在相邻测站上交替进行。返测时，奇数测站与偶数测站的观测程序与往测时相反，即奇数测站由前视开始，偶数测站由后视开始。这样的观测程序可以消除或减弱与时间成比例均匀变化的误差对观测高差的影响，如 i 角的变化和仪器的垂直位移等影响。

(6)在连续各测站上安置水准仪时，应使其中两脚螺旋与水准路线方向平行，而第三脚螺旋轮换置于路线方向的左侧与右侧。

(7)每一测段的往测与返测,其测站数均应为偶数,由往测转向返测时,两水准标尺应互换位置,并应重新整置仪器。在水准路线上每一测段仪器测站安排成偶数,可以削减两水准标尺零点不等差等误差对观测高差的影响。

(8)每一测段的水准测量路线应进行往测和返测,这样可以消除或减弱性质相同、正负号也相同的误差影响,如水准标尺垂直位移的误差影响。

(9)一个测段的水准测量路线的往测和返测应在不同的气象条件下进行,如分别在上午和下午观测。

(10)使用补偿式自动安平水准仪观测的操作程序与微倾式水准仪相同。观测前对圆水准器应严格检验与校正,观测时应严格使圆水准器气泡居中。

(11)水准测量的观测工作间歇时,最好能结束在固定的水准点上,否则,应选择两个坚稳可靠、光滑突出、便于放置水准标尺的固定点作为间歇点加以标记,间歇后,应对两个间歇点的高差进行检测,检测结果如符合限差要求(对于二等水准测量,规定检测间歇点高差之差应 ≤1.0 mm),就可以从间歇点起测。若仅能选定一个固定点作为间歇点,则在间歇后应仔细检视,确认没有发生任何位移,方可由间歇点起测。

2.11.2 精密水准测量观测程序

往测时,奇数测站照准水准标尺分划的顺序为:"后—前—前—后";偶数测站照准水准标尺分划的顺序为:"前—后—后—前"。返测时,奇、偶数测站照准标尺的顺序分别与往测偶、奇数测站相同。

2.12 高程测设的方法

高程测设的任务是,将设计高程测设在指定桩位上。高程测设主要在平整场地、开挖基坑、定路线坡度和定桥台桥墩的设计标高等场合使用。高程测设的方法有水准测量法和全站仪三角高程测量法,水准测量法一般采用视线高程法进行测设。

如图2-42所示,已知水准点 A 的高程为 $H_A=12.345$ m,欲在 B 点测设出某建筑物的室内地坪高程为 $H_B=13.456$ m。将水准仪安置在 A、B 两点的中间位置,在 A 点竖立水准尺,读取 A 尺上的读数设为 $a=1.567$ m,则水准仪的视线高程为

$$H_i = H_A + a = 12.345 + 1.567 = 13.912(\mathrm{m})$$

在 B 点竖立水准尺,设水准仪瞄准 B 尺的读数为 b,则 b 应满足方程 $H_B=H_i-b$,由此求出 b 为

$$b = H_i - H_B = 13.912 - 13.456 = 0.456(\mathrm{m})$$

用逐渐打入木桩或在木桩一侧画线的方法,使立在 B 点桩位上的水准尺读数为0.456 m。此时,B 点的高程就等于欲测设的高程13.456 m。

在建筑设计图纸中,建筑物各构件的高程都是以室内地坪为零高程面进行的,即建筑物内的高程系统是相对高程系统,一楼室内地坪的标高是±0.000。

当欲测设的高程与水准点之间的高差很大时,可以用悬挂钢尺来代替水准尺进行测设。如图2-43所示,水准点 A 的高程已知,为了要在深基坑内测设出设计高程 H_B,在深

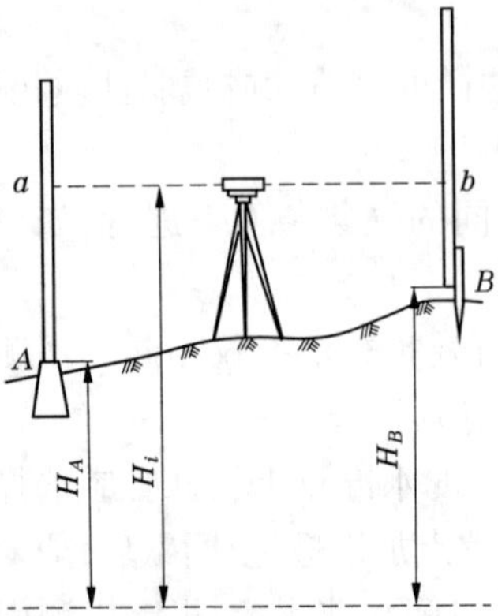

图 2-42 视线高程法测设高程

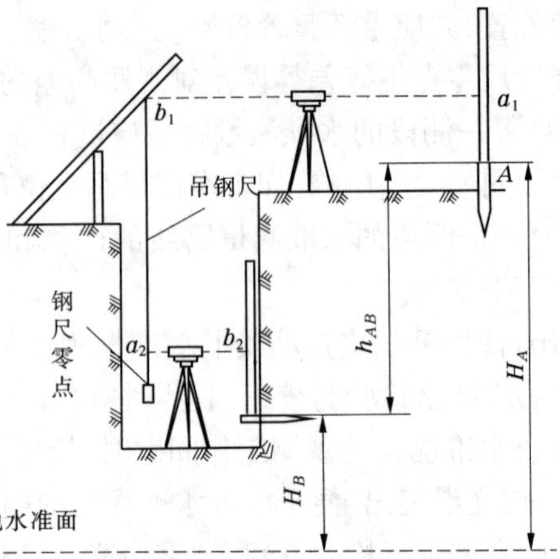

图 2-43 测设深基坑内的高程

基坑一侧悬挂钢尺(尺的零端在下,并挂一个重量约等于钢尺检定时拉力的重锤)代替一根水准尺。先在地面上的图示位置安置水准仪,读取 A 点水准尺上的读数为 a_1,钢尺上的读数为 b_1;将水准仪移至基坑内安置在图示位置,读取钢尺上的读数为 a_2,假设 B 点水准尺上的读数为 b_2,则有下列方程成立

$$H_B - H_A = h_{AB} = (a_1 - b_1) + (a_2 - b_2) \tag{2-13}$$

由此解出 b_2 为

$$b_2 = a_2 + (a_1 - b_1) - h_{AB} \tag{2-14}$$

用逐渐打入木桩或在木桩一侧画线的方法,使立在 B 点桩位上的水准尺读数为 b_2。此时,B 点的高程就等于欲测设的高程 H_B。

下面介绍坡度线的测设。

已知坡度线的测设就是在目标区域测定一条直线,使其坡度值等于设计坡度。在交通线路建设、城市管线敷设等工作中经常涉及该问题。

测设坡度线通常有两种方法,即水平视线法和倾斜视线法。当设计坡度不太大时,可采用水准仪水平视线法;当设计坡度较大时,可采用经纬仪或全站仪倾斜视线法。

坡度 i_{AB} 是直线段 AB 两端点的高差 h_{AB} 与其水平距离 d_{AB} 之比,即 $i_{AB}=h_{AB}/d_{AB}$。由于高差有正有负,所以坡度也有正负,在路线前进方向坡度上升时 i_{AB} 为正,反之为负。常以百分率或千分率表示坡度,如 $i_{AB}=+2‰$(升坡),$i_{AB}=-2‰$(降坡)。

如图 2-44 所示,A、B 分别为设计坡度线的起始点和终点,其设计高程分别为 H_A 和 H_B,AB 间的距离设为 D。沿 AB 方向测设坡度为 i_{AB} 的坡度线的方法(水平视线法)和步骤如下:

(1)首先在 AB 间按一定的间隔在地面上标定出中间点 1、2、3 的位置,分别量取每相邻两桩间的距离为 d_1、d_2、d_3、d_4,AB 间的距离 D 即为 d_1、d_2、d_3、d_4 的和。

(2)计算每一个桩点的设计高程,计算式为 $H_{设}=H_A+i_{AB}d_i$(d_i 即为 A 点和桩点间的距离,例如计算 2 点的设计高程时,计算式中的 d_i 即为 d_1 与 d_2 的和)。

(3)安置水准仪,读取 A 点水准尺后视读数 a,则水准仪的视线高 $H_{视}=H_A+a$,再算出

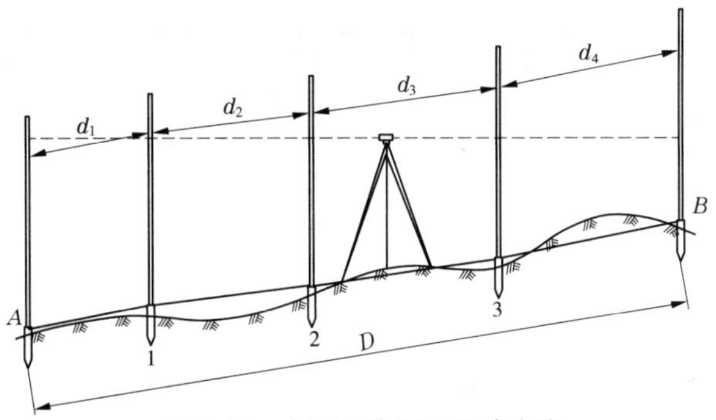

图 2-44 水平视线法测设坡度线

每一个桩点水准尺的应读前视读数 b,计算式为 $b=H_{视}-H_{设}$。

(4)按测设高程的方法,指挥测量立尺人员,分别使水准仪的水平视线在水准尺读数刚好等于各桩点的应读前视读数 b 时做出标记,则桩标记连线即为设计坡度线。

思考与练习题

1. 名词解释:视准轴、管水准器轴、管水准器分划值、转点、水准点、视线高、十字丝视差。

2. 水准仪有哪些操作螺旋?各起什么作用?

3. 在水准测量中,尺垫的作用是什么?在什么点上应放置?在什么点上不应放置?

4. 正确使用水准仪有哪些操作步骤?请简述各操作步骤的要点。

5. 何谓视差?视差产生的原因是什么?它对测量成果有无影响?应如何消除?

6. 在水准测量中,为什么要求每一测站的后视、前视距离应尽可能相等?

7. 试述水准仪的各轴线的几何关系,其中哪项关系最为重要?

8. 水准测量的主要误差有哪些?分别应采取什么方法和措施加以消减?

9. 在水准测量中,当在一测站上读完后视读数后,转动望远镜瞄准前视尺时,圆水准器气泡有少许的偏移。请问此时是否需要重新转动脚螺旋使圆水准器气泡居中,然后精平,消除视差,读取前视读数?为什么?

10. 表 2-9 为一附合水准路线的观测成果,试在表格中或使用 Excel 计算 A、B、C 三点的高程。

11. 已知 A 点高程 $H_A=28.265$ m,附近有一 B 点为待测点。现将水准仪安置于 A、B 两点间,视线水平,消除视差后,分别读取 A 点尺上读数为 1.436 m,B 点尺上读数为 0.943 m,试绘出示意图并计算出 h_{AB} 和 H_B。

12. 试述三、四等水准测量在每个测站上的观测方法,以及在一个测站上的主要限差规定。

13. 试将图 2-45 两站四等水准测量的观测数据正确填入表格内,如符合四等水准测量的观测要求,试计算出两站的高差,并根据已知点 A 的高程计算出 B 点高程。$H_A=26.432$ m。

表 2-9

点名	测站数	观测高差 h_i(m)	改正数 V_i(m)	改正后高差 h_i'(m)	高程 H(m)
$BM_{Ⅳ-1}$					**123.456**
	9	−4.769			
A					
	7	3.387			
B					
	5	−4.134			
C					
	11	−7.789			
$BM_{Ⅳ-2}$					**125.678**
Σ					
辅助计算	f_h =		$f_{h容}$ =		

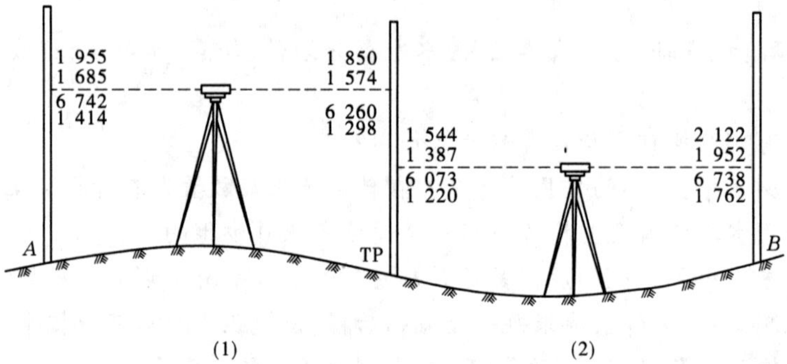

图 2-45

第 3 章　角度测量

【本章提要】

本章主要介绍了角度测量的概念、原理和方法，DJ_6 型光学经纬仪的构造、使用方法和检验校正，以及角度测量误差的来源和消减方法，最后介绍了电子经纬仪的测量方法和水平角的测设方法。

3.1　角度测量原理

在测量工作中，为了确定地面点的位置，往往需要测量两种不同的角度，即水平角和天顶距(或竖直角)，角度测量所用的仪器为经纬仪。角度测量是测量的基本工作之一。为此，我们必须先搞清楚各角度的概念以及测量角度的原理。

3.1.1　水平角的概念及测量原理

地面上两条相交直线垂直投影在水平面上的夹角，称为水平角，一般用 β 表示。如图 3-1 所示，设 A、O、B 为地面上任意三点，将三点沿铅垂线方向投影到水平面上得到 A'、O'、B' 三点，则直线 $O'A'$ 与直线 $O'B'$ 的夹角 β 即为地面上 OA 与 OB 两方向线间的水平

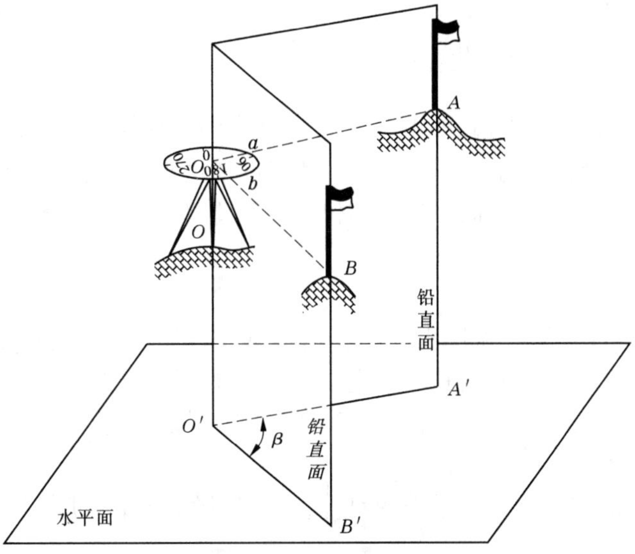

图 3-1　水平角测量原理

角。为了测量水平角,应在过 O 点的上方水平地安置一个有刻度的圆盘,称为水平度盘;水平度盘的中心应位于过 O 点的铅垂线上;另外,经纬仪还必须有一个能够瞄准远方目标的望远镜;望远镜应可以在水平面和铅垂面内旋转,通过望远镜分别瞄准高低不同的目标 A 和 B,如其在水平度盘上的相应读数为 A 和 B,则水平角为

$$\beta = b - a \tag{3-1}$$

3.1.2　天顶距的概念及测量原理

在同一竖直平面内视线与水平线之间的夹角就称为竖直角,通常用 α 表示。视线在水平线上方的称为仰角,角值为正;视线在水平线下方的称为俯角,角值为负。而在同一竖直平面内视线与天顶方向之间的夹角,则称为天顶距,通常用 Z 表示。

在测量工作中,竖直角和天顶距往往只需测出一个即可。为了方便、快捷,在测量时一般只测量天顶距。要测量天顶距,经纬仪必须在铅垂面内安置一个有刻度的圆盘,称为竖直度盘或竖盘。竖直角也是两个方向在度盘上的读数之差,与水平角不同的是,其中有一个是铅直指向天顶的。天顶方向的读数可以通过竖盘指标管水准器或竖盘指标自动补偿装置来确定;经纬仪设计时,一般使视线水平时的竖盘读数为 90°或 270°,这样,测量天顶距时,只要用盘左瞄准目标,读出竖盘读数,此读数就是天顶距(在没有指标差的情况下)。

3.2　光学经纬仪

国产光学经纬仪按其精度划分的型号有:DJ_{07}、DJ_1、DJ_2、DJ_6、DJ_{30},其中字母 D、J 分别为"大地测量"和"经纬仪"汉语拼音的第一个字母,07、1、2、6、30 分别为该仪器一测回方向观测中误差的秒数。

3.2.1　DJ_6 型光学经纬仪的结构

根据控制水平度盘转动方式的不同,DJ_6 型光学经纬仪又分为方向经纬仪和复测经纬仪。地形测量中,通常使用方向经纬仪,复测经纬仪主要应用于工程测量。图 3-2 是北京光学仪器厂生产的 DJ_6 型方向光学经纬仪。一般将光学经纬仪分解为基座、水平度盘和照准部三部分,如图 3-3 所示。

3.2.1.1　基座

基座上有三个脚螺旋,一个圆水准气泡,用来粗平仪器。水平度盘旋转轴套套在竖轴套外围,拧紧轴套固定螺旋,可将仪器固定在基座上;旋松该螺旋,可将经纬仪水平度盘连同照准部从基座中拔出,以便换置觇牌。但平时应将该螺旋拧紧。

3.2.1.2　水平度盘

水平度盘是一个圆环形的光学玻璃盘片,盘片边缘刻划并按顺时针注记有 0°~360°的角度数值。

3.2.1.3　照准部

照准部是指水平度盘之上,能绕其旋转轴旋转的全部部件的总称,它包括竖轴、U 形

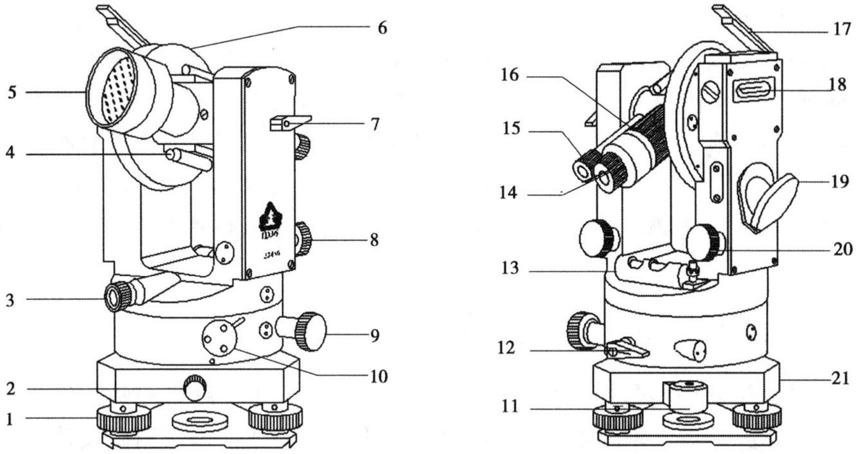

1—脚螺旋;2—轴套固定螺旋;3—光学对中器;4—粗瞄器;5—物镜;6—竖直度盘;7—望远镜制动螺旋;8—望远镜微动螺旋;9—水平方向微动螺旋;10—水平度盘变换螺旋与保护卡;11—基座圆水准器;12—水平方向制动螺旋;13—照准部管水准器;14—目镜及目镜调焦螺旋;15—度盘读数显微镜及显微镜调焦螺旋;16—物镜调焦螺旋;17—竖盘指标管水准器观察反射镜;18—竖盘指标管水准器;19—度盘照明反光镜;20—竖盘指标管水准器微动螺旋;21—基座

图 3-2　DJ_6 型方向光学经纬仪

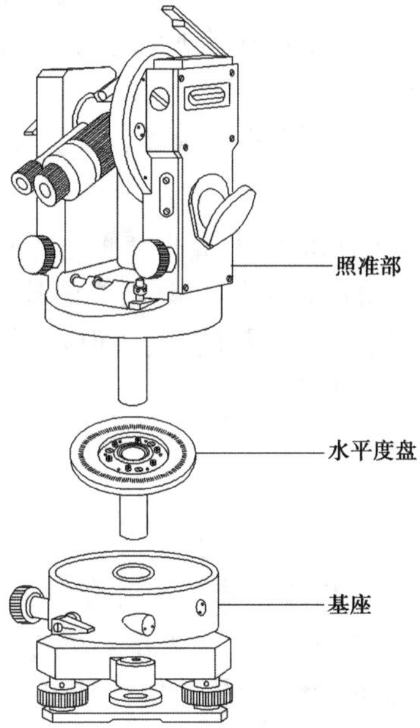

图 3-3　DJ_6 型方向光学经纬仪的结构

支架、望远镜、横轴、竖直度盘、管水准器、竖盘指标管水准器和读数装置等。

照准部的旋转轴称为仪器竖轴,竖轴插入基座内的竖轴轴套中旋转;照准部在水平方向的转动,由水平制动、水平微动螺旋控制;望远镜在纵向的转动,由望远镜制动、望远镜微动螺旋控制;竖盘指标管水准器的微倾运动由竖盘指标管水准器微动螺旋控制;照准部上的管水准器,用于精平仪器。

水平角测量需要旋转照准部和望远镜依次瞄准不同方向的目标并读取水平度盘的读数;在一测回观测过程中,水平度盘是固定不动的;为了角度计算的方便,在观测开始之前,通常将起始方向(称为零方向)的水平度盘读数配置为0°左右,这就需要有控制水平度盘转动的部件。有两种控制水平度盘转动的结构:① 水平度盘位置变换螺旋:方向经纬仪使用;②复测装置:复测经纬仪是用复测扳手代替水平度盘位置变换螺旋来控制水平度盘的转动。

3.2.2　DJ_6 型光学经纬仪的读数装置

光学经纬仪的读数设备包括度盘、光路系统和测微器。水平度盘和竖直度盘上的分划线,通过一系列棱镜和透镜成像显示在望远镜旁的读数显微镜内。测微尺读数装置的光路如图3-4所示。将水平度盘和竖直度盘均刻划为360个小格,每个小格为1°,顺时针注记。照明光线通过反光棱镜5的反射进入进光窗,其中照亮竖盘的光线通过竖直度盘显微镜将竖直度盘4上的刻划和注记成像在平凸镜6上;照亮水平度盘的光线通过水平度盘显微镜将水平度盘2上的刻划和注记成像在平凸镜6上;在平凸镜6上有两个测微尺,测微尺上刻划有60格。仪器制造时,使度盘上一格在平凸镜6上成像的宽度正好等于测微尺上刻划的60格的宽度,因此测微尺上一小格代表1′。通过读数转向棱镜12的反射,两个度盘分划线的像连同测微尺上的刻划和注记可以被读数显微镜观察到,读数装置大约将两个度盘的刻划和注记放大了65倍。

DJ_6 型光学经纬仪大都采用常用的分微尺测微器读数装置。下面具体介绍分微尺。

3.2.2.1　分微尺读数装置

分微尺是刻划在指标水准管一侧的水平空心横轴内一块光学玻璃上的细小的尺子,尺子的全长正好和水平度盘及竖直度盘上每1°刻划线的长度一样长,由于水平度盘的直径比竖直度盘的直径大一些,故虽然都是1°的长度,但水平度盘的分微尺要比竖直度盘的分微尺长一些。分微尺全长分六大格(0~6),每大格代表10分,共60分,每一大格中又分十小格,每小格代表1分。

3.2.2.2　读数方法

在读数显微镜内同时看到的水平度盘和竖直度盘的影像一般是用加注的汉字“水平”和“竖直”来区别的,但也有用字母或符号来区别的;字母“H”或符号“—”都代表水平度盘,而竖直度盘则用字母“V”或符号“⊥”来表示。另外,也可根据分微尺的长短来区别,长的是水平度盘,短的是竖直度盘。读数前应先调节读数显微镜的目镜,使度盘的影像清晰,然后根据哪一条度数的刻划线落在分微尺上,就读取多少度。例如图3-5中的水平度盘读数为63°,竖直度盘读数为93°。再由分微尺零刻划线算起读出该度数刻划线到分微尺零刻线的分数,如图3-5中的水平度盘为54′,竖直度盘为06′,最后估读出该度数刻划线距分微尺零刻划线方向的不足1′(一小格)的秒值,估读的精度为0.1小格(0.1′×60″=06″),即0.1分值。如图3-5中的水平度盘为48″,竖直度盘为06″,即最后估读的秒值应是6的倍数,否则就不对了。因此,图3-5中水平度盘的读数应为63°54′48″,竖直度盘的读数应为93°06′06″。

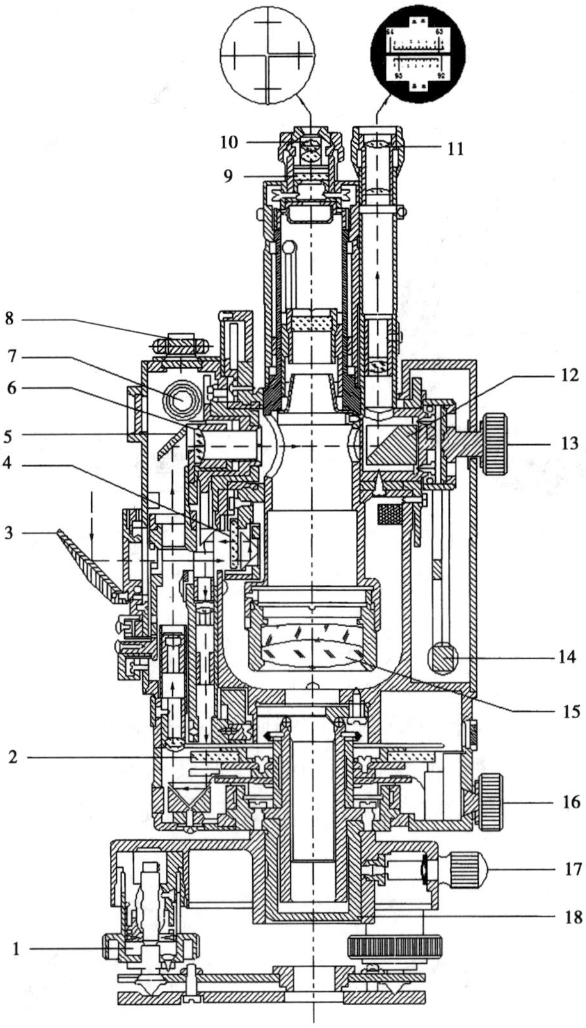

1—脚螺旋;2—水平度盘;3—度盘照明反光镜;4—竖直度盘;5—反光棱镜;6—平凸镜;7—竖盘指标管水准器;8—竖盘指标管水准器观察反光镜;9—十字丝分划板;10—望远镜目镜;11—读数显微镜目镜;12—读数转向棱镜;13—望远镜制动螺旋;14—望远镜微动螺旋;15—望远镜物镜;16—水平方向微动螺旋;17—轴套固定螺丝;18—竖轴套

图 3-4 DJ_6 型光学经纬仪的度盘读数光路

3.2.3 光学经纬仪的使用

正确使用光学经纬仪的基本操作,一般细分为对中、整平、瞄准、读数四个步骤。前两步又叫安置经纬仪。对中的目的是使经纬仪水平度盘的中心与测站点位于同一条铅垂线上。整平的目的是使水平度盘或横轴置于水平位置,竖直度盘处于竖直位置。下面对每一步骤的操作方法和要求介绍如下。

3.2.3.1 安置经纬仪

打开三脚架腿,调整到适当的高度,张开三脚架,将其安置在测站上,使架头大致水平。从仪器箱中取出经纬仪放置在三脚架头上,并使仪器中心基本对齐三脚架头的中心,用连接螺旋将仪器与三脚架连接,即可进行对中整平操作。

(1)踩实一个三脚架腿,双手握着另外两个三脚架腿,眼睛观察光学对中器,移动三脚架使对中器的标志对准测站点的中心(见图 3-6),并压实三脚架。

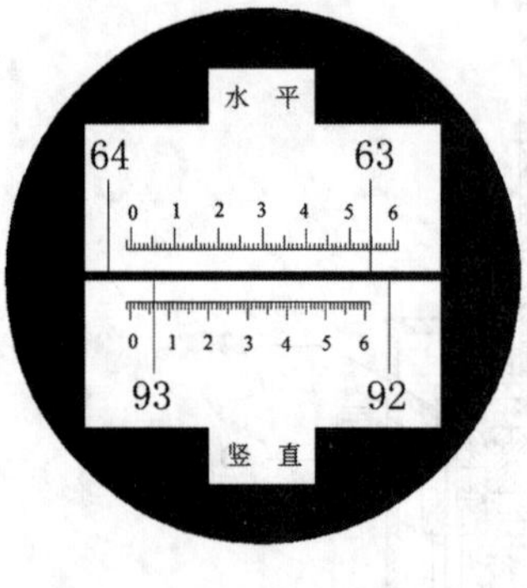

图 3-5　分微尺的读数视场

(水平度盘读数 63°54′48″
竖直度盘读数 93°06′06″)

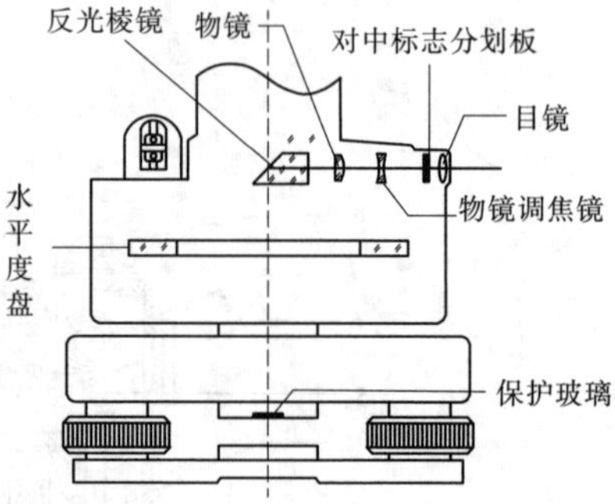

图 3-6　光学对中器的光路

(2)伸缩脚架腿,使圆水准气泡居中。

(3)让照准部管水准器平行任意两个脚螺旋,双手相对旋转这两个脚螺旋,气泡移动与左手拇指移动方向一致,使管水准器气泡居中。旋转照准部 90°,用左手旋转另一个脚螺旋,气泡移动与左手拇指移动方向一致,使管水准器气泡居中,如图 3-7 所示。

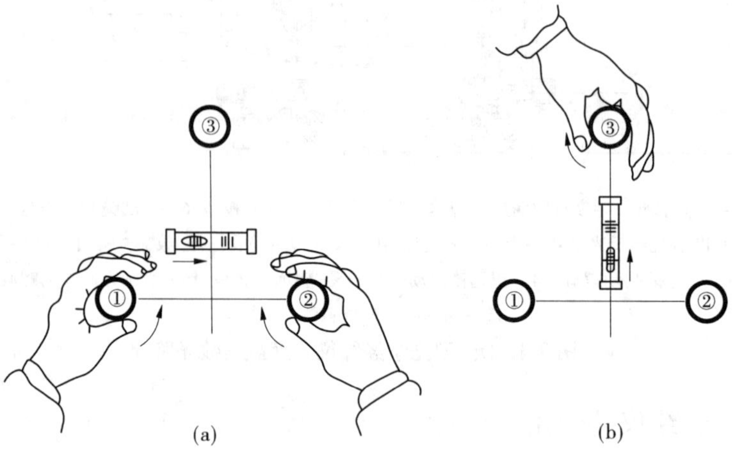

图 3-7　照准部管水准器整平方法

(4)观察对中器的标志与测站点的对中情况,若对中偏离了,将仪器在三脚架头上做前后左右地移动使对中器的标志对准测站点的中心。

(5)重复步骤(3)、(4),直至水准管气泡在 360°的任一方向都居中、对中误差不大于 1 mm、整平误差不偏离一小格,然后旋紧连接螺旋即完成对中整平操作。

3.2.3.2　**瞄准**

测角时的照准标志，一般是竖立于测点的标杆、测钎、用三根竹杆悬吊垂球的线或觇牌，如图3-8所示。测量水平角时，以望远镜的十字丝竖丝瞄准照准标志。

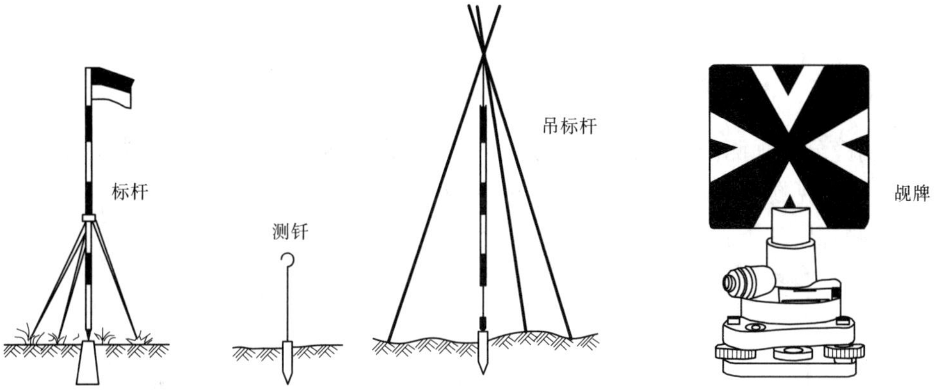

图3-8　照准标志

望远镜瞄准目标的操作步骤如下：

(1)目镜对光。松开望远镜制动螺旋和水平制动螺旋，将望远镜对向明亮的背景(如白墙、天空等，注意不要对向太阳)，转动目镜使十字丝清晰。

(2)粗瞄目标。用望远镜上的粗瞄器瞄准目标，旋紧制动螺旋，转动物镜调焦螺旋使目标清晰，旋转水平微动螺旋和望远镜微动螺旋，精确瞄准目标。可用十字丝纵丝的单线平分目标，也可用双线夹住目标，如图3-9所示。

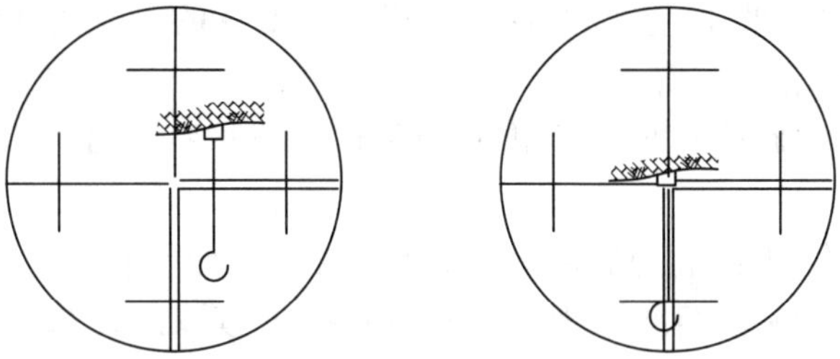

图3-9　水平角测量瞄准照准标志的方法

3.2.3.3　**读数**

读数时先打开度盘照明反光镜，调整反光镜的开度和方向，使读数窗亮度适中，旋转读数显微镜的目镜使刻划线清晰，然后读数。

3.3　水平角测量(方向经纬仪)

水平角测量最常用的方法有测回法和方向观测法(全圆测回法)，测量时无论采用哪种方法进行观测，通常都要用盘左和盘右各观测一次，取平均值得出结果。所谓“盘左”就是当转动望远镜照准目标时，竖直度盘在望远镜的左边，又称为正镜；“盘右”就是竖直度盘在望远镜的右边,又称为倒镜,如果只用盘左或盘右对一个角度观测一次,称为半测回;如果用盘左和盘右对一个角度各观测一次,称为一个测回,这样用盘左(正镜)、盘右(倒镜)观测的结果取平均值的方法,可以自动抵消仪器本身的一些误差,从而提高了观测结果的质量。下面分别介绍方向测回法和全圆测回法的观测、记录、计算与有关的限差规定。

3.3.1 测回法

用正、倒镜分别观测两个方向之间的水平角,取其平均值的方法,就称为测回法。如图 3-10 所示,欲观测水平角 ABC 的大小,可在角顶点 B 上安置经纬仪,经对中、整平后,一测回的观测程序如下:

图 3-10 测回法观测水平角

(1)以正镜(盘左)照准左边的目标 A,使水平度盘的读数置于 0°~1°(通常置于 0°05′左右)将读数 L_A 记入手簿。

(2)按顺时针方向旋转照准部,照准右边目标 C 读取右边目标 C 的读数 L_C,记入手簿。

(3)以倒镜(盘右)照准右边的目标 C,读取读数 R_C,计入手簿。

(4)按逆时针方向旋转照准部,照准左边的目标 A,读取读数 R_A,记入手簿。

计算 $2c$ 值:$2c=L-R\pm180°$($2c$ 值的互差应满足规范要求,对于 DJ_6 型经纬仪,建议 $2c$ 的互差应小于 60″)。

计算平均方向值:　　平均方向值=$(L+R\pm180°)/2$

对于 DJ_6 型光学经纬仪,各测回之间所测的角值之差称为测回差。规范中的限差规定应不超过±24″,即 $|\beta_1-\beta_2|\leq24''$。经检验合格后,取各测回角值的平均值作为最后的结果。如超过此限差则应重测;如符合要求,则可取其平均值作为一测回的观测结果,即

$$\beta=\frac{1}{2}(\beta_1+\beta_2) \tag{3-2}$$

具体记录与计算可见算例,如表 3-1 所示。

表 3-1 水平角观测记录表(测回法)

工程名称:________ 仪　器:________ 天气:________
观 测 者:________ 记录者:________ 日期:________

测站名	照准点	盘左读数(L) (°　′　″)	盘右读数(R) (°　′　″)	2c=L-R±180° (″)	平均方向值 (°　′　″)	角　值 (°　′　″)
B 一测回	A	0 05 06	180 05 12	-6	0 05 09	123 10 30
	C	123 15 42	303 15 36	+6 123	15 39	
						123 10 34
B 二测回	A	90 02 42	270 02 54	-12	90 02 48	
	C	213 13 24	33 13 30	-6	213 13 27	123 10 39

注:加下画线的数值为第一测回和第二测回的平均值,下同。

应注意,为了减小度盘分划误差,提高测角的精度,一个角度可观测几个测回,但每测回间应变动一下度盘的位置(即用度盘的不同位置去测量角度)。一般,如设测回数为 n,那么各测回间的起始方向的读数应按 180°/n 递增。例如,某个角度需观测两个测回(n=2),则第二个测回的起始方向的读数就应为 90°~91°(一般置在 90°05′左右)。

3.3.2 全圆测回法

在一个测站上,当观测方向超过两个时,常采用全圆测回法。

3.3.2.1 观测步骤

如图 3-11 所示,O 点为测站点,A、B、C 、D 为四个目标点,现欲测出 OA、OB、OC、OD 的方向值,然后计算它们之间的水平角,其观测步骤如下:

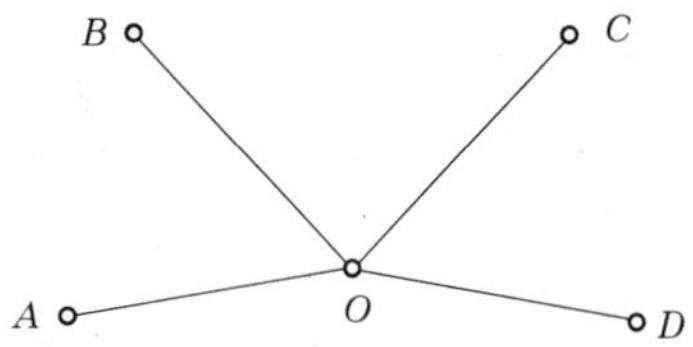

图 3-11 方向观测法观测水平角

(1)在 O 点安置经纬仪,以盘左位置瞄准目标 A ,将水平度盘置于 0°~1°,读取读数(设为 0°02′06″),并记入观测手簿,见表 3-2。

表 3-2　水平角观测记录表(方向测回法)

工程名称:________　　仪　器:________　　天气:________

观 测 者:________　　记录者:________　　日期:________

测站	测回数	目标	水平度盘读数 盘左(L)(°　′　″)	盘右(R)(°　′　″)	2c(″)	平均读数 $\frac{L+(R\pm180°)}{2}$(°　′　″)	一测回归零方向值(°　′　″)	各测回平均方向值(°　′　″)	水平角(°　′　″)
O	1					0　02　06			
		A	0　02　06	180　02　00	+6	0　02　03	0　00　00	0　00　00	
		B	51　15　42	231　15　30	+12	51　15　36	51　13　30	51　13　28	
		C	131　54　12	311　54　00	+12	131　54　06	131　52　00	131　52　02	
		D	182　02　24	2　02　24	0	182　02　24	182　00　18	182　00　22	51　13　28
		A	0　02　12	180　02　06	+6	0　02　09			80　38　34
O	2					90　03　32			50　08　20
		A	90　03　30	270　03　24	+6	90　03　27	0　00　00		177　59　38
		B	141　17　00	321　16　54	+6	141　16　57	51　13　25		
		C	221　55　42	41　55　36	+6	221　55　39	131　52　07		
		D	272　04　00	92　03　54	+6	272　03　57	182　00　25		
		A	90　03　36	270　03　36	0	90　03　36			

(2)松开照准部制动螺旋,顺时针方向转动照准部,依次瞄准目标 B、C、D,分别读数,并记入观测手簿,见表 3-2,分别设为 51°15′42″、131°54′12″和 182°02′24″。

(3)继续顺时针方向转动照准部,再次瞄准目标 A,读取水平度盘读数,为 0°02′12″,称为归零。A 目标盘左两次读数之差称为半测回归零差,归零差的限差值可见表 3-3,如归零差超限,则说明观测过程中仪器位置可能发生变化或照准和读数有错误。那么该半测回应重测。至此,已完成了方向观测法的上半测回。

表 3-3　方向观测法的限差

经纬仪级别	半测回归零差(″)	2c 变化范围(″)	同一方向各测回互差(″)
DJ_2	12	18	12
DJ_6	18	—	24

(4)倒转望远镜变成盘右位置。仍从目标 A 开始,逆时针方向转动照准部,依次瞄准并读取 A、D、C、B、A 各目标的读数,并记入观测手簿,见表 3-2,分别设为:180°02′06″、2°02′24″、311°54′00″、231°15′30″和 180°02′00″。至此,即完成了方向观测法的下半测回,上、下两半测回合为一个测回。

如需观测 n 个测回,则各测回间仍应按 180°/n 变动水平度盘的位置。另外,当观测方向不超过 3 个或观测精度要求不高时，半测回也可不用归零。

3.3.2.2 观测手簿的计算

1. 计算两倍照准差($2c$)

$$2c = 盘左读数 - (盘右读数 \pm 180°) \tag{3-3}$$

式中，±180°的+、-号的取法是根据盘右读数值来定的，当盘右读数大于 180°，则取“-”号；当盘右读数小于 180°时，则取“+”号，例如，表 3-2 中第一测回的 OC 方向为

$$2c = 131°54'12'' - (311°54'00'' - 180°) = +12''$$

而 OD 方向则为

$$2c = 182°02'24'' - (2°02'24'' + 180°) = 0''$$

将各方向的 $2c$ 值算出后填入表格里。在同一测回中，各方向 $2c$ 值的变化大小在一定程度上反映了观测的精度。规范中规定，使用 DJ_2 型光学经纬仪时，一测回内 $2c$ 变化范围不得大于 18″，使用 DJ_6 型光学经纬仪时，建议 $2c$ 的变化范围不要超过 60″，供观测者自检。

2. 计算各方向的平均读数

$$平均读数 = \frac{1}{2}[盘左读数 + (盘右读数 \pm 180°)]$$

式中，±180°的+、-号的取法和 $2c$ 值计算中取法一样，例如表 3-2 中第一测回的 OB 方向的平均读数为

$$\frac{1}{2}[51°15'42'' + (231°15'30'' - 180°)] = 51°15'36''$$

由于起始方向 OA 有两个平均读数，故应再取其平均值作为 OA 方向的准确值（又称为正式起始读数），并记入“平均读数”一栏的上方括号内。表 3-2 中第一测回 OA 方向的准确值为 0°02′06″。

3. 计算归零方向值

为了便于将各测回的方向值进行比较和最后取平均值，应将各测回中起始方向的平均读数都化为 0°00′00″，而其他各方向的平均读数都减去起始方向的平均读数，即得各方向的归零方向值。例如，表 3-2 中，OB、OC 方向的归零方向值分别为

$$OB:\ 51°15'36''-0°02'06''=51°13'30''$$

$$OC:\ 131°54'06''-0°02'06''=131°52'00''$$

4. 计算各测回归零方向值的平均值

计算前应先检验各测回同一方向归零方向值之间的互差，其限差值可见表 3-3。如符合要求，则取各测回归零方向值的平均值作为最后的观测结果。例如，表 3-2 中 OB 方向两个测回归零方向值的平均值为

$$\frac{1}{2}(51°13'30'' + 51°13'25'') = 51°13'27.5'' \approx 51°13'28''$$

5. 计算各水平角值

将各相邻方向值相减，即可得相邻两方向之间的水平角值。例如，表 3-2 中的 $\angle BOC = 131°52'02''-51°13'28''=80°38'34''$。

3.4 天顶距的测量

3.4.1 天顶距的用途

天顶距主要用于将观测的倾斜距离化算为水平距离或计算三角高程。

3.4.1.1 倾斜距离化算为水平距离

如图 3-12(a)所示,测得 A、B 两点间的斜距 S 及天顶距 Z,其水平距离 D 的计算公式为

$$D = S\sin Z \tag{3-4}$$

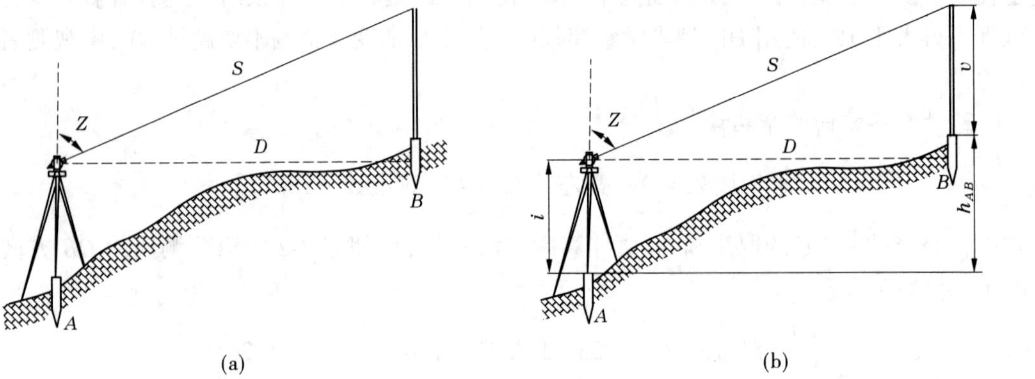

图 3-12 天顶距测量的用途

3.4.1.2 三角高程计算

如图 3-12(b)所示,当用水准测量方法测定 A、B 两点间的高差 h_{AB} 有困难时,可以利用图中测得的斜距 S、天顶距 Z、仪器高 i、标杆高 v,依下列公式求出 h_{AB}:

$$h_{AB} = S\cos Z + i - v \tag{3-5}$$

当已知 A 点的高程 H_A 时,B 点高程 H_B 为

$$H_B = H_A + h_{AB} = H_A + S\cos Z + i - v \tag{3-6}$$

上述测量高程的方法称为三角高程测量。2005 年 5 月 22 日我国测绘工作者就是在平均海拔 5 562 m 的 6 个观测站,使用三角高程测量的方法,完成了两天三角测距观测,测定了珠穆朗玛峰峰顶岩石面海拔 8 844.43 m。参数如下:珠穆朗玛峰峰顶岩石面高程测量精度±0.21 m;峰顶冰雪深度 3.50 m。原 1975 年公布的珠峰高程数据停止使用。

3.4.2 竖盘读数系统的构造

要想搞清楚竖直角及天顶距的计算与观测,首先必须搞清楚竖直度盘读数系统的构造。

DJ_6 型光学经纬仪的竖直度盘读数系统的构造如图 3-13 所示,主要由竖直度盘、竖盘

指标水准管、竖盘指标水准管微动螺旋、棱透镜组成的光具组,以及竖盘指标水准管反光镜等组成。

竖盘读数指标与竖盘指标管水准器连接在一起,旋转竖盘管水准器微动螺旋将带动竖盘指标管水准器和竖盘读数指标一起做微小的转动。

竖盘读数指标的正确位置是:望远镜处于盘左位置视线水平时、竖盘管水准气泡居中,读数窗中的竖盘读数应为 90°(有些仪器设计为 0°、180°,本书约定为 90°)。竖盘注记为 0°~360°,分顺时针和逆时针注记两种形式,本书只介绍顺时针注记的形式。

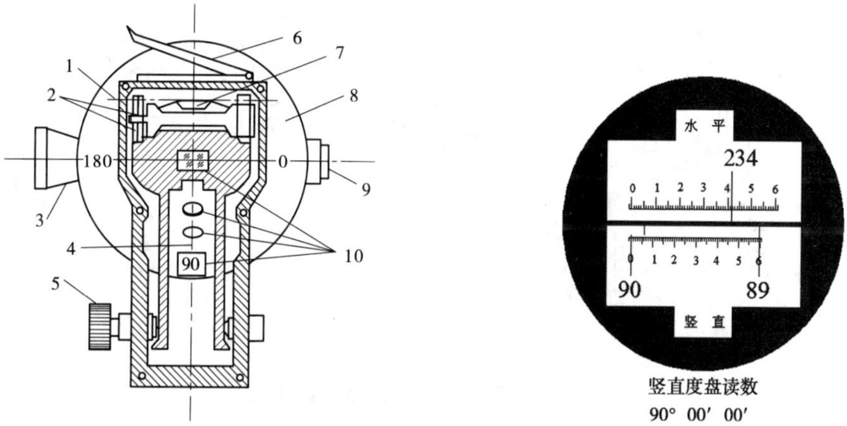

1—竖盘指标水准管轴;2—竖盘指标水准管校正螺丝;3—望远镜;4—光具组光轴;5—竖盘指标水准管微动螺旋;6—竖盘指标水准管反光镜;7—竖盘指标水准管;8—竖直度盘;9—目镜;10—光具组(透镜和棱镜)

图 3-13 竖盘的构造

3.4.3 天顶距的计算公式

光学经纬仪的竖直度盘上,刻有 0°~360°的分划注记,如图 3-14 所示。图 3-14(a)所示盘左位置,当视线水平时,竖直度盘的读数正好等于 90°。当抬高视线观测一目标时,假设此时竖盘读数为 L,则天顶距为

$$Z = L \tag{3-7}$$

图 3-14(b)所示盘右位置,当视线水平时,竖直度盘的读数为 270°,当抬高视线观测一目标时,假设此时竖盘读数为 R,则天顶距为

$$Z = 360° - R \tag{3-8}$$

3.4.4 竖盘指标差

通常仪器正确时竖盘水准管轴与光具组的光轴(指标)是相互垂直的,即望远镜视线水平,竖盘水准管气泡居中时竖盘读数应为 90°或 270°,但如果竖盘水准管轴与光具组的光轴不垂直,当水准管气泡居中时,竖盘读数指标就不在竖直位置,如图 3-15 所示,其所

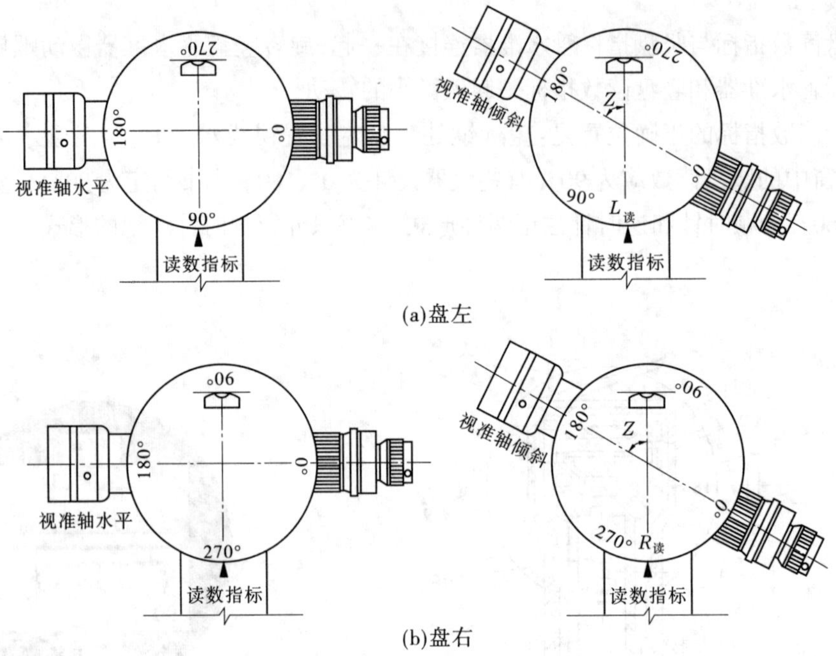

图 3-14 天顶距测量原理

偏角度 x 称为竖盘指标差,简称指标差。

由此可知,若竖直度盘的读数中包含指标差,但取盘左、盘右角值的平均值后,指标差 x 可自动抵消,仍能得到正确的竖直角值。但是在观测天顶距时,就必须要考虑指标差的影响。竖盘读数、指标差和天顶距之间的关系为

盘左: $$Z=L-x \tag{3-9}$$

盘右: $$Z=360°-(R-x) \tag{3-10}$$

将式(3-9)、式(3-10)联立解方程得指标差为

$$x=\frac{L+R-360°}{2} \tag{3-11}$$

3.4.5 天顶距的观测与计算方法

(1)在测站点 A 上安置经纬仪,量取仪器高 1.46 m。

(2)以盘左位置瞄准目标,以十字丝横丝精确地对准目标。

(3)调节竖盘指标水准管微动螺旋,使气泡居中,并读取竖盘读数 L 记入手簿,见表 3-4 中目标 1(设为 79°31′12″)。

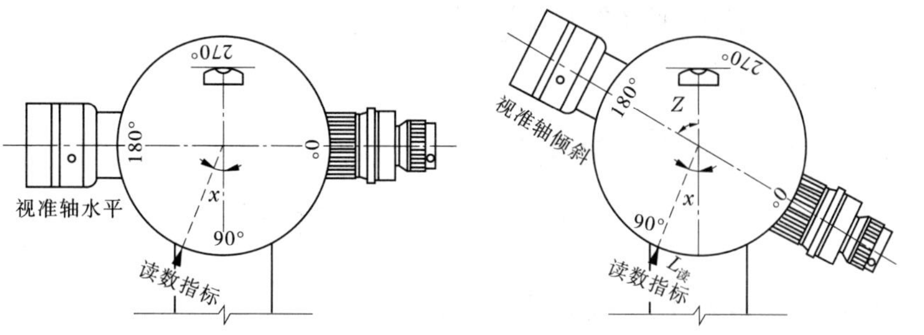

(a)盘左

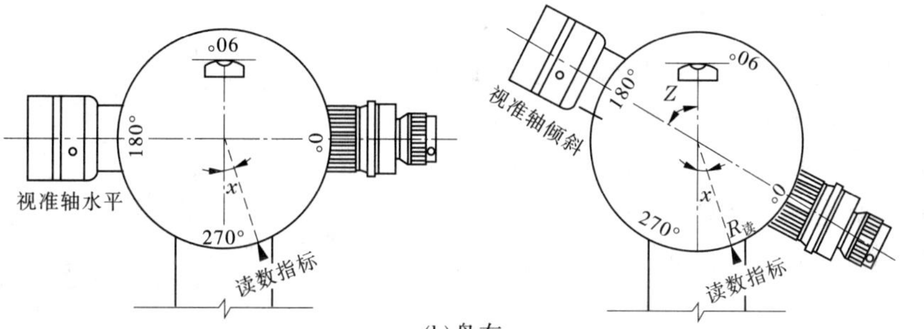

(b)盘右

图 3-15　竖盘指标差

表 3-4　天顶距观测记录手簿

工程名称:________　　仪　器:________　　天气:________
观 测 者:________　　记录者:________　　日期:________

测站	仪器高(m)	目标	目标高(m)	竖盘读数		指标差(″)	天顶距(° ′ ″)
				盘左(° ′ ″)	盘右(° ′ ″)		
A	1.46	1	1.5	79　31　12	280　29　12	+12	79　31　00
		2	2.0	85　22　24	274　37　12	−12	85　22　36
		3	2.5	92　16　06	267　44　06	+6	92　16　00

(4)以盘右位置同上法瞄准原目标,调节竖盘指标水准管微动螺旋,使气泡居中,并读取竖盘读数 R 记入手簿,见表 3-4 中目标 1(设为 280°29′12″)。

(5)按式(3-11)计算出指标差 x 为+12″。

(6)按式(3-9)或式(3-10)计算出天顶距 Z 为 79°31′00″。

3.5 经纬仪的检验与校正

3.5.1 经纬仪的轴线及其应满足的关系

如图 3-16 所示，经纬仪的主要轴线有视准轴 *CC*、横轴 *HH*、管水准器轴 *LL* 和仪器的竖轴 *VV*。

为了使经纬仪正确工作，上述轴线应满足下列 6 个几何关系：

(1) 管水准器轴应垂直于竖轴($LL \perp VV$)；

(2) 十字丝竖丝应垂直于横轴(竖丝 $\perp HH$)；

(3) 视准轴应垂直于横轴($CC \perp HH$)；

(4) 横轴应垂直于竖轴($HH \perp VV$)；

(5) 竖盘指标水准管轴应垂直读数指标线；

(6) 光学对中器的视准轴应与竖轴重合。

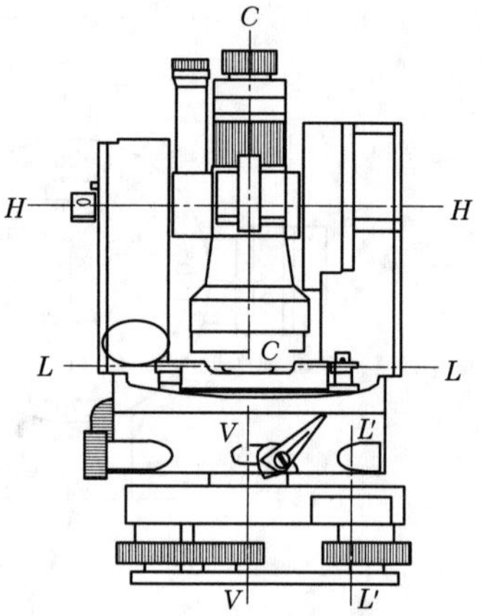

图 3-16 经纬仪的轴线

3.5.2 经纬仪的检验与校正

3.5.2.1 ($LL \perp VV$) 的检验与校正

1. 检验目的

使水平度盘或横轴处于水平位置。

2. 检验方法(180°法)

先将仪器整平，再转动照准部 180°，如此时气泡仍然居中，则说明此条件满足要求，如果偏离量超过一格，应进行校正。

3. 校正方法(一半一半法)

如图 3-17(a) 所示，水准管轴水平，但竖轴倾斜，设其与铅垂线的夹角为 α，将照准部旋转 180°。如图 3-17(b) 所示，水准管轴与水平面的夹角为 2α，通过气泡中心偏离水准管零点的格数表现出来。改正时，先用拨针拨动水准管校正螺丝，使气泡退回偏离量的一半(等于 α)，如图 3-17(c) 所示，此时几何关系即得满足。余下的一半通过旋转与管水准器轴平行的一对脚螺旋使水准管气泡居中，如图 3-17(d) 所示。此项检验校正需反复进行，直至照准部转至任何位置，气泡中心偏离零点均不超过一格。

3.5.2.2 十字丝竖丝 $\perp HH$ 的检验与校正

1. 检验目的

使十字丝竖丝铅直，以便精确瞄准目标。

2. 检验方法

用十字丝交点精确瞄准一清晰目标点 *P*，然后固定照准部并旋紧望远镜制动螺旋，慢慢转动望远镜微动螺旋，使望远镜上下移动，如 *P* 点不偏离竖丝，则条件满足要求，否则需要校正，如图 3-18(a) 所示。

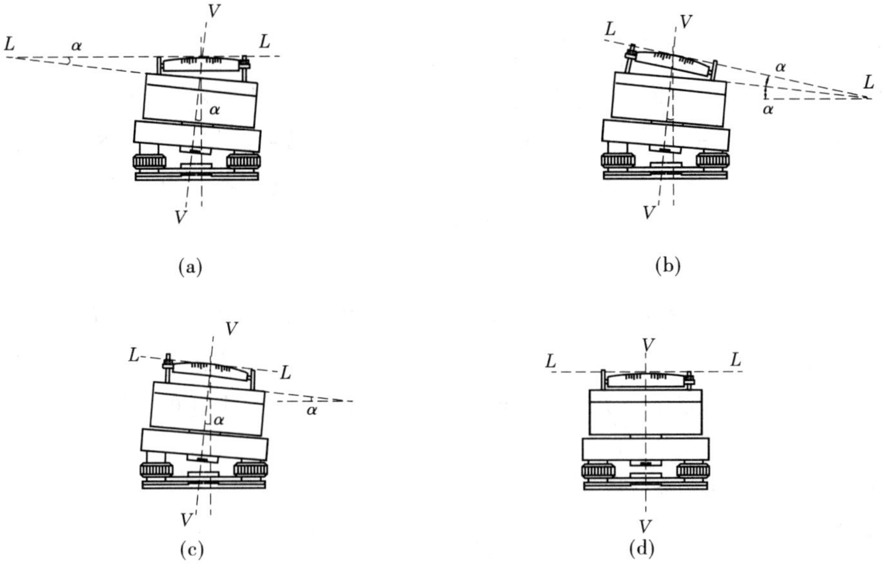

图 3-17　照准部管水准器的检验与校正

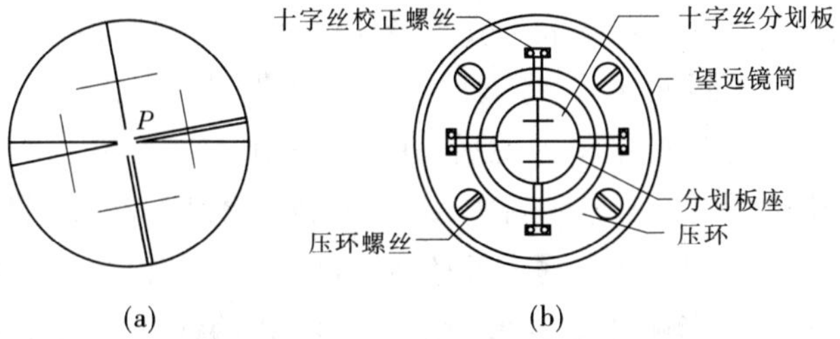

图 3-18　十字丝竖丝的检验与校正

3. 校正方法

旋下目镜分划板护盖，松开四个压环螺丝，如图 3-18(b)所示，慢慢转动十字丝分划板座，使竖丝重新与目标点 P 重合，再做检验，直至条件满足要求。最后应拧紧四个压环螺丝，旋上十字丝护盖。

3.5.2.3　$CC \perp HH$ 的检验与校正

1. 检验目的

望远镜绕横轴旋转时，其视准面应是一个平面。

2. 检验方法

如图 3-19 所示，在平坦地区选择相距约 100 m 的 A、B 两点，在 AB 连线的中点 O 安置经纬仪，A 点设一个与仪器高度相等的标志，在 B 点与仪器高度相等的位置横置一根刻有毫米分划的直尺，尺子与 OB 垂直。先盘左瞄准 A 点，固定照准部，纵转望远镜，在 B 尺上得读数 B_1，如图 3-19(a)所示；再用盘右瞄准 A 点，固定照准部，纵转望远镜，在 B 尺上得读数 B_2，如图 3-19(b)所示。如 B_1 与 B_2 不重合，从图 3-19(b)可以看出，视准轴不垂直于横轴，与横轴相差一个角度 c，在小尺上反映出 4 倍的 c 角，即 $\angle B_1OB_2=4c$，通过近似计算得

$$c \approx \frac{B_1B_2}{4D}\rho$$

式中 D 为仪器 O 点到 B 尺之间的水平距离，对于 DJ_6 型光学经纬仪，当 $c>60''$时，必须校正。也可以通过式(3-3)计算出 c 值，即 c=[盘左读数-(盘右读数±180°)]/2。

虽然取盘左、盘右的平均值可以消除同一方向观测的照准差 c，但若过大不便于方向观测的计算。

3. 校正方法

如图 3-19(b)所示，保持 B 尺不动，并在尺上定出一点 B_3，使 $B_2B_3=B_1B_2/4$，OB_3 便和横轴垂直。用校正针拨动图 3-19(b)中的左右两个十字丝校正螺丝，一松一紧，平移十字丝分划板，直至十字丝交点与 B_3 点重合。完成校正后，应重复上述的检验操作，直至满足 $c\leqslant 30''$。

3.5.2.4 $HH \perp VV$ 的检验与校正

1. 检验目的

望远镜绕横轴旋转时，视准面是一个铅直面。

2. 检验方法

如图 3-20 所示，在距墙面约 30 m 处安置经纬仪，用盘左位置瞄准墙上一明显的高点 P(要求仰角 $\alpha>30°$)，固定照准部后，将望远镜大致放平，在墙上标出十字丝交点所对的位置 P_1；再用盘右瞄准 P 点，放平望远镜后，在墙上标出十字丝交点所对的位置 P_2。若 P_1 与 P_2 重合，表示横轴垂直于竖轴。否则，条件不满足，此时，P_1、P_2 两点应左右对称于 P 点的垂直投影点 P_M。如果横轴不垂直于竖轴，与垂直位置相差一个 i 角，称为横轴误差或支架差，它对测量角度的影响如图 3-20 所示，可得 i 角的计算公式为

$$i = \frac{P_1P_2}{2}\frac{\rho}{D}\cot\alpha$$

对于 DJ_6 型光学经纬仪，若 $i>20''$，则需要校正。

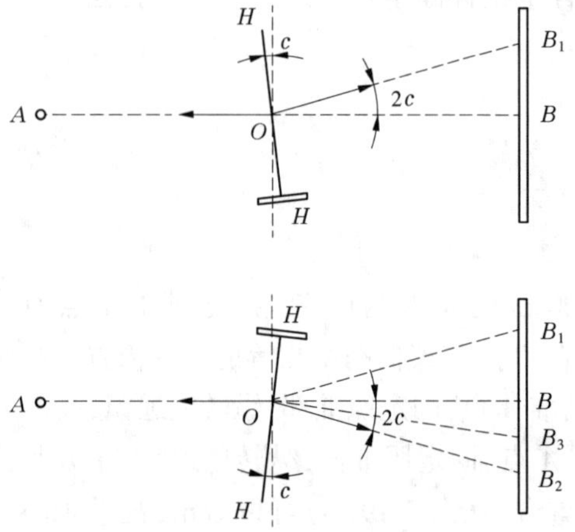

图 3-19　$CC \perp HH$ 的检验与校正

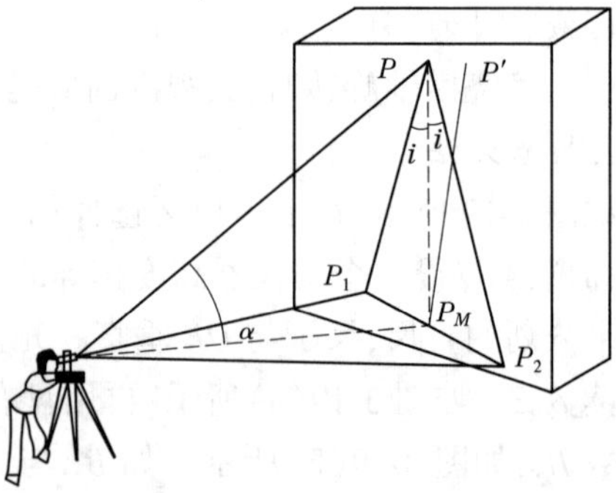

图 3-20　$HH \perp VV$ 的检验与校正

3. 校正方法

校正时应打开支架护盖,调整偏心轴承环,抬高或降低横轴的一端使 $i=0$。该项校正需要在无尘的室内环境中,使用专用的平等光管进行操作,当用户不具备条件时,一般交专业维修人员校正。

3.5.2.5　竖盘指标水准管轴应垂直读数指标线

1. 检验目的

让指标差 x 等于零。

2. 检验方法

安置好经纬仪,用盘左、盘右观测同一目标点,分别在竖盘指标水准管气泡居中时,读取盘左读数 L 和盘右读数 R。依式(3-11)计算指标差,如 $x>\pm1'$,则需校正。

3. 校正方法

经纬仪位置不动,仍用盘右瞄准原目标。转动竖盘指标水准管微动螺旋,使竖盘读数为不含指标差的正确值 $R-x$,此时气泡一定不再居中。然后用校正针拨动竖盘指标水准管校正螺丝,使气泡居中。这项检验校正亦需反复进行,直至 $x<\pm1'$。

3.5.2.6　光学对中器的检校

1. 检验目的

使光学对中器视准轴与仪器竖轴重合。

2. 检验方法

将经纬仪安置在平坦的地上,整平后将光学对中器的十字交点(或刻划圈中心)在地面上标定出来。将照准部旋转 180°,若地面点的影像仍与十字交点重合,表明条件满足;否则,则需校正。

3. 校正方法

用直尺在白纸上定出 P、P' 点的中点 O,转动对中器的校正螺丝使对中器分划板的中心对准 O 点。光学对中器上的校正螺丝随仪器类型而异,有些是校正视线转向的直角棱镜,有些是校正分划板。图 3-21 是位于照准部支架间的圆形护盖下的校正螺丝,松开护盖上的两颗固定螺丝,取下护盖即可看见。调节螺丝 2 可使分划圈中心前后移动,调节螺丝 1 可使分划圈中心左右移动,直至分划圈中心与 P 点重合。

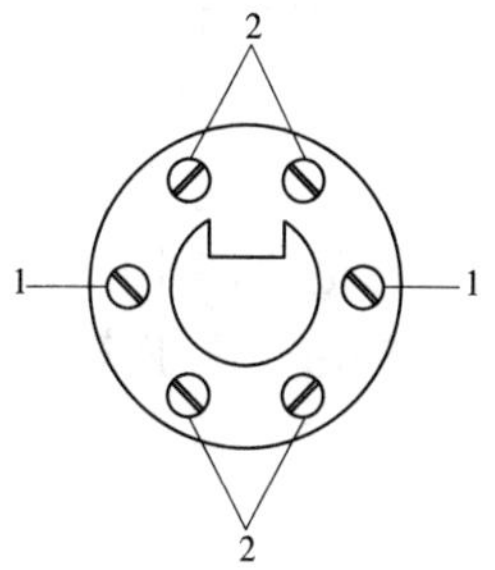

1,2—调节螺丝

图 3-21　光学对中器的校正

3.6　角度测量的误差来源及消减方法

在进行角度测量时,不论是水平角,还是竖直角或天顶距,总会受到各种因素的影响而产生误差,下面具体分析和研究误差的来源及消减的方法。

3.6.1　仪器误差

3.6.1.1　由于仪器检校不完善而引起的误差

测量前虽对经纬仪进行了检验和校正,但仍会有不完善而残余的误差。如望远镜视准轴不严格垂直于横轴，横轴不严格垂直于竖轴等，这类误差往往被限制在了一定的范围内，并可采用盘左、盘右观测取平均值的方法予以消除，但竖轴不垂直于水准管轴所引起的误差，则不能通过盘左、盘右取平均值的方法来消除，只有认真做好此项的检验与校正来消减。

3.6.1.2 由于仪器自身制造、加工不完善而引起的误差

水平度盘和竖直度盘的分划误差，照准部偏心差（照准部的旋转中心与水平度盘中心不重合误差）、竖盘偏心差（竖盘旋转中心与分划中心不重合而引起的读数误差）和指标差等。水平和竖直度盘的分划误差一般很小。竖盘分划误差虽无法减弱和消除，但本身很小可以忽略。水平度盘的分划误差可采用各测回间变换水平度盘位置进行观测来减弱这项误差。照准部偏心差和指标差可以通过盘左、盘右观测取平均值的方法予以消除。而竖盘偏心差则不行，它只能采用对向观测，即往、返各测一个测回，并使目标高（中丝读数）等于仪器高，且按公式

$$Z = \frac{Z_{往} + (180° - Z_{返})}{2} \tag{3-12}$$

计算出正确的天顶距。

3.6.2 观测误差

3.6.2.1 对中误差

仪器在安置时仪器中心没有安置在角顶的铅垂线上，如图 3-22 所示，设 B 点为测站点，A、C 点为目标点，由于仪器安置时存在对中误差，仪器中心偏至 B'点，BB'的距离称为测站偏心距，通常用 e 表示。由图 3-22 可知，实测角度 β' 与正确角值 β 之间的关系应为 $\beta=\beta'+\varepsilon_1+\varepsilon_2$。由于 ε_1、ε_2 很小，所以其正弦值可用弧度来代替，即

$$\varepsilon_1 = \frac{e\sin\theta}{D_1}\rho \tag{3-13}$$

$$\varepsilon_2 = \frac{e\sin(\beta' - \theta)}{D_2}\rho \tag{3-14}$$

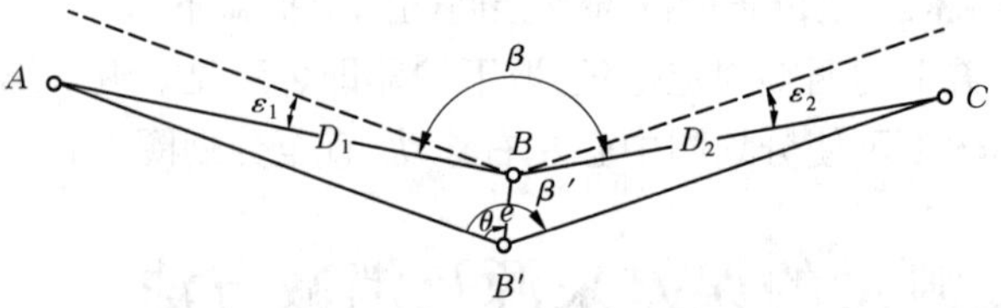

图 3-22 对中误差对水平角观测的影响

式中，$\rho = 206\ 265''$。因此，仪器对中误差对所测水平角的影响值为

$$\Delta\beta = \beta - \beta' = \varepsilon_1 + \varepsilon_2 = e\rho\left[\frac{\sin\theta}{D_1} + \frac{\sin(\beta' - \theta)}{D_2}\right] \tag{3-15}$$

由式（3-15）可知：

（1）$\Delta\beta$ 与偏心距 e 成正比，即 e 愈大，$\Delta\beta$ 也愈大；

（2）$\Delta\beta$ 与测站点到目标点的距离成反比，即距离愈短，$\Delta\beta$ 愈大；

(3) $\Delta\beta$ 与 β' 及 θ 的大小有关，当 $\beta'=180°$，$\theta=90°$时，$\Delta\beta$ 最大。

例如：当 $D_1=D_2=100\ \text{m}$，$e=3\ \text{mm}$，$\beta'=180°$，$\theta=90°$时，有

$$\Delta\beta=\frac{2\times 3\times 206\ 265''}{100\times 10^3}=12.4''$$

因此，减弱对中误差的方法是尽可能在各测站上精确对中（一般要小于 3 mm），并且当边长较短或角度接近 180°时，更要注意仪器对中。

3.6.2.2　整平误差

整平误差即竖轴不垂直而产生的误差。此项误差对观测角的影响是随目标点高差的增大而增大的，并且不能用观测和计算的方法予以消除。因此，当观测目标较高或在山丘区观测水平角时，应特别注意认真整平仪器，当发现水准管气泡偏离零点超过一格时，应重新整平，重新观测。对竖直角或天顶距观测中的竖盘指标水准管气泡居中误差也应特别注意，因为竖盘指标的位置正确与否，是靠指标水准管气泡居中与否来判断的，气泡居中误差直接反映成读数误差。因此，每次读取竖盘读数前，都必须严格地使指标水准管气泡居中。

3.6.2.3　目标偏心误差

目标偏心误差是指照准点上所竖立的目标（如标杆、测钎等）与地面点的标志中心不在同一铅垂线上所引起的水平方向观测误差，其对水平方向观测的影响如图 3-23 所示。设 B 为测站点，A 为照准点标志中心，A'为实际瞄准的目标中心，D 为两点间的距离，e_1 为目标的偏心误差，对水平方向观测的影响为

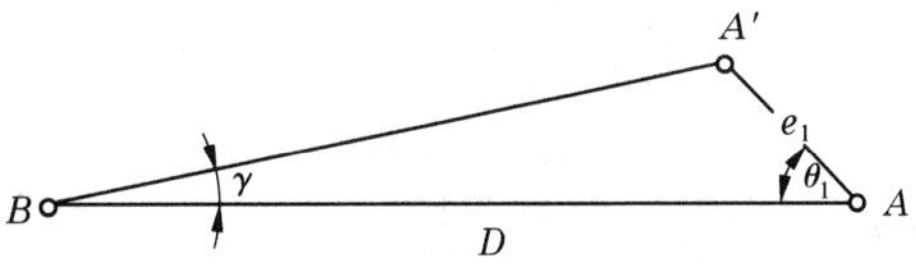

图 3-23　目标偏心误差对水平角观测的影响

$$\gamma''=\frac{e_1\sin\theta_1}{D}\tag{3-16}$$

由式（3-16）可知，当 $\theta_1=90°$时，γ''取得最大值，即与瞄准方向垂直的目标偏心误差对水平方向观测的影响最大。

为了减小目标偏心误差对水平方向观测的影响，作为照准标志的标杆应竖直，并尽量瞄准标杆的底部。

3.6.2.4　照准误差

照准误差主要与望远镜的放大倍率 V 及人眼的分辨能力有关，也受到对光时的视差，观测目标的形式以及大气温度、透明度等外界因素的影响。人眼的分辨能力一般为 60″，即当两点对人眼构成的视角小于 60″时，就只能看成为一点。照准误差一般用 60″/28 来计算，DJ_6 型光学经纬仪望远镜的放大倍率一般为 26~30 倍，故照准误差为 2.0″~2.3″。

3.6.2.5　读数误差

读数误差主要与经纬仪所采用的读数设备有关，由于 DJ_6 型光学经纬仪一般只能估读到 6″，可能多估也可能少估，加上其他因素的影响，故读数误差一般可达 12″。因此，减弱观测误差的方法是尽可能精确照准目标，消除对光时产生的误差，估读时做到认真、细心。

3.6.3　外界条件的影响

外界条件对角度观测的影响比较复杂，一般无法控制。如强风、松软的土质会影响仪器的稳定；受地面反射热的干扰，物像会跳动不稳定；受光线的强弱、雾气、灰尘等因素的影响会降低照准的精度。温度的变化会影响仪器的整平等。因此，要想减弱外界条件的影响，只有选择有利的观测时间和天气条件，尽量避开不利因素，使其对观测的影响降低到最小的程度。

3.7　DJD5-GE 电子经纬仪的使用

图 3-24 所示为北京博飞仪器股份有限公司生产的 DJD5-GE 电子经纬仪。它一测回方向观测中误差为±5″，角度最小显示到 1″。

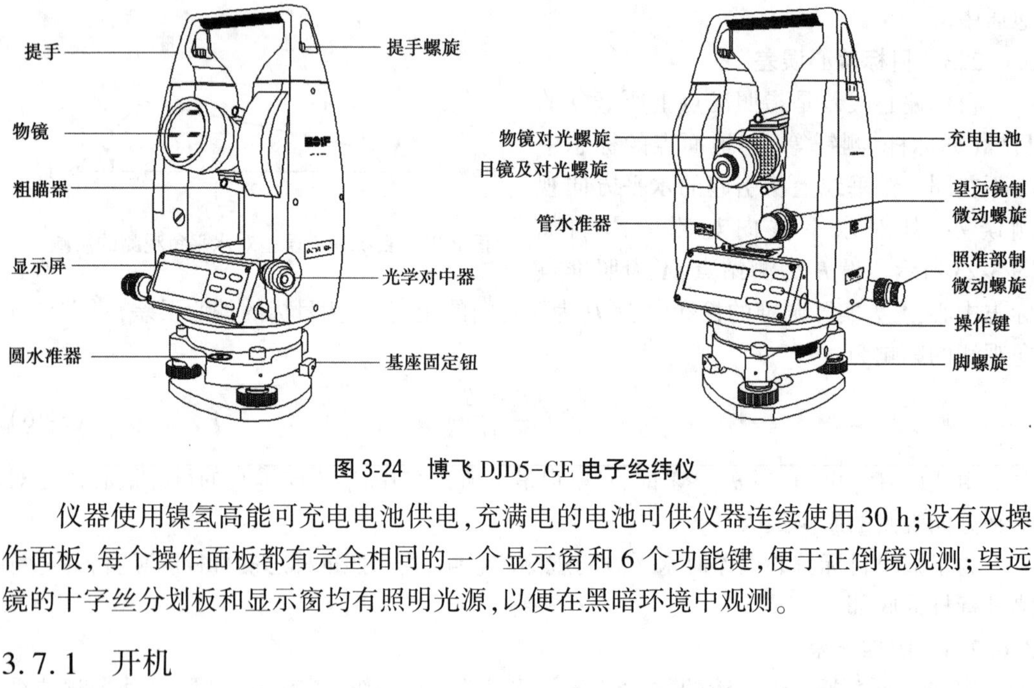

图 3-24　博飞 DJD5-GE 电子经纬仪

仪器使用镍氢高能可充电电池供电，充满电的电池可供仪器连续使用 30 h；设有双操作面板，每个操作面板都有完全相同的一个显示窗和 6 个功能键，便于正倒镜观测；望远镜的十字丝分划板和显示窗均有照明光源，以便在黑暗环境中观测。

3.7.1　开机

仪器面板如图 3-25 所示，右下角的 (①) 键为电源开关键。当仪器处于关机状态时，按下 (①) 键便可打开仪器电源；当仪器处于开机状态时，按下 (①) 键 2 s 可关闭仪器电源。

仪器在测站上安置好后，打开仪器电源，在显示屏中首先显示全部符号，然后显示如图 3-26 所示。字符“H_R”的右边显示的是当前视线方向的水平度盘读数；在显示窗中字符“V”的右边将显示“SET 0”字符，将望远镜向上或向下转动，当“V”右边的字符“0 SET”将变成当前视准轴方向的竖直度盘读数值，即可进行角度测量。

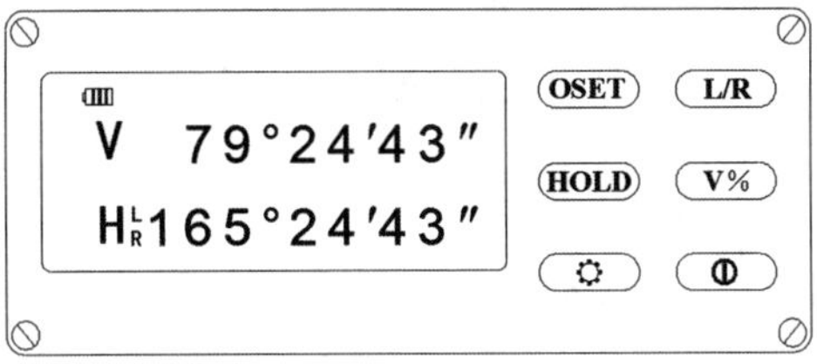

图 3-25　DJD5-GE 电子经纬仪的操作面板

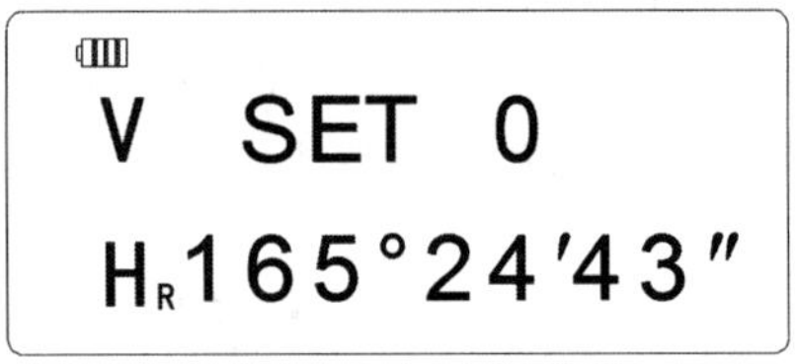

图 3-26　DJD5-GE 电子经纬仪开机显示内容

3.7.2　键盘功能

(L/R)键：显示左旋/右旋水平角选择键，按(L/R)键，可以使仪器在右旋和左旋之间切换。右旋等价于水平度盘为顺时针注记，左旋等价于水平度盘为逆时针注记。打开仪器电源时，仪器自动处于右旋状态，此时，显示窗水平度盘前的字符为“H_R”，表示右旋；按(L/R)键，仪器处于左旋，显示窗水平度盘读数前的字符为“H^L”。

(HOLD)键：水平度盘读数锁定键。连续按(HOLD)键两次，当前的水平度盘读数被锁定，此时转动照准部，水平度盘读数保持不变，再按一次(HOLD)键则解除锁定。该功能可以将所照准的目标方向的水平度盘读数配置为已知角度值，其操作方法是，先转动照准部，当水平度盘读数接近已知角度值时旋紧水平制动螺旋，转动水平微动螺旋，使水平度盘读数精确地等于已知角度值；连续按(HOLD)键两次，锁定水平度盘读数；精确照准目标后，再按一次(HOLD)键解除锁定即完成水平度盘配置工作。

(OSET)键：水平度盘置零键。连续按(OSET)键两次，当前视线方向的水平度盘读数被置零。

(V%)键：竖盘显示的角以角度制显示或以斜率百分比显示切换键。按(V%)键，可以使显示窗中“V”字符后的竖盘角以角度制显示或以斜率百分比显示。

例如，当竖盘读数以角度制显示时，盘左位置的竖盘读数为 73°08′50″，则按(V%)键后竖盘读数为 30. 292%。其转换公式为

$$\tan\alpha = \tan(90° - 73°08'50'') = 30.292\%$$

(☼)键：显示窗和十字丝分划板照明切换开关。照明灯关闭时，按该键则打开照明灯；再按一次该键，则关闭照明灯。打开照明灯后 10 s 内如没有进行任何按键操作，仪器自动关闭照明灯，以节省电能。

3.7.3　仪器的设置

3.7.3.1　DJD5-GE 电子经纬仪功能设置内容

(1)垂直角模式选择：U1、U2、U3(U1 为天顶距、U2 为垂直角、U3 为高度角，出厂设置为天顶距)。

(2)自动关机时间：仪器无操作 20 min，自动关机(出厂设置为断电功能 ON，也可选择无自动关机功能 OFF)。

(3)角度最小显示单位：1″或 5″(出厂设置为 1″)。

(4)角度单位选择:360(度、分、秒)、400(哥恩)(出厂设置为360)。

仪器在开机状态下,同时按 ☼ 、L/R 键进入设置模式,如图3-27所示。显示设置界面(a),2 s后进入设置界面(b)。

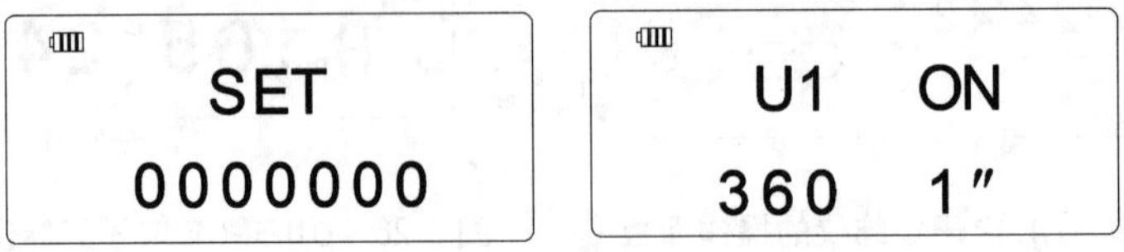

(a) (b)

图3-27 DJD5-GE电子经纬仪设置界面

按 OSET 键设置垂直角测量模式(U1、U2、U3),按 L/R 键设置仪器定时关机功能,按 HOLD 键设置角度单位,按 V% 键设置最小角度显示单位,按 ☼ 键仪器保存所做设置并退出回到角度测量模式。

3.7.3.2 DJD5-GE电子经纬仪指标差设置

(1)按住 L/R 键开机,仪器显示"SETUP"并提示"SET 0",旋转望远镜过零后,显示屏第一行闪烁提示"SET F1",如图3-28(a)所示。

(2)精确整平仪器盘左照准远处目标,按 OSET 键确认,这时显示屏第一行闪烁提示"SET F2",如图3-28(b)所示。

(3)再用盘右照准同一目标,按 OSET 键确认,这时显示屏第一行闪烁提示"SET",如图3-28(c)所示。

(4)按 OSET 键确认,仪器接受新设置的指标差,并退出回到角度测量模式。

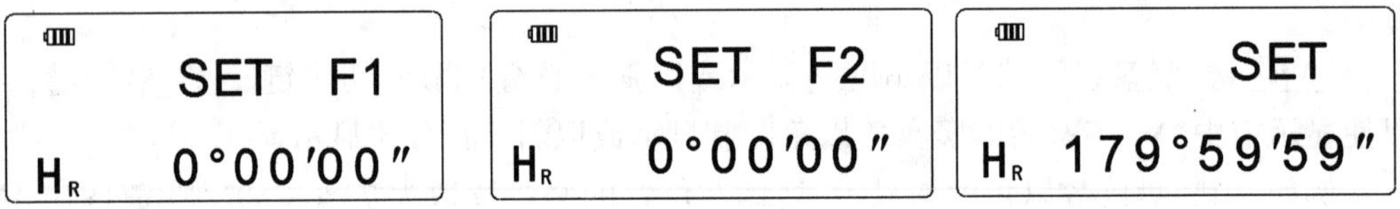

(a) (b) (c)

图3-28 指标差设置的界面

3.7.4 角度测量

电子测角的度盘主要有编码度盘、光栅度盘、动态度盘三种形式。由于DJD5-GE是采用光栅度盘测角系统,当转动仪器照准部时,即自动开始测量角度,所以观测员精确照准目标后,显示窗将自动显示当前视线方向的水平度盘和竖盘读数,不需要再按任何键。仪器操作非常简单。但若测角精度要求较高,还是要用复测法或测回法观测,但建议用复测法较方便。

复测法操作步骤如下:

(1)盘左观测。在H_R模式下照准左边目标,按 OSET (置零)键,顺时针转动照准部照准右边目标后,按 HOLD 两次锁定角度,再照准左边目标,按 HOLD 一次(解锁),再照准右边目标,这样屏幕上显示出盘左测量该角值的两倍,除以 2 就得到盘左测出的角值。

(2)盘右观测。在 H^L 模式下照准右边目标,按 OSET (置零)键,逆时针转动照准部照准左边目标后,按 HOLD 两次锁定角度,再照准右边目标,按 HOLD 一次(解锁),再照准左边目标,这样屏幕上显示出盘右测量该角值的两倍,除以 2 就得到盘右测出的角值。

(3)盘左、盘右观测的角值应相等,若不相等应小于±18″,满足此条件,将取盘左、盘右平均值作为最终结果。

用复测法观测水平角实例见表 3-5。

表 3-5 水平角观测记录表(复测法)

工程名称:________ 仪 器:________ 天气:________

观 测 者:________ 记录者:________ 日期:________

测站名	盘位	照准点	复测数	最后读数 (° ′ ″)	单盘位平均角值 (° ′ ″)	双盘位平均角值 (° ′ ″)
O	*L*	*A*~*B*	3	123 15 39	41 05 13	41 05 12
	R	*B*~*A*	3	123 15 30	41 05 10	

3.8 水平角的测设

在地面上测量水平角时,角度的两个方向已经固定在地面上,而在测设一水平角时,只知道角度的一个方向,另一个方向线需要在地面上标定出来,通常有两种方法。

3.8.1 正倒镜分中法

如图 3-29(a)所示,设在地面上已有一方向线 *AB*,欲在 *A* 点测设第二方向线 *AC*,使 $\angle BAC=\beta$。可将经纬仪安置在 *A* 点上,在盘左位置,用望远镜瞄准 *B* 点,使度盘读数为 0°00′00″,然后转动照准部,使度盘读数为 β,在视线方向上定出 *C′*点。再倒转望远镜变为盘右位置,重复上述步骤,在地面上定出 *C″*点,*C′*与 *C″*往往不相重合,取两点连线的中点 *C*,则 *AC* 即为所测设的方向,即$\angle BAC$ 就是要测设的水平角。

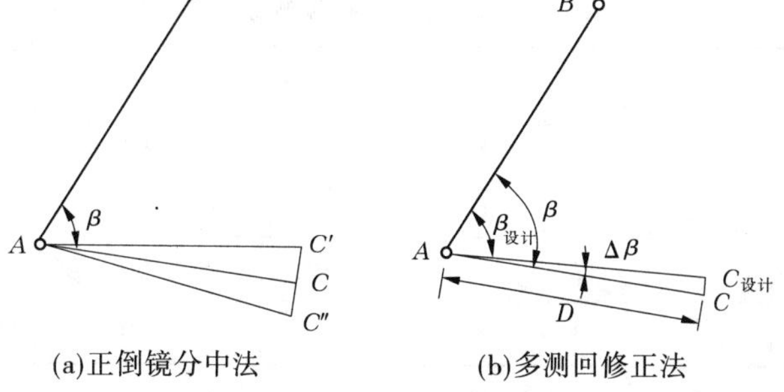

图 3-29 水平角测设的方法

3.8.2 多测回修正法

如图 3-29(b)所示,在 A 点根据已知方向线 AB 精确地测设 $\angle BAC$,使它等于设计角 β,可先用经纬仪按正倒镜分中法放出方向线 AC,而后用测回法多次观测 $\angle BAC$,得角 β。它与设计角 $\beta_{设计}$ 之差为 $\Delta\beta$,为了精确定出正确的方向 $AC_{设计}$,必须改正小角 $\Delta\beta$,为此由 A 点丈量 $AC_{设计}$ 的长度 D,作 AC 的垂线,用下式求得垂线 $CC_{设计}$ 的长度:

$$CC_{设计} = D\tan\Delta\beta$$

从 C 沿垂线方向量 $CC_{设计}$ 长度得 $C_{设计}$ 点,连接 $AC_{设计}$,即得到 β 角另一方向的精确位置。

思考与练习题

1. 什么叫水平角?什么叫天顶距?瞄准在同一竖直面上高度不同的点,其水平度盘读数是否相同?为什么?

2. 经纬仪主要由哪几部分组成?经纬仪上有哪些制动螺旋和微动螺旋?它们各起什么作用?

3. 正确使用经纬仪的步骤是什么?各步骤的目的和要求是什么?

4. 试述用测回法和方向观测法测量水平角的操作步骤及各项限差要求。

5. 用经纬仪观测水平角和天顶距时,采用盘左、盘右观测,取平均值可以消除哪些误差的影响?是否可以消除竖轴 VV 倾斜引起的水平角测量误差?

6. 整理水平角观测记录(见表 3-6)。

表 3-6 水平角观测记录表(测回法)

测站	照准点	盘左读数(L)(° ′ ″)	盘右读数(R)(° ′ ″)	$2c=L-R\pm180°$(″)	平均方向值(° ′ ″)	角值(° ′ ″)
O	A	155 50 10	335 50 00			
	B	33 33 30	213 33 40			

7. 整理天顶距观测记录(见表 3-7)。

表 3-7 天顶距观测表

测站	仪器高(m)	觇点	觇标高(m)	竖盘读数		指标差(″)	天顶距(° ′ ″)
				盘左(° ′ ″)	盘右(° ′ ″)		
O	1.46	A	2	75 30 06	284 30 06		
		B	3	82 00 24	277 59 30		

8. 整理用全圆测回法测量水平角的记录(见表 3-8)。

表 3-8 水平角观测记录表(全圆测回法)

测站	测回数	目标	读数 盘左 (° ′ ″)	读数 盘右 (° ′ ″)	2c (″)	平均读数 (° ′ ″)	归零方向值 (° ′ ″)	各测回归零方向平均值 (° ′ ″)	水平角 (° ′ ″)
O	1	A	0 01 06	180 01 06					
		B	91 54 06	271 54 00					
		C	153 32 48	333 32 48					
		D	214 06 12	34 06 06					
		A	0 01 24	180 01 18					
O	2	A	90 01 24	270 01 18					
		B	181 54 06	1 54 18					
		C	243 32 54	63 33 06					
		D	304 06 24	124 06 18					
		A	90 01 36	270 01 36					

9. 由对中误差引起的水平角观测误差与哪些因素有关？

10. 简述电子经纬仪的测角方法与光学经纬仪的测角方法的主要区别。

11. 已知 A 点高程为 108. 123 m，现用三角高程测量方法进行直反觇观测，观测数据见表 3-9，AP 距离为 2 233. 456 m，试求 P 点高程。

表 3-9

测站	目标	天顶距 (° ′ ″)	仪器高 (m)	觇标高 (m)
A	P	88 48 50	1. 470	2. 500
P	A	91 08 51	1. 520	2. 000

12. 完成表 3-10 中复测法观测表的计算，并绘出示意图。

表 3-10

测站名	照准点	盘位	复测数	最后读数 (° ′ ″)	单盘位平均角值 (° ′ ″)	双盘位平均角值 (° ′ ″)
5	4~6	L	3	213 27 24		
	6~4	R	3	213 27 21		

第 4 章　距离测量

【本章提要】

本章主要介绍了视距测量的原理、方法；钢尺量距的一般方法以及电磁波测距仪的测距原理和 ND3000 测距仪的操作方法，以及水平距离的测设方法，最后介绍了直线定向的原理和方法。

距离测量是确定地面点位的基本测量工作之一。距离测量方法有视距测量、钢尺量距、电磁波测距和 GPS 测量等。视距测量是利用经纬仪或水准仪望远镜中的视距丝和中丝及视距标尺按几何学和几何光学的原理进行平距和高差的测量方法。钢尺量距是用钢卷尺沿地面直接丈量距离。电磁波测距是用仪器发射并接收电磁波，通过测量电磁波在待测距离上往返传播的时间解算出距离。GPS 测量是利用两台 GPS 接收机接收空间轨道上 4 颗卫星发射的载波信号，通过距离空间后方交会的方法解算出两台 GPS 接收机之间的距离。本章重点介绍前三种距离测量方法，GPS 测量在第 8 章介绍。

4.1　视距测量

视距测量是一种间接测距方法，它利用望远镜内十字丝分划板上的视距丝及刻有厘米分划的视距标尺（地形塔尺或普通水准尺），根据光学原理同时测定两点间的水平距离和高差的一种快速方法。其中测量距离的相对误差为 1/300，低于钢尺量距；测定高差的精度低于水准测量和三角高程测量。视距测量广泛用于地形测量的碎部测量中。

4.1.1　视准轴水平时的视距计算公式

如图 4-1 所示，欲测定 A、B 两点间的水平距离 D 及高差 h。将经纬仪安置在 A 点，B 点竖立视距尺。当望远镜视线水平时，瞄准视距尺，此时，视线与视距尺面相垂直，对光后视距尺成像在十字丝平面上，即视距尺上 M 点和 N 点的像与视距丝 m 点和 n 点相重合。通过上、下视距丝 n、m，可以在视距尺上读取 M、N 两点的读数，其读数差用 l 表示，称为视距间隔。当视线水平时，上、下丝在标尺上所截取的间隔乘以 100 便是仪器至立尺点的平距：

$$D = Kl \tag{4-1}$$

由图 4-1 还可以看出，当视线水平时，A、B 两点的高差为

$$h = i - v \tag{4-2}$$

式中　i——桩顶到仪器横轴中心的距离，称为仪器高，精确至 cm；

v——十字丝中横丝在视距尺上的读数,简称中丝读数或截尺高。

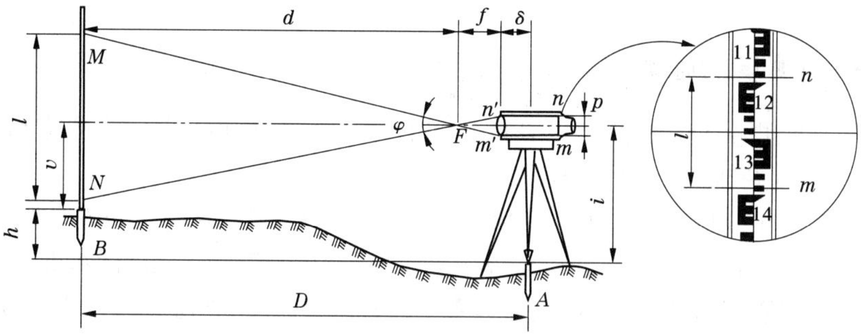

图 4-1　视准轴水平时的视距测量的原理

4.1.2　视准轴倾斜时的视距计算公式

如图 4-2 所示,当视准轴倾斜时,由于视线不垂直于视距尺,所以不能直接应用式(4-1)计算视距。由于 φ 角很小,约为 34′,所以有 $\angle O'M'M=Z$,假想有一根尺子绕 O' 点旋转让它与望远镜的视准轴垂直,即可得到:$l'=l\sin Z$,从而得出倾斜距离 OO':$L=Kl'=Kl\sin Z$。然后利用三角函数计算出水平距离 D:

$$D = Kl\sin^2 Z \tag{4-3}$$

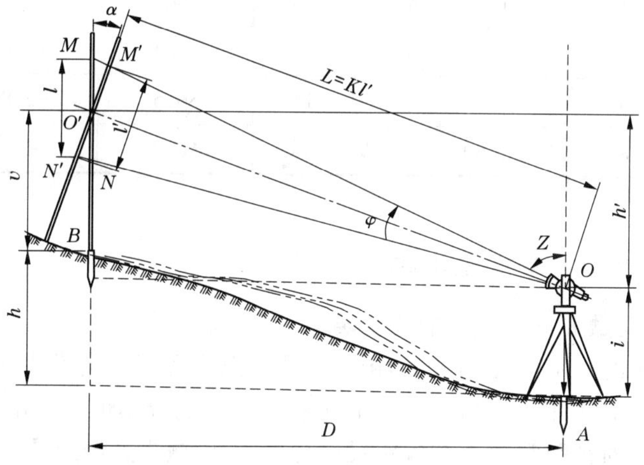

图 4-2　视准轴倾斜时的视距测量原理图

设 A、B 的高差为 h ,如图 4-2 所示容易得出方程

$$v + h = h' + i$$

式中,$h'=L\cos Z=Kl\sin Z\cos Z=\dfrac{D}{\tan Z}$,将其代入得高差公式为

$$h = \frac{D}{\tan Z} + i - v \tag{4-4}$$

4.1.3　视距测量的施测

现欲用视距测量的方法测定 A、B 两点间的水平距离 D 和高差 h，具体施测步骤如下：

(1)在 B 点(待求点)上竖立标尺。

(2)在 A 点(已知点)上安置经纬仪，量取仪器高 i(取至 cm)；用盘左(视距测量只用盘左一个盘位)瞄准标尺(尽量让中丝读数等于仪器高)，旋转竖盘指标水准管微动螺旋，使竖盘指标水准管气泡居中，读取竖盘读数 L(读至"′")，此时盘左读数 L 就是天顶距 Z(指标差 x 很小，可忽略不计，但若竖盘指标差较大，就应进行指标差改正)；再读得中丝读数 v(取至 cm)。

(3)旋转望远镜的微动螺旋，让上丝或下丝对准标尺上的某一整刻划(调整范围不可太大)，直接数出 Kl(取至 dm)。

(4)可按式(4-3)、式(4-4)计算水平距离 D(算至 dm)及高差 h(算至 cm)。若测站点 A 的高程已知为 H_A，则待求点 B 的高程为：$H_B = H_A + h_{AB}$。结果见表 4-1。

表 4-1　视距测量记录、计算手簿

测站：A　　测站高程：26.58 m　　仪器高：i=1.45 m　　指标差：x=0

点名	Kl	中丝读数	竖盘读数 (°　′)	平距 (m)	高差 (m)	高程 (m)
1	124.0	1.45	90　26	124.0	−0.94	25.64
2	145.0	1.45	88　34	144.9	+3.62	30.20
3	86.5	2.45	91　14	86.5	−2.86	23.72
4	66.8	2.00	92　06	66.7	−3.0	23.58

4.1.4　视距测量的主要误差来源及消减方法

4.1.4.1　视距乘常数 K 和视距尺的分划误差

一般都确认视距乘常数 K=100，但由于观测时温度和气压会发生变化或由于本身仪器制造工艺等导致 K 值不一定恰好等于 100，视距尺上的分划也不一定均匀、准确。消减的方法是在测量前对视距常数 K 和视距尺进行检验，以减少其误差的影响。

4.1.4.2　视距丝读数误差

视距间隔是由上、下视距丝在标尺的读数相减而求得的，当眼睛位置变动或视距丝本身所具有一定宽度的影响，都会使估读值产生误差。为了减弱此项误差，在观测时我们应当精心对光，消除视差，并尽量不变动眼睛的位置；同时利用望远镜的微动螺旋使上丝或下丝截取整分划值，以减少一次估读误差。

4.1.4.3　标尺倾斜误差

视距计算公式都是在标尺严格竖直的情况下得到的，但在实际工作中，标尺严格竖直往往是难以做到的，因而对视距间隔必将产生误差；而且是随视线的竖直角的增大而增大,实践表明,若所测水平距离为 100 m,标尺倾斜 2°,天顶距在 85°或 95°,所引起的距离误差约为 0.3 m。当天顶距为 70°或 110°时,所引起的距离误差约为 1.3 m。因此,为减弱此项误差,所使用的标尺应尽可能竖直,尺上要安装水准器,读取竖直角或天顶距时一定要使指标水准管气泡严格居中。

4.1.4.4 外界条件的影响

如竖向折光影响使视线不成直线(越近地面影响越大),水汽蒸腾时的折光影响会使得成像晃动、跳跃。风力加强会使仪器和标尺不稳定,尘雾弥漫使标尺看不清等都会导致视距测量产生误差。为了减弱这些外界因素的影响,应尽可能避免在烈日下、尘雾中进行观测,并且应使视线离开地面至少 1 m。

4.2 钢尺量距

地面点沿铅垂线方向投影到水平面以后,投影点之间的距离称为水平距离。距离测量是基本测量工作之一,其目的就是测量地面点之间的水平距离。钢尺量距虽精度较高,但易受地形限制,且丈量长距离时工作量大,因此它适合于平坦地区且较短距离的测量。下面介绍钢尺量距。

4.2.1 钢尺量距的工具

钢尺量距所用的工具有钢尺、测钎、标杆、弹簧秤和温度计、垂球等。

4.2.1.1 钢尺

钢尺又叫钢卷尺(见图 4-3),是由薄钢带制成的,宽 1~1.5 cm,厚约 0.4 mm,尺长有 20 m、30 m 和 50 m,有盒装和架装两种。钢尺的基本分划为 cm,每 10 cm 有一注记。有的钢尺在起点处 10 cm 内刻有 mm 分划,大部分的钢尺全长都刻有 mm 分划。按尺的零点位置不同,钢尺又可为端点尺和刻线尺两种。以钢尺最外端作为尺子零点的称为端点尺,如图 4-4(a)所示。在尺子的前端尺身中刻有零分划线的称为刻线尺,如图 4-4(b)所示。由于端点尺零点处的拉环受力后容易变形,从而导致长度的不准确,所以钢尺中绝大多数是刻线尺。

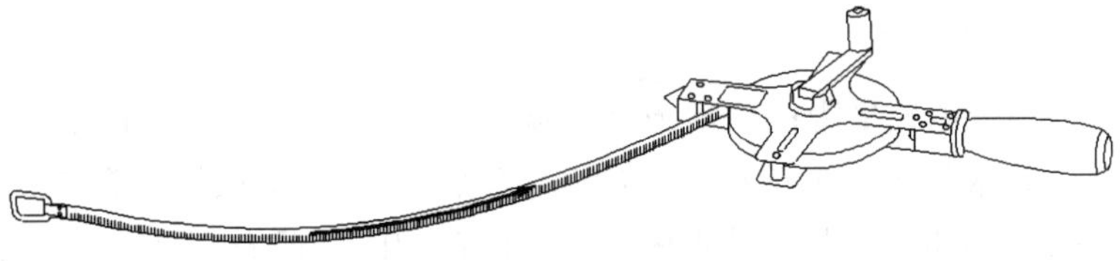

图 4-3 钢尺

4.2.1.2 测钎

如图 4-5(a)所示,测钎是用粗铁丝或细钢筋做成的,长 30~40 cm,一般 10 根左右为一组,套在一个圆环上。测钎主要用于标定尺段端点位置和计算丈量的尺段数。

4.2.1.3 标杆

标杆又称花杆,如图 4-5(b)所示,一般为长 2~3 m、直径 3~4 cm 的木质或铝合金圆杆，杆身每 20 cm 涂有红白相间的油漆，目的是醒目、容易发现。杆的下端装有锥形铁脚，便于插入泥土中，主要用来标点和定线。

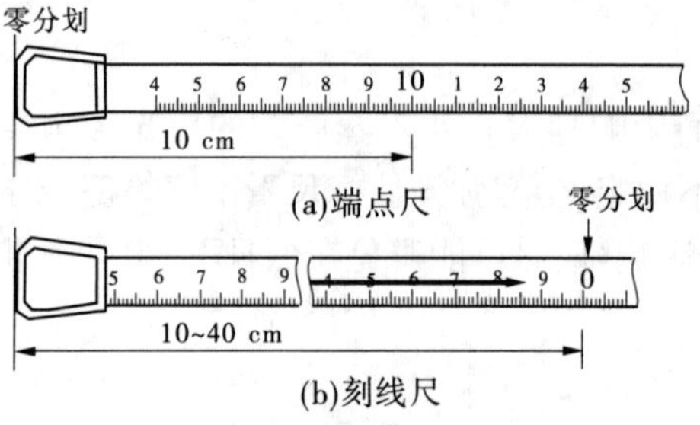

图 4-4　钢尺的分划

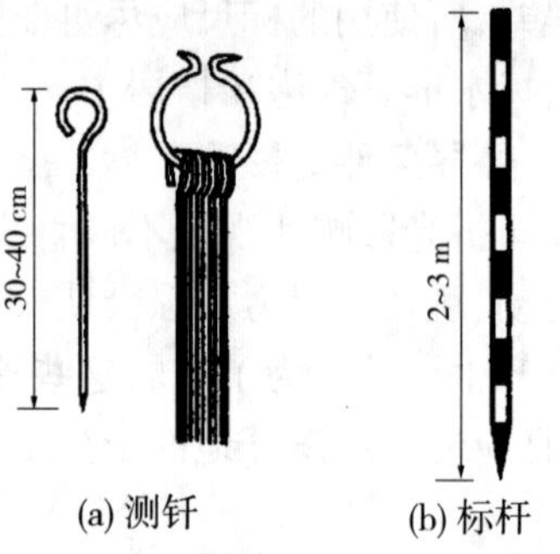

图 4-5　测钎和标杆

4.2.1.4　弹簧秤和温度计

弹簧秤和温度计如图 4-6 所示，一般是在钢尺的精密量距中使用，用以测定钢尺在精密量距时的拉力和温度。

图 4-6　弹簧秤和温度计

4.2.1.5　垂球

垂球主要是用来对点、标点和投点。

4.2.2　钢尺量距的一般方法

4.2.2.1　直线定线

当地面两点之间的距离大于钢尺的一个尺段，就需要在直线方向上标定若干个尺段点，以便用钢尺分段丈量。直线定线的目的是使这些分段点在待量直线端点的连线上，其方法有以下两种。

1. 目测定线

目测定线适用于钢尺量距的一般方法。设 *A*、*B* 两点互相通视，如图 4-7 所示，要在 *A*、*B* 两点的直线上标出分段点 1、2 点。先在 *A*、*B* 点上竖立标杆，甲站在 *A* 点标杆后约 1 m 处，指挥乙左右移动标杆，直到甲从在 *A* 点沿标杆的同一侧看到 *A*、2、*B* 三支标杆成一条线为止。同法可以定出直线上的其他点。两点间定线，一般应由远到近，即先定 1 点，再定 2 点。定线时，乙所持标杆应竖直，利用食指和拇指夹住标杆的上部，稍微提起，利用重心使标杆自然竖直。此外，为了不挡住甲的视线，乙应持标杆站立在直线方向的左侧或右侧。

2. 经纬仪定线

经纬仪定线适用于钢尺量距的精密方法。设 *A*、*B* 两点互相通视，将经纬仪安置在 *A* 点，用望远镜纵丝瞄准 *B* 点，制动照准部，望远镜上下转动，指挥在两点间某一点上的助

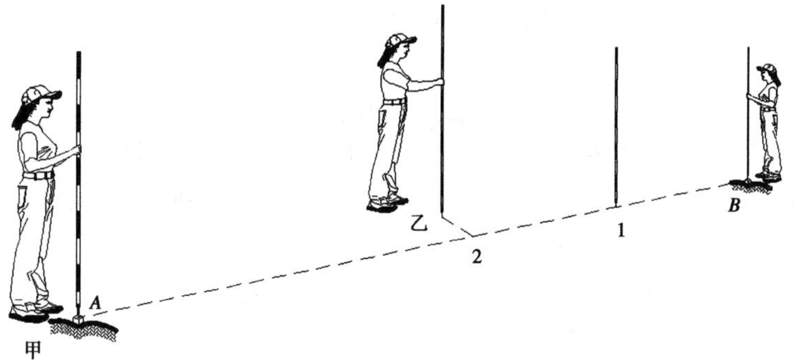

图4-7　目测定线

手左右移动标杆，直至标杆像为纵丝所平分。为减小照准误差，精密定线时，可以用直径更细的测钎或垂球线代替标杆。

4.2.2.2　平坦地面的丈量方法

丈量工作一般由两人进行，如图4-8所示，清除待量直线上的障碍物后，在直线两端点A、B竖立标杆，后尺手持钢尺的零端位于A点，前尺手持钢尺的末端和一组测钎沿AB方向前进，行至一个尺段处停下。后尺手用手势指挥前尺手将钢尺拉在AB直线上，后尺手将钢尺的零点对准A点，当两人同时把钢尺拉紧后，前尺手在钢尺末端的整尺段长分划处竖直插下一根测钎（当在水泥地面上丈量插不下测钎时，也可以用粉笔在地面上画线做记号）得到1点，即量完一个尺段。前、后尺手抬尺前进，当后尺手到达插测钎或画记号处时停住，再重复上述操作，量完第二尺段。后尺手拔起地上的测钎，依次前进，直到量完AB直线的最后一段为止。最后一段距离一般不会刚好是整尺段的长度，称为余长。丈量余长时，前尺手在钢尺上读取余长值，则最后A、B两点间的水平距离为

$$D = nl + q \tag{4-5}$$

式中　l——钢尺的一整尺长度；

n——整尺段数；

q——不足一整尺的余长。

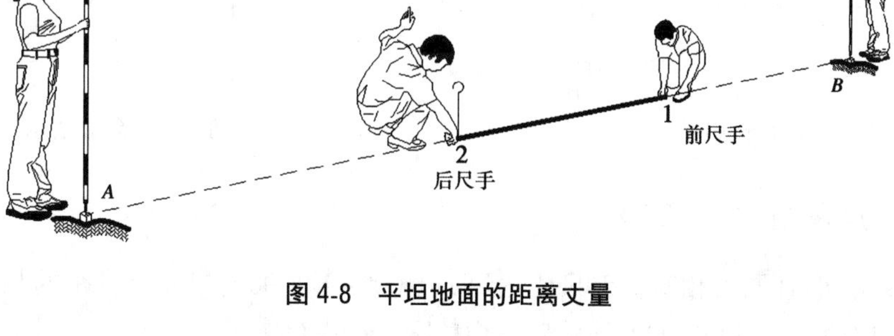

图4-8　平坦地面的距离丈量

为了进行检核并提高丈量的精度，一般要往、返各丈量一次，取其平均值作为最后的结果，即往测丈量后，马上调转尺头，从B至A，按上述同样的方法，丈量至A点。而对于距离丈量的精度高低与否通常是用相对误差来衡量的，即

$$f = \frac{|D_{往} - D_{返}|}{\frac{D_{往} + D_{返}}{2}} = \frac{1}{\frac{D_{平均}}{|D_{往} - D_{返}|}} = \frac{1}{K} \tag{4-6}$$

往往将相对误差 f 化成分子为 1 的形式，分母愈大，则表明量距的精度愈高，在一般情况下，平坦地区丈量的精度应不低于 1/2 000，在特殊困难地区，其相对误差应不低于 1/1 000。

4.2.2.3 倾斜地面的丈量方法

1. 平量法

沿倾斜地面丈量距离，当地势起伏不大时，可将钢尺拉平丈量。丈量由 A 点向 B 点进行，甲立于 A 点，指挥乙将尺拉在 AB 方向线上。甲将尺的零端对准 A 点，乙将钢尺抬高，并且目估使钢尺水平，然后用垂球尖将尺段的末端投点到地面上，插上测钎。

若地面倾斜较大，将钢尺抬平有困难，则可将一个尺段分成几个小段来平量，如图 4-9 所示。

丈量时应当注意以下两点：①尺段长短视地面坡度大小来决定，每一尺段的长短应尽量一样，一般前尺员（低处的拉尺员）的拉尺高度应保持在腰部以下，这样既能用上力将钢尺拉平，又能看清、读准垂球线所处的尺面整分划读数。②倾斜地面的平量法不能由低处向高处量，只能从高处点向低处点丈量两次，然后取平均值作为最后结果。

2. 斜量法

如图 4-10 所示，当倾斜地面的坡度比较均匀时，可以沿着斜坡丈量出 A、B 的斜距 L，再用经纬仪测出地面的倾角 α（天顶距 Z）或用水准仪测出两点高差 h，然后按下式计算出 A、B 的水平距离 D。

$$D = L\cos\alpha = L\sin Z = \sqrt{L^2 - h^2} \tag{4-7}$$

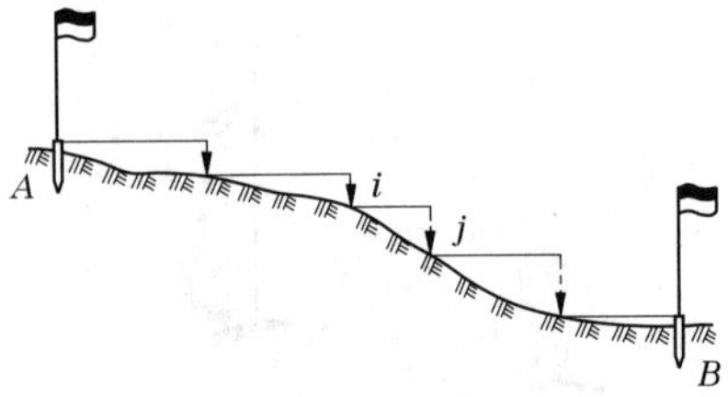

图 4-9　平量法示意图

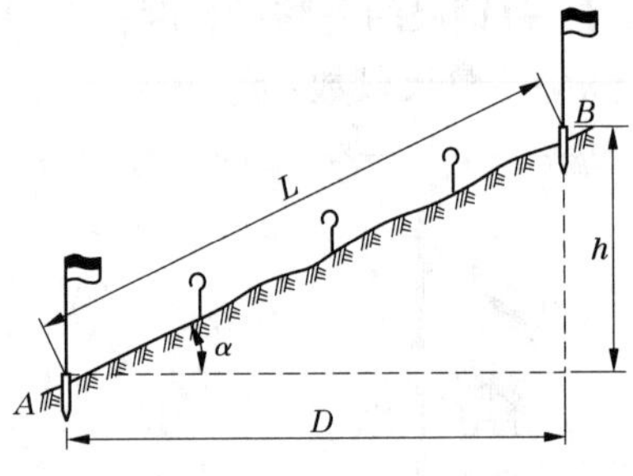

图 4-10　斜量法示意图

4.2.3 钢尺量距的精密方法

用一般方法量距，其相对误差只能达到 1/1 000～1/5 000，当要求量距的相对误差更小时，例如 1/10 000～1/40 000，这就要求用精密方法进行丈量。

精密方法量距的主要工具为钢尺、弹簧秤、温度计、尺夹等。其中钢尺必须经过检验，并得到其检定的尺长方程式。

随着电磁波测距仪和全站仪的逐渐普及,现在测量人员已经很少使用钢尺精密方法丈量距离,需要了解这方面内容的读者请参考有关的书籍。

4.2.4 钢尺的维护

(1)钢尺易生锈,丈量结束后应用软布擦去尺上的泥和水,涂上机油,以防生锈。

(2)钢尺易折断,如果钢尺出现卷曲,切不可用力硬拉。

(3)丈量时,钢尺末端的持尺员应该用尺夹夹住钢尺后手握紧尺夹加力,没有尺夹时,可以用布或者纱手套包住钢尺代替尺夹,切不可手握尺盘或尺架加力,以免将钢尺拉出。

(4)在行人和车辆较多的地区量距时,中间要有专人保护,以防止钢尺被车辆碾压而折断。

(5)不准将钢尺沿地面拖拉,以免磨损尺面分划。

(6)收卷钢尺时,应按顺时针方向转动钢尺摇柄,切不可逆转,以免折断钢尺。

4.3 电磁波测距

电磁波测距,简称EDM,是用电磁波(光波或微波)作为载波传输测距信号,以测量两点间距离的一种方法。世界上第一台电磁波测距仪于1953年由瑞典AGA公司(现在合并到美国Trinble公司)研制成功,仪器采用5 mW氦-氖激光器发射的激光作为载波,白天测距为40 km,夜间测程为60 km,测距精度±(5 mm+1×10^{-6}),主机重23 kg 。

电磁波测距仪按其所采用的载波可分为以下几种:

(1)用微波段的无线电波作为载波的微波测距仪。

(2)用激光作为载波的激光测距仪。

(3)用红外光作为载波的红外测距仪,后两者又统称为光电测距仪。

微波和激光测距仪多属于长程测距,测程可达60 km,一般用于大地测量,而红外测距仪属于中、短程测距仪(测程为15 km以下),一般用于小地区控制测量、地形测量、地籍测量和工程测量等。

与钢尺量距及视距测量相比,EDM具有测程长、精度高、作业快、工作强度低、几乎不受地形限制等优点。本节主要介绍光电测距仪的基本原理的测距方法。

4.3.1 光电测距仪的基本原理

如图4-11所示,光电测距仪是通过测量光波在待测距离D上往、返传播一次所需要的时间t_{2D},依式(4-8)来计算待测距离D。

$$D = \frac{1}{2}ct_{2D} \tag{4-8}$$

式中 c——光在大气中的传播速度,$c=\frac{c_0}{n}$,c_0为光在真空中的传播速度,迄今为止,人类所测得精确值为$c_0=299\ 792\ 458$ m/s±1.2 m/s,n为大气折射率($n\geqslant1$),它是光的波长λ、大气温度t和气压p的函数。

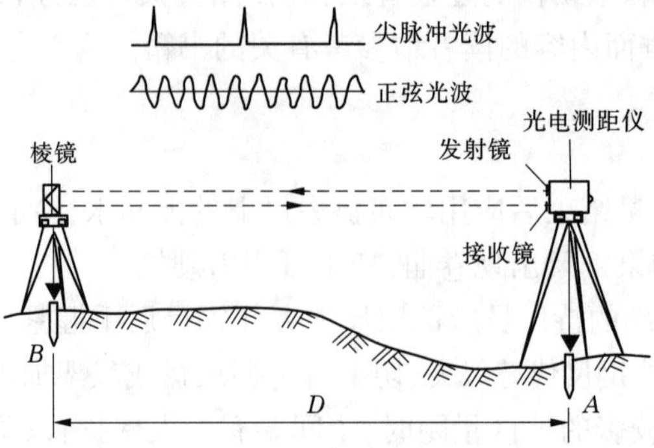

图 4-11　光电测距原理图

$$n = f(\lambda, t, p) \tag{4-9}$$

由于 $n \geqslant 1$，所以 $c \leqslant c_0$，即光在大气中的传播速度要小于其在真空中的传播速度。

红外测距仪一般采用 CaAs（砷化镓）发光二极管发出的红外光作为光源，其波长 $\lambda = 0.85 \sim 0.93\ \mu m$。对一台红外测距仪来说，$\lambda$ 是一个常数，则由式(4-9)可知，影响光速的大气折射率 n 只随大气的温度 t、气压 p 而变化，这就要求我们在光电测距作业中，必须实时测定现场的大气温度和气压，并对所测距离施加气象改正。

根据测量光波在待测距离 D 上往返一次传播时间 t_{2D} 方法的不同，光电测距仪可分为脉冲式和相位式两种。

脉冲式光电测距仪是将发射光波的光强调制成一定频率的尖脉冲光波，通过测量发射的尖脉冲光波在待测距离上往返传播的时间来计算距离。如图 4-12 所示，在尖脉冲光波离开测距仪发射镜的瞬间，触发打开电子门，此时时钟脉冲进入电子门填充，计数器开始计数。在仪器接收镜接收到由棱镜反射回来的尖脉冲光波的瞬间，关闭电子门，计数器停止计数。设时钟脉冲的振荡频率为 f_0，周期为 $T_0 = 1/f_0$，计数器计得的时钟脉冲个数为 q，则

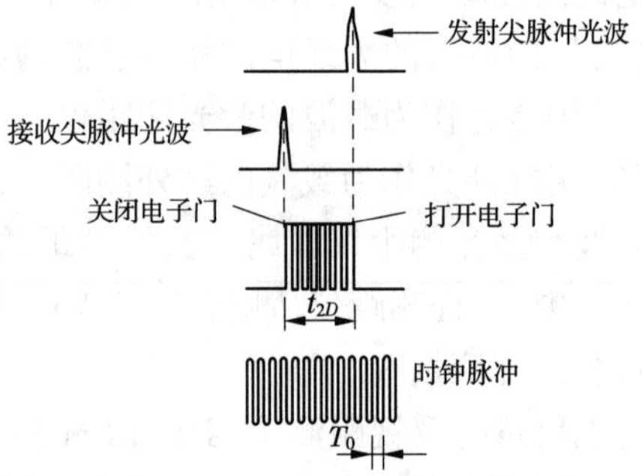

图 4-12　脉冲测距原理图

$$t_{2D} = qT_0 = \frac{q}{f_0} \tag{4-10}$$

相位式光电测距仪是将发射光波调制成正弦波的形式，通过测量连续的调制信号在待测距离上往返传播的相位变化来间接测定传播时间，从而求得被测距离。

4.3.2　ND3000 红外测距仪及其使用

图 4-13 是南方测绘公司生产的 ND3000 红外相位式测距仪，它自带望远镜，望远镜的视准轴、发射光轴和接收光轴同轴，可以安装在电子经纬仪上。测距时，测距仪瞄准棱镜

测距,经纬仪瞄准棱镜,测量视线方向的天顶距,通过操作测距仪面板上的键盘也可用电缆线将测距仪和电子经纬仪连接,如图 4-14 所示,将经纬仪测量出的天顶距输入到测距仪中,可以计算出水平距离和高差。图 4-15 为棱镜对中杆与支架。

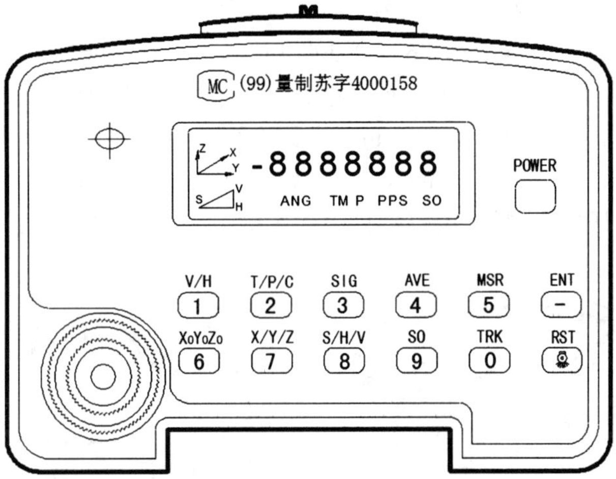

图 4-13　ND3000 红外测距仪

4.3.2.1　ND3000 的主要技术指标

(1)红外光源波长为 0.865 μm。

(2)测尺长及对应的调制频率。

精测尺:$\lambda_s/2=10$ m, $f=14.835\ 546$ MHz。

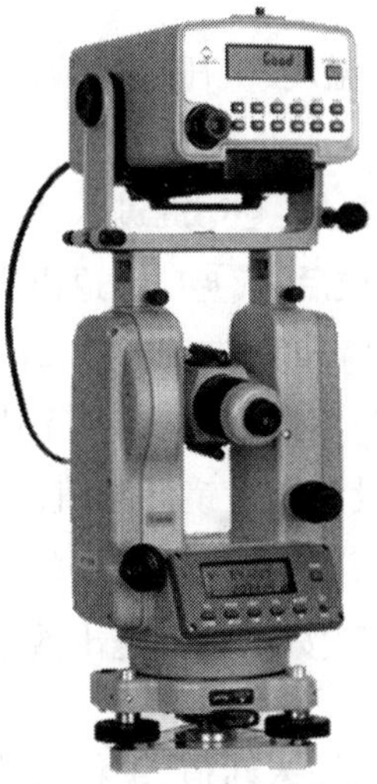

图 4-14　测距仪与电子经纬仪连接

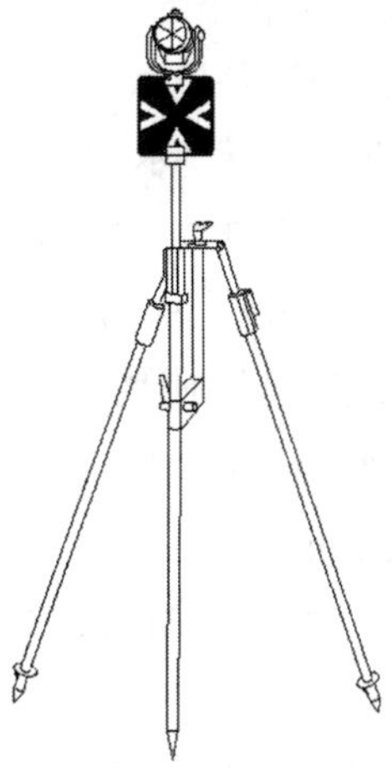

图 4-15　棱镜对中杆与支架

粗测尺 1:$\lambda_s/2=1\ 000$ m, $f=148.355\ 46$ kHz。

粗测尺 2:$\lambda_s/2=10\ 000$ m, $f=14.835\ 546$ kHz。

(3)测程为 2 500 m(单棱镜)、3 500 m(三棱镜)。

(4)标称精度±($5\ \text{mm}+3\times10^{-6}$)。

(5)正常测距时间为 3 s,跟踪测距、初始测距为 3 s,以后每次测距 0.8 s。

(6)显示为带有灯光照明的 7 位数字液晶显示,最小显示距离为 1 mm。

(7)供电为 6 镍镉(NiCd)可充电电池。

(8)气象改正比例系数计算公式为

$$\Delta D_1 = 278.96 - 0.2904p/(1 + 0.00366lt) \tag{4-11}$$

式中,p 为气压,hPa,可采用图 4-16 所示的空盒气压表测量(有些气压表的测量单位为 mmHg,可应用 760 mmHg = 1 013.347 hPa 进行换算),计算出的 ΔD_1 是以 ppm 计量的气象改正比例系数,由于 1 ppm = 1 mm/km,所以它也代表每千米的比例改正长度。可以将测距时的温度和气压输入仪器,由仪器自动计算出所测距离时施加的气象比例改正系数。

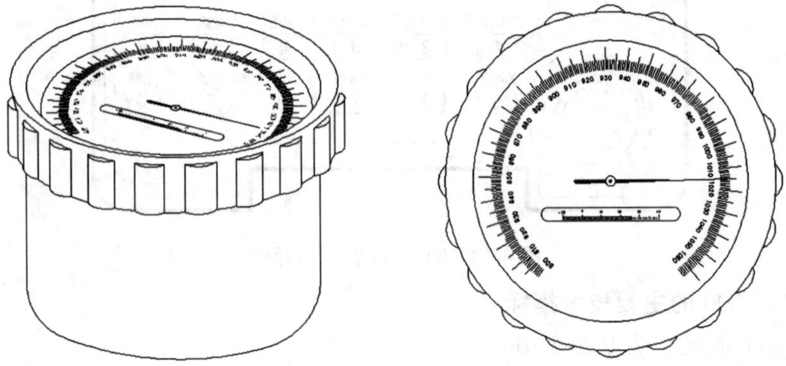

图 4-16　空盒气压表

4.3.2.2　**ND3000 的操作简介**

在测站安置好仪器后,按 POWER 键开机,屏幕顺序显示当前温度、气压和棱镜常数后,仪器进入自检,当屏幕显示“Good”字样时,表示自检正常。

按 T/P/C 键状态行显示“TMP”,屏幕显示当前设置的温度值,按 ENT 键进入数字输入状态,可以使用数字键输入新温度值(范围为-20~+50 ℃),完成后按 RST 键退出数字输入状态;或者再按 T/P/C 键,状态行显示“PRS”,屏幕显示当前设置的气压值,按 ENT 键进入数字输入状态,可以使用数字键输入新气压值(范围为 533~1 332 hPa),完成后按 RST 键退出数字输入状态;或者再按 T/P/C 键,屏幕显示当前设置的棱镜常数值(出厂预置为-30 mm,显示为“P-030”),按 ENT 键进入数字输入状态,用户可以输入新的棱镜常数值(必须是三位数,前面添 0,范围为-999~+999 mm),完成后按 RST 键退出数字输入状态。

新输入的温度、气压和棱镜常数值保存在仪器内,直至再次输入新值,关机或拔出电池都不会改变或丢失。

4.3.2.3　**测距并显示水平距离和高差**

用 ND3000 的望远镜对准目标棱镜中心,若距离远,不容易找到或能见度太低,则可按 SIG 键,然后旋转仪器垂直微动和水平调整螺旋,使屏幕显示的回光信号数字最大。

仪器有连续测距(按 MSR 键)、平均测距(按 SIG 键)和跟踪测距(按 TRK 键)三种测距模式。其中平均测距模式的操作步骤为：按AVE键，屏幕显示“AVE01”，按ENT键进入数字输入状态，使用数字键输入新的测距次数如“05”（范围为02～99次）后，按AVE键，再按MSR键，仪器自动5次距离测量，并显示5次距离测量的平均值，关闭电源，仪器自动将测距次数值恢复为“01”。

如仪器与光学经纬仪连接，测距前应输入经纬仪观测的天顶距值。输入87°26′45″的操作方法是：按V/H键，屏幕显示“000. 00. 00”，按ENT键进入数字输入状态，输入0872645；按RST键测距并显示斜距，按S/H/V键显示水平距离，它是投影到过仪器中心水平面上的距离；再按S/H/V键显示高差，它是仪器中心与棱镜中心的高差。

如仪器与南方测绘公司的电子经纬仪连接，则按V/H键可将电子经纬仪当前视线方向的天顶距和水平角自动传入仪器内。

4.4　已知水平距离的测设

根据给定的直线起点和水平长度，沿已知方向确定出直线另一端点的测量工作，称为已知水平距离的测设。水平距离测设的工具和仪器是钢尺、测距仪全站仪。

4.4.1　钢尺法

钢尺法只宜用于测设长度小于一个整尺段的水平距离，根据量距精度的要求常选择一般量距法，精密量距法因工作强度太大已很少应用。对需要精密测设的水平距离，通常采用EDM或全站仪测设。

4.4.2　光电测距仪法

如图4-17所示，需要在倾斜坡面上测设一段水平距离 $D=101.234$ m，使用ND3000测距仪测设 D 的操作步骤如下：

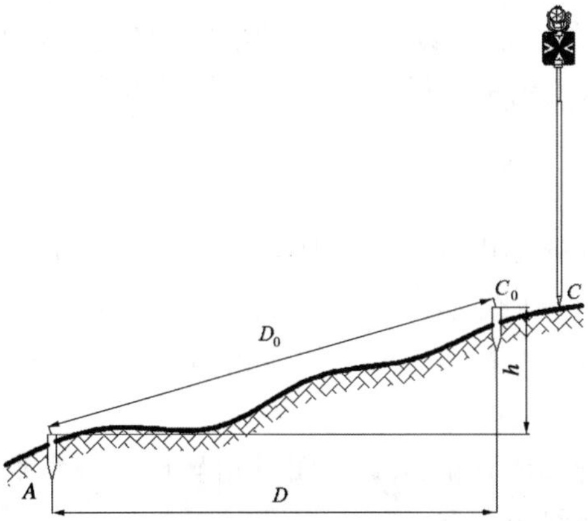

图4-17　水平距离测设方法

（1）测量大气压力和温度。使用空盒气压表测量出大气压力，假设为1 015 mb；用通风干湿温度计测量出大气温度，假设为 $t=26$ ℃。

(2)输入测量的大气压力和温度值。在测站安置好仪器,按POWER键开机,按T/P/C键,状态行显示"TMP",屏幕显示当前设置的温度值,按ENT键进入数字输入状态,使用数字键输入测量的温度值26;再按T/P/C键,状态行显示"PRS",屏幕显示当前设置的气压值,按ENT键进入数字输入状态,使用数字键输入测量的气压值1 015,完成后按RST键退出数字输入状态。

(3)测距与显示水平距离。使经纬仪盘左照准C点竖立的标杆或使水平度盘读数为设计方向值,指挥司镜员在AC方向上安置棱镜对中杆(见图4-17),使经纬仪和EDM照准棱镜中心;在经纬仪的读数窗口读取竖盘读数L,按V/H ENT键进入数字输入状态,输入竖盘读数L,按MSR键测距并显示斜距,按S/H/V键显示水平距离,计算ΔD=显示水平距离-101.234,根据ΔD的大小指挥跑镜员沿视线方向向前或向后移动棱镜。当ΔD较小时,宜用小钢尺沿仪器视线方向在地面量取ΔD,再在新点安置棱镜对中杆,重复上述操作,直至$\Delta D=0$。

(4)当测设现场坡度不大时,可以使用ND3000的放样功能。操作方法:使经纬仪望远镜视准轴水平,调整棱镜对中杆的高度,使觇标中心与经纬仪望远镜在同一水平面上;按SO ENT键,输入101.234,按MSR键测距,屏幕自动显示ΔD值,根据ΔD的大小指挥司镜员沿视线方向向前或向后移动棱镜,直至$\Delta D=0$。

4.5　直线定向

确定一条直线与标准方向间的水平夹角称为直线定向。

4.5.1　标准方向的分类

4.5.1.1　真子午线方向

如图4-18所示,地表任一点P与地球旋转轴所组成的平面与地球表面的交线称为P点的真子午线,真子午线在P点的切线方向称为P点的真子午线方向。可以应用天文测量方法或者陀螺经纬仪来测定地表任一点的真子午线方向。图4-19所示为西安第1001工厂生产的陀螺经纬仪。

4.5.1.2　磁子午线方向

地表任一点P与地球磁场南北极连线所组成的平面与地球表面交线称为P点的磁子午线,磁子午线在P点的切线方向称为P点的磁子午线方向。可以应用罗盘仪来测定,在P点安置罗盘,磁针自由静止时其轴线所指的方向即为P点的磁子午线方向。

4.5.1.3　坐标纵轴方向

过地表任一点P且与其所在的高斯平面直角坐标系或者假定坐标系的坐标纵轴平行的直线称为P点的坐标纵轴方向。

4.5.2　表示直线方向的方法

通常用方位角来表示直线的方向,其定义为:由标准方向的北端顺时针到直线的水平夹角。方位角的取值范围是0°~360°。利用上述介绍的三个标准方向,可以对地表任一直线 PQ 定义三个方位角。

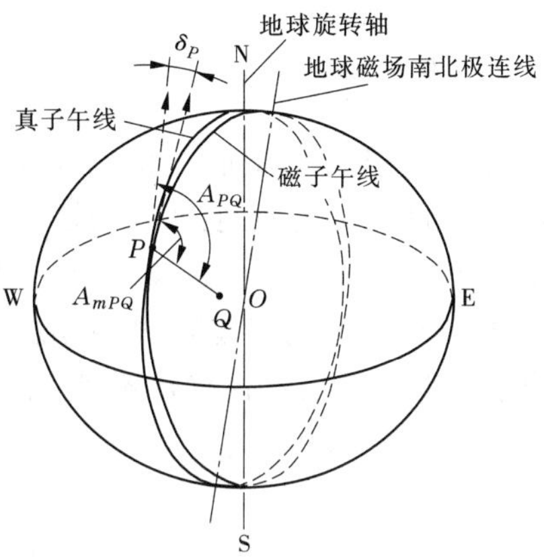

图4-18 A_{PQ} 与 A_{mPQ} 的关系图

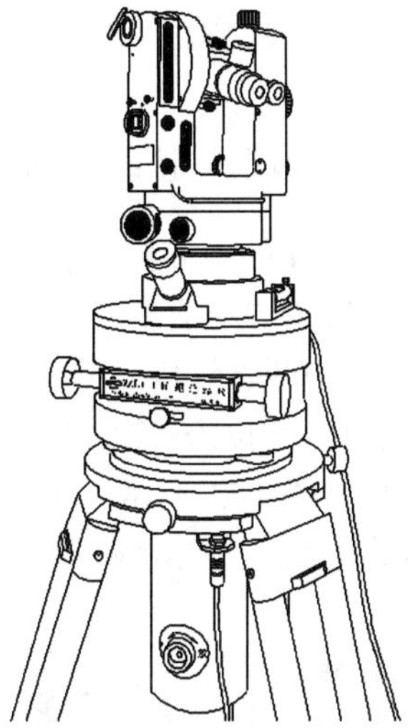

图4-19 陀螺经纬仪

(1)由过 P 点的真子午线方向的北端顺时针到 PQ 的水平夹角,称为 PQ 的真子午线方位角,用 A_{PQ} 表示。

(2)由过 P 点的磁子午线方向的北端顺时针到 PQ 的水平夹角,称为 PQ 的磁子午线方位角,用 A_{mPQ} 表示。

(3)由过 P 点的坐标纵轴方向的北端顺时针到 PQ 的水平夹角,称为 PQ 的坐标方位角,用 α_{PQ} 表示。

由于地球的南北极与地球磁场的南北极不重合,过地面任一点 P 的真子午线方向与磁子午线方向也不重合,两者间的水平夹角称为磁偏角,用 δ_P 表示,其正负的定义为:以真子午线方向北端为基准,磁子午线方向北端偏东 $\delta_P>0$,偏西 $\delta_P<0$。图4-18中的 $\delta_P>0$,由图可得

$$A_{PQ} = A_{mPQ} + \delta_P \tag{4-12}$$

我国偏角的变化范围为+6°~-10°。

在高斯平面直角坐标系中,过其内任一点的真子午线是收敛于地球旋转轴南北两极的曲线。所以,只要该点不在赤道上,其真子午线方向与坐标纵轴方向就不重合,两者间的水平夹角称为子午线收敛角,用 γ_P 表示。其正负的定义为:以真子午线方向北端为基准,坐标纵轴方向北端偏东 $\gamma_P>0$,偏西 $\gamma_P<0$ 。图4-20中的 $\gamma_P>0$,由图可得

$$A_{PQ} = \alpha_{PQ} + \gamma_P \tag{4-13}$$

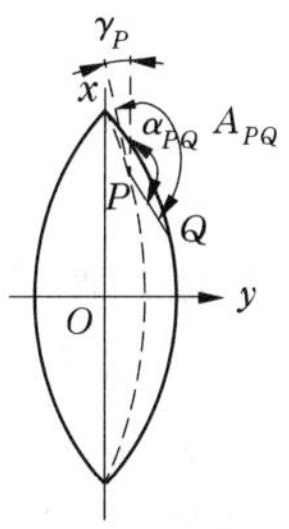

图4-20 A_{PQ} 与 α_{PQ} 的关系

其中,P 点的子午线收敛角可以按下式计算:

$$\gamma_P = (L_P - L_0)\sin B_P \tag{4-14}$$

式中　L_0——P 点所在中央子午线的经度；

L_P、B_P——P 点的大地经度、纬度。

由式(4-12)和式(4-13)可得

$$\alpha_{PQ} = A_{mPQ} + \delta_P - \gamma_P \tag{4-15}$$

4.5.3　用罗盘仪测定直线磁方位角的方法

欲测直线 AB 的磁方位角，将罗盘仪安置在直线起点 A，挂上垂球对中，松开球臼接头螺旋，用手前后左右转动刻度盘，使水准器气泡居中，拧紧球臼接头螺旋，使仪器处于对中和整平状态。松开磁针固定螺旋，让它自由转动，然后转动罗盘，用望远镜照准 B 点标志，待磁针静止后，按磁针北端(一般为黑色一端)所指的度盘分划值读数，即为 AB 边的磁方位角值，如图 4-21 所示。使用时，要避开高压电线和避免铁质物体接近罗盘，在测量结束后，要旋紧固定螺旋将磁针固定。

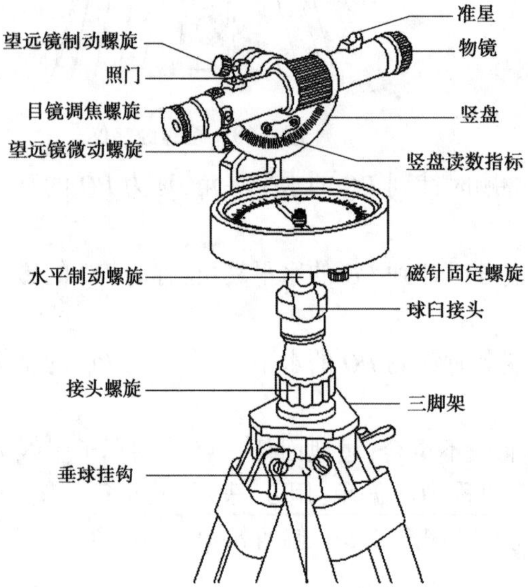

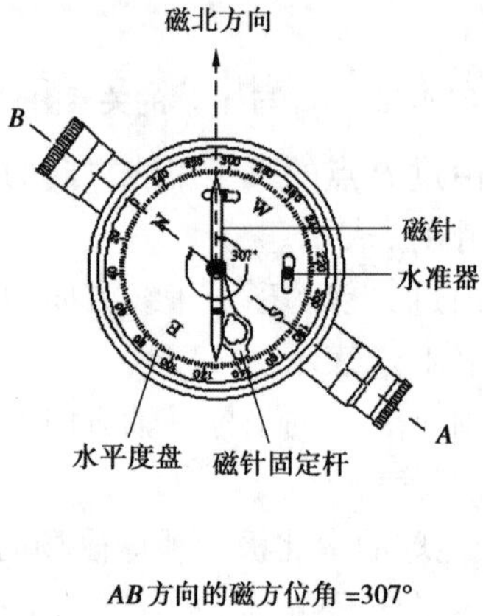

图 4-21　罗盘仪

思考与练习题

1. 距离测量的方法主要有哪几种?

2. 什么叫标杆定线? 为什么要进行标杆定线? 如何进行标杆定线?

3. 影响视距测量精度的因素主要有哪些? 在山丘区进行视距测量时，应特别注意什么问题?

4. 将经纬仪安置在测站 A 点上(已知 $H_A = 21.246$ m)，量得仪器高 $i = 1.42$ m，盘左时，望远镜照准立在 B 点上的地形尺，三丝读数分别为 1.460 m、1.050 m、0.640 m，竖盘读数为 86°36′(若 $x=0$)，试求 D_{AB} 和 H_B。

5. 用钢尺丈量了 AB、CD 两段距离，AB 的往测值为 206.32 m、返测值为 206.17 m，CD

的往测值为 102.83 m、返测值为 102.74 m。问这两段距离丈量的精度是否相同？为什么？

6. 什么叫直线定向？方位角的定义和取值范围是什么？

7. 真子午线方向与磁子午线方向两者间的水平夹角称为什么？真子午线方向与坐标纵轴方向两者间的水平夹角称为什么？

8. 如在合肥地区用罗盘仪测得 AB 直线的磁方位角为 $86°36'45''$，合肥的磁偏角为 $3°52'$，收敛角为 $-26'23''$。问 AB 的坐标方位角为多少？

第5章 全站仪及其使用

【本章提要】

本章简要介绍全站仪的原理。重点讲述中翰集团生产的T-605中文数字键全站仪的操作和使用。简要叙述了当今几款最新的高端全站仪,通过本章的学习,读者应基本掌握全站仪的操作使用。

5.1 全站仪概述

全站仪是由电子测角、光电测距、电子传感器及微型机和软件组合而成的智能型光电测量仪器,其结构如图5-1所示。

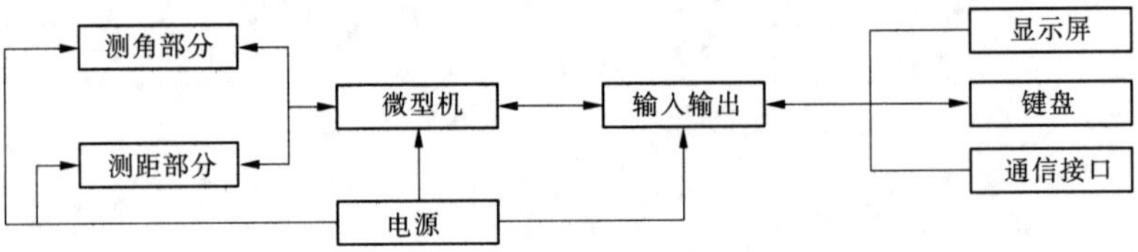

图5-1 全站仪结构框图

全站仪的基本功能是测量水平角、天顶距(竖直角)和斜距,借助于机内固化的软件,可以组成多种测量功能,如可以计算并显示平距、高差以及镜站点的三维坐标,进行偏心测量、悬高测量、对边测量、面积计算等。

5.1.1 全站仪的测角原理

电子测角的度盘主要有编码度盘、光栅度盘、动态度盘三种形式。因此,电子测角也就有编码测角、光栅测角和动态测角三种形式。

动态测角的精度可达±0.5″。

5.1.1.1 编码度盘

利用编码度盘进行测角是电子经纬仪中采用最早、较为普遍的电子测角方法。这种测角方法称为绝对式测角方法。

5.1.1.2 光栅度盘

另一种广泛使用的测角方法是用光栅度盘。由于这种方法比较容易实现,所以被广泛采用。这种测角方法也称为增量式测角方法。

5.1.1.3 动态度盘

为了提高测角精度,必须通过适当的角度测微技术来提高测角分辨率。其主要技术是在测角时仪器的度盘分别绕竖轴和横轴恒速旋转,因此称为动态式测角方法。

5.1.2 三同轴望远镜

在全站仪的望远镜中,照准目标的视准轴、光电测距的红外光发射光轴和接收光轴是同轴的。因此,测量时使望远镜照准目标棱镜的中心,就能同时测定水平角、垂直角和斜距。

5.1.3 全站仪的测距原理

随着各种光源的相继问世,以激光、红外光和其他光源为载波的光电测距仪和以微波为载波的微波测距仪,通称为电磁波测距仪,简称测距仪(EDM)。

以微波和激光为载波的测距仪多属于长程测距,测程可达到60 km,一般用于大地测量,而以红外光为载波的测距仪属于中、短程测距仪,测程一般为15 km,用于小地区控制测量、地形测量、地籍测量和工程测量。

光电测距仪的基本原理见4.3.1节内容,在此不再赘述。

5.1.4 全站仪的补偿器原理

全站仪补偿器是测量仪器由光学型转向光电型后出现的一种全新的误差改正器件,用传统的光学经纬仪的思路来理解全站仪是不对的,只有对补偿器的基本原理有了一定的认识,才能在实践中更好地使用全站仪,以便提高测量精度和减少劳动强度。

5.1.4.1 补偿器的目的和作用

在测量工作中,有许多方面的因素影响着测量的精度,其中仪器的三轴误差是诸多误差源中最重要的因素。为了减少测量误差,人们经常采用盘左、盘右观测求平均值的方法,但这个过程比较麻烦,需要多花费一些时间,且容易导致操作上的错误。在许多应用工程中,测量精度的要求相对较低,如在一般建筑施工测量中,单镜位观测就可以满足精度要求。因此,补偿器的目的就是减少仪器的三轴误差对观测数据的影响。

补偿器的作用就是通过检测仪器垂直轴倾斜在 x 轴和 y 轴上的分量信息,自动地对测量值进行改正,从而提高采集数据的精度。

5.1.4.2 补偿器的工作原理

补偿器是全站仪的一个重要部分。按工作原理可划分为摆式补偿器和液体补偿器;按补偿范围可划分为单轴补偿器、双轴补偿器和三轴补偿器。

1. 单轴补偿器

在电子经纬仪上一般采用单轴补偿,它只能自动改正由于竖轴倾斜误差对竖直度盘读数的影响。

2. 双轴补偿器

双轴补偿器是当仪器竖轴倾斜时,它只能自动改正由于竖轴倾斜误差对竖直度盘和水平度盘读数的影响。目前,绝大部分具有双轴补偿的仪器均采用液体补偿器。

3. 三轴补偿器

三轴补偿器不仅能自动补偿竖轴倾斜误差引起的竖直度盘和水平度盘的读数误差,

而且还能补偿由于横轴倾斜误差和视准轴误差引起的水平度盘读数的影响。

5.1.4.3 在使用全站仪补偿器的补偿功能时的注意事项

(1)在使用全站仪时,当水平方向制动螺旋制动,垂直方向转动望远镜时,水平度盘读数会不断地变化,这正是全站仪自动补偿改正的结果。

单轴补偿只能对垂直度盘读数进行改正,没有改正水平度盘读数的功能,即照准部水平方向固定,上下转动望远镜时水平角度读数不会变化。

(2)双轴补偿只能改正由于垂直轴倾斜误差对垂直度盘和水平度盘读数的影响。当照准部水平方向固定,上下转动望远镜时水平角度读数会发生变化。

(3)全站仪补偿器的补偿功能提供了3种选择模式,即【单轴】、【双轴】、【关】。选择【单轴】即只对垂直度盘读数进行,选择【双轴】即对水平和垂直度盘读数均进行补偿,选择【关】即补偿功能不起作用。

(4)当测站点有振动或风力较大及要求精度不高时,应关闭仪器的补偿功能。这样既可以节电又可以避免误补偿。

(5)全站仪的补偿范围一般为±3′,整平度超过此范围时补偿器不起作用。当天顶距或天底距接近2°时,电子补偿器也不起作用。

(6)放样一条水平直线时,应采用旋转照准部180°的方法测设,而不能简单地纵转望远镜;放样一条铅直线时,应使用水平微动螺旋,使其水平角度显示的读数完全一致即可。

5.1.5 全站仪在测量工程中的应用

全站仪与传统的测量仪器相比,具有操作方便、功能强、精度高、速度快等特点。其应用范围已不仅局限于测绘工程、建筑工程、水利工程、交通与道路工程、地籍与房地产测量,而且在大型工业生产设备与构件安装和调试、大桥和水坝的变形观测、地质灾害监测及体育竞技等领域中都得到了广泛应用。全站仪的应用可归纳为以下几个方面。

5.1.5.1 控制测量

在控制测量中,使用全站仪的基本测量功能布设全站仪导线,特别适用于带状地形和隐蔽地区,如线路控制测量和城市控制测量;布设导线网和边角网十分灵活,观测方便,精度高;特别是与GPS全球定位系统配合,布网形式更灵活,观测更方便,精度更可靠。但需按相应的等级测量要求进行观测和计算,不能使用坐标测量功能。

平面和高程控制可同时进行,用全站仪三角高程测量完全可以代替四等水准测量。

5.1.5.2 地形测量

在地形测量过程中,使用全站仪的程序测量功能进行三维坐标测量、侧方测量、后方交会等,不但操作简单,而且速度快、精度高;可将控制测量和碎部点测量同时进行;通过传输设备可将全站仪与计算机、绘图仪相连形成内外业一体化的测绘系统,从而大大提高地形图测绘的质量和效率。

5.1.5.3 工程放样

使用全站仪放样测量功能可将设计好的建(构)筑物,道路、管线等设施的位置,按图纸要求快速、准确地测设到施工现场的实地,作为施工的依据;特别是一些造型复杂、要求高、规模大的建(构)筑物等。

5.1.5.4 变形监测

在建(构)筑物的变形观测、地质灾害的动态监测中,使用全站仪的坐标测量功能对变形部位的三维坐标进行实时监测,可以及时掌握变形规律,保障结构安全。

5.1.6 注意事项

全站仪的程序测量功能均为单镜位观测数据或计算数据。在地形测量和一般工程测量、施工放样测量中精度已足够;但在等级测量中仍需要按规范要求观测、检核、记录、平差计算等。

在观测数据方面,全站仪的观测数据为水平角、天顶距(竖直角)、倾斜距离,其他测量方式实际上都是由这三个原始观测数据通过内置程序间接计算并显示出来的。应特别注意的是,所有观测数据和计算数据都只是半个测回的数据,因此在等级测量中不能用内存功能记录水平角、天顶距(竖直角)、倾斜距离。

在度盘配置方面,全站仪由于是采用电子度盘,测量时无须进行度盘配置。

在正、倒镜观测方面,虽然全站仪具有自动补偿改正功能,但在不同的观测条件下,预置参数可能会发生变化导致改正数出现错误,另外仪器自动改正后的残余误差也会给观测结果带来影响,所以在等级测量中仍需要正、倒镜观测,同样需要做记录、检核。

在 RH、LH 观测设置方面,应特别注意,正常情况应采用 RH 模式,否则观测的水平角度会出现错误,导致测定与测设的数据正好相反。

在全站仪的放样功能方面,度盘读数中已经对仪器的三轴误差影响进行了自动改正,因此在放样时需要特别注意。放样一条水平直线时,应旋转 180°,不能像经纬仪那样纵转望远镜;放样一条铅垂线时,应使用水平微动螺旋使水平角度完全一致;在坐标放样时,应对后视点测量进而坐标确认并进行检核。

在多组进行碎部测量时,全站仪的坐标显示应一致,否则数据无法对接上。

在等级测量中不应使用存储器记录,仍需人工记录。

当视线正对着太阳光时应加望远镜遮光罩,否则会灼伤眼睛和无法测距。

以上问题,在测量过程中只要观测者认真、仔细观察仪器的工作状态和数据显示内容,完全可以及时发现和避免错误发生。只有掌握全站仪的工作原理、熟悉操作步骤、明确测量功能、合理设置仪器参数、正确选择测量模式,才能真正充分发挥全站仪在测量工作中的优势。

在放样、后方交会和侧方观测中可以设置格网因子。下面的公式显示了怎样计算用于距离的格网因子。

$$\text{格网因子}=\text{高程因子}\times\text{比例因子}$$

$$\text{高程因子}=R/(R+ELEV)$$

式中 R——地球平均半径;

$ELEV$——平均海平面上的高程;

比例因子——在测站上的比例因子。

5.2　ZTS-121 系列全站仪的基本操作

图 5-2 所示是中海达集团生产的 ZTS-121 中文数字键全站仪，其主要技术参数如下：一测回方向观测中误差为±5″，竖盘指标自动归零补偿采用液体电子传感补偿器，补偿范围为±3′；在良好大气条件下的最大测量距离为 3 000 m（使用三块棱镜），距离测量误差为 $\pm 3\ \mathrm{mm}+2\times10^{-6}$；带有内存的程序模块可以储存 8 000 个点的测量数据；仪器采用 7.2 V 镍氢可充电电池供电，一个充满电的电池可供连续测距 4～12 h。

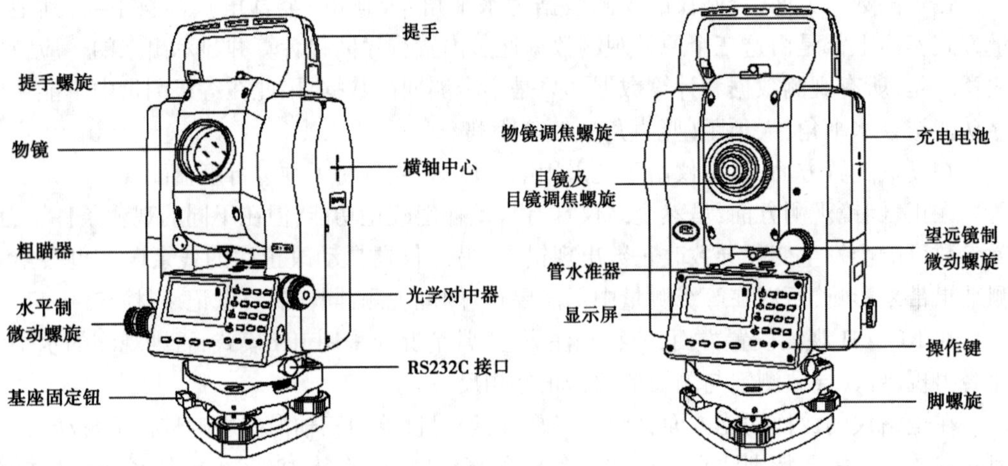

图 5-2　中海达 ZTS-121 全站仪

ZTS-121 全站仪的操作面板如图 5-3 所示，面板上有一个显示屏幕和 24 个键，各键的功能列于表 5-1，屏幕显示符号列在表 5-2。仪器有角度测量、斜距测量、平距测量、坐标测量和菜单共 5 种模式，各种模式下的功能选择都是通过按 F1、F2、F3、F4 四个软键来实现的，软键在某个模式下各菜单中的功能在屏幕底的对应位置以中文字符显示。

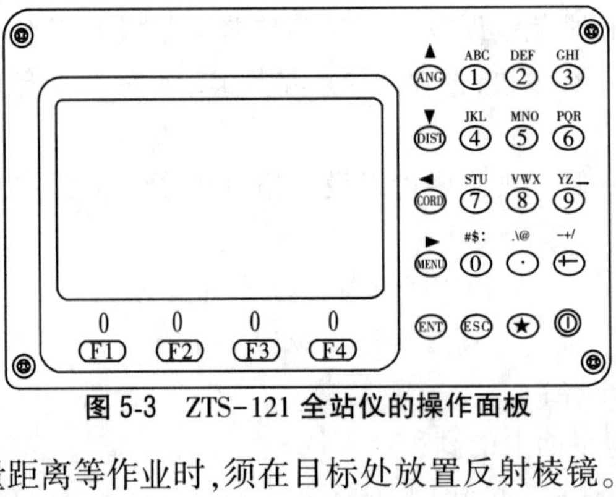

图 5-3　ZTS-121 全站仪的操作面板

全站仪在进行测量距离等作业时，须在目标处放置反射棱镜。反射棱镜有单（三）棱镜组，可通过基座连接器将棱镜组连接在基座上安置到三脚架上，也可直接安置在对中杆上如图 5-4 所示。

表 5-1　角度模式下每页显示符号及功能

页面	软键	显示符号	功能
1	F1	测存	将角度数据记录到选择的测量文件中
	F2	置零	水平角置零
	F3	置盘	通过键盘输入并设置水平角,角度不大于 360°
	F4	P1/2	显示第 2 页软键功能
2	F1	锁定	水平角读数锁定
	F2	右左	水平角右角/左角显示模式的转换
	F3	竖角	垂直角显示方式(高度角/天顶距/水平零/斜度)的切换
	F4	P2/2	显示第 1 页软键功能

5.2.1　基本测量模式下的功能键

表 5-2　ZTS-121 中英文对照

显示符号	内容	显示符号	内容
VZ	天顶距	E	东向(y)坐标
VH	高度角	Z	高程
V%	坡度	ST/BS/SC	测站/后视/碎部点标识
HR/HL	水平角(顺时针增/逆时针增)	Hi	仪器高
SD/HD/VD	斜距/平距/高差	Hr	棱镜高
PT#	点号	P1/P2/P3	第 1 页/第 2 页/第 3 页
N	北向(x)坐标	PCODE	编码

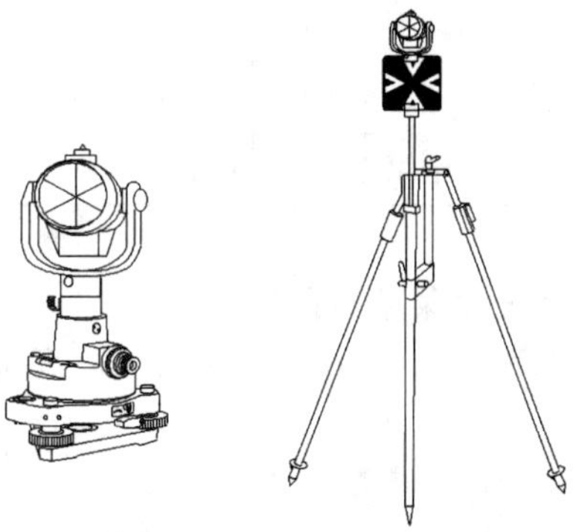

图 5-4　全站仪使用的棱镜

5.2.1.1　角度测量模式(共有两个菜单页面)

角度测量模式下共有两页菜单,如图 5-5 所示。每页显示符号及功能见表 5-1。

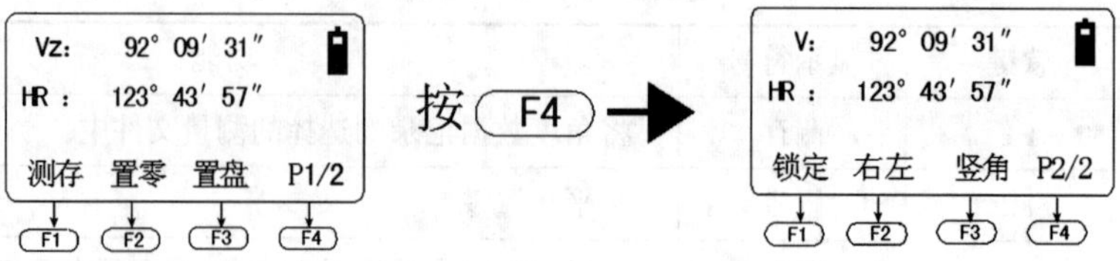

开机后仪器自动进入角度模式第 1 页　　角度模式第 2 页

图 5-5　角度测量模式的两个页面

5.2.1.2　距离测量模式(共有两个菜单页面)

距离测量模式下共有两页菜单,如图 5-6 所示。

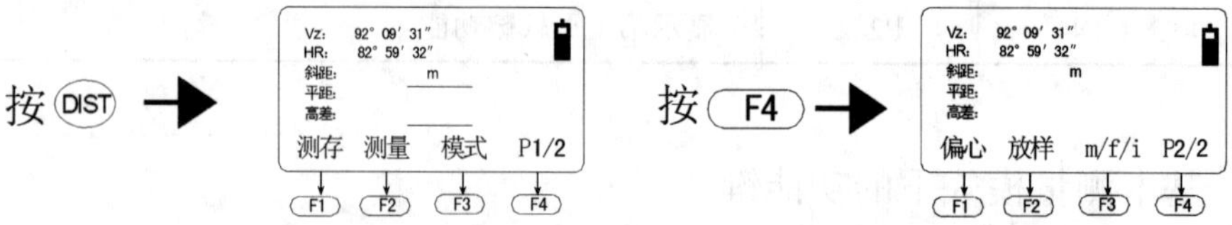

距离模式第 1 页　　距离模式第 2 页

图 5-6　距离测量模式的两个页面

每页显示符号及功能见表 5-3。

表 5-3　距离模式下每页显示符号及功能

页面	软键	显示符号	功能
1	F1	测存	启动距离测量,将测量数据记录到相对应的文件中
	F2	测量	启动距离测量
	F3	模式	设置四种测距模式(单次精测/*N* 次精测/重复精测/跟踪)之一
	F4	P1/2	显示第 2 页软键功能
2	F1	偏心	启动偏心测量功能
	F2	放样	启动距离放样
	F3	m/f/i	设置距离单位(米/英尺/英尺^2 英寸)
	F4	P2/2	显示第 1 页软键功能

5.2.1.3　坐标测量模式(共有三个菜单页面)

在坐标测量模式下共有三页菜单,如图 5-7 所示。每页显示符号及功能见表 5-4。

5.2.2　对边测量

如图 5-8 所示,测量两个目标棱镜之间的水平距离(dHD)、斜距(dSD)、高差(dVD)和方位角(HR)。也可直接输入坐标值或调用坐标数据文件进行计算。

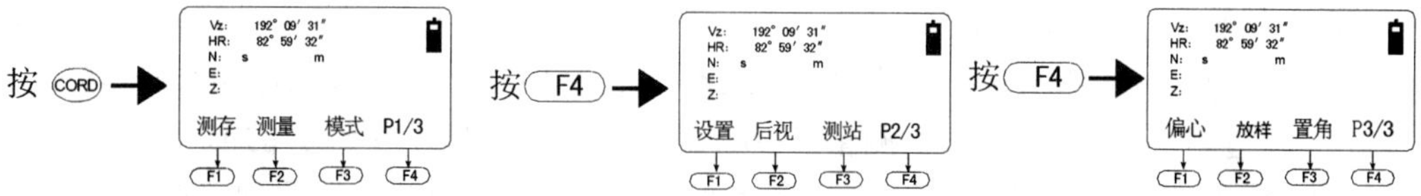

坐标测量模式第 1 页　　坐标测量模式第 2 页　　坐标测量模式第 3 页

图 5-7　坐标测量模式的三个页面

表 5-4　坐标模式下每页显示符号及功能

页面	软键	显示符号	功能
1	F1	测存	启动坐标测量，将测量数据记录到相对应的文件中
	F2	测量	启动坐标测量
	F3	模式	设置四种测距模式（单次精测/*N* 次精测/重复精测/跟踪）
	F4	P1/3	显示第 2 页软键功能
2	F1	设置	设置目标高和仪器高
	F2	后视	设置后视点的坐标，并设置后视角度
	F3	测站	设置测站点的坐标
	F4	P2/3	显示第 3 页软键功能
3	F1	偏心	启动偏心测量功能
	F2	放样	启动放样功能
	F3	置角	设置方位角（与角度测量模式的置盘功能相同）
	F4	P3/3	显示第 1 页软键功能

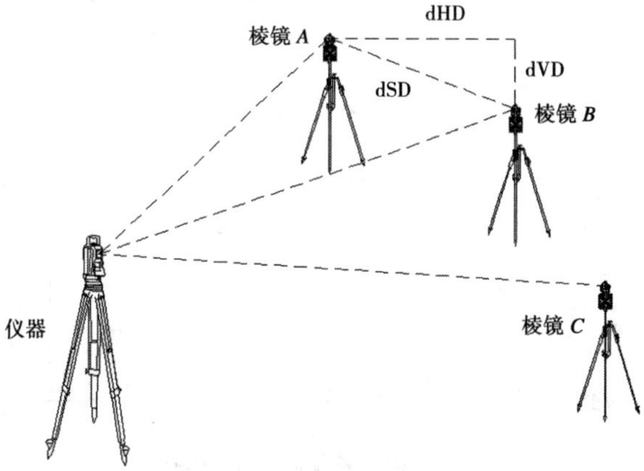

图 5-8　对边测量示意图

按对边测量有两种模式：

(1)对边测量(*A*—*B*,*A*—*C*)：测量 *A*—*B*,*A*—*C*,*A*—*D*…即起点是所有点的参考点。

(2)对边测量(*A*—*B*,*B*—*C*)：测量 *A*—*B*,*B*—*C*,*C*—*D*…即本次计算的前一点是参考点。对边测量前还必须选择计算中是否考虑格网因子。然后选择上述两种模式之一进行对边测量,以放射对边测量为例,操作如图 5-9 所示。

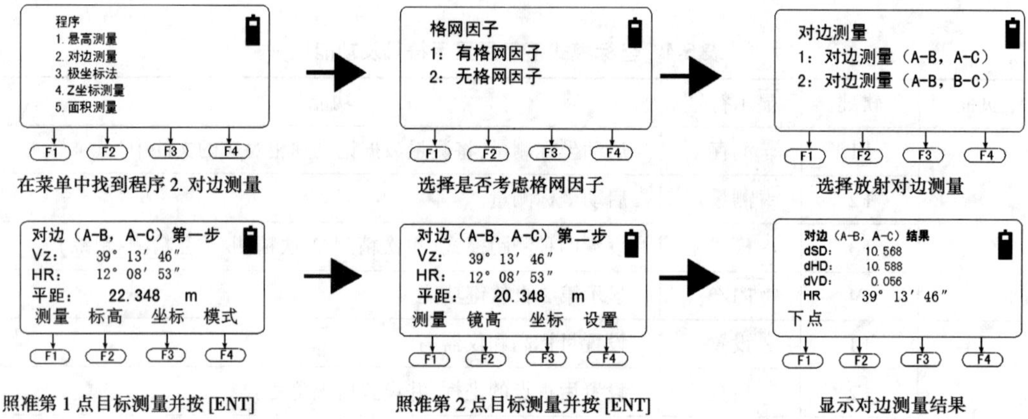

图 5-9 对边测量操作页面

5.2.3 悬高测量

如图 5-10 所示,当棱镜无法放置到目标点时,而要得到目标点高度,只须将棱镜架设于目标点所在铅垂线上的任一点,然后进行悬高测量即可实现。悬高测量有两种模式,当需要目标点到地面点的高度时选择“输入目标高”模式,当需要目标点到任一参考点的高度时选择“无需目标高”模式,悬高测量两种操作过程以输入目标高为例,如图 5-11 所示。

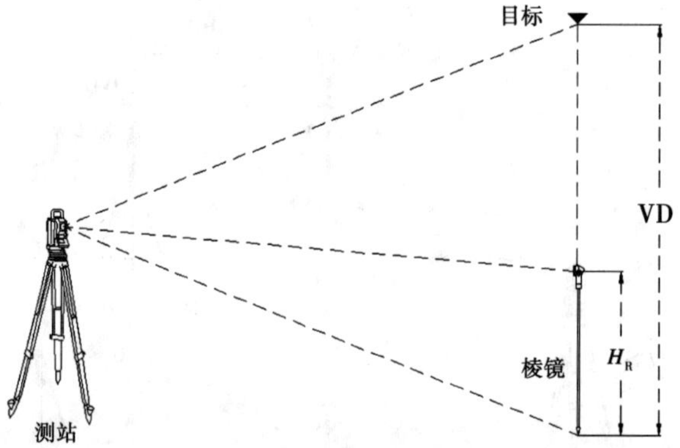

图 5-10 悬高测量示意图

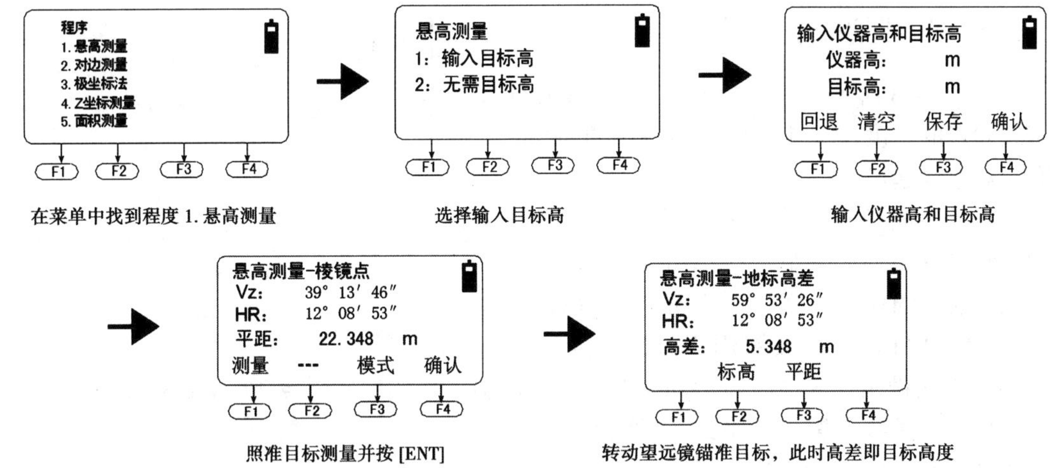

图 5-11　悬高测量操作页面

5.2.4　面积测量

根据测量和输入的坐标计算这些点围成的平面图形的面积。面积计算时总是从起点到终点逐点连接起来成为一个多边形，然后计算多边形的面积，因此对中间有交叉的图形是无法得到正确的面积的。可以通过★键查看多边形的形状。当输入数量达到 3 点以上时可以计算面积。此时也会出现“计算”软按键提示，表示满足计算条件。按下“计算”软按键，即可显示面积和周长的结果。面积测量操作过程如图 5-12 所示。

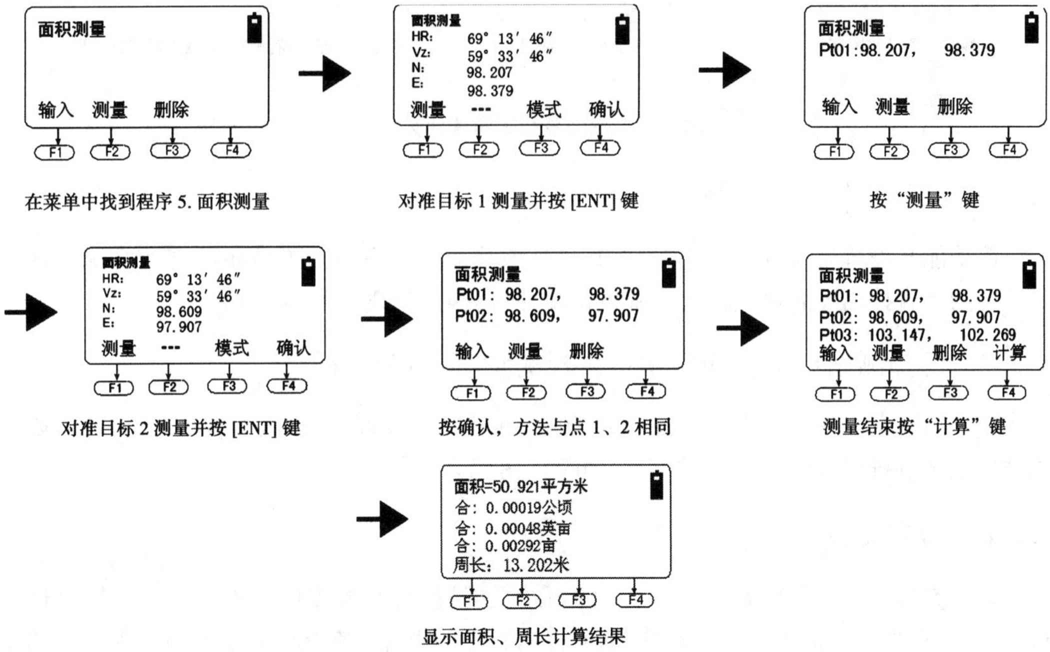

图 5-12　面积测量操作页面

5.2.5 点到直线(点投影)测量

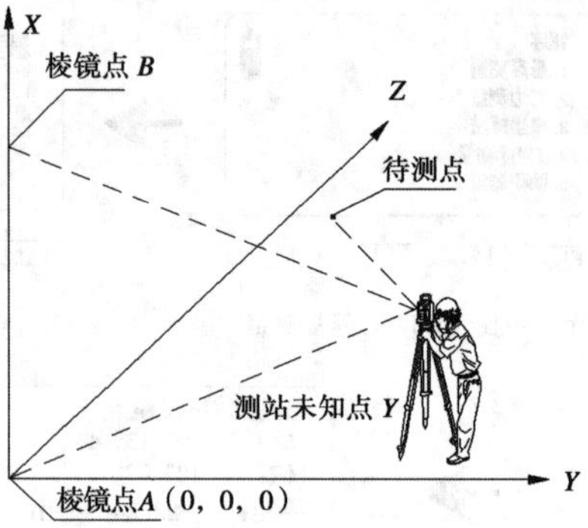

图 5-13 点到直线测量示意图

如图 5-13 所示，该功能用于测量棱镜点偏离基线起点的长度(*X*)、棱镜点偏离基线的距离(*Y*)和相对基线起点的高差(*Z*)。

点投影测量:在“点投影-测量”对话框中用“测量”软按键启动测距,完成测距后即可显示待测点在基线上的偏离长度(*X*)、偏距(*Y*)和偏离高差(*Z*)。其中“标高”软按键用于重新输入目标高,“模式”软按键用于选择所显示的是“rN、rE、rZ”还是测量点到基线投影点的平距、斜距、高差。点到直线测量操作步骤如图 5-14 所示。

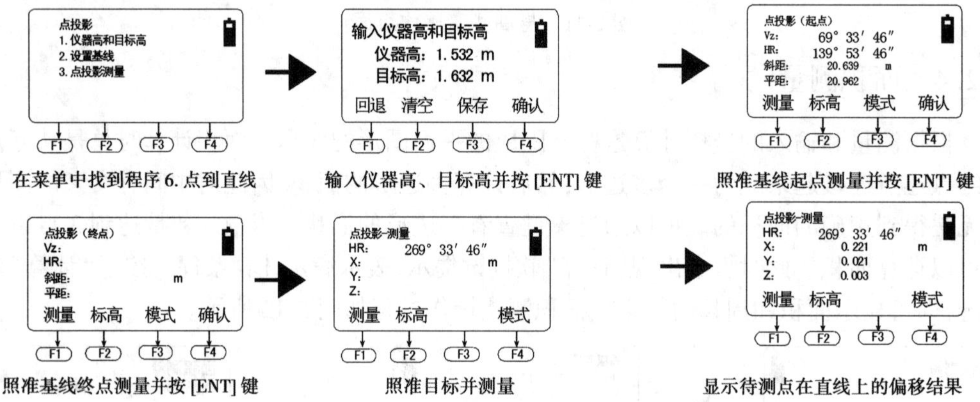

图 5-14 点到直线测量操作页面

5.2.6 已知方位角和测站坐标测量其他点坐标

该功能与设置后视点是同样的目的,只是该功能是在后视点方位角已知的情况下才可进行的。直接瞄准后视点输入后视方位角即可,操作步骤如图 5-15 所示。

5.2.7 已知测站点坐标和后视点坐标测量其他点坐标

设置后视点的作用是为了使仪器坐标与大地坐标产生联系,输入后视坐标后,还需要瞄准后视点进行后视定方位,操作步骤如图 5-16 所示。

5.2.8 后方交会

如图 5-17 所示,后方交会是在选定的新站上安置仪器,最多可对多达 5 个已知点进行测量,新点坐标按最小二乘法解算,从而得出新点的坐标。在选择新点时应确保新点和几个已知点不能共圆,否则新点的坐标具有不确定性和不可解算性,后方交会结果中“MdHD”表示测距方式进行后方交会时水平角距离的最大残差,该值太大说明交会点数

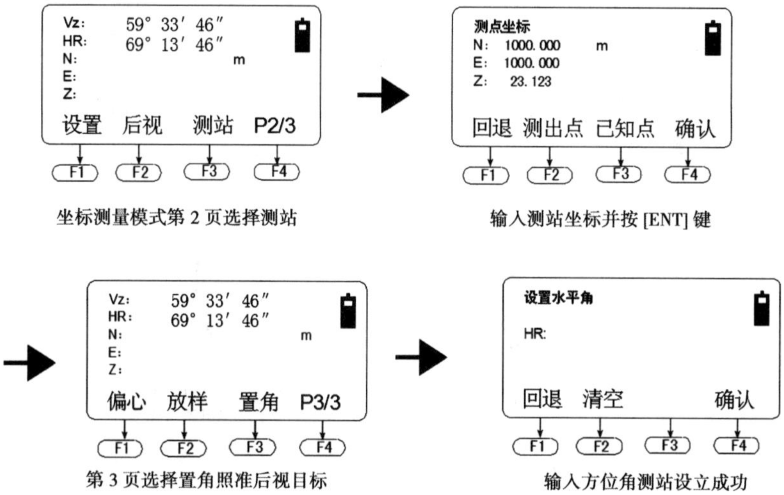

图 5-15　已知方位角和测站坐标建站操作页面

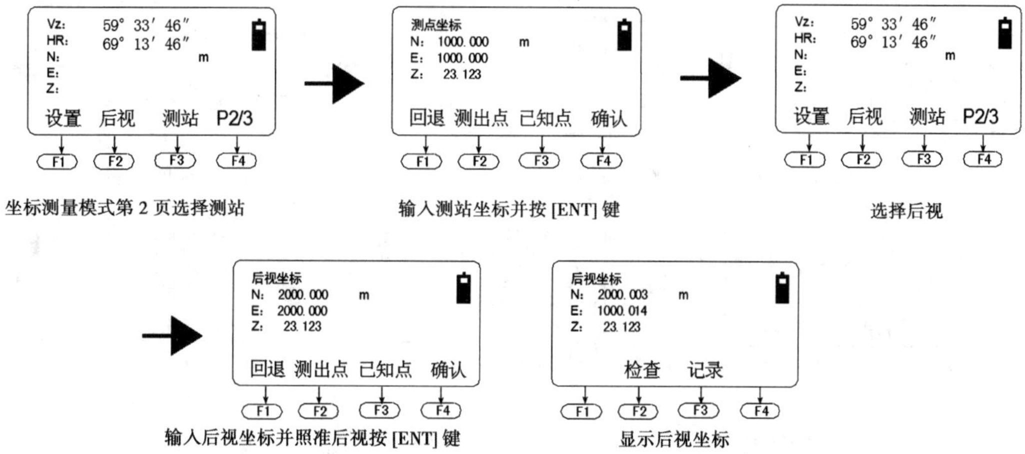

图 5-16　已知后视坐标和测站坐标建站操作页面

据不准确或者后视点的坐标输入有误。当后方交会结束仪器提示“NaN”表示计算错误，操作步骤如图 5-18 所示。

5.2.9　放样

已知放样点坐标数据，通过前面所学的测站设立方法设置测站，其中“dHR”为负表示照准部顺时针旋转，可以达到期望的放样点，否则逆时针旋转照准部。“dHD”为正表示棱镜要向仪器方向移动才能达到期望的放样点，反之则需要背离仪器的方向移动。“dN”为负时表示向北方向移动，棱镜可以达到期望的放样点，反之要向南移动。“dE”为负时表示要向东方向移动棱镜可以达到期望的放样点，反之要向西方向移动。当“dZ”为正时，表示要向下挖，反之则要向上填方，操作步骤如图 5-19 所示。

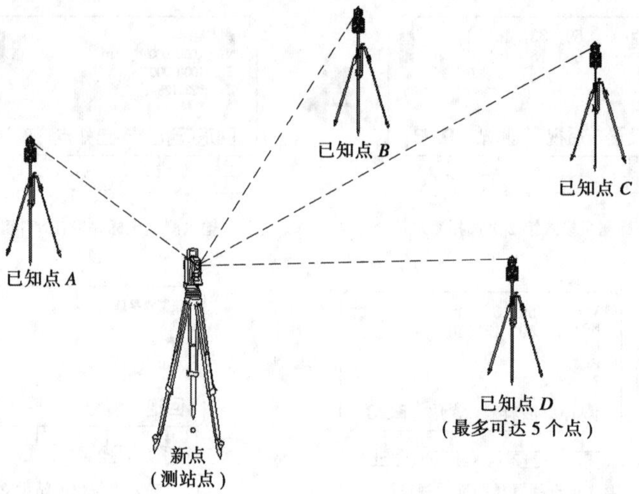

图 5-17　后方交会示意图

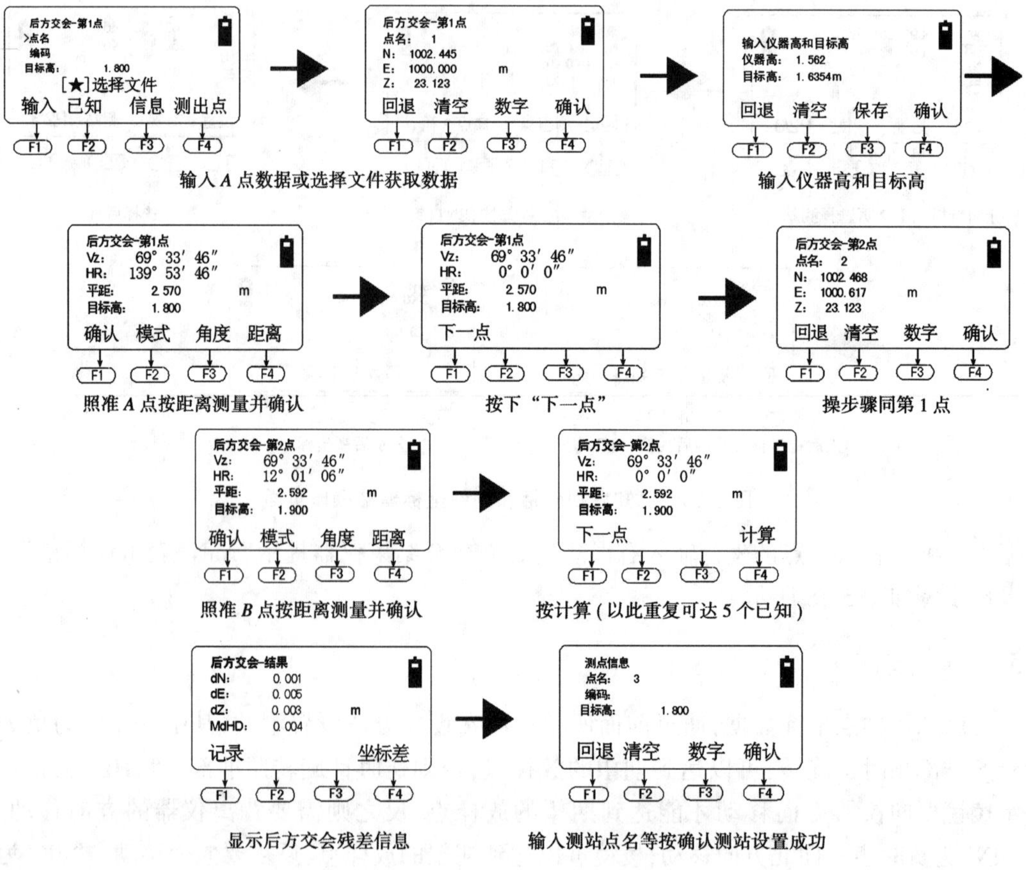

图 5-18　后方交会操作页面

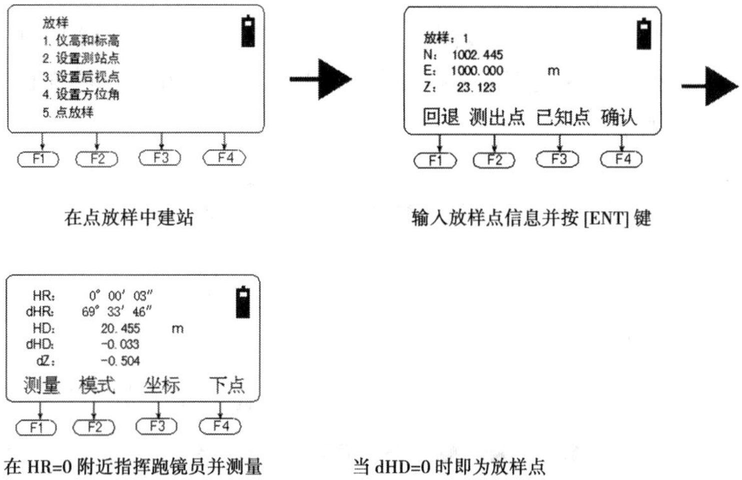

图 5-19　点放样操作页面

5.3　DTM-352 系列全站仪的基本操作

图 5-20 所示是中翰集团生产的 DTM-352 中文数字键全站仪，其主要技术参数如下：一测回方向观测中误差为±5″，竖盘指标自动归零补偿采用液体电子传感补偿器，补偿范围为±3′；在良好大气条件下的最大测量距离为 2 600 m（使用三块棱镜），距离测量误差为±3 mm+2×10^{-6}；带有内存的程序模块可以储存 8 000 个点的测量数据；仪器采用 7.2 V 镍氢可充电电池供电，一个充满电的电池可供连续测量 16 h。

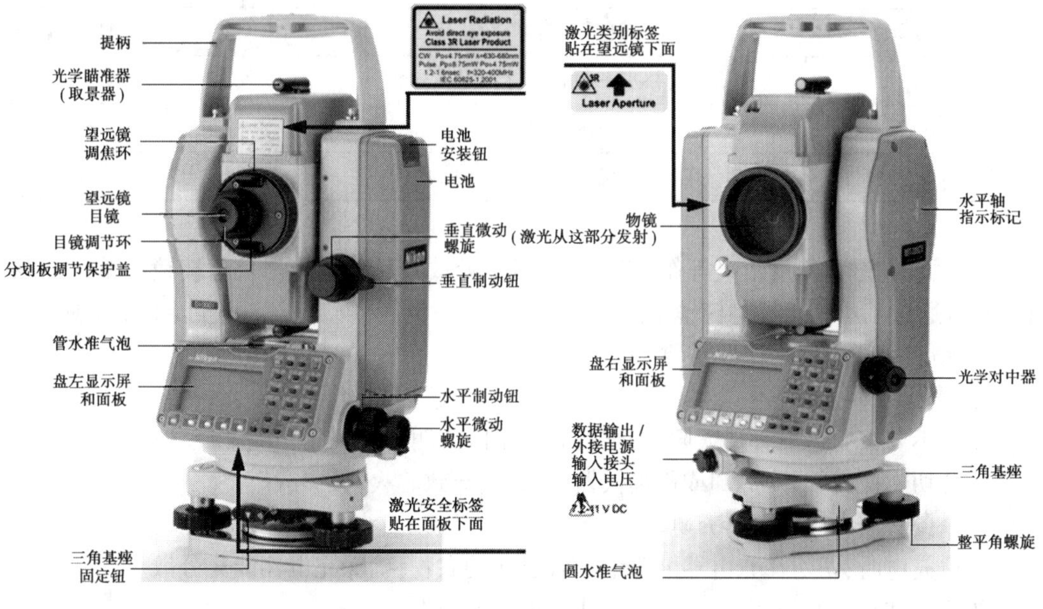

图 5-20　DTM-352 全站仪

DTM-352 全站仪的操作面板如图 5-21 所示，面板上有一个显示屏幕和 25 个键，各键的功能列于表 5-5。仪器有角度测量、斜距测量、平距测量、坐标测量共 4 种模式，各种模式下的功能选择都是通过按上下软键在某个模式下各菜单中的功能在屏幕底的对应位置以中文字符显示。

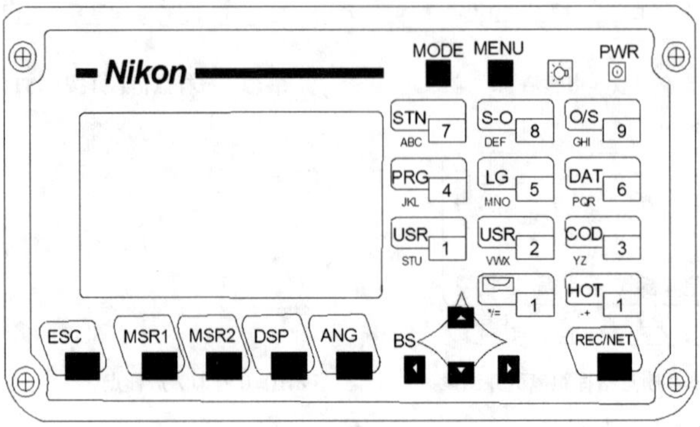

图 5-21　DTM-352 全站仪的操作面板

表 5-5　DTM-352 键盘功能

按键	第一功能	第二功能
MSR1 MSR2	启用测量功能	功能参见所显示的信息
0~9	输入相应的数字	输入字母以及特殊符号
ESC	退出各种菜单功能	
	夜照明开/关	
PWR	开机/关机	
MENU	进入仪器主菜单	
DSP	切换角度、斜距、平距和坐标测量模式	
ANG	显示角度菜单	
REC/NET	确认	

全站仪在进行测量距离等作业时，须在目标处放置反射棱镜。反射棱镜有单(三)棱镜组，可通过基座连接器将棱镜组连接在基座上安置到三脚架上，也可直接安置在对中杆上。棱镜组由用户根据作业需要自行配置。

操作注意事项如下：

(1)不要将望远镜直视太阳，否则将导致眼睛失明。

(2)切勿擅自打开、拆卸或修理仪器，否则会导致起火、破裂或燃烧。

(3)务必用专用充电器充电。

(4)充电时，切勿在充电器上覆盖导致过热的衣物，确保充电器能充分散热。

(5)切勿在潮湿的地方、强阳光下或接近热源充电。

(6)切勿让电池短路。

(7)切勿燃烧电池或给电池加热,这样将导致爆裂或伤害。

5.3.1 操作面的解释

(1)MSR 测量 1(精测:精度高、时间比粗测慢、显示位多、用于常规的控制等)。

(2)MSR 测量 2(粗测:精度低、时间短、显示位少、用于跟踪测量)。

(3)DSP 翻页键(由于该全站仪测量一次计算出好多结果,一屏显示补充分为四屏显示)。

(4)ANG 角度键:①置零。将水平角归零。②锁定。将水平角锁定,水平旋转全站仪,水平角度数不变。③输入。输入角度值。④重复。重复测量一个角。⑤F1/F2。当测量时用到正倒镜时用于显示“盘左/盘右”。

(5)0*/键:电子气泡、管水准气泡的显示,通过方向键来关闭与打开。

(6)HOT:热键,用于全站仪常规参数的改正:①HT。目标记改正。②T-P。温度气压改正。③测量模式的改正:精确/正常。④两差改正(球、气差)。

(7)USR1 及 USR2 用于 HT 和 T-P 的改正。

(8)COD:地物代码,0-9 数字键进行地物的编辑。

(9)PRG:程序键(两点参考线,道路中线,可以进行边桩的放样、两点圆弧曲线的放样、S-V 面的放样或叫倾斜参考面、辐射式对边测量、连续式对边测量)。

(10)DATE 键:数据,将当前文件夹中的数据列表,可以对当前的数据进行编辑、查询。

(11)STN 键:建站功能键:①已知点也就是两点的坐标互相通视。②已知一点坐标及该点与另一点方位角、距离进行建站。③后方交会。④快速建站,在测区内没有已知点据,只需记住测站点号、仪器高度、后视点、目标高度。⑤水准引测,知道测站点的坐标、另一水准点的高程,进行测量就可以知道测站点的高程,进行碎部测量。

(12)S-O 放样键:①HA-HD 极坐标放样。②XYZ 坐标放样。③分割线放样。④参考线放样。

(13)O/S 放样键:①尺子。②角度。③两棱镜杆。④HA 定线。⑤输入 HD。⑥角点。⑦圆。⑧输入 DSD。

5.3.2 MENU 菜单

菜单模式见表 5-6。

表 5-6 菜单模式下各功能说明

名称	软键	功能
任务	1	建立新文件或删除旧文件
坐标几何	2	坐标反算、面积和周长计算、点到直线计算、交会点计算等
设定	3	设置角度单位、距离单位、坐标显示顺序及格网因子等
数据	4	数据查询、记录和删除等
通信	5	下载数据、上传数据和通信设置等
单触键	6	设定单触按键功能
校准	7	对仪器校正
时间	8	设定时间

中英文缩略语名词对照见表 5-7。

表 5-7　显示符号及功能

ANG	测角	AZ	方位角	HA	水平角
VA	垂直角	V-pln	垂直平面	S-pln	倾斜平面
DEG	度	ARC	弧	BUBLE	气泡
SD	斜距	HD	平距	VD	垂距
MSR	测量(键)	DSP	显示	VSR	用户(键)
CP	控制点	ST	站点	STN	站点
BM	水准点	PT	点	BS	后视
SO	放样点	TGT	目标点	RE	后交点
HOT	热(键)	ENT	输入	PRG	程序
O/S	放样	MENU	菜单	DAT	数据
PWR	电源	JOB	项目	ITEM	项
COORD	坐标	COGO	坐标几何	CC	计算坐标
(CD)	地物代码	CO	说明记录	LIST	列表
STACK	堆栈	RDM	遥测距离	MODE	模式
RBM	遥测高程	S-O	放样	SS	碎部
REC	记录	RAW	原始数据	BMS	水准测量
HT	目标高	HI	仪器高	CR	地球曲率

5.3.3　建站方法

测站模式的页面功能如表 5-8 所示。

表 5-8　测站设立模式下每页显示功能表

名称	软键	功能
已知	1	设立一个带已知坐标或方位角的测站
后方交会	2	用多点后方交会设立测站
快速	3	无已知坐标的快速建站
远程 BM	4	测站高程设立
后视检查	5	检查和重设后视方向
基站 XYZ	6	基准站 XYZ 功能
已知直线	7	沿着已知直线进行两点后方交会

已知方位角和测站坐标建站步骤如图 5-22 所示。

已知后视点坐标和测站坐标建站操作步骤如图 5-23 所示。

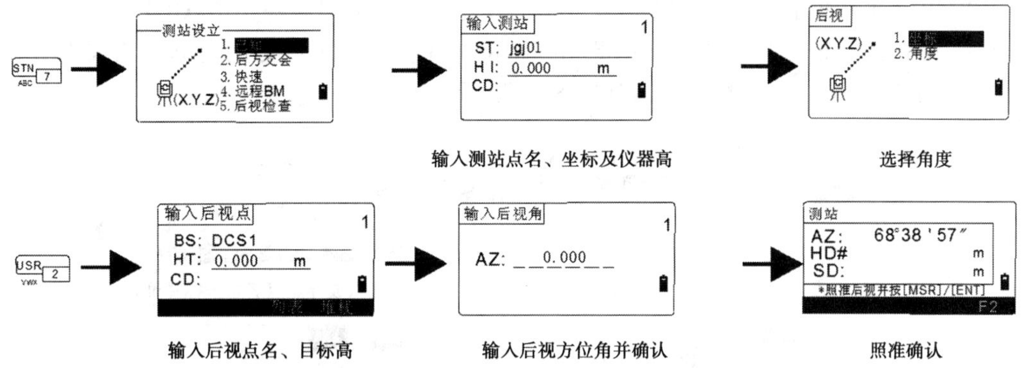

图 5-22 已知方位角和测站坐标建站

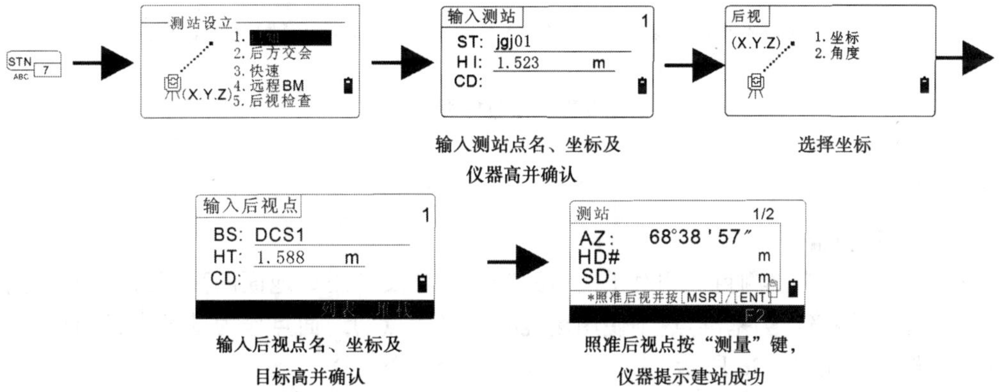

图 5-23 已知后视点坐标和测站坐标建站

已知两已知点坐标进行后方交会步骤如图 5-24 所示。后方交会是在选定的新站上安置仪器,最多可对多达 5 个已知点进行测量,新点坐标按最小二乘法解算,从而得出新点的坐标。在选择新点时应确保新点和几个已知点不能共圆,否则新点的坐标具有不确定性和不可解算性。

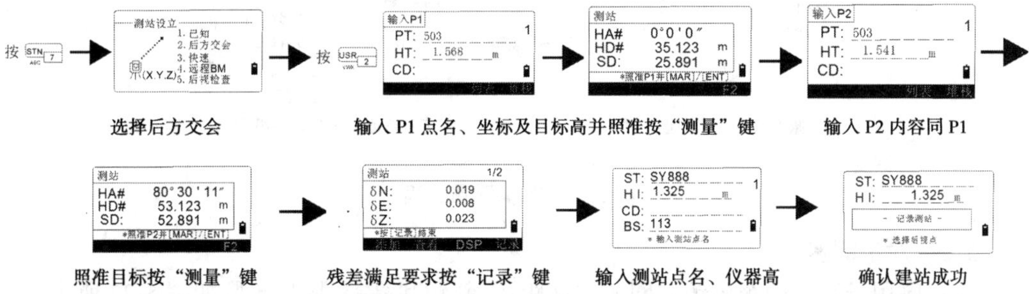

图 5-24 后方交会建站页面

5.3.4 放样

已知放样点坐标数据,通过前面所学的测站设立方法设置测站。

dHA(水平角度到目标点的差值)、R/L(右/左的偏差横向偏差)、IN/OUT(内/外纵向误差)、CUT/FIL(挖/填)。观测员据此指挥跑镜员在望远镜视线方向向远处或向近处移动棱镜,直至 IN/OUT=0,操作步骤如图 5-25 所示。

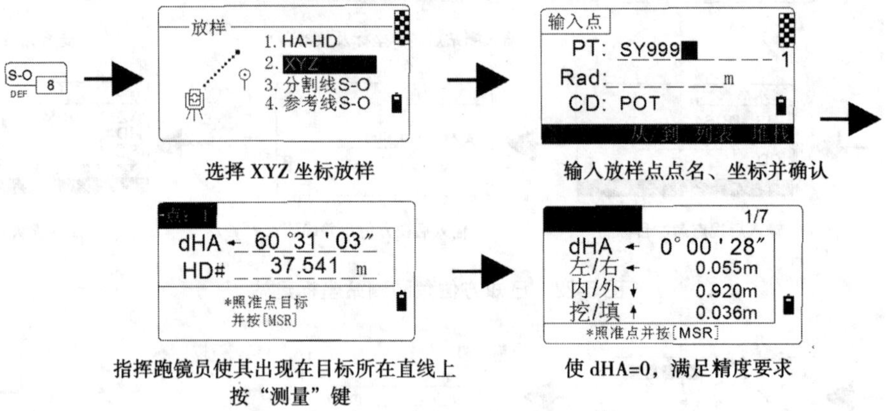

图 5-25 点放样页面

5.3.5 程序

5.3.5.1 悬高测量

该程序用于测定待测目标相对于棱镜的铅垂距离及其距离地面的高度,使用棱镜高时,遥测悬高以棱镜作为基准点,不使用棱镜时则以测点的地面点作为基准点,以有目标高为例操作步骤如图 5-26 所示。

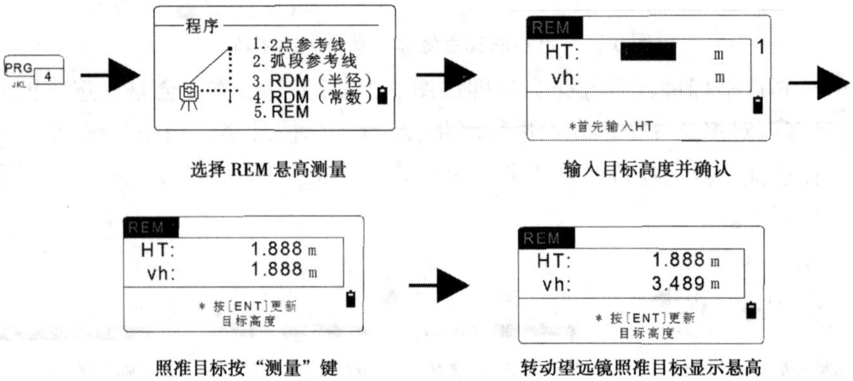

图 5-26 悬高测量页面

5.3.5.2 对边测量

该程序用于测定两个棱镜之间的水平距离、斜距和高差,操作步骤如图 5-27 所示。

(1)RDM(半径)放射对边:测量 *A*—*B*,*A*—*C*,*A*—*D*…

(2)RDM(常数)相邻对边:测量 *A*—*B*,*B*—*C*,*C*—*D*…

这两种模式的测量过程完全相同,在这里只对“放射对边”做介绍。

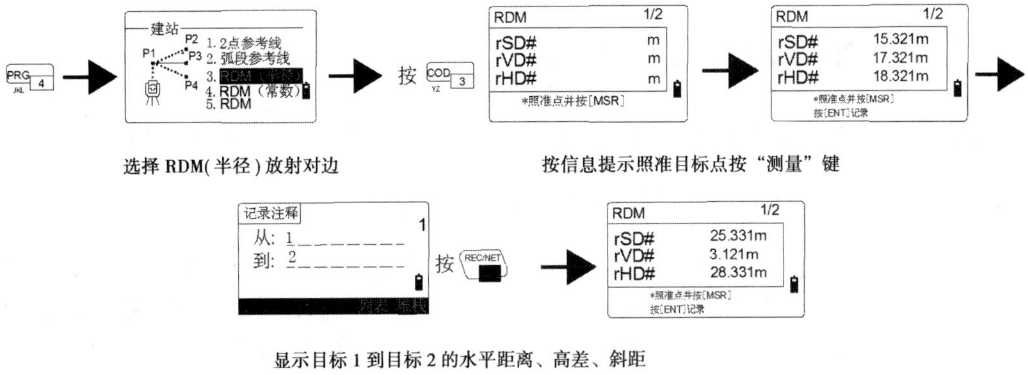

图 5-27　放射对边测量

5.3.5.3　面积

该程序可以测量闭合图形的面积。但如果图形边界相互交叉,则面积不能正确计算。故在测量过程中必须要按照顺序来测量所用的边角点,如图 5-28 所示。

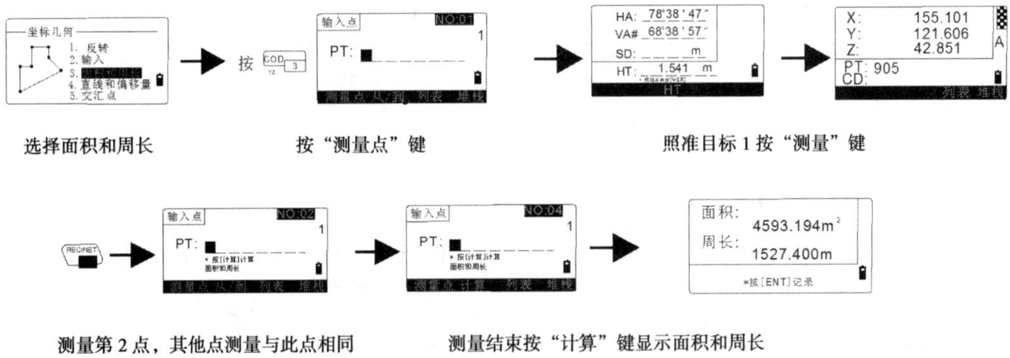

图 5-28　面积测量页面

5.3.5.4　沿着指定的直线测量距离和偏移量

测站(Sta)从 P1 到测量点沿着 P1—P2 直线的水平距离,O/S 从 P1—P2 直线到已测站点的水平偏移量,dZ 从 P1—P2 直线到已测站点的垂直偏移量,操作步骤如图 5-29 所示。

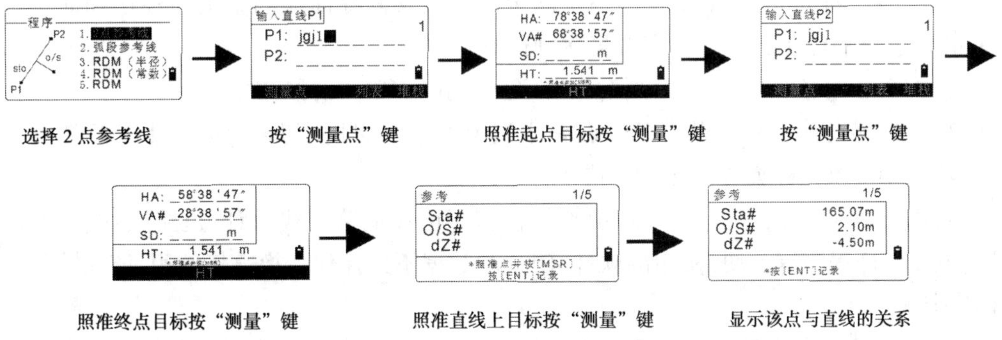

图 5-29　点到直线测量页面

5.4 高端全站仪简介

高端全站仪除具有普通全站仪的功能外,还具有一些更先进、更实用的功能。

5.4.1 拓普康 GPT-8200A 自动追踪脉冲式全站仪

GTS-8200A 自动追踪脉冲式全站仪是一款无棱镜测程测量机器人型的全站仪,革命性地打破了无棱镜测距的常规理念。它具有自动追踪、自动照准功能;无棱镜实现 1 200 m 测距。可以绰绰有余地使测距达到 1 km 以上,在灾区、危险地带以及机场等禁止通行的地方,也能让测量变得轻而易举。自动跟踪功能高达 12°/s 的自动跟踪速度使其对于高速移动物体能够自动跟踪。通过自动跟踪、自动照准,让测量功能发挥得淋漓尽致。该技术参数如表 5-9 所示。

表 5-9 拓普康 GPT-8200A 自动追踪脉冲式全站仪技术参数

仪器类型		GPT-8201A	GPT-8202A
测距精度	有棱镜	±(2 mm+2 ppm×*D*)	
	无棱镜	±(3 mm+2 ppm×*D*)	
测角精度		1″	2″
测距范围		1.5~1 200 m/免棱镜	7 000 m/单棱镜
自动跟踪范围		全方位旋转	
操作系统		WinCE. NET	

图 5-30 为日本拓普康公司的 GPT-8200A 自动追踪脉冲式全站仪,它具有如下的特点:

(1)世界首创 WinCE. NET 操作系统的全站仪。友好界面让测量更加轻松和简单标准 WinCE 系统平台让二次开发变得实际可行。

(2)首台运用彩屏技术的全站仪。64K 色告别以往单一的黑与白。

(3)触摸屏设计更有效提高工作效率,让操作更直接,即使初学者也能胜任工作。

(4)全中文操作让操作者更得心应手。

(5)内置的 TopSURV 强大的应用软件,涵盖了诸如道路定线设计、道路放样、横断面设计、边坡放样程序等方便、实用的软件,GPS 的数据不经任何转换直接使用,能充分体会高科技带来的轻松。

(6)配置了目前世面上最通用的 USB 接口,实际地解决较多笔记本电脑没有串口问题的同时也能体会 USB 口的高速传输,同时也具备了 RS-232 接口。

(7)可使用 CF 卡扩充或转存数据,比以往的 PCMCIA 卡更易购买、价格更低廉、容量

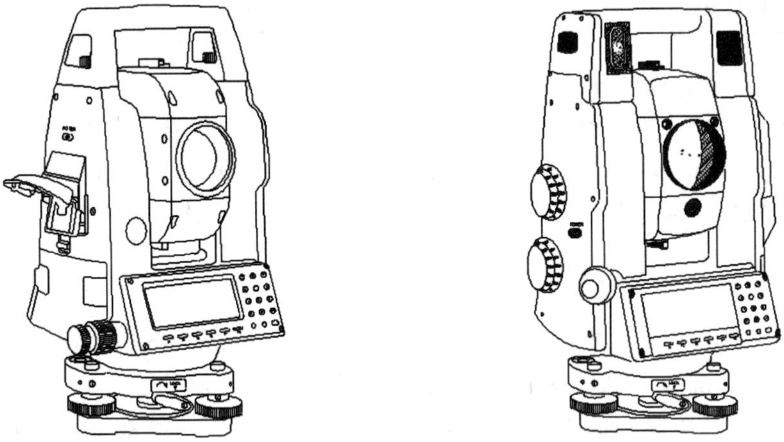

图 5-30　拓普康 GPT-8200A 自动追踪脉冲式全站仪

更大(目前 CF 卡容量最大为 2 G)。

5.4.2　徕卡 SmartStation 测量系统

图 5-31 所示为徕卡 SmartStation 测量系统。它具有如下特性：

(1)TPS 与 GPS 完美结合。

集成 GPS 接收机的高性能全站仪。无须控制点、长导线和后方交会操作,只需安装 SmartStation,并使用 GPS 确定该点的准确位置,然后就可以使用全站仪进行测量、放样。仅仅通过简单的安装调试,就可以简单、快速地测量作业。

(2)轻松点击获取 SmartStation 站点坐标。

使用 SmartStation 无须考虑控制点和导线点、导线和后方交会。只需要在合适的地点架设 SmartStation,按下 GPS 键并保持平稳,在基线 50 km 的范围内只需很短时间即可得到厘米级精度的 RKT 位置信息。使用 SmartStation 可以在最短时间内完成准备工作,通过 GPS 锁定位置,然后用全站仪进行测量作业。

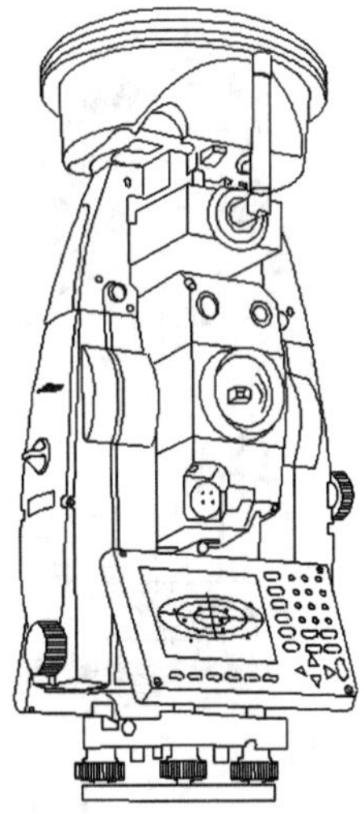

图 5-31　徕卡 SmartStation 测量系统

(3)GPS 完全嵌入全站仪。

借助于全站仪中完善的软件,所有的 TPS 和 GPS 操作都可以通过 TPS 的键盘进行。所有的数据存入在同一块 CF 卡中相同的一个数据库中。测量数据、系统状态信息以及其他任何信息都可在 TPS 屏幕上显示出来。TPS 的内置电池也可为 GPS 的 SmartAntenna 天线和 RTK 通信设备供电。所有的组件完美整合在一起,每一个组件都可无缝连接,无须电缆、外部电源以及数据输出设备等。

SmartStation 采用模块化设计,用户可根据需要以任意方式操作设备。在没有控制点的时候使用 SmartStation,一旦获得了准确的坐标位置,将 SmartAntenna 天线安装在对中杆上,配合 RX1210 控制器和 GTX1230 传感器,组合成一个完整的 RTK 流动站。

5.4.3 索佳超站仪 SET3110 MV

图 5-32 所示为索佳于 2004 年推出的世界上首款超站仪产品 SET3110 MV,仪器在全站仪测角部、测距部的基础上增加了摄像部。超大内存可存储约 20 000 点的数据,测角精度为±3″,测距精度为 2 mm±2×10^{-6},测程为 1.6 km(单棱镜)和 80 m(反射片)。摄像部有两个 38 万像素广角/窄角 CCD,广角/窄角可自动切换和自动对焦,其中广角 CCD 用于搜索棱镜,其分辨率小于 2′;窄角 CCD 用于聚集望远镜视准轴于棱镜中心,其分辨率小于 5″。在黄昏等光线昏暗的情况下,可以打开仪器的发光二极管,其发射的白色亮光可以照亮现场的反射目标,使其影像清晰地在屏幕上显示位置。所有观测影像、数据可以通过电缆、无线通信(如无线传呼机、手机等)或由因特网同步传输到任何地点的具备条件的计算机或手持电脑。

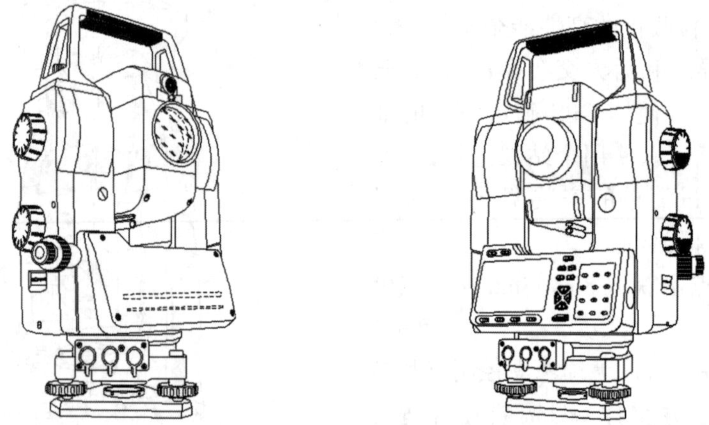

图 5-32　索佳超站仪 SET3110 MV

仪器无水平、垂直微动螺旋和目镜。不能手动操作望远镜观测目标,只能通过摄像部对目标拍摄的图像进行自动照准。仪器能自动照准棱镜并对焦,也可以切换到手动对焦状态,使用手动对焦螺旋调焦。测量人员无须通过望远镜观测,只需预先在测量现场放置反射目标,然后在任何地方根据电脑显示的现场摄像图像,随时确认照准情况和测量状态,或直接用鼠标在屏幕上指挥仪器完成所有工作。

使用随机电缆将仪器的 RS232C 接口和摄像信号接口分别与计算机通信口连接,现场目标的影像将实时显示在计算机屏幕上,用鼠标操作软件即可对现场目标进行观测。

仪器可与索佳变形监测应用程序控制系统“MOS”组成超站仪定点观测系统，自动根据设计程序、测量顺序，在指定的时间段里，不间断地对一系列指定目标自动锁定观测。所有测量数据、分析图表和摄影图像都可以实时同步地传输到任何有条件的终端上。由此可轻松建立先进可靠的远程灾害预警/监测系统。超站仪定点观测系统尤其适用于地震、火山、滑坡、大坝、隧道、大型工程现场进行种类高精度自动监测。测量现场图像和测量数据可以同时处理，有助于 GIS 信息管理系统的构筑。

5.4.4 徕卡 HDS 高清晰激光扫描系统

徕卡 HDS 高清晰测量系统部门是三维激光扫描系统，如图 5-33 所示。它是将三维激光扫描技术应用于工程建设、工程测绘、工程设计等项目的领导者。其先进的高清晰测量扫描仪与软件系统的完美结合，是保证高精度的基石。易用性使测量工作轻而易举。

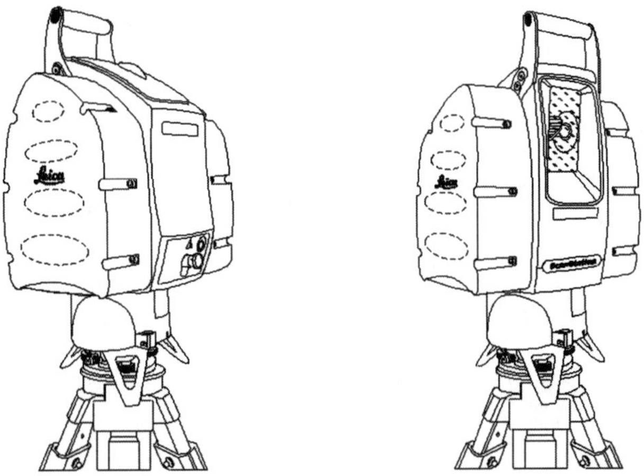

图 5-33 徕卡 HDS 高清晰激光扫描系统

徕卡测量系统的 HDS 产品家族包括基于时间测量的 HDS2500 和 HDS3000 测量系统，基于相位测量的 HDS4500 超高速系统。这样的产品结合 Cyclone 软件为用户提供完整的工程解决方案。

思考与练习题

1. 全站仪主要由哪些部件组成，高端全站仪有哪些特殊功能？

2. 电子经纬仪与全站仪在角度测量操作时有什么不同？简述用 T605 全站仪测角度的方法。

3. 对 T605 按(DISP)键，选择距离测量模式第 2 页菜单中的“放样”功能，与按(MENU)键，在第 1 页菜单界面中选择的“放样”功能有何区别？

4. 数据传输时在文本文档中是如何输入数据的，应注意什么？

5. 简述遥测悬高的测量步骤。
6. 简述对边测量的测量步骤。
7. 简述测定坐标的测量步骤(已知测站的坐标和方位角)。
8. 简述测定坐标的测量步骤(已知两点的坐标)。
9. 简述放样的测量步骤。

第6章 测量误差的基本知识

【本章提要】

本章集中讲述有关测量误差的基本知识，包括衡量精度的标准、误差传播定律和直接观测平差。

6.1 测量误差的概念

6.1.1 观测及观测误差

对未知量进行测量的过程称为观测。测量所获得的数值称为观测值。进行多次测量时，观测值之间往往存在差异。这种差异实质上表现为观测值与其真实值(简称为真值)之间的差异，这种差异称为测量误差或观测误差。用 L_i 代表观测值，X 代表真值，则有

$$\Delta_i = L_i - X \tag{6-1}$$

式中，Δ_i 就是观测误差，通常称为真误差，简称误差。

一般情况下，只要是观测值必然含有误差。例如，同一人用同一台经纬仪对某一固定角度重复观测若干测回，各测回的观测值往往互不相等；同一组人员，用同样的测距工具，对 A、B 两点间距离重复测量若干次，各次观测值也往往互不相等。又如，平面三角形内角的真实值应等于 180°，但三个内角的观测值之和往往不等于 180°；闭合水准线路中各测段高差之和的真值应为 0，但事实上各测段高差的观测值之和一般不等于 0。这些现象在测量实践中是经常发生的。究其原因，是由于观测值中不可避免地含有观测误差。

6.1.2 观测误差的来源

测量是观测者使用某种仪器、工具，在一定的外界条件下进行的。观测误差来源于以下三个方面：观测者视觉鉴别能力和技术水平，仪器、工具的精密程度，观测时外界条件的好坏。通常把这三个方面综合起来，称为观测条件。观测条件将影响观测成果的精度。

观测误差主要由仪器误差、观测者误差以及外界条件的影响组成。仪器误差是指测量仪器构造上的缺陷和仪器本身精密度的限制，致使观测值含有的误差。观测者误差是指由于观测者技术水平和感官能力的局限，致使观测值产生的误差。外界条件的影响是指观测过程中不断变化着的大气温度、湿度、风力、透明度、大气折光等因素给观测值带来的误差。

一般认为，在测量中人们总希望使每次观测所出现的测量误差越小越好，甚至趋近于零。但要真正做到这一点，就要使用极其精密的仪器，采用十分严密的观测方法，付出很

高的代价。然而,在实际生产中,根据不同的测量目的,是允许在测量结果中含有一定的测量误差的。因此,我们的目标并不是简单地使测量误差越小越好,而是要设法将误差限制在与测量目的相适应的范围内。

6.1.3 观测误差的分类及其处理方法

根据性质不同,观测误差可分为粗差、系统误差和偶然误差三种,即

$$\Delta = \Delta_g + \Delta_s + \Delta_a \tag{6-2}$$

式中 Δ_g——粗差;

Δ_s——系统误差;

Δ_a——偶然误差。

6.1.3.1 粗差(Δ_g)

粗差是一种大级量的观测误差,例如超限的观测值中往往就含有粗差。粗差也包括测量过程中各种失误引起的误差。

粗差产生的原因较多。可能由作业人员疏忽大意、失职而引起,如大数读错、读数被记录员记错、照错了目标等;也可能是仪器自身或受外界干扰发生故障引起的;还有可能是容许误差取值过小造成的。

在观测中应尽量避免出现粗差。发现粗差的有效方法是:进行必要的重复观测,通过多余观测条件,采用必要而又严密的检核、验算等。国家技术监督部门和测绘管理机构制定的各类测量规范,一般也能起到防止粗差出现和发现粗差的作用。

含有粗差的观测值都不能使用,因此一旦发现粗差,该观测值必须舍弃并重测。

尽管我们十分认真、谨慎,粗差有时仍然难免。因此,如何在观测数据中发现和剔除粗差,或在数据处理中削弱粗差对观测成果的影响,乃是测绘界十分关注的课题之一。

6.1.3.2 系统误差(Δ_s)

在一定的观测条件下进行一系列的观测时,符号和大小保持不变或按一定规律变化的误差,称为系统误差。例如,水准仪的视准轴与长水准器轴不平行对读数的影响,经纬仪的竖直度盘指标差对竖直角的影响,地球曲率对测距和高程的影响,均属系统误差。系统误差在观测成果中具有累积性。

在测量工作中,应尽量设法消除和减小系统误差。方法有两种:一种是在观测方法和观测程序上采取必要的措施,限制或削弱系统误差的影响,如角度测量中采取盘左、盘右观测,水准测量中限制前后视距差等;另一种是找出产生系统误差的原因和规律,对观测值进行系统误差的改正,如对距离观测值进行尺长改正、温度改正和倾斜改正,对竖直角或天顶距进行指标差改正等。

6.1.3.3 偶然误差(Δ_a)

在一定的观测条件下进行一系列观测,如果观测误差的大小和符号均呈现偶然性,即从表面现象看,误差的大小和符号没有规律性,这样的误差称为偶然误差。

产生偶然误差的原因往往是不固定的和难以控制的,如观测者的估读误差、照准误差等。不断变化着的温度、风力等外界环境也会产生偶然误差。

粗差可以发现并被剔除,系统误差能够加以改正,而偶然误差是不可避免的,并且是

消除不了的。它在消除了粗差和系统误差的观测值中占主导地位。从单个偶然误差来看,其出现的符号和大小没有一定的规律性,但对大量的偶然误差进行统计分析,就能发现规律性,并且误差个数越多,规律性越明显。

例如某一测区在相同观测条件下观测了 358 个三角形的全部内角。由于观测值含有偶然误差,故平面三角形内角观测值之和不一定等于真值 180°。

由式(6-1)计算 358 个三角形内角观测值之和的真误差,将真误差取误差区间 $d\Delta=3''$,并按绝对值大小进行排列,分别统计在各区间的正负误差个数 k,将 k 除以总数 n(此处 $n=358$),求得各区间的 k/n,k/n 称为误差出现的频率,结果列于表 6-1。

表 6-1　偶然误差的区间分布

误差区间 $d\Delta$	负误差		正误差		合计	
	个数 k	频率 k/n	个数 k	频率 k/n	个数	频率 k/n
0″~3″	45	0.126	46	0.128	91	0.254
3″~6″	40	0.112	41	0.115	81	0.227
6″~9″	33	0.092	33	0.092	66	0.184
9″~12″	23	0.064	21	0.059	44	0.123
12″~15″	17	0.047	16	0.045	33	0.092
15″~18″	13	0.036	13	0.036	26	0.072
18″~21″	6	0.017	5	0.014	11	0.031
21″~24″	4	0.011	2	0.006	6	0.017
>24″	0	0	0	0	0	0
右侧各列的和	181	0.505	177	0.495	358	1.000

从表 6-1 中可以看出,该组误差的分布表现出如下规律,小误差比大误差出现的频率高,绝对值相等的正、负误差出现的个数和频率相近,最大误差不超过 24″。

统计大量的试验结果,表明偶然误差具有如下特性:

(1)在一定观测条件下的有限个观测中,偶然误差的绝对值不超过一定的限值。

(2)绝对值较小的误差出现的频率大,绝对值较大的误差出现的频率小。

(3)绝对值相等的正、负误差出现的频率大致相等。

(4)当观测次数无限增多时,偶然误差平均值的极限为 0,即

$$\lim_{n\to\infty}\frac{\Delta_1+\Delta_2+\cdots+\Delta_n}{n}=\lim_{n\to\infty}\frac{[\Delta]}{n}=0 \tag{6-3}$$

本章此处及以后“[　]”表示取括号中下标变量的代数和,即 $\sum\Delta_i=[\Delta]$。

用图示方法可以直观地表示偶然误差的分布情况。用表 6-1 的数据,以误差大小为横坐标、以频率 k/n 与区间 $d\Delta$ 的比值为纵坐标作图,如图 6-1 所示,这种图称为误差直方图。

可以设想,当误差个数 $n\to\infty$,同时又无限缩小误差区间 $d\Delta$,图 6-1 中各矩形的顶边折线就成为一条光滑的曲线,如图 6-2 所示。该曲线称为测量误差分布曲线,是正态分布

曲线。其函数式为

$$y = f(\Delta) = \frac{1}{\sqrt{2\pi}\sigma} e^{-\frac{\Delta^2}{2\sigma^2}} \tag{6-4}$$

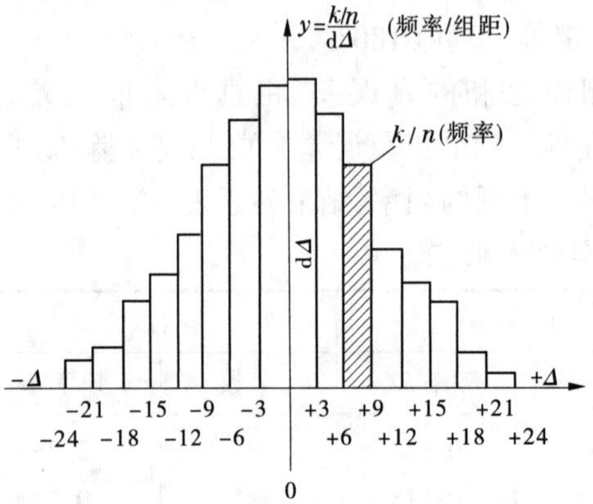

图 6-1 测量误差分布图

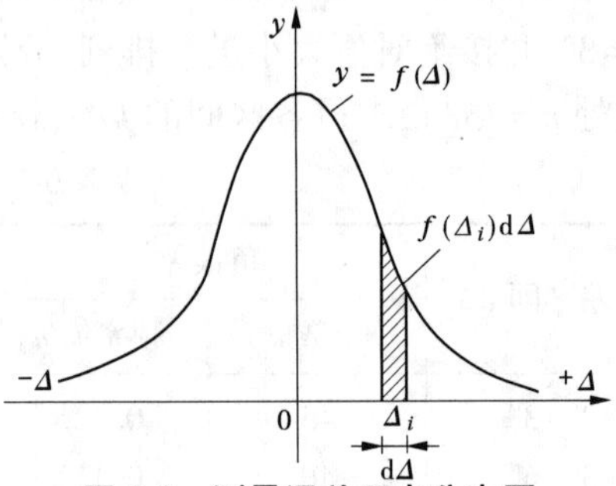

图 6-2 测量误差正态分布图

式中 π——圆周率；

e——自然对数的底；

σ——误差分布的标准差。

由此可知，正态分布曲线上任一点的纵坐标 y 均为横坐标 Δ 的函数。标准差的大小可以反映观测精度的高低，其定义为

$$\sigma = \pm\lim_{n\to\infty}\sqrt{\frac{[\Delta^2]}{n}} \tag{6-5}$$

在图 6-1 中各矩形的面积是频率 k/n。由概率统计可知，频率 k/n 就是真误差出现在区间 $d\Delta$ 上的概率 $P(\Delta)$，记为

$$P(\Delta) = \frac{\frac{k}{n}d\Delta}{d\Delta} = f(\Delta)d\Delta \tag{6-6}$$

式(6-4)和式(6-6)中 $f(\Delta)$ 是误差分布的概率密度函数，简称密度函数。

6.2 衡量观测值精度的标准

为了衡量观测结果的精度优劣，必须建立衡量精度的统一标准。有了标准才能进行比较。衡量精度的标准有很多种，这里介绍主要的几种。

6.2.1 中误差(m)

由式(6-5)定义的标准差是衡量精度的一种标准，但那是理论上的表达式，在测量实践中观测次数不可能无限多，因此实际应用中，定义中误差 m 作为衡量精度的一种标准。

$$m = \pm\sqrt{\frac{[\Delta^2]}{n}} \tag{6-7}$$

在一组观测值中,当中误差 m 确定后,可以绘出它所对应的误差正态分布曲线。在式(6-4)中当 $\Delta=0$ 时,以中误差 m 代替标准差 σ, $f(\Delta)=\dfrac{1}{\sqrt{2\pi}m}$是最大值。因此,在一组观测值中,当小误差比较集中时,m_1 较小,则曲线的纵轴顶峰较高,曲线形状较陡峭,如图 6-3 中 $f_1(\Delta)$,表示该组观测精度较高;$f_2(\Delta)$的曲线形状较平缓,其误差分布比较离散,m_2 较大,表明该组观测精度低。

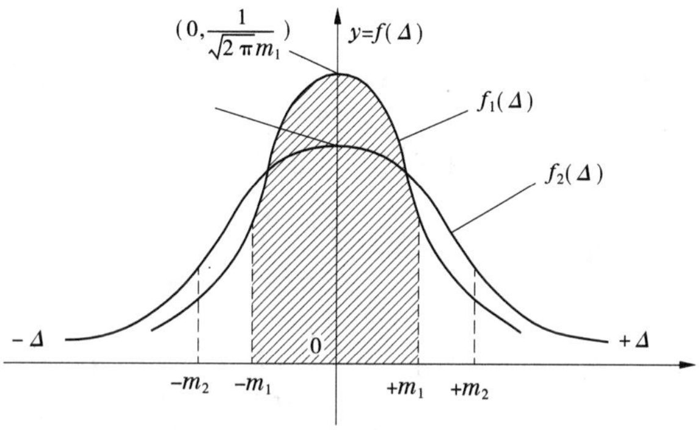

图 6-3　不同精度的分布曲线图

如果令 $f(\Delta)$ 的二阶导数等于 0,可以求得曲线拐点的横坐标:

$$\Delta_{拐}=\sigma\approx m \tag{6-8}$$

也就是说,中误差的几何意义即为偶然误差分布曲线两个拐点的横坐标。

6.2.2　相对误差(K)

中误差和真误差都是绝对误差。在衡量观测值精度时,单纯用绝对误差有时还不能完全表达精度的优劣。例如,分别测量了长度为 100 m 和 200 m 的两段距离,中误差皆为±0.02 m,显然不能认为两段距离测量精度相同。此时,为了客观地反映实际精度,必须引入相对误差的概念。相对误差 K 是误差 m 的绝对值与相应观测值 D 的比值。它是一个无量纲量,常用分子为 1 的分式表示。

$$K=\frac{|m|}{D}=\frac{1}{\dfrac{D}{|m|}} \tag{6-9}$$

式中,当 m 为中误差时,K 称为相对中误差。在上述例中用相对误差来衡量,就可容易看出,后者比前者精度高。

在距离测量中还常用往返观测值的相对较差来进行检核。相对较差定义为

$$\frac{|D_{往}-D_{返}|}{D_{平均}}=\frac{\Delta D}{D_{平均}}=\frac{1}{\dfrac{D_{平均}}{|\Delta D|}} \tag{6-10}$$

相对较差是相对真误差,它反映往返测量的符合程度。显然,相对较差愈小,观测结果愈可靠。

还应该指出,用经纬仪测角时,不能用绝对误差来衡量测角精度,因为测角误差与角度大小无关。

6.2.3 极限误差和容许误差

6.2.3.1 极限误差

由偶然误差的特性 1 可知,在一定的观测条件下,偶然误差的绝对值不会超过一定的限值。这个限值就是极限误差。我们知道,标准差或中误差是衡量观测精度的一种指标,它不能代表个别观测值真误差的大小,但从统计意义上来讲,它们却存在着一定的联系。根据式(6-4)和式(6-6)有

$$P(-\sigma < \Delta < \sigma) = \frac{1}{\sqrt{2\pi}\sigma}\int_{-\sigma}^{\sigma} e^{-\frac{\Delta^2}{2\sigma^2}}d\Delta \approx 0.683 \tag{6-11}$$

表示真误差落在区间$(-\sigma,+\sigma)$内的概率等于 0.683。同理可得

$$P(-2\sigma < \Delta < 2\sigma) = \frac{1}{\sqrt{2\pi}\sigma}\int_{-2\sigma}^{2\sigma} e^{-\frac{\Delta^2}{2\sigma^2}}d\Delta \approx 0.955 \tag{6-12}$$

$$P(-3\sigma < \Delta < 3\sigma) = \frac{1}{\sqrt{2\pi}\sigma}\int_{-3\sigma}^{3\sigma} e^{-\frac{\Delta^2}{2\sigma^2}}d\Delta \approx 0.997 \tag{6-13}$$

式(6-11)~式(6-13)结果的概率含义是:在一组等精度观测值中,真误差在$\pm\sigma$范围以外的个数约占误差总数的 32%,在$\pm 2\sigma$范围以外的个数约占 4.5%,在$\pm 3\sigma$范围以外的个数约占 0.3%。

绝对值大于3σ的真误差出现的概率很小,因此可以认为$\pm 3\sigma$是真误差实际出现的极限,即3σ是极限误差:

$$\Delta_{极限} = 3\sigma \tag{6-14}$$

6.2.3.2 容许误差

测量实践中,是在极限误差范围内利用容许误差对偶然误差的大小进行数量限制的。在实际应用的测量规范中,常以 2 倍或 3 倍中误差作为偶然误差的容许值,称为容许误差,即

$$\Delta_{容} = 2\sigma \approx 2m \tag{6-15}$$

$$\Delta_{容} = 3\sigma \approx 3m \tag{6-16}$$

前者要求较严,后者要求较宽。如果观测值中出现了大于容许误差的偶然误差,则认为该观测值不可靠,应舍去不用,并重测。

6.3 误差传播定律

在实际测量工作中,有些量往往不是直接观测值,而是通过其他观测值间接求得的,这些量称为间接观测值。设 Z 是独立变量 $X_1,X_2,\cdots,X_n$ 的函数,即

$$Z = f(X_1,X_2,\cdots,X_n) \tag{6-17}$$

其中函数 Z 的中误差为 m_Z,各独立变量 $X_1,X_2,\cdots,X_n$ 对应的观测值中误差分别为 $m_1,m_2,\cdots,m_n$,如果知道了 m_Z 与 m_i 之间的关系,就可以由各变量的观测值中误差来推求函数的中误差。各变量的观测值中误差与其函数的中误差之间的关系式,称为误差传播定律。设

$$X_i = l_i - \Delta_i \quad (i = 1,2,\cdots,n) \tag{6-18}$$

式中 l_i——各独立变量 X_i 相应的观测值；

Δ_i——l_i 的偶然误差。

$$Z=f(l_1-\Delta_1,l_2-\Delta_2,\cdots,l_n-\Delta_n) \tag{6-19}$$

按泰勒级数展开，有

$$Z=f(l_1,l_2,\cdots,l_n)-\left(\frac{\partial f}{\partial X_1}\Delta_1+\frac{\partial f}{\partial X_2}\Delta_2+\cdots+\frac{\partial f}{\partial X_n}\Delta_n\right) \tag{6-20}$$

等式右边第二项就是函数 Z 的误差 Δ_Z，即

$$\Delta_Z=\frac{\partial f}{\partial X_1}\Delta_1+\frac{\partial f}{\partial X_2}\Delta_2+\cdots+\frac{\partial f}{\partial X_n}\Delta_n \tag{6-21}$$

又设各独立变量 X_i 都观测了 k 次，则其误差 Δ_Z 的平方和为

$$\sum_{j=1}^{k}\Delta_{Z_j}^2=\left(\frac{\partial f}{\partial X_1}\right)^2\sum_{j=1}^{k}\Delta_{1j}^2+\left(\frac{\partial f}{\partial X_2}\right)^2\sum_{j=1}^{k}\Delta_{2j}^2+\cdots+\left(\frac{\partial f}{\partial X_n}\right)^2\sum_{j=1}^{k}\Delta_{nj}^2+ 2\left(\frac{\partial f}{\partial X_1}\right)\left(\frac{\partial f}{\partial X_2}\right)\sum_{j=1}^{k}\Delta_{1j}\Delta_{2j}+2\left(\frac{\partial f}{\partial X_1}\right)\left(\frac{\partial f}{\partial X_3}\right)\sum_{j=1}^{k}\Delta_{1j}\Delta_{3j}\cdots \tag{6-22}$$

由偶然误差的特性4可知，当观测次数 $k\to\infty$ 时，式(6-22)中 $\Delta_i\Delta_j(i\neq j)$ 的总和趋近于0，又根据式(6-7)有

$$\frac{\sum_{j=1}^{k}\Delta_{Z_j}^2}{k}=m_Z^2 \tag{6-23}$$

$$\frac{\sum_{j=1}^{k}\Delta_{i_j}^2}{k}=m_i^2 \tag{6-24}$$

式(6-23)、式(6-24)中 $i=1,2,\cdots,n$，可得

$$m_Z^2=\left(\frac{\partial f}{\partial X_1}\right)^2m_1^2+\left(\frac{\partial f}{\partial X_2}\right)^2m_2^2+\cdots+\left(\frac{\partial f}{\partial X_n}\right)^2m_n^2 \tag{6-25}$$

或

$$m_Z=\pm\sqrt{\left(\frac{\partial f}{\partial X_1}\right)^2m_1^2+\left(\frac{\partial f}{\partial X_2}\right)^2m_2^2+\cdots+\left(\frac{\partial f}{\partial X_n}\right)^2m_n^2} \tag{6-26}$$

这就是一般函数的误差传播定律，利用它不难导出表6-2所列简单函数的误差传播定律。

表6-2 简单函数的中误差传播公式化

函数名称	函数式	中误差传播公式
倍数函数	$Z=AX$	$m_Z=\pm Am$
和差函数	$Z=X_1\pm X_2$ $Z=X_1\pm X_2\pm\cdots\pm X_n$	$m_Z=\pm\sqrt{m_1^2+m_2^2}$ $m_Z=\pm\sqrt{m_1^2+m_2^2+\cdots+m_n^2}$
线性函数	$Z=A_1X_1\pm A_2X_2\pm\cdots\pm A_nX_n$ $Z=f(X_1,X_2,\cdots,X_n)$	$m_Z=\pm\sqrt{A_1^2X_1^2+A_2^2X_2^2+\cdots+A_n^2X_n^2}$ $m_Z=\pm\sqrt{\left(\frac{\partial f}{\partial X_1}\right)^2m_1^2+\left(\frac{\partial f}{\partial X_2}\right)^2m_2^2+\cdots+\left(\frac{\partial f}{\partial X_n}\right)^2m_n^2}$

误差传播定律在测绘领域应用十分广泛，利用它不仅可以求得观测值函数的中误差，而且可以研究确定容许误差值以及事先分析观测可能达到的精度等，下面举例说明应用方法。

【例 6-1】 在 1∶5 000 地形图上量得 A、B 两点间的距离 $d=234.5$ mm，中误差 $m_d=\pm0.2$ mm。求 A、B 两点间的实地水平距离 D 及中误差 m_D。

解　$D=Md=5\,000\times234.5/1\,000=1\,172.5$(m)

根据表 6-2 倍数函数中误差传播公式得

$$m_D = Mm_d = 5\,000 \times 0.2/1\,000 = 1.0(\mathrm{m})$$

距离结果可以写为 $D=(1\,172.5\pm1.0)$ m。

【例 6-2】 对一个三角形观测了其中的 α、β 两个角，测角中误差分别为 $m_\alpha=\pm3.5''$，$m_\beta=\pm6.2''$，按 $\gamma=180°-\alpha-\beta$ 求得另一个角 γ。试求 γ 角的中误差 m_γ。

解　根据表 6-2 和差函数中误差传播公式，有

$$m_\gamma = \pm\sqrt{m_\alpha^2 + m_\beta^2} = \pm\sqrt{3.5^2 + 6.2^2} = \pm 7.1''$$

【例 6-3】 $\Delta_y=D\sin\alpha$，观测值 $D=(225.85\pm0.06)$ m，$\alpha=157°00'30''\pm20''$。求 Δ_y 的中误差 $m_{\Delta y}$。

解　根据式(6-26)，有

$$\frac{\partial f}{\partial D} = \sin\alpha \qquad \frac{\partial f}{\partial \alpha} = D\cos\alpha$$

$$m_{\Delta y} = \pm\sqrt{\left(\frac{\partial f}{\partial D}\right)^2 m_D^2 + \left(\frac{\partial f}{\partial \alpha}\right)^2 m_\alpha^2} = \pm\sqrt{\sin^2\alpha m_D^2 + (D\cos\alpha)^2\left(\frac{m_\alpha}{\rho}\right)^2}$$

$$= \pm\sqrt{0.391^2 \times 6^2 + 22\,585^2 \times 0.920^2 \times \left(\frac{20}{206\,265}\right)^2} = \pm 3.1(\mathrm{cm})$$

【例 6-4】 水准测量中，视距为 100 m 时在标尺上读数的中误差 $m_{读}\approx\pm2.2$ mm(包括照准误差，气泡居中误差及水准标尺刻划误差)。若以 3 倍中误差为容许误差，试求普通水准测量观测 n 站所得高差闭合差的容许误差。

解　普通水准测量每站测得高差 $h_i=a_i-b_i(i=1,2,\cdots,n)$，则每站观测高差的中误差为

$$m = \pm\sqrt{m_{读}^2 + m_{读}^2} = \pm\sqrt{2}m_{读} = \pm 3.1\ \mathrm{mm}$$

观测 n 站所得高差 $h = h_1 + h_2 + \cdots + h_n$，高差闭合差 $f_h = h - h_0$，h_0 为已知值(无误差)，则闭合差 f_h 的中误差为

$$m_{f_h} = \pm m\sqrt{n} = \pm 3.1\sqrt{n}\quad \mathrm{mm}$$

以 3 倍中误差为容许误差，则高差闭合差的容许误差为

$$\Delta_{容} = \pm 3 \times 3.1\sqrt{n} \approx \pm 9.3\sqrt{n}\quad \mathrm{mm}$$

【例 6-5】 试用误差传播定律分析视线倾斜时视距测量的精度。

解　(1)测量水平距离的精度分析。

根据视距测量原理，有视线倾斜时的视距公式为 $D=kl\sin^2 z$，则

$$\frac{\partial D}{\partial l} = k\sin^2 z \qquad \frac{\partial D}{\partial Z} = 2kl\sin z\cos z = kl\sin 2z$$

所以水平距离 D 的中误差为

$$m_D = \pm\sqrt{\left(\frac{\partial D}{\partial l}\right)^2 m_l^2 + \left(\frac{\partial D}{\partial Z}\right)^2 \left(\frac{m_Z}{\rho}\right)^2} = \pm\sqrt{(k\sin^2 z)^2 m_l^2 + (kl\sin 2z)^2\left(\frac{m_Z}{\rho}\right)^2} \qquad (1)$$

由于根式内第二项的值很小,为了方便讨论可以将其略去,则有

$$m_D = \pm(k\sin^2 z)m_l \qquad (2)$$

式中　m_l——视距间隔 l 的读数中误差。

因 l=下丝读数-上丝读数,故

$$m_l = \pm m_{读}\sqrt{2} \qquad (3)$$

式中　$m_{读}$——上、下丝读数的中误差。

由生理实验可知,人的肉眼当视角小于60″时分辨不出两个点。可见人眼的可分辨视角为60″。当测量仪器的望远镜放大倍率为24倍,通过望远镜来观测时,可达到的分辨视角 $\gamma = 60''/24 = 2.5''$。因此,上、下丝读数的误差为 $\frac{2.5''}{206\ 265}D \approx 1.21\times10^{-5}D$,以它作为读数的中误差 $m_{读}$ 代入式(3)后可得

$$m_l = \pm 1.21\times10^{-5}D\sqrt{2} \approx \pm 1.71\times10^{-5}D \qquad (4)$$

于是

$$m_D = \pm 100\times1.71\times10^{-5}D\sin^2 z \qquad (5)$$

当 $z=90°$ 时,$\sin z=1$,式(5)可写为

$$m_D = \pm 1.71\times10^{-3}D$$

则相对中误差为

$$\frac{m_D}{D} = 1.71\times10^{-3} \approx 1/580$$

考虑到其他因素的影响,可以认为视距测量的距离精度可达1/300。

(2)测量高差的精度分析。

根据视距测量的高差主值计算公式 $h = D/\tan z$,有

$$\frac{\partial h}{\partial D} = \frac{1}{\tan z} \qquad \frac{\partial h}{\partial Z} = -D\csc z$$

则高差主值 h 的中误差为

$$m_h = \pm\sqrt{\left(\frac{1}{\tan z}\right)^2 m_D^2 + (-D\csc z)^2\left(\frac{m_Z}{\rho}\right)^2}$$

根式中前一项,当 $D=100$ m 时,$m_D^2 = \pm 2.74\times10^{-7}$,很小,故略去。于是

$$m_h = \pm D\csc z\frac{m_Z}{\rho} \qquad (6)$$

当 $\csc z \approx 1$,可将式(6)改写为

$$m_h = \pm D\frac{m_Z}{\rho}$$

若 $m_Z=1'$，$D=100$ m，则 $m_h=\pm 0.03$ m。即视距测量每 100 m 距离对应的高差主值的中误差为±3 cm。误差的最大值可达±9 cm。

6.4 等精度直接观测平差

除了标准实体，自然界中任何单个未知量（如某一角度、某一长度等）的真值都是无法确知的，只有通过重复观测才能对其真值作出可靠的估计。在测量实践中，重复测量的目的还在于提高观测成果的精度，同时也发现和消除粗差。

重复测量形成了多余观测，加之观测值必然含有误差，这就产生了观测值之间的矛盾。为了消除这种矛盾就必须依据一定的数据处理准则，采用适当的计算方法，对有矛盾的观测值加以必要而合理的调整，给以适当的改正，从而求得观测量的最佳估值，同时对观测进行质量评估。人们把这一数据处理的过程称作测量平差。

在相同条件下进行的观测是等精度观测，所得到的观测值称为等精度观测值。如果观测所使用的仪器精度不同，或观测方法不同，或外界条件差别较大，不同观测条件下所获得的观测值称为不等精度观测值。

对一未知量的直接观测值进行平差，称为直接观测平差。根据观测条件，有等精度直接观测平差和不等精度直接观测平差。平差结果是得到未知量最可靠的估值，最接近其真值，称为最或是值。

6.4.1 求最或是值

在等精度直接观测平差中，观测值的算术平均值是未知数的最或是值。

设对某量进行了 n 次等腰三角形精度观测，其观测值为 $l_1, l_2, \cdots, l_n$，该量的真值为 X，各观测值的真误差为 $\Delta_1, \Delta_2, \cdots, \Delta_n$。由于真值 X 无法确知，测量上次观测值的算术平均值为最或是值，以代替真值。即

$$x=\frac{l_1+l_2+\cdots+l_n}{n}=\frac{[l]}{n} \tag{6-27}$$

观测值与最或是值之差，称为最或是误差，用符号 $v_i(i=1,2,\cdots,n)$ 来表示，即

$$v_i=l_i-x \quad (i=1,2,\cdots,n) \tag{6-28}$$

将 n 个最或是误差 v_i 相加，有

$$[v]=[l]-nx=0 \tag{6-29}$$

即最或是误差的总和为 0。式(6-29)可以用作计算中的检核，若 v_i 值计算无误，其总和必然为 0。显然，当观测次数 $n\to\infty$ 时，$v_i=\Delta_i$。

6.4.2 评定精度

6.4.2.1 观测值中误差

由于独立观测中单个未知量的真值 X 是无法确知的，因此真误差 Δ_i 也是未知的，所以不能直接应用式(6-27)求得中误差。但可以用有限个等精度观测值 l_i 求出最或是值 x 后，再按式(6-28)计算最或是误差，用最或是误差 v_i 计算观测值的中误差。其公式推导

如下。

对未知量经 n 次等精度观测,得观测值 $l_1,l_2,\cdots,l_n$,则真误差为

$$\Delta_i = l_i - X \quad (i = 1,2,\cdots,n) \tag{6-30}$$

式(6-28)与式(6-30)相减得

$$\Delta_i - v_i = x - X \quad (i = 1,2,\cdots,n) \tag{6-31}$$

令 $x-X=\delta$,则

$$\Delta_i = v_i + \delta \quad (i = 1,2,\cdots,n) \tag{6-32}$$

对式(6-32)两端取平方和,则

$$[\Delta^2] = [v^2] + n\delta^2 + 2\delta[v] \tag{6-33}$$

因 $[v]=0$,$[\Delta^2]=[v^2]+n\delta^2$,又有

$$\begin{aligned}
\delta^2 &= (x - X)^2 \\
&= \left(\frac{[l]}{n} - X\right)^2 \\
&= \frac{1}{n^2}[(l_1 - X) + (l_2 - X) + \cdots + (l_n - X)]^2 \\
&= \frac{1}{n^2}(\Delta_1 + \Delta_2 + \cdots + \Delta_n)^2 \\
&= \frac{1}{n^2}(\Delta_1^2 + \Delta_2^2 + \cdots + \Delta_n^2 + 2\Delta_1\Delta_2 + 2\Delta_1\Delta_3\cdots) \\
&= \frac{[\Delta^2]}{n^2} + \frac{2(\Delta_1\Delta_2 + \Delta_1\Delta_3\cdots)}{n^2}
\end{aligned} \tag{6-34}$$

根据偶然误差的特性4,当 $n\to\infty$ 时,式(6-34)等号右边的第二项趋近于0,故

$$\delta^2 = \frac{[\Delta^2]}{n^2}$$

于是有

$$\frac{[\Delta^2]}{n} = \frac{[v^2]}{n} + \frac{[\Delta^2]}{n^2}$$

即

$$m = \pm\sqrt{\frac{[v^2]}{n - 1}} \tag{6-35}$$

式(6-35)是等精度观测中用最或是误差计算中误差的公式。

6.4.2.2 最或是值的中误差

设对某量进行 n 次等精度观测,观测值为 $l_1,l_2,\cdots,l_n$,中误差为 m。最或是值 x 的中误差 M 的计算公式推导如下。

$$x = \frac{[l]}{n} = \frac{1}{n}l_1 + \frac{1}{n}l_2 + \cdots + \frac{1}{n}l_n \tag{6-36}$$

根据误差传播定律,有

$$M = \pm \sqrt{\left(\frac{1}{n}\right)^2 m^2 + \left(\frac{1}{n}\right)^2 m^2 + \cdots + \left(\frac{1}{n}\right)^2 m^2} \tag{6-37}$$

所以

$$M = \pm \frac{m}{\sqrt{n}} \tag{6-38}$$

顾及式(6-35),算术平均值的中误差也可表达如下:

$$M = \pm \sqrt{\frac{[v^2]}{n(n-1)}} \tag{6-39}$$

从式(6-38)可以看出,算术平均值的中误差与观测次数的平方根成反比,因此增加观测次数可以提高算术平均值的精度。当观测值的中误差 $m=1$ 时,算术平均值的中误差 M 与观测次数 n 有关系,当 n 增加时,M 减小。但当观测次数 n 达到一定数值后,再增加观测次数,工作量增加,但提高精度的效果就不太明显了。故不能单纯以增加观测次数来提高测量成果的精度,应设法提高观测值本身的精度。例如,使用精度较高的仪器、提高观测技能、在良好的外界条件下进行观测等。

【例 6-6】 对某直线等精度观测了 7 次,观测结果列于表 6-3。试求其观测值的中误差、最或是值的中误差、相对误差。

解 根据式(6-27)和式(6-28)计算最或是值 x 和最或是误差 v_i,利用式(6-29)进行检核,计算结果列于表 6-3 中。

表 6-3 等精度直接观测平差计算

观测值	最或是误差	v^2	计 算
168.135	0.71	0.510	$m=\pm\sqrt{\frac{[v^2]}{n-1}}=\sqrt{\frac{671.429}{7-1}}$
168.148	-12.29	150.939	$=\pm 10.579$(mm)
168.120	15.71	246.939	$M=\pm\frac{m}{\sqrt{n}}=\pm\frac{10.579}{\sqrt{7}}=\pm 3.998$(mm)
168.129	6.71	45.082	相对高差 $f=1/42\ 000$
168.150	-14.29	204.082	
168.137	-1.29	1.653	
168.131	4.71	22.224	
$x=[L]/n=168.135\ 714$(m)	$[v]=0$	671.429	

注:表中最或是误差、v^2 是在原始数据基础上四舍五入得到的。

使用 Excel 计算的结果如图 6-4 所示,第 1 行用作表题,第 2 行用作标题栏,在 A 列输入观测次数,在 B 列输入 7 次观测数据,B10 单元计算观测值的算术平均值,计算公式为"=AVERAGE(B3:B9)"。C3 单元计算第一次观测值的改正数,计算公式为"=(B10-B3)*1 000",单位是 mm,将 C3 单元的公式复制到 C4~C9;C10 单元计算观测值的改正数的总和,计算公式为"=SUM(C3:C9)"。D3 单元计算改正数的平方,计算公式为"=C3^2",将 D3 单元的公式复制到 D4~D9;D10 单元计算改正数的平方和,计算公式为"=SUM(D3:D9)"。第 11 行计算观测值的中误差,计算公式为"=SQRT(D10/5)",也可以使用标准差函数 STDEV 一次计算出中误差 m，计算公式为"=STDEV(B3:B9)*1000"；第 12 行计算算术平均值的中误差即最或是值的中误差，计算公式为"=C12/SQRT(A9)"；第 13 行计算相对误差，C13 单元输入 1/，D13 单元计算相对误差的分母，计算公式为"=B10*1000/C13"。

	A	B	C	D
1	等精度直接平差计算(用Excel计算)			
2		观测值 (m)	最或是误差 (mm)	VV
3	1	168.135	0.71	0.510
4	2	168.148	-12.29	150.939
5	3	168.120	15.71	246.939
6	4	168.129	6.71	45.082
7	5	168.150	-14.29	204.082
8	6	168.137	-1.29	1.653
9	7	168.131	4.71	22.224
10	Σ	168.136	0.00	671.429
11		中误差m	10.579	mm
12		最或是值中误差M	3.998	mm
13		相对误差f	1/	42052

图 6-4 使用 Excel 计算等精度直接平差

思考与练习题

1. 为什么观测结果中一定存在误差？误差如何分类？
2. 系统误差有何特点？它对测量结果产生什么影响？
3. 偶然误差能否消除？它有何特性？
4. 容许误差是如何定义的？它有什么作用？
5. 何谓等精度观测？何谓不等精度观测？
6. 用检定过的钢尺多次丈量长度为 29.994 0 m 的标准距离，结果为 29.990 m、29.995 m、29.991 m、29.998 m、29.996 m、29.994 m、29.993 m、29.995 m、29.999 m、29.991 m。试求一次丈量的中误差。
7. 测量距离 A、B 和 C、D。往测结果分别为 258.598 m 和 138.745 m，返测结果分别为 258.547 m 和 138.778 m。分别计算往返较差、相对误差，并比较精度。
8. 测得一正方形的边长 $a=(86.25\pm0.04)$ m。试求正方形的面积及其中误差。
9. 在 1∶25 000 地形图上量得一圆形地物的直径为 $d=(31.3\pm0.3)$ mm。试求该地物占地面积及其中误差。
10. 一个三角形，测得边长 $a=(150.50\pm0.05)$ m，测得 $\angle A=64°24'\pm1'$，$\angle B=35°10'\pm2'$。计算边长 b 和 c 及其中误差、相对中误差。
11. 设有 n 个内角的闭合导线，等精度观测各内角，测角中误差 $m=\pm9''$。试求闭合导线角度闭合差 f_β 的容许误差 $f_{\beta容}$。

12. 在 A、B 两点之间安置水准仪测量高差，要求高差中误差不大于 3 mm。试问在水准尺上读数的中误差为多少？

13. 用经纬仪观测水平角，测角中误差为±9″。欲使角度结果的精度达到±5″，问需要观测几个测回？

14. 在水准测量中，设一个测站的高差中误差为±0.3 mm，1 km 线路有 9 站。求 1 km 线路高差的中误差和 K 千米线路高差的中误差。

15. 一段距离测量了 10 次，观测结果为 246.541 m、246.535 m、246.548 m、246.537 m、246.548 m、246.520 m、246.542 m、246.529 m、246.550 m、246.537 m。用 Excel 计算距离的最或是值、测量一次的中误差、最或是值的中误差和相对误差。

16. 用 DJ_6 型光学经纬仪观测某水平角 4 测回，观测值为 48°32′18″、48°31′54″、48°31′42″、48°32′06″。试求一测回观测值的中误差、该角最或是值及其中误差。

第7章 地区控制测量

【本章提要】

本章简要介绍控制测量概述。重点介绍控制测量的经典方法和坐标正反算、导线测量、导线内业计算、交会定点和计算及三角高程测量。剔除了小三角测量,增加了用现代工具软件的使用,如 AutoCAD、Excel 在计算中的应用。

7.1 控制测量概述

在第1章结论中已经指出,测量工作必须遵循“从整体到局部,先控制后碎部”的原则。这里的“整体”是指控制测量,其含义为控制测量应按由高等级到低等级逐级加密进行,直至最低等级的图根控制测量,再在图根控制点上安置仪器进行碎部测量或测设工作。控制测量包括平面控制测量和高程控制测量。称测定点位的(x,y)坐标为平面控制测量,测定点位的H坐标为高程控制测量。在全国范围内建立的控制网,称为国家控制网。它是全国各种比例尺测图的基本控制依据。国家控制网是用精密测量仪器和方法依照《国家三角测量和精密导线测量规范》、《全球定位系统(GPS)测量规范》(GB/T 18314—2009)、《国家一、二等水准测量规范》(GB/T 12897—2006)及《国家三、四等水准测量规范》(GB/T 12898—2009)按一、二、三、四等四个等级、由高级到低级逐级加密点位建立的。

7.1.1 平面控制测量

我国的国家平面控制网是采用逐级控制、分级布设的原则,分一、二、三、四等方法建立起来的。主要由三角测量法布设,在西部困难地区采用导线测量法。一等三角锁沿经线和纬线布设成纵横交叉的三角锁系,锁长200~250 km,构成许多锁环。一等三角锁内由近于等边的三角形组成,边长为20~30 km。二等三角测量有两种布网形式:一种是由纵横交叉的两条二等基本锁将一等锁环划分成4个大致相等的部分,这4个空白部分用二等补充网填充,称纵横锁系布网方案;另一种是在一等锁环内布设全面二等三角网,称全面布网方案。二等基本锁的边长为20~25 km,二等三角网的平均边长为13 km。一等锁的两端和二等网的中间,都要测定起算边长、天文经纬度和方位角。国家一、二等三角网合称为天文大地网。我国天文大地网于1951年开始布设,1961年基本完成,1975年修补测量工作全部结束,全网约有5万个大地点,三角点、导线点共154 348个。三、四等三角网为在二等三角网内的进一步加密。

城市或厂矿等地区,一般应在上述国家等级控制点的基础上,根据测区的大小、城市规划或施工测量的要求,布设不同等级的城市平面控制网,以供地形测图和建筑施工时使用。建立城市平面控制网可采用GPS测量、三角测量、各种形式边角组合测量和导线测量方法。

平面控制测量方法的选择应因地制宜,既满足当前需要,又兼顾今后发展,做到技术先进、经济合理、确保质量、长期适用。《城市测量规范》(CJJ/T 8—2011)规定的三角网、边角组合网、导线网的主要技术要求见表7-1~表7-4。

表7-1 城市三角网的主要技术要求

等级	平均边长(km)	测角中误差(″)	起始边长相对误差	最弱边边长相对误差
二等	9	≤±1.0	≤1/300 000	≤1/120 000
三等	5	≤±1.8	≤1/200 000(首级) ≤1/120 000(加密)	≤1/80 000
四等	2	≤±2.5	≤1/120 000(首级) ≤1/80 000(加密)	≤1/45 000
一级小三角	1	≤±5.0	≤1/40 000	≤1/20 000
二级小三角	0.5	≤±10.0	≤1/20 000	≤1/10 000

表7-2 城市边角组合网边长测量的主要技术要求

等级	平均边长(km)	测距中误差(mm)	测距相对误差
二等	9	≤±30	≤1/300 000
三等	5	≤±30	≤1/160 000
四等	2	≤±16	≤1/120 000
一级小三角	1	≤±16	≤1/60 000
二级小三角	0.5	≤±16	≤1/30 000

表7-3 城市光电测距导线的主要技术要求

等级	附合环或附合导线长度(km)	平均边长(m)	测距中误差(mm)	测角中误差(″)	导线全长相对闭合差
三等	15	3 000	≤±18	≤±1.5	≤1/60 000
四等	10	1 600	≤±18	≤±2.5	≤1/40 000
一级	3.6	300	≤±15	≤±5	≤1/14 000
二级	2.4	200	≤±15	≤±8	≤1/10 000
三级	1.5	120	≤±15	≤±12	≤1/6 000

表 7-4 城市钢尺量距导线的主要技术要求

等级	附合环或附合导线长度(km)	平均边长(m)	往返丈量较差相对误差	测角中误差(″)	导线全长相对闭合差
一级	2.5	250	≤1/20 000	≤±5	≤1/10 000
二级	1.8	180	≤1/15 000	≤±8	≤1/7 000
三级	1.2	120	≤1/10 000	≤±12	≤1/5 000

上述各等级的平面控制网,根据城市或测区的规模均可作为首级网。首级网下用次级网加密时,视条件许可,可以越级布网。

直接供地形图使用的控制点,称为图根控制点,简称图根点。图根平面控制网的布设方法主要有三角锁(网)和导线,其中图根导线测量技术要求见表 7-5、表 7-6。

表 7-5 图根光电测距导线测量的技术要求

比例尺	附合导线长度(m)	平均边长(m)	导线相对闭合差	测回数		方位角闭合差(″)	测距	
				DJ_2	DJ_6		仪器类型	方法与测回数
1:500	900	80	≤1/4 000	半测回	一测回	$\leqslant \pm 40\sqrt{n}$	Ⅱ级	单程观测 1
1:1 000	1 800	150						
1:2 000	3 000	250						

注:n 为测站数。

表 7-6 图根钢尺量距导线测量的技术要求

比例尺	附合导线长度(m)	平均边长(m)	导线相对闭合差	测回数		方位角闭合差(″)
				DJ_2	DJ_6	
1:500	500	75	≤1/2 000	半测回	一测回	$\leqslant \pm 60\sqrt{n}$
1:1 000	1 000	120				
1:2 000	2 000	200				

注:n 为测站数。

7.1.2 高程控制测量

高程控制测量的方法主要有水准测量、三角高程测量和 GPS 高程测量。

在全国领土范围内,由一系列按国家统一规范测定高程的水准点构成的网称为国家水准网。水准点上设有固定标志,以便长期保存,为国家各项建设和科学研究提供高程资料。

国家水准网按逐级控制、分级布设的原则分为一、二、三、四等,其中一、二等水准测量称为精密水准测量。目前提供使用的 1985 国家高程系统共有水准点成果 114 041 个,水准路线长度为 416 619.1 km。一等水准是国家高程控制的骨干,沿地质构造稳定和坡度平缓的交通线布满全国，构成网状。一等水准路线全长为 9 300 多 km，包括 100 个闭合环，环的周长为 800~1 500 km。二等水准是国家高程控制网的全面基础，一般沿铁路、公路和河流布设。二等水准环线布设在一等水准环内，每个环的周长为 300~700 km，全长为 137 000 多 km，包括 822 个闭合环。沿一、二等水准路线还要进行重力测量，提供重力改正数据。一、二等水准环线要定期复测，检查水准点的高程变化供研究地壳垂直运动用。三、四等水准直接为测制地形图和各项工程建设用。三等水准环线不超过 300 km；四等水准一般布设为附合在高等级水准点上的附合路线，其长度不超过 80 km。全国各地地面点的高程，不论是高山、平原及江河湖面的高程都是根据国家水准网统一起算的。国家高程控制网是确定地貌地物海拔的坐标系统。

《城市测量规范》(CJJ/T 8—2011)将城市水准测量分为二、三、四等。城市首级高程控制网不应低于三等水准，视测区需要，各等级高程控制网均可作为首级高程控制，光电测距三角高程测量可代替四等水准测量。二、三、四等及图根水准测量的主要技术要求列于表 7-7。

表 7-7 城市水准测量主要技术要求

等级	每千米高差中数中误差(mm)	附合路线长度(km)	水准仪的级别	测段往返测高差不符值(mm)	附合路线或环线闭合差(mm)
二等	≤±2	400	DS1	$\leqslant \pm 4\sqrt{R}$	$\leqslant \pm 4\sqrt{L}$
三等	≤±6	45	DS3	$\leqslant \pm 12\sqrt{R}$	$\leqslant \pm 12\sqrt{L}$
四等	≤±10	15	DS3	$\leqslant \pm 20\sqrt{R}$	$\leqslant \pm 20\sqrt{L}$
图根	≤±20	8	DS10		$\leqslant \pm 40\sqrt{L}$

注：R 为测段的长度，L 为附合路线或环线的长度，均以 km 为单位。

7.2 平面控制网的定向、定位与坐标正反算

在新布设的平面控制网中，至少需要已知一条边的坐标方位角才可以确定控制网的方向，简称定向；至少需要已知一个点的平面坐标才可以确定控制网的位置，简称定位。

7.2.1 地面任意两点间的坐标增量与坐标方位角的关系

7.2.1.1 由边长的坐标方位角和水平距离计算坐标增量

在图 7-1 所示的高斯平面坐标系中，设 A、B 为地面任意两点，如果已知 A 点的坐标(x_A，y_A)和边长 AB 的坐标方位角 α_{AB}，用测距仪测出 A、B 点的水平距离为 D_{AB}，则边长 AB 的坐标增量为

$$\left.\begin{aligned}\Delta x_{AB} &= D_{AB}\cos\alpha_{AB}\\ \Delta y_{AB} &= D_{AB}\sin\alpha_{AB}\end{aligned}\right\} \tag{7-1}$$

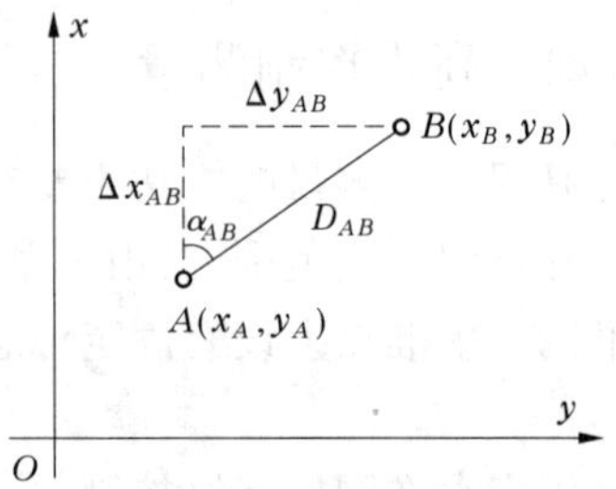

图 7-1 坐标方位角与坐标增量的关系

B 点平面坐标为

$$\left.\begin{aligned} x_B &= x_A + \Delta x_{AB} \\ y_B &= y_A + \Delta y_{AB} \end{aligned}\right\} \tag{7-2}$$

7.2.1.2 由边长的坐标增量计算边长的水平距离和坐标方位角

如果已知地面任意两点 A、B 的平面坐标，可以求出其边长的坐标增量为

$$\left.\begin{aligned} \Delta x_{AB} &= x_B - x_A \\ \Delta y_{AB} &= y_B - y_A \end{aligned}\right\} \tag{7-3}$$

水平距离为

$$D_{AB} = \sqrt{\Delta x_{AB}^2 + \Delta y_{AB}^2} \tag{7-4}$$

在讨论由 Δx_{AB}，Δy_{AB} 计算坐标方位角 α_{AB} 之前，先引入象限角 R_{AB} 的概念。

高斯平面坐标系的 x，y 轴方向将一个圆周划分为Ⅰ、Ⅱ、Ⅲ、Ⅳ四个象限。象限角是最靠近 x 轴的锐角。如图 7-1 中所示的 α_{AB}，使用正切函数计算其结果，其实是象限角公式：

$$R_{AB} = \arctan \frac{\Delta y_{AB}}{\Delta x_{AB}} \tag{7-5}$$

使用计算器的反正切函数 $\tan^{-1}$ 求出的象限角 R_{AB} 的取值范围为 0°～±90°。如图 7-2 所示，当计算出的 $R_{AB}>0$ 时，则边长方向可能位于Ⅰ、Ⅲ象限；当计算出的 $R_{AB}<0$ 时，则边长方向可能位于Ⅱ、Ⅳ象限。边长方向具体位于哪个象限，需要依据边长坐标增量 Δx_{AB}，Δy_{AB} 的正负参照图 7-2 来判断。边长方向位于不同象限时，象限角 R_{AB} 与坐标方位角 α_{AB} 的关系列于表 7-8。

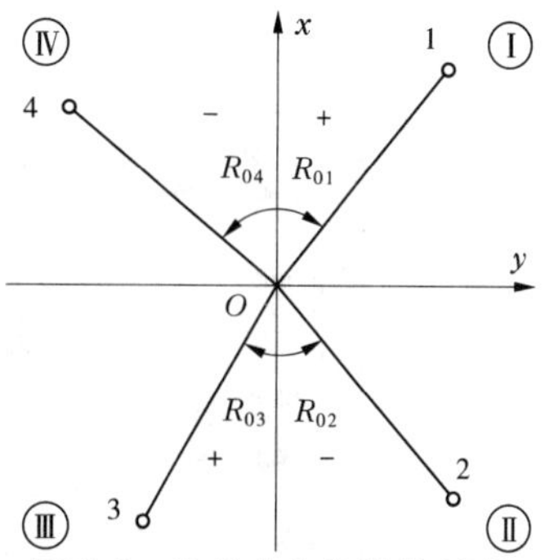

图 7-2 边长方向象限的判断

表 7-8 象限角 R_{AB} 与坐标方位角 α_{AB} 的关系

象限	坐标增量	关系	象限	坐标增量	关系
Ⅰ	$\Delta x_{AB}>0$，$\Delta y_{AB}>0$	$\alpha_{AB}=R_{AB}$	Ⅲ	$\Delta x_{AB}<0$，$\Delta y_{AB}<0$	$\alpha_{AB}=R_{AB}+180°$
Ⅱ	$\Delta x_{AB}<0$，$\Delta y_{AB}>0$	$\alpha_{AB}=R_{AB}+180°$	Ⅳ	$\Delta x_{AB}>0$，$\Delta y_{AB}<0$	$\alpha_{AB}=R_{AB}+360°$

7.2.2 利用 AutoCAD 的图形计算功能进行坐标反算

启动 AutoCAD 时，在向导中选择“高级设置”，可以分别对单位、角度、角度测量、角度方向和区域五项内容进行设置。“单位”设置如图 7-3 所示，设置为“小数”，精度为“0.000”；单击“下一步”按钮进入“角度”设置，如图 7-4 所示，设置为“度/分/秒”，精度为“0d00′00.00″”；单击“下一步”按钮进入“角度测量”设置，如图 7-5 所示，设置为“北”；单击“下一步”按钮进入“角度方向”设置，如图 7-6 所示，设置为“顺时针”；单击“下一步”按钮，进入“区域”设置，根据绘制面积的大小来确定合适的区域，如图 7-7 所示。单击“完成”后进入绘图界面。

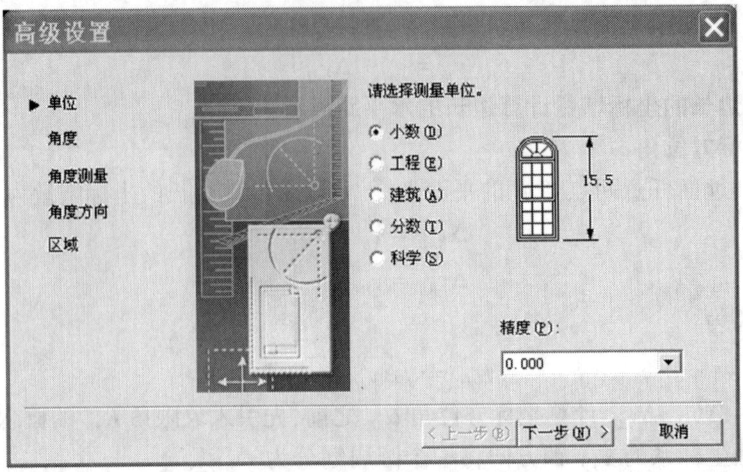

图 7-3 “单位”设置

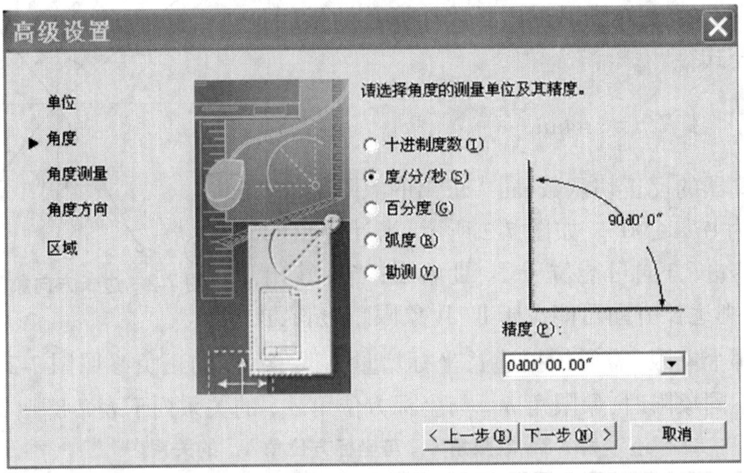

图 7-4 “角度”设置

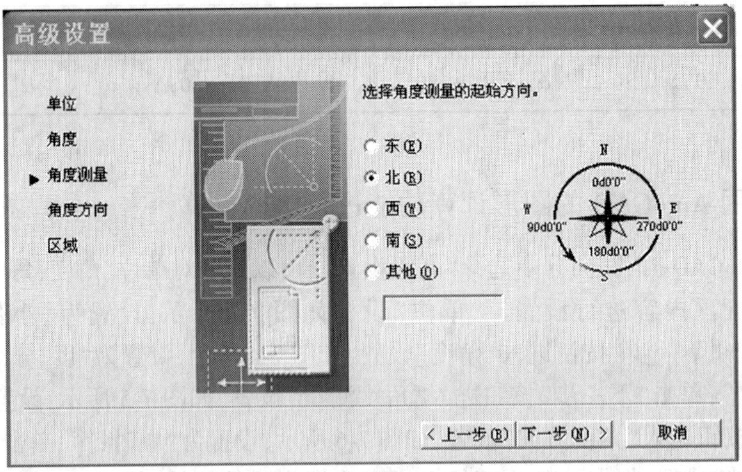

图 7-5 “角度测量”设置

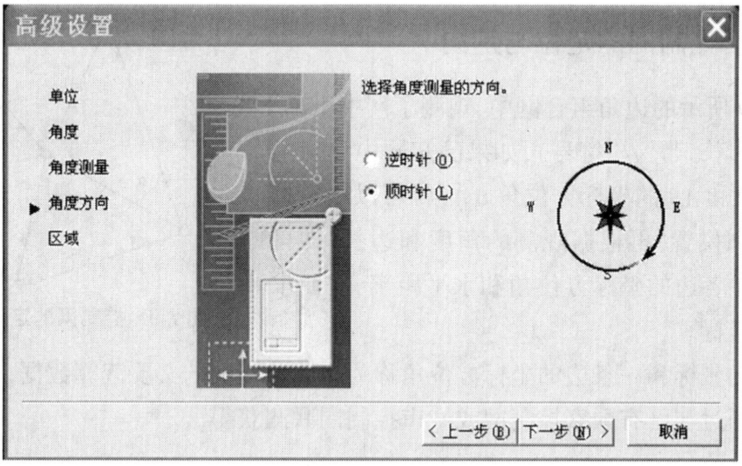

图 7-6　“角度方向”设置

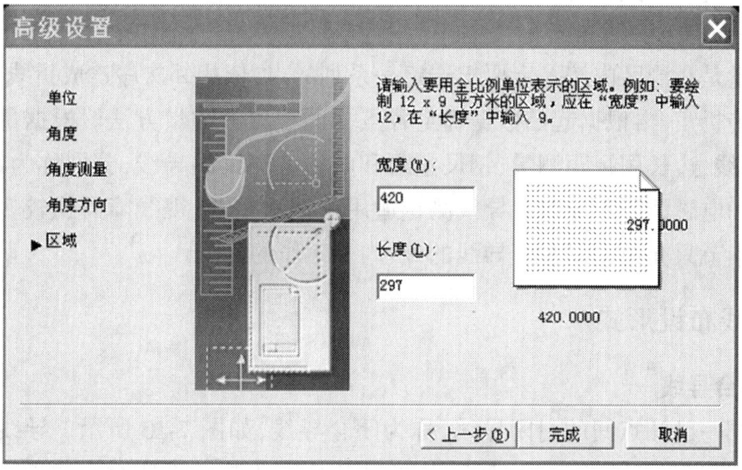

图 7-7　“区域”设置

例如已知 07 点坐标(932. 384,988. 418),06 点坐标(930. 604,1 072. 455)。求 α_{07-06} 和 D_{07-06}。

点击直线命令，在命令行输入 07 点坐标(先输 y 后输 x)后，击↵(回车)；在命令行输入 06 点坐标后，双击回车。

再点击直线命令，捕捉 07 点在极轴上(北方向)确定一点，然后使用标注工具中的角度标注命令和直线对齐标注命令得出 α_{07-06} 和 D_{07-06}，如图 7-8 所示。

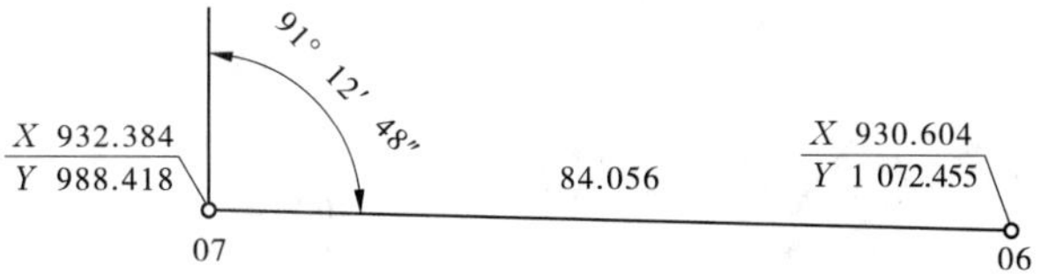

图 7-8　07—06　点的方位角和距离

7.2.3 平面控制网的定位与定向

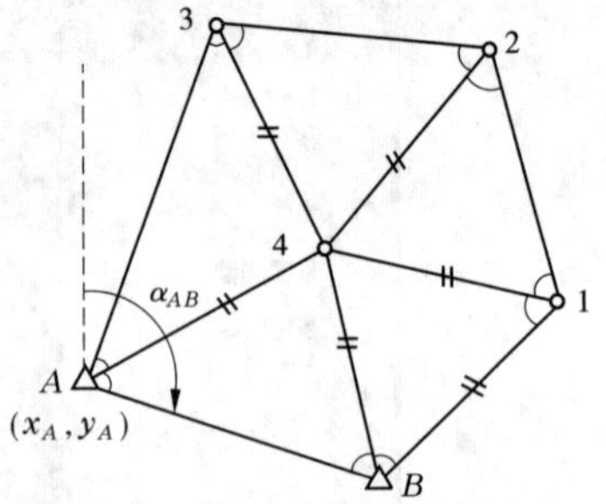

图 7-9 控制网的定位与定向

在图 7-9 所示的边角组合网中，观测了网中全部角度和部分边长（带"//"符号），如果已知网中 A 点的坐标 (x_A, y_A) 和 AB 的坐标方位角 α_{AB}，就可以确定控制网的方向和位置，再根据观测的角度和边长，即可以计算出网中各边的坐标方位角和水平距离，进而求出待定点的坐标。

一个点的坐标和一条边的坐标方位角称为平面控制网的必要起算数据。控制网的起算数据可以通过与已有国家控制网或城市控制网联测获得。

7.3 导线测量

导线测量是在测区内按一定要求选定一系列的点，依相邻次序连成折线，并测量各线段的边长和转折角，再根据起始数据确定各点平面位置的测量方法。根据量距的方式不同，来命名导线，边长用视距测量、钢尺量距和电磁波测距的导线，分别称为视距导线、钢尺量距导线和电磁波测距导线。导线测量适用于地物复杂、视线障碍物较多的隐蔽区和带状地区。本节只介绍钢尺量距导线的外、内业工作的方法。

7.3.1 导线布设形式

7.3.1.1 闭合导线

起止于同一已知点间的封闭导线，称为闭合导线，如图 7-10 所示。导线从已知高级控制点 A 出发，经过 1、2、3、4 点，最后返回到起点 A，形成一个闭合多边形。它有 3 个检校条件：一个多边形内角条件和两个坐标增量条件。

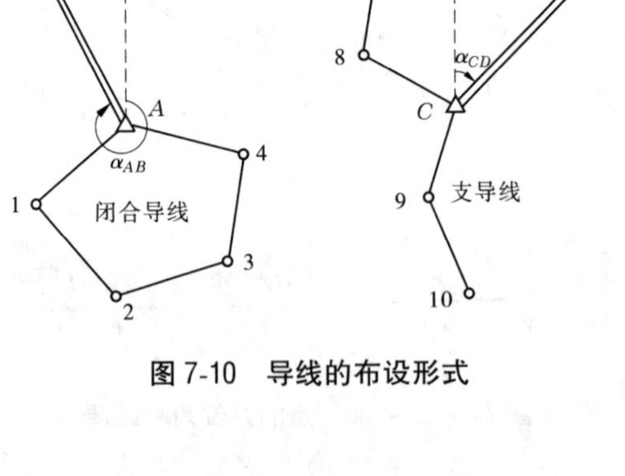

图 7-10 导线的布设形式

7.3.1.2 附合导线

起止于两个已知点间的单一导线,称为附合导线,如图 7-10 所示。导线从已知高级控制点 *B* 和已知方向 *AB* 出发,经过 5、6、7、8 点,最后附合到另一已知高级控制点 *C* 和已知 *CD* 方向,它有 3 个检校条件:一个坐标方位角条件和两个坐标增量条件。

7.3.1.3 支导线

仅有一端连接在高级控制点上的自由伸展导线,称为支导线,如图 7-10 所示。导线从已知高级控制点 *C* 和已知方向 *DC* 出发,经过 9、10 点。在测量中若发生差错,则不便校核。故一般只允许从高一级控制点引测量 一点,由于支导线只有必要的起算数据,没有检校条件,所以它只限于在图根导线中使用,且支导线的点数一般不超过 2 个。

三者之间仅测距方式不同,其余工作完全相同。

7.3.2 经纬仪导线测量的外业工作

经纬仪导线测量的外业内容介绍如下。

(1)踏勘选点。

踏勘选点的任务就是根据测图的要求和测区的具体情况,拟定导线的布设形式,实地选定导线点位和建立标志。选点时应注意以下几点:

①导线点应均匀分布在测区内,边长视测图比例尺而定,对 1:500~1:2 000 比例尺的测图,一般为 75~250 m(参照表 7-3~表 7-6 的规定,最长边不可超过平均边长的 1.7 倍),相邻导线边的长度应大致相等,以避免测角时带来较大的误差。

②相邻导线点间通视良好,便于测角量距。如采用钢尺量距丈量导线边长,则沿线地势应较平坦,无障碍物遮挡。

③选择的导线点应视野开阔,便于地形测图。

④导线点应选在土质坚实、便于安置仪器和保存标志的地方。

⑤导线点应有足够的密度。

选好导线点后,一般打入木桩或埋设水泥桩(水泥路面打入水泥钉),桩顶做出标记(打入小铁钉或刻"+")表示点位,如图 7-11 所示。每一桩上应按前进方向顺序编号。若导线点需要长期保存,则可以参照图 7-12 埋设混凝土导线点标石。导线点在地形图上的表示符号见图 7-13,图中的 2.0 表示符号正方形的长、宽为 2 mm,1.6 表示符号圆的直径为 1.6 mm。导线点埋设后,为便于观测时寻找,可以在点位附近房角或电线杆等明显地物上用红油漆标明指示导线点的位置。应为每一个导线点绘制一张点之记,见图 7-14。导线点全部选好后,应绘制一张点之记图。

(2)边长测量。

用经过检定的钢尺直接丈量各相邻导线点之间的水平距离,图根导线采用钢尺量距时可用单尺双拉(往返)或双尺单拉,一般应加尺长、温度和倾斜改正。两次丈量值较差的相对误差一般不得大于 1/2 000,在特殊困难地区也不得大于 1/1 000。

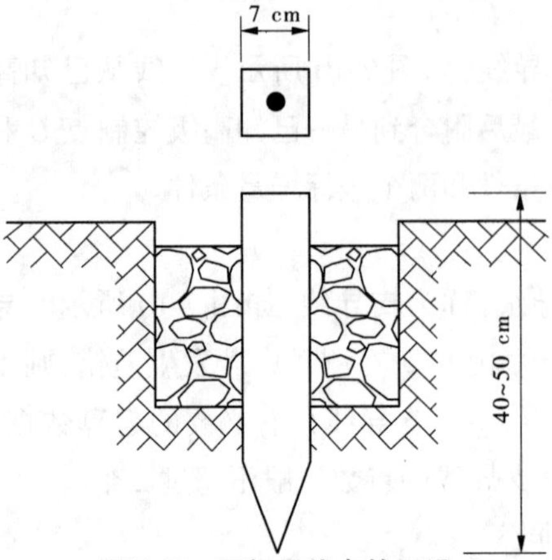

图 7-11　图根导线点的埋设

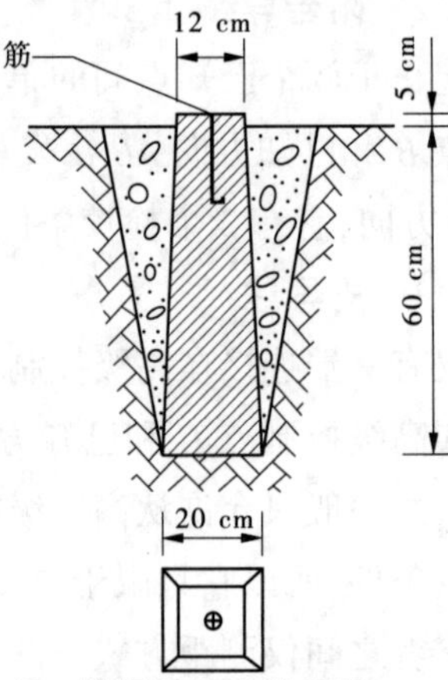

图 7-12　等级导线点的埋设

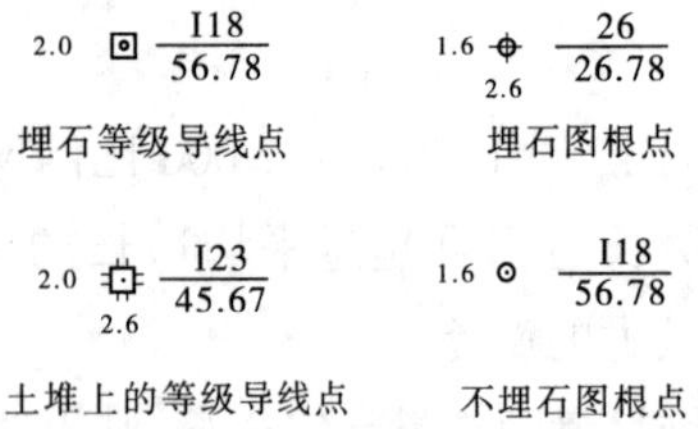

图 7-13　导线点在地形图上的表示符号

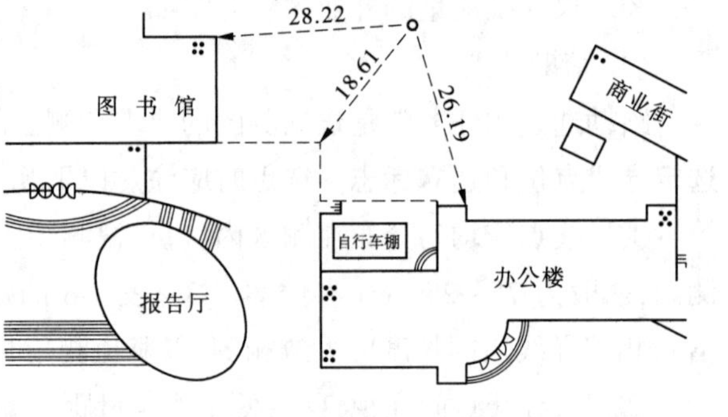

图 7-14　导线点的点之记　(单位:m)

(3)转折角测量。

导线的转折角一般采用测回法观测,附合导线一般测量导线的左角(位于导线测量前进方向左侧的角);闭合导线测量其导线的内角,导线点按逆时针方向顺序编号;对于支导线分别观测左、右角,以便检核。

(4)测量起始边的方位角或与高级控制点联测。

7.3.3　闭合导线测量的内业工作

导线测量的内业计算目的就是计算各点的坐标。在计算之前,应全面检查导线测量的外业记录,数据是否齐全,有无遗漏、记错或算错,成果是否符合相关规范的要求。经上述各项检查无误后,就可以根据起始点的坐标和起始边的坐标方位角,以及所测得的导线边长和转折角,计算各导线点的坐标,绘制导线略图,如图 7-15 所示。

图 7-15 中已知 1 号点的坐标(x_1, y_2)和 1→2 边的坐标方位角 α_{12},如果令导线前进方向为 1→2→3→4→5→1,则图中观测的 5 个水平角为左角。内业计算的目的是求出 2、3、4、5 点的平面坐标,全部计算在表 7-9 中进行,计算方法与步骤如下。

表 7-9　闭合导线坐标计算表(使用计算器计算)

点名	观测角度 (° ′ ″)	改正数 (″)	改正后角度 (° ′ ″)	坐标方位角 (° ′ ″)	距离 (m)	坐标增量 Δx(m)	坐标增量 Δy(m)	改正后坐标增量 $\Delta \bar{x}$(m)	改正后坐标增量 $\Delta \bar{y}$(m)	坐标值 x	坐标值 y	点名
1	2	3	4	5	6	7	8	9	10	11	12	13
1				145 52 43	147.02	+0.029 −121.711	−0.015 +82.471	−121.682	+82.456	1 000	2 000	1
2	117 27 24	+7	117 27 31	83 20 14	124.47	+0.025 +14.442	−0.013 +123.629	+14.467	+123.617	878.318	2 082.456	2
3	113 00 18	+8	113 00 26	16 20 40	132.30	+0.027 +126.953	−0.014 +37.231	+126.980	+37.217	892.785	2 206.073	3
4	110 58 42	+7	110 58 49	307 19 29	165.68	+0.033 +100.457	−0.017 −131.751	+100.490	−131.768	1 019.765	2 243.290	4
5	95 30 12	+7	95 30 19	222 49 48	164.02	+0.033 −120.288	−0.017 −111.505	−120.255	−111.522	1 120.255	2 111.522	5
1	103 02 48	+7	103 02 55	145 52 43						1 000	2 000	1
$\sum$	539 59 24	+36	540 00 00		733.49	−0.147	0.075	0	0			

辅助计算：

$\sum\beta_{测} = 539°59'24''$　　$\sum\beta_{理} = (n-2)\times180° = 540°$　　$f_\beta = \sum\beta_{测} - \sum\beta_{理} = -36''$　　$f_{\beta容} = \pm40''\sqrt{n} \approx 89''$

$f_x = \sum\Delta x = -0.147\ \text{m}$　　$f_y = \sum\Delta y = +0.075\ \text{m}$　　$f_D = \sqrt{f_x^2 + f_y^2} = 0.165\ \text{m}$

$f_{相} = \dfrac{1}{\dfrac{\sum D}{f_D}} \approx \dfrac{1}{4\ 450}$　　$f_{容} = \dfrac{1}{4\ 000}$

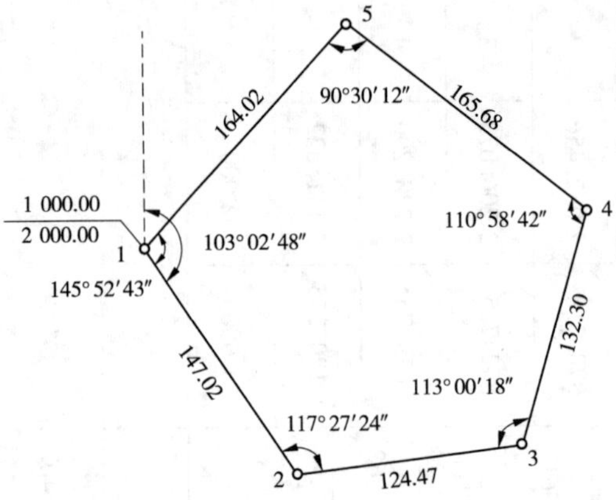

图 7-15　闭合导线略图

7.3.3.1　**角度闭合差计算**

根据几何定理,具有 n 条边的闭合导线,内角和的理论值应为

$$\sum \beta_{理} = (n - 2) \times 180° \tag{7-6}$$

设观测值的内角和为 $\sum \beta_{测}$,由于观测角不可避免地含有误差,使实测的内角和 $\sum \beta_{测}$ 不等于理论值 $\sum \beta_{理}$,其二者的差值,称为闭合导线角度闭合差,以 f_β 表示,其计算公式为

$$f_\beta = \sum \beta_{测} - \sum \beta_{理} = \sum \beta_{测} - (n - 2) \times 180° \tag{7-7}$$

角度闭合差 f_β 的大小标志着测角的精度,不同等级的导线,规定有相应的容许值 $f_{\beta容}$,见表 7-4~表 7-6。

7.3.3.2　**角度闭合差的调整和校核**

当 $f_\beta \leqslant f_{\beta容}$ 时,可将闭合差反号平均分配到各观测角中,每个角度的改正值 $\Delta\beta$ 为

$$\Delta\beta = \frac{-f_\beta}{n} \tag{7-8}$$

应当指出,如果 f_β 的数值不能被导线角度数整除而有余数,则可将其分配在短边所夹的角上,这是因对中和照准误差与边长成反比例的缘故。如果角度闭合差超过容许值,应及时分析原因,局部或全部重测。改正后角值等于观测角值加每个角度的改正值。调整后的内角总和应等于 $\sum \beta_{理}$,即 $\sum \beta_{测} = (n - 2) \times 180°$。

角度改正数和改正后的角度值计算在表 7-9 的第 3、4 列中进行。

7.3.3.3　**坐标方位角的推算**

根据起始边的方位角和角度闭合差改正后的各内角,推算其他各边的方位角,计算公式为

$$\left.\begin{aligned} \alpha_{前} &= \alpha_{后} + \beta_L \pm 180° \\ \alpha_{前} &= \alpha_{后} - \beta_R \pm 180° \end{aligned}\right\} \tag{7-9}$$

式中±180°前的符号选取规律是:当式中前两项 $\alpha_{后} + \beta_L$(或 $\alpha_{后} - \beta_R$)>180°时,取"-"号,否则,取"+"号。

方位角的计算在表 7-9 的第 5 列中进行。

7.3.3.4　坐标增量的计算和坐标增量闭合差的计算

求出边长 D_{ij} 的方位角 α_{ij} 后,依下式计算其坐标增量 Δx_{ij},Δy_{ij}:

$$\left.\begin{aligned}\Delta x_{ij} &= D_{ij}\cos\alpha_{ij}\\ \Delta y_{ij} &= D_{ij}\sin\alpha_{ij}\end{aligned}\right\} \tag{7-10}$$

坐标增量计算在表 7-9 的第 7、8 列中进行。

导线边的坐标增量和导线点坐标的关系如图 7-16(a)所示。由图可知,闭合导线各边纵、横坐标增量代数和的理论值应分别等于零,即有

$$\left.\begin{aligned}\sum \Delta x_{理} &= 0\\ \sum \Delta y_{理} &= 0\end{aligned}\right\} \tag{7-11}$$

由于边长观测值和调整后的角度值有误差,造成坐标增量也有误差。设纵、横坐标增量闭合差分别为 f_x,f_y,则有

$$\left.\begin{aligned}f_x &= \sum \Delta x_{测} - \sum \Delta x_{理} = \sum \Delta x_{测}\\ f_y &= \sum \Delta y_{测} - \sum \Delta y_{理} = \sum \Delta y_{测}\end{aligned}\right\} \tag{7-12}$$

如图 7-16(b)所示,坐标增量闭合差 f_x,f_y 的存在,使导线在平面图形上不能闭合,即由已知点 1 出发,沿导线前进方向 1→2→3→4→5→1′推算出的 1′点的坐标不等于 1 点的坐标,其长度值 f 称为导线全长闭合差,计算公式为

$$f_D = \sqrt{f_x^2 + f_y^2} \tag{7-13}$$

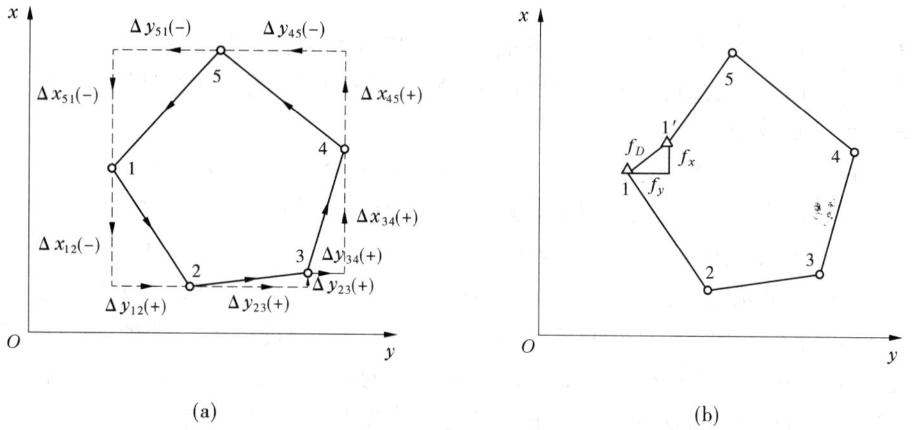

图 7-16　闭合导线略图

导线相对闭合差的定义为

$$K = \frac{f_D}{\sum D} = \frac{1}{\dfrac{\sum D}{f_D}} \tag{7-14}$$

由表 7-5 和表 7-6 可知,对图根光电测距导线,$K_{容} = 1/4\ 000$,对图根钢尺量距导线,

$K_{容}=1/2\ 000$ 。当 $K \leqslant K_{容}$ 时,可以分配坐标增量闭合差 f_x, f_y,其原则是“反号与边长成比例分配”,即边长 D_{ij} 的坐标增量改正数为

$$\left.\begin{aligned}\delta\Delta x_{ij} &= -\frac{f_x}{\sum D}D_{ij} \\ \delta\Delta y_{ij} &= -\frac{f_y}{\sum D}D_{ij}\end{aligned}\right\} \tag{7-15}$$

其计算在表 7-9 的第 7、8 列中进行,改正后的坐标增量为

$$\left.\begin{aligned}\Delta\hat{x}_{ij} &= \Delta x_{ij} + \delta\Delta x_{ij} \\ \Delta\hat{y}_{ij} &= \Delta y_{ij} + \delta\Delta y_{ij}\end{aligned}\right\} \tag{7-16}$$

计算在表 7-9 的第 9、10 列中进行。

7.3.3.5 坐标点的计算

设两相邻导线点为 i、j,已知 i 点的坐标和调整后的 i 点至 j 点的坐标增量推算 j 点的坐标的计算公式为

$$\left.\begin{aligned}x_{ij} &= x_i + \Delta\hat{x}_{ij} \\ y_{ij} &= y_i + \Delta\hat{y}_{ij}\end{aligned}\right\} \tag{7-17}$$

导线点推算在表 7-9 的第 11、12 列中进行。本例中,闭合导线从 1 点开始,依次推算 2、3、4、5 点的坐标,最后返回到 1 点,计算结果应与 1 点的已知坐标相同,以此作为推算正确性的检核。

7.3.4 使用 Excel 进行闭合导线坐标计算

使用 Excel 计算闭合导线坐标的界面见图 7-17 所示。操作步骤如下:

第 1、2 行作为表题,3、4 行作为标题栏。表格形式如图“闭合导线计算表”所示,表格中黑体字是已知数据。

(1)在 E8、E9 单元输入公式“=B8+C8/60+D8/3600”,按“Enter”确定,将 E8、E9 单元输入公式向下填充至 16、17,计算出以度为单位的观测角度。

(2)在 E20、E21 单元输入公式“=SUM(E8:E17)”,计算出闭合导线内角观测总和。

(3)在 C23 单元输入公式“=(E20-540)*3600”,计算出角度闭合差以秒为单位的值;E23 单元输入公式“=C23/3600”,计算出角度闭合差以度为单位的值;在 I23 单元输入公式“=40*SQRT(5)/3600”计算出以度为单位的角度闭合差的允许误差的值。

(4)在 F8、F9 单元输入公式“=-E23/5”,计算改正数,向下复制到 F17。

(5)在 G8、G9 单元输入公式“=E8+F8”,向下填充至 G17,计算出改正后的角值。

(6)在 G20、G21 单元输入公式“=SUM(G8:G17)”,计算出改正后闭合导线的内角和,它应与理论值相等。

(7)在 H7、H8 单元输入公式“=A22+B22/60+C22/3600”,计算出已知方位角以度为单位的值。

(8)在 H9、H10 单元输入公式“=H7+G8+IF(H7+G8>180,-180,180)”,计算出方位角 α_{23},向下填充至 H18,计算出各边的方位角。最后一条边的方位角应与已知方位角相等。

闭合导线计算表(用Excel计算)

点名	观测角 (°)	(′)	(″)	由度分秒转以度为单位 (°)	改正数 (°)	改正后角值 (°)	坐标方位角 (°)	边长 (m)	增量计算值 ΔX (m)	增量计算值 ΔY (m)	增量改正数 Δx (m)	增量改正数 Δy (m)	坐标值 X (m)	坐标值 Y (m)
1													**1000**	**2000**
							145.878611	**147.02**	-121.711	82.471	0.029	-0.015		
2	**117**	**27**	**24**	117.456667	0.002	117.458667							878.319	2082.456
							83.3372778	**124.47**	14.442	123.629	0.025	-0.013		
3	**113**	**0**	**18**	113.005	0.002	113.007							892.785	2206.072
							16.3442778	**132.3**	126.953	37.230	0.027	-0.013		
4	**110**	**58**	**42**	110.978333	0.002	110.980333							1019.765	2243.289
							307.324611	**165.68**	100.457	-131.751	0.033	-0.017		
5	**95**	**30**	**12**	95.5033333	0.002	95.5053333							1120.255	2111.522
							222.829944	**164.02**	-120.288	-111.505	0.033	-0.017		
1	**103**	**2**	**48**	103.046667	0.002	103.048667							1000	2000
							145.878611							
2														
Σ				539.99		540		733.49	-0.147	0.075	0.147	-0.075		
145	**52**	**43**	已知方位角											
角度闭合差		-36	秒	-0.01	<	角度闭合差的允许误差		0.0248452						
			f_x	-0.1469242					单位长度X需要改正的量		0.00020031			
			f_y	0.07453268					单位长度Y需要改正的量		-0.0001016			
			f_D	0.16474778										
	相对误差		1/	4452.19969	<1/	2000								

图 7-17 闭合导线计算表

(9)在 I20、I21 单元输入公式“=SUM(I7:I16)”,计算出闭合导线的全长。

(10)在 J7、J8 单元输入公式“=I7 * COS(RADIANS(H7))”,计算出 1、2 边的 X 坐标增量,向下填充至 J16,计算出各边的 X 坐标增量;在 K7、K8 单元输入公式“=I7 * SIN(RADIANS(H7))”,计算出 1、2 边的 Y 坐标增量,向下填充至 K16,计算出各边的 Y 坐标增量。

(11)在 J20、J21 单元和 K20、K21 单元分别输入公式“=SUM(J7:J16)”和“=SUM(K7:K16)”,分别计算出 f_x 和 f_y;在 E26 单元输入公式“=SQRT(J20^2+K20^2)”,计算出 f_D。

(12)在 D27 单元输入 1/,E27 单元输入公式“=I20/E26”,计算出相对误差的分母。

(13)在 L24 和 L25 单元分别输入公式“=-J20/I20”和“=K20/I20”,计算出单位长度 X、Y 的改正量。

(14)L7、M7 单元输入公式“=I7 * L24”和“= I7 * L25”计算出 1、2 边 X、Y 的增量改正数;分别向下填充至 L16 和 M16,计算出各边的坐标增量改正数。

(15)在 L20、L21 和 M20、M21 单元分别输入公式“=SUM(L7:L16)”和“=SUM(M7:M16)”,计算出坐标增量改正数的总和,它们应该与 f_x 和 f_y 数值相等、符号相反。

(16)在 N8、N9 单元输入公式“=N6+J7+L7”、得到第 2 点的 X 坐标,向下填充至 N17 计算出各点的 X 坐标,最后一点的 X 坐标应与已知点 X 坐标相同;在 O8、O9 单元输入公式“=O6+K7+M7”,得到第 2 点的 Y 坐标,向下填充至 O17 计算出各点的 Y 坐标,最后一点的 Y 坐标应与已知点 Y 坐标相同。

7.3.5 附合导线坐标计算

图 7-18 中,1→2→3→…→n 为一附合导线,已知:α_{AB}、α_{CD},β_1、β_2、…、β_n,D_1、D_2、…、D_{n-1},B、C 两点坐标。求导线点 2、3、…、$n-1$ 的坐标。为此,它必须满足两个条件:一个是方位角条件,即根据起始边的方位角和观测角,推算出终边的方位角,应与已知终边方位角相等;另一个是坐标条件,即由起始点的已知坐标,经过各边、角推算出终点的坐标,应与已知终点的坐标一致。附合导线与闭合导线的计算步骤基本相同。但由于几何条件不同,角度闭合差和坐标增量闭合差的计算方法有所不同,现叙述如下。

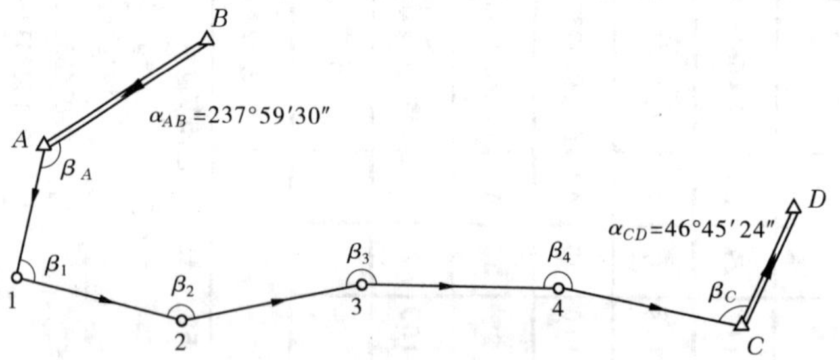

图 7-18　附合导线略图

7.3.5.1 角度闭合差的计算

根据已知两端方位角的条件,可由导线起始边的方位角 α_{AB} 和 β_1 推算出终边的方位角 α_{CD},即

$$\begin{aligned}\alpha_{12} &= \alpha_{AB} + \beta_1 \pm 180^\circ \\ \alpha_{23} &= \alpha_{12} + \beta_2 \pm 180^\circ \\ &\vdots \\ \alpha_{CD} &= \alpha_{n-1} + \beta_n \pm 180^\circ\end{aligned}$$

将以上各式相加,写成一般公式为

$$\alpha'_{终} = \alpha_{始} + \sum \beta_{测} \pm n \times 180^\circ \tag{7-18}$$

由于测角误差的存在,推算出的终边方位角 $\alpha'_{终}$ 往往不等于终边已知方位角 $\alpha_{终}$,其差值称为附合导线角度(或方位角)闭合差,其计算公式为

$$f_\beta = \alpha'_{终} - \alpha_{终} = \sum \beta_{测} - (\alpha_{终} - \alpha_{始}) \pm n \times 180^\circ \tag{7-19}$$

应当指出,用式(7-19)计算 f_β,应减去若干个 360°。观测左角时,改正值与 f_β 反号;观测右角时,改正值与 f_β 同号。

7.3.5.2 坐标增量闭合差的计算

附合导线的两个端点,起始点 B 及终点 C 都是精度较高的高级控制点,误差可忽略不计,故

$$\left.\begin{aligned}\sum \Delta x_{理} &= x_c - x_b \\ \sum \Delta y_{理} &= y_c - y_b\end{aligned}\right\} \tag{7-20}$$

写成一般公式为

$$\left.\begin{aligned}\sum \Delta x_{理} &= x_{终} - x_{始} \\ \sum \Delta y_{理} &= y_{终} - y_{始}\end{aligned}\right\} \tag{7-21}$$

由于测角和量边误差的存在,故坐标增量代数和 $\sum \Delta x_{测}$、$\sum \Delta y_{测}$ 不能满足理论上的要求,其差值称为附合导线坐标增量闭合差,计算公式为

$$\left.\begin{aligned}f_x &= \sum \Delta x_{测} - (x_{终} - x_{始}) \\ f_y &= \sum \Delta y_{测} - (y_{终} - y_{始})\end{aligned}\right\} \tag{7-22}$$

附合导线坐标增量闭合差的调整方法和其他计算均与闭合导线相同,表 7-10 为附合导线坐标计算的算例。图 7-19 为使用 Excel 进行附合导线坐标计算的算例。

应当指出,闭合导线所需已知控制点少,甚至没有已知控制点也可布设,在地形测量中广泛应用。但其检校条件少,可能出现假闭合现象,即角度和坐标增量闭合差均较小,而所算得坐标不一定正确,产生的原因是连接角误差大或粗差,或测边存在系统误差等。附合导线所需已知控制点多,条件较难满足,但不会出现假附合现象,所算得坐标较可靠。

7.3.6 利用 AutoCAD 的图形计算功能进行导线计算

在精度要求不是很高时,我们也可以利用 AutoCAD 的图形计算功能计算出导线点的

表 7-10　附合导线坐标计算表(使用计算器计算)

点名	观测角度 (° ′ ″)	改正数 (″)	改正后角度 (° ′ ″)	坐标方位角 (° ′ ″)	距离 (m)	坐标增量		改正后坐标增量		坐标值		点名
						Δx(m)	Δy(m)	$\Delta \bar{x}$(m)	$\Delta \bar{y}$(m)	x	y	
1	2	3	4	5	6	7	8	9	10	11	12	13
B												*B*
				237 59 30								
A	99 01 00	+6	99 01 06							**2 507.69**	**1 215.63**	*A*
				157 00 36	**225.85**	+0.05 −207.91	−0.04 +88.21	−207.86	+88.17			
1	167 45 36	+6	167 45 42							2 299.83	1 303.80	1
				144 46 18	**139.03**	+0.03 −113.57	−0.03 +80.20	−113.54	+80.17			
2	123 11 24	+6	123 11 30							2 186.29	1 383.97	2
				87 57 48	**172.57**	+0.03 +6.13	−0.03 +172.46	+6.16	+172.43			
3	189 20 36	+6	189 20 42							2 192.45	1 556.40	3
				97 18 30	**100.07**	+0.02 −12.73	−0.02 +99.26	−12.71	+99.24			
4	179 59 18	+6	179 59 24							2 179.74	1 655.64	4
				97 17 54	**102.48**	+0.02 −13.02	−0.02 +101.65	−13.00	+101.63			
C	129 27 24	+6	129 27 30							**2 166.74**	**1 757.27**	*C*
				46 45 24								
D												*D*
Σ	888 45 18	+36	888 45 54		740.00	−341.10	+541.78	−340.95	+541.64			

辅助计算：

$\alpha'_{CD} = 46°44'48''$　　$\alpha_{CD} = 46°45'24''$　　$f_\beta = \alpha'_{CD} - \alpha_{CD} = -36''$　　$f_{\beta容} = \pm 60''\sqrt{n} \approx \pm 147''$

$f_x = \sum \Delta x - (x_C - x_A) = -0.15\ \text{m}$　　$f_y = \sum \Delta y - (y_C - y_A) = +0.14\ \text{m}$　　$f_D = \sqrt{f_x^2 + f_y^2} = 0.20\ \text{m}$

$f_{相} = \dfrac{1}{\dfrac{\sum D}{f_D}} \approx \dfrac{1}{3\,700}$　　$f_{容} = \dfrac{1}{2\,000}$

	A	B	C	D	E	F	G	H	I	J	K	L	M	N	O
1	附合导线坐标计算表(使用Excel计算)														
2	点名	°	′	″	观测角(°)	角度改正数(°)	改正后的角(°)	坐标方位角(°)	距离(m)	ΔX(m)	ΔY(m)	δx(m)	δy(m)	X(m)	Y(m)
3	A							237.9916667							
4	B	**99**	**1**	**0**	99.0166667	0.001666667	99.01833333	157.01	**225.85**	-207.911	88.210	0.045	-0.043	**2507.687**	**1215.630**
5	1	**167**	**45**	**36**	167.76	0.001666667	167.7616667	144.7716667	**139.03**	-113.568	80.198	0.028	-0.026	2299.821	1303.798
6	2	**123**	**11**	**24**	123.19	0.001666667	123.1916667	87.96333333	**172.57**	6.133	172.461	0.035	-0.033	2186.281	1383.969
7	3	**189**	**20**	**36**	189.343333	0.001666667	189.345	97.30833333	**100.07**	-12.730	99.257	0.020	-0.019	2192.449	1556.397
8	4	**179**	**59**	**18**	179.988333	0.001666667	179.99	97.29833333	**102.48**	-13.019	101.650	0.021	-0.019	2179.739	1655.636
9	C	**129**	**27**	**24**	129.456667	0.001666667	129.4583333	46.75666667						2166.741	1757.266
10	D											0.149	-0.140	**2166.741**	**1757.266**
11	Σ				888.755	0.01			740.00	-341.0949	541.77563				
12		**237**	**59**	**30**	(AB边方位角)	237.9916667									
13		**46**	**45**	**24**	(CD边方位角)	46.75666667				X轴坐标增量闭合差		-0.149	每米X需要改正的量		0.000201179
14										Y轴坐标增量闭合差		0.140	每米Y需要改正的量		-0.00018869
15	角度闭合差的容许误差				0.02721655		46.74666667			导线全长闭合差					
16	角度闭合差为				-0.01					相对误差	1/	3625.5865	容许误差	1/	2000

图 7-19 附合导线计算表

坐标,以图 7-20 为例说明。

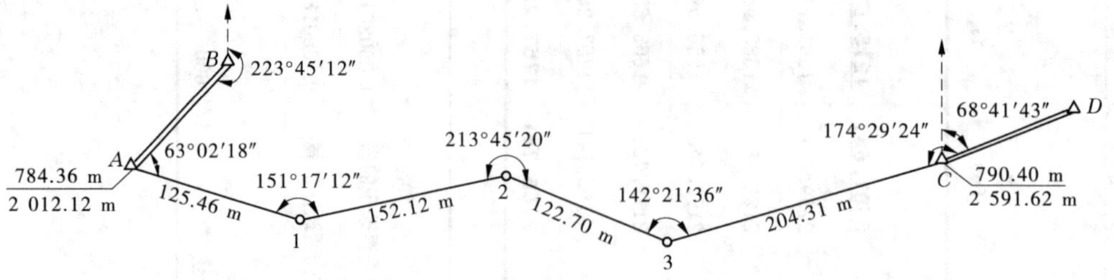

图 7-20　利用 AutoCAD 的计算功能进行导线计算的图例

启动 AutoCAD,设置同 7.2.2 小节所设置的一样。点击直线命令,在命令行输入 A 点坐标(先输 y 后输 x):2 012.12,784.36 后,击(回车),在极轴上(北方向)确定一点,点击构造线命令,在命令行输入 A(角度),击“回车”,输入 R(参照),击“回车”,输入 43°45′12″(43°45′12″=223°45′12″−180°),选中 A 点,即绘出 AB 的构造线,点击直线命令,捕捉 A 点,在构造线上选一点(最近点)确定,删除构造线即得出直线 AB,BA 的方位角。

点击构造线命令,在命令行输入 A(角度),击↵(回车),输入 R(参照),击↵(回车),输入 63°02′18″(A 角值)选中 A 点,即绘出一条以 AB 直线为参照的角度为 63°02′18″构造线,点击直线命令,捕捉 A 点在构造线上选一点(最近点)输入距离 125.46 m 确定之,删除构造线即得出直线 A—1 的线段,以此方法绘出各导线边。

点击坐标标注命令,标注出 1、2、3 点的坐标,如图 7-20 所示。

7.4　交会法测量

交会法是根据两个或两个以上的已知点,通过测量交会点与已知点的关系来计算交会点的平面坐标。

当已有控制点的数量不能满足测图或施工放样需要时,它是加密小地区平面控制点的方法之一。按交会的图形,交会点可以分成前方交会、侧方交会和后方交会。本节只介绍前方交会的坐标计算方法和主流全站仪自带的后方交会的测量方法。全站仪只要按要求对已知点的坐标进行测量,就可以自动计算出交会点的坐标。这是一个很好的加密图根控制点的方法,读者应该重点掌握。

前方交会是分别在已知坐标点 A、B 安置经纬仪向待定点 P 观测水平角 α 和 β,以确定待定点 P 的坐标,如图 7-21 所示。为保证交会定点的精度,在选定 P 点时,应使交会角 γ 控制在 30°~120°,最好在 90°左右。

侧方交会是分别在已知点(如 A 点)和待定点 P 点安置经纬仪,观测出 α 和 γ 角,以确定待定点 P 的坐标。计算方式与前方交会类似,只是 α 和 γ 角变了。本节就不再介绍。

后方交会是在待定点上安置经纬仪,对三个或三个以上的已知点观测水平角,根据已知点的坐标来确定待定点的坐标,由于后方交会的计算工作量较大、计算公式较复杂,在此就不再介绍。

7.4.1　前方交会

如图7-21、表7-11所示，用经纬仪在已知点A、B上测出α角和β角，计算待定点P的坐标。计算公式推导如下：

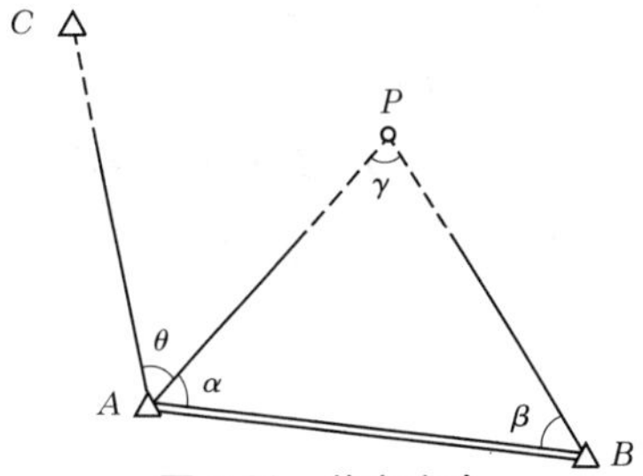

图7-21　前方交会

$$\left.\begin{aligned} x_P - x_A &= D_{AP}\cos\alpha_{AP} \\ y_P - y_A &= D_{AP}\sin\alpha_{AP} \end{aligned}\right\} \tag{7-23}$$

$\alpha_{AP}=\alpha_{AB}-\alpha$，$D_{AP}$通过正弦定理求得。式中$\alpha_{AB}$由已知坐标反算而得。经整理后得

$$\left.\begin{aligned} x_P &= \frac{x_A\cot\beta + x_B\cot\alpha + y_B - y_A}{\cot\alpha + \cot\beta} \\ y_P &= \frac{y_A\cot\beta + y_B\cot\alpha - x_B + x_A}{\cot\alpha + \cot\beta} \end{aligned}\right\} \tag{7-24}$$

应用式(7-24)时，要注意A、B、P的点号须按逆时针次序排列。

实例计算见表7-11。

表7-11　前方交会计算表

略图与公式			
$x_P=\dfrac{x_A\cot\beta+x_B\cot\alpha+y_B-y_A}{\cot\alpha+\cot\beta}$ $y_P=\dfrac{y_A\cot\beta+y_B\cot\alpha-x_B+x_A}{\cot\alpha+\cot\beta}$	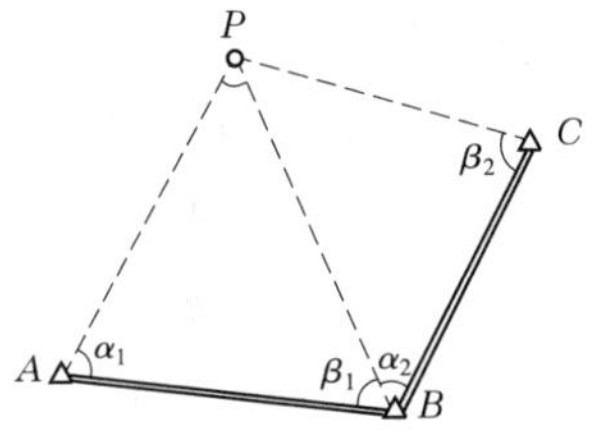	观测数据	α_1 69°50′04″ β_1 46°23′05″ α_2 42°52′12″ β_2 67°57′09″

观测值	x_A	1 807.04	y_A	45 719.85	①cotα	0.367 246	1.077 259
	x_B	1 646.38	y_B	45 830.66	②cotβ	0.952 796	0.404 991
	x_C	1 765.50	y_C	45 998.65	③=①+②	1.320 042	1.482 250
④ $x_A\cot\beta+x_B\cot\alpha+y_B-y_A$		2 437.176	2 736.659		⑥ $y_A\cot\beta+y_B\cot\alpha+x_A-x_B$	60 553.462	67 994.329
⑤x_P=④/③		1 846.287	1 846.288		⑦y_P=⑥/③	45 872.386	45 872.386
P点最后坐标			x_P=1 846.29			y_P=45 872.39	

7.4.2　利用AutoCAD的图形计算功能进行前方交会计算

启动AutoCAD，设置同7.2.2小节所设置的一样。绘图同7.3.6小节一样，点击直线命令后，在命令行输入已知A点坐标：3 161.908，2 680.983，击↵(回车)，接着在命令行输入已知B点坐标：2 892.908，2 512.839，击↵(回车)，点击构造线命令，在命令行

输入 A(角度)，击↵(回车)，输入 R(参照)，击 ↵(回车)，输入 54°06′14″后，击↵(回车)，选中 B 点，即绘出 BP 的构造线，点击构造线命令，在命令行输入 A(角度)，击↵(回车)，输入 R(参照)，击↵(回车)，输入 64°42′51″后，击↵(回车)，选中 A 点，即绘出 AP 的构造线，点击坐标标注命令，标注出 P 点的坐标，如图 7-22 所示。

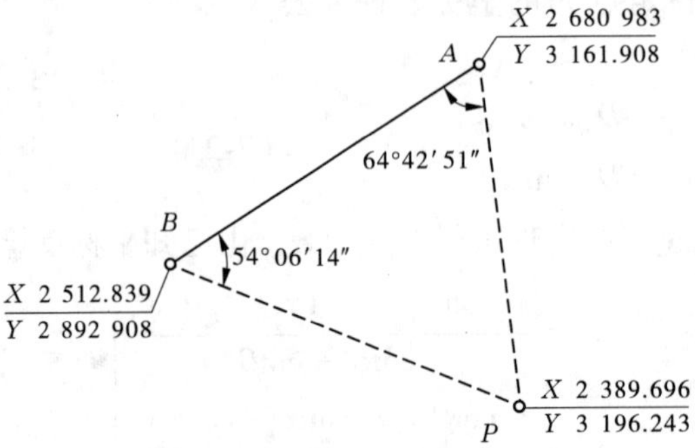

图 7-22　利用 AutoCAD 进行前方交会计算

7.4.3　使用 T-605 进行边角后方交会测量

如图 7-23 所示，后方交会是在选定的新站上安置仪器，最多可对多达 5 个已知点进行测量，新点坐标按最小二乘法解算，从而得出新点的坐标。在选择新点时应确保新点和几个已知点不能共圆，否则新点的坐标具有不确定性和不可解算性。

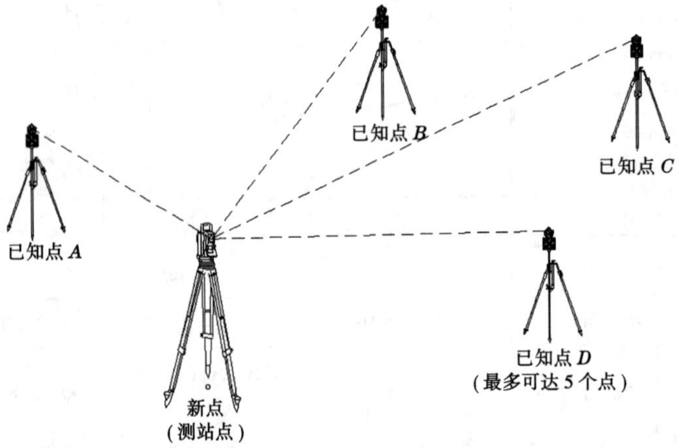

图 7-23　后方交会示意图

现在以实际案例来介绍后方交会的操作步骤。数据如图 7-24 所示。

(1)07、19 为已知坐标点，25 为新点。在 25 点上安置全站仪，确认在角度模式，按 MENU 键进入主菜单模式，如图 7-25(a)所示。按 F1 键选择“放样”选项，进入如图 7-25(b)所示的页面，输入文件名“HFJH”(07、19 点的坐标数据已在该文件夹中)，确认后，进入如图 7-25(c)所示的页面，按 EDM 键，进入“放样”第 2 页，如图 7-25(d)所示。

(2)按 F2 键，选择“新点”选项，进入如图 7-26(a)所示的页面。按 F2 键，选择“后方交会”选项，进入如图 7-26(b)所示的页面。输入新点的点号“25”确认后，进入如

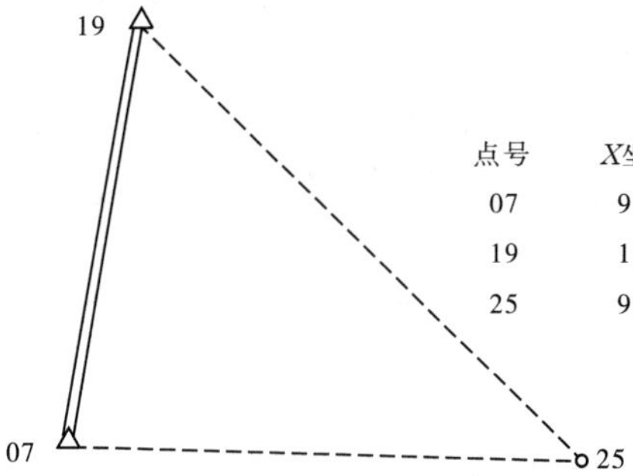

点号	X坐标(m)	Y坐标(m)	H高程(m)
07	932.367	988.416	29.747
19	1 000.000	1 000.000	30.000
25	930.604	1 072.453	30.034

图 7-24　后方交会测量的案例

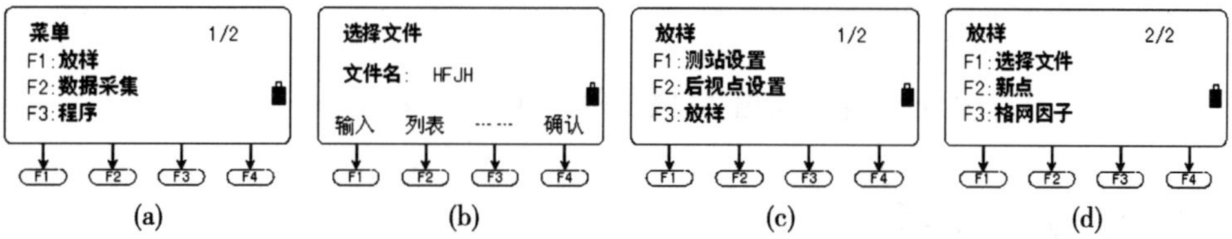

图 7-25　进入后方交会模式前仪器显示页面

图 7-26(c)所示的页面,输入仪高“1. 532 m”并确认,进入如图 7-27(a)所示的页面。

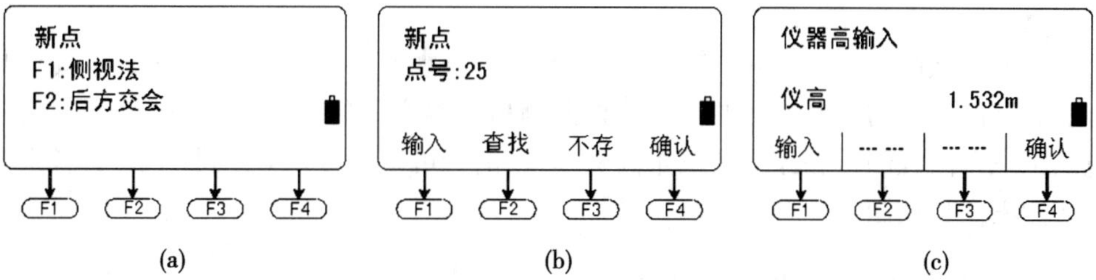

图 7-26　“新点”页面和输入点号及仪器高的页面

(3)按(F 2)键,在列表中选择“07”点并确认,进入如图 7-27(b)所示的页面,输入镜高“1. 200 m”后确认,照准 07 点的棱镜后,按(F 3)(是),仪器显示测量过程,如图 7-27(c)所示。完成后自动回到图 7-27(a)类似的“N002#”页面。进行第 2 点已知点的测量。

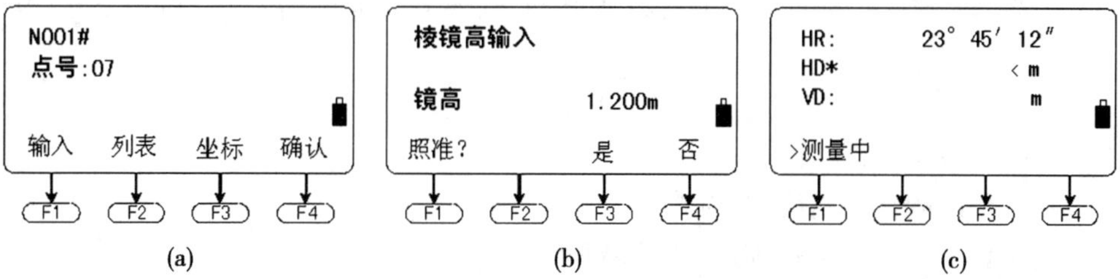

图 7-27　已知点和坐标输入、镜高输入和测量页面

(4)当第 2 个点观测完成后,仪器进入如图 7-28(a)所示的“选择格网因子”页面,在该页面有两个选择一是“格网因子不变”,二是“更新格网因子”。若选择“更新格网因子”,则利用当前测站高程自动更新格网因子。在图 7-28(a)所示页面中按(F 1)或(F 2)

键,进入如图 7-28(b)所示的"残差"页面,这时在屏幕上显示残差值 dHD 和 dZ。dHD 表示两个已知点的水平距离测量值和坐标计算值之差。dZ 表示由已知点 A 算出的新点 Z 坐标与由已知点 B 算出的新点 Z 坐标之差。在该页面按(F 1)(下步)进入与图 7-27(a)类似的"N003#"页面,继续测量下一点。按(F 4)(计算)键,显示"新点"坐标,如图 7-28(c)所示。按(F 3)键,存储"新点"坐标。

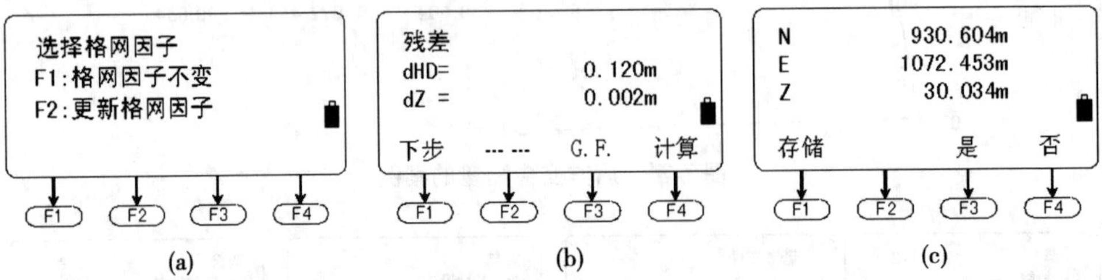

图 7-28　选择格网因子页面、计算残差页面和显示坐标页面

7.5　高程控制

三、四等水准测量在第 2 章介绍了,GPS 高程测量在第 8 章介绍,在这里只介绍三角高程测量。

当地形高低起伏、两点间高差较大而不便于进行水准测量时,可以使用三角高程测量的方法测定两点间的高差和点的高程。根据测量距离方法的不同,三角高程测量又分为光电测距三角高程测量和经纬仪三角高程测量,前者可以代替四等水准测量,后者主要用于山区图根高程控制。

7.5.1　三角高程测量的严密计算公式

经纬仪三角高程测量是用经纬仪测定两点间的垂直角,并根据已知距离确定点的高程的测量工作。

如图 7-29 所示,在已知高程点 A 上安置经纬仪,在 B 点竖立觇标,照准觇标顶端,测出天顶距 Z。设 A、B 之间的水平距离 D 为已知,则 A、B 之间的高差 h_{AB} 可用下式计算:

$$h_{AB} = \frac{D}{\tan Z} + i - v \tag{7-25}$$

式中　i——经纬仪的高度;

v——照准觇标的高度(觇标高)。

若已知 A 点的高程为 h_A,则 B 点的高程为

$$H_B = H_A + h_{AB} = H_A + \frac{D}{\tan Z} + i - v \tag{7-26}$$

式(7-26)没有地球曲率和大气折光对三角高程的影响,它只适用两点相距较近的三角高程计算。如果两点间的距离大于 300 m,就要考虑地球曲率及大气垂直折光的影响。

两点相距较远时的三角高程测量原理见图 7-30,图中 f_1 为地球曲率改正数,简称球

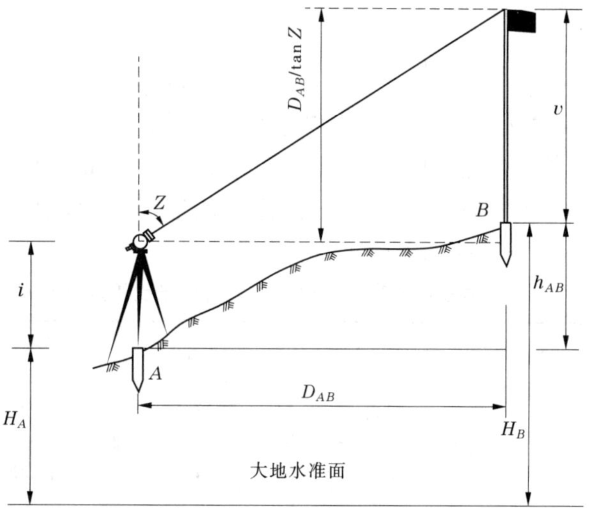

图 7-29 三角高程测量原理

差；f_2 为大气折光改正数，简称气差。其计算公式为

$$f_1 = \Delta h = \frac{D^2}{2R} \tag{7-27}$$

式中 R——地球的平均曲率半径，$R=6\ 371$ km。

由于地球表面的大气层受重力影响，低层空气的密度大于高层空气的密度，观测天顶距时的视线穿过密度不均匀的介质时，形成一条向上凸的曲线，使视线的切线方向向上抬高，如图 7-30 所示。这种现象称为大气垂直折光。

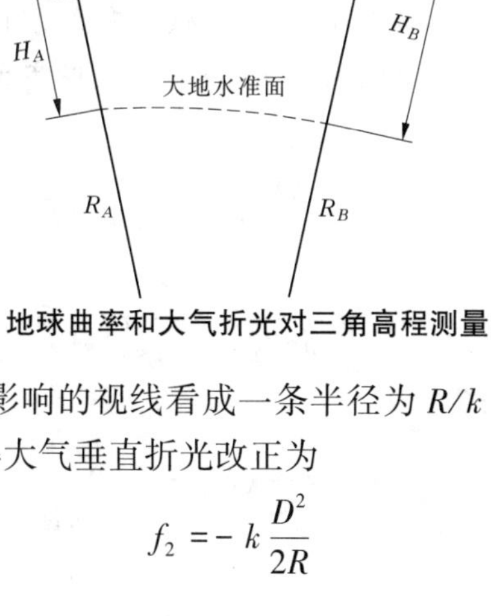

图 7-30 地球曲率和大气折光对三角高程测量的影响

可以将受大气垂直折光影响的视线看成一条半径为 R/k 圆曲线，k 称为大气垂直折光系数。仿照式(7-27)，可得大气垂直折光改正为

$$f_2 = -k\frac{D^2}{2R} \tag{7-28}$$

球差改正与气差改正之和为

$$f = f_1 + f_2 = (1 - k)\frac{D^2}{2R} \tag{7-29}$$

f 简称两差改正。因 k 值为 0.08~0.14,所以 f 恒大于零。

大气垂直折光系数 k 是随地区、气候、季节、地面覆盖物和视线超出地面高度等条件的不同而变化的,目前人们还不能精确地测定它的数值,一般取 $k=0.14$ 计算两差 f。表 7-12 列出了水平距离不同时两差改正数 f 的值。

表 7-12　三角高程测量地球曲率和大气折光改正数($k=0.14$)

D(m)	f(mm)	D(m)	f(mm)	D(m)	f(mm)
100	1	600	25	1 500	152
200	3	700	34	2 000	270
300	6	800	45	2 500	422
400	11	900	57	3 000	607
500	17	1 000	67	3 500	827

由表 7-12 可知,当两点水平距离 $D<300$ m 时,其影响不足 1 cm,故一般规定当 $D>300$ m 时,才考虑球气差的影响。

顾及两差改正数 f,采用水平距离 D 或倾斜距离 S 的三角高程测量的高差计算公式为

$$h_{AB} = \frac{D}{\tan Z} + i - v + f \tag{7-30}$$

$$h_{AB} = S\cos Z + i - v + f \tag{7-31}$$

由于折光系数 k 不能精确测定,使两差改正数 f 带有误差。距离 D 越长,高差也就越大。为了减小两差改正数 f,《城市测量规范》(GJJ/T 8—2011)规定,代替四等水准的光电测距三角高程测量,其边长不应大于 1 km。减少两差改正误差的另一方法是,在 A、B 两点同时进行对向观测,此时可以认为 k 值是相同的,两差改正数也相等,往返测高差分别为

$$h_{AB} = \frac{D}{\tan Z_A} + i_A - v_B + f \tag{7-32}$$

$$h_{BA} = \frac{D}{\tan Z_B} + i_B - v_A + f \tag{7-33}$$

取往返测高差的平均值为

$$\bar{h}_{AB} = \frac{1}{2}(h_{AB} - h_{BA}) \tag{7-34}$$

可以抵消掉 f。

7.5.2　施测方法

以图 7-29 为例说明施测方法。

(1)安置经纬仪于测站 A 上,量仪器高 i 和觇标高 v,记入表 7-13。

(2)用经纬仪照准 B 点觇标顶端,观测天顶距。

(3)将经纬仪搬至 B 点,同法对 A 点进行观测。

(4)高差及高程的计算,见表 7-13。

表 7-13　三角高程测量的高差计算

起算点	A	
待定点	B	
觇法	直觇	反觇
平距 D(m)	286.36	286.36
垂直角 α	+10°32′26″	−9°58′41″
$D\tan\alpha$(m)	+53.28	−50.38
仪器高 i(m)	+1.52	+1.48
觇标高 v(m)	−2.76	−3.20
高差 h(m)	+52.04	−52.10
平均高差(m)	+52.07	
起算点高程(m)	105.72	
所求点高程(m)	157.79	

思考与练习题

1. 建立平面控制网的方法有哪些?各有何优缺点?

2. 已知 A、B、C 三点的坐标列于表 7-14 中,试计算边长 AB、CD 的水平距离 D,象限角 R,坐标方位角 α,计算结果填入表 7-14 中。(建议使用 AutoCAD 试作)

表 7-14

点　名	x 坐标(m)	y 坐标(m)	边长 AB	边长 AC
A	44 967.766	23 390.405	D_{AB} =	D_{AC} =
B	44 955.270	23 410.231	R_{AB} =	R_{AC} =
C	45 022.962	23 367.244	α_{AB} =	α_{AC} =

3. 选定控制点应该注意哪些问题?

4. 导线的布设形式有哪些?导线测量的外业工作有哪些内容?

5. 附合导线与闭合导线的计算有哪些不同？

6. 某附合导线如图 7-31 所示，已知 A、C 点的平面坐标和 BA、CD 边的坐标方位角，观测了图中 5 个水平角和 4 条边长，试用 Excel 计算 1、2、3 点的平面坐标。

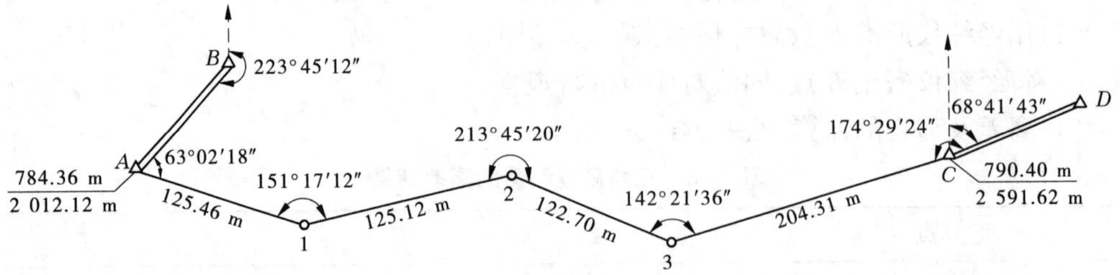

图 7-31

7. 如图 7-32 所示，已知 A、B 点的平面坐标，用前方交会法求 P 点平面坐标，观测了图中两个水平角，试计算 P 点的平面坐标。（建议使用 AutoCAD 试作）

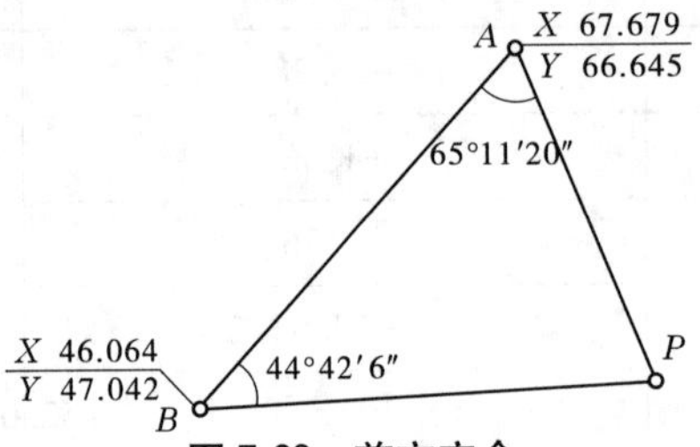

图 7-32　前方交会

8. 试完成表 7-15 的三角高程测量计算。

表 7-15

起算点	A	
待定点	B	
往返测	直觇	返觇
水平距离 D(m)	581. 381	581. 381
天顶距 Z	78°21′30″	101°24′00″
$D/\tan Z$(m)		
仪器高 i(m)	1. 44	1. 49
觇牌高 v(m)	2. 5	3. 0
单向高差 h(m)		
平均高差 $\bar{h}$(m)		
起算点的高程(m)	101. 678	
待定点高程(m)		

9. 简述尼康全站仪进行后方交会的操作步骤。

第 8 章　全球定位系统(GPS)的原理、测量方法与数据处理

【本章提要】

本章对测绘新技术全球定位系统(GPS)的原理作了简要介绍。主要内容包含 GPS 的基本概念及优点,GPS 的组成及卫星定位的基本原理。重点介绍了合众思壮公司的 E640 静态 GPS 接收机进行控制测量的数据采集和数据处理方法。

8.1　全球卫星定位导航技术——GNSS

全球卫星定位导航技术,是利用在空间飞行的卫星不断向地面广播发送某种频率并加载了某些特殊定位信息的无线电信号来实现定位测量的一种定位系统。

卫星定位系统一般包含三个部分:第一部分是空间运行的卫星星座(见图 8-1),多个卫星组成的星座系统向地面发送某种时间信号、测距信号和卫星瞬时的坐标位置信号;第二部分是地面控制部分,它通过接收上述信号来精确测定卫星的轨道坐标、时钟差异,发现其运转是否正常,并向卫星注入新的卫星轨道坐标,进行必要的卫星轨道纠正等;第三部分是用户部分,它通过用户的卫星信号接收机接收卫星广播发送的多种信号并进行处理,计算出用户的最终位置。用户接收机通常为某一确定目标,固连在地面上或不同运载工具上,实现定位和导航的目的。

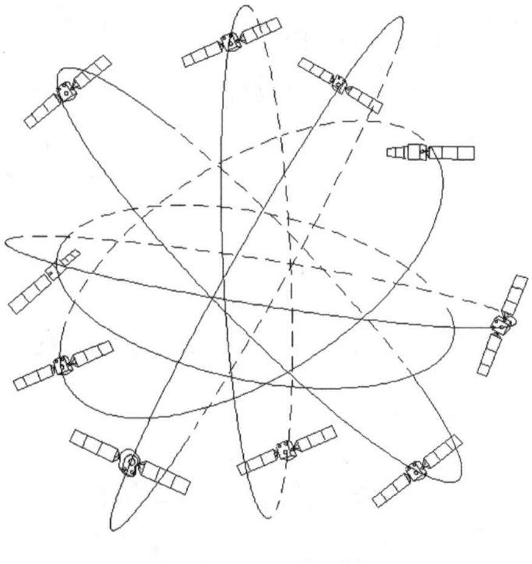

图 8-1　GPS 卫星星座

目前,国际上全球卫星定位导航系统主要包括美国的 GPS、俄罗斯的 GLONASS、欧盟的 GALILEO 以及我国自主研制的北斗星导航广域增强系统。

GPS(Global Positioning System)导航定位系统是美国国防部从 1973 年开始设计、研制,历时约 20 年、耗资 300 亿美元,发展起来的一项跨世纪工程。GPS 系统于 1973 年起步,1978 年首次发射卫星,1994 年完成 24 颗中等高度圆轨道(MEO)卫星组网,至今已先后发展了三代卫星,如图 8-2 所示。

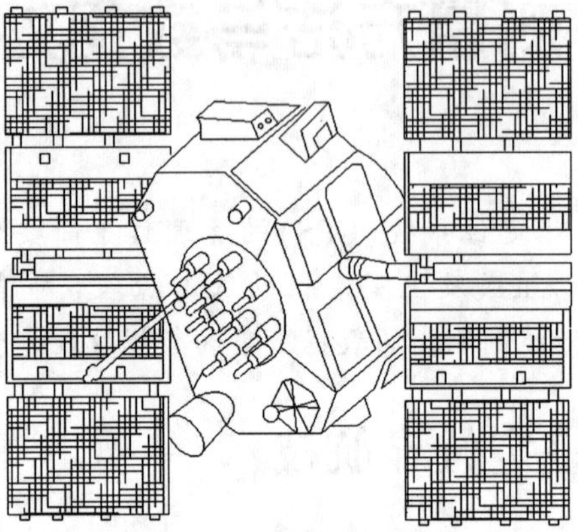

图 8-2　GPS 工作卫星

我国测绘等部门经近十多年的使用表明,GPS 以全天候、高精度、自动化、高效益等显著特点,赢得广大测绘工作者的信赖,并成功地应用于大地测量、工程测量、航空摄影测量、运载工具导航和管制、地壳运动监测、工程变形监测、资源勘察、地球动力学等多种学科,从而给测绘领域带来一场深刻的技术革命。它已成为美国导航技术现代化的重要标志,被称为 20 世纪继阿波罗登月、航天飞机之后又一重大航天技术。

GPS 导航定位系统不但可以用于军事上各种兵种和武器的导航定位,而且在民用上也发挥重大作用。如智能交通系统中车辆管理和救援;民用飞机和船只导航及卫星飞行姿态测量;大气参数测试;电力和通信系统中的时间控制;地震和地球板块运动监测;地球动力学研究等。特别是在大地测量、城市和矿山控制测量、建筑物变形测量、水下地形测量等方面得到广泛的应用。随着全球定位系统的不断改进,硬、软件的不断完善,应用领域正在不断地开拓,目前已遍及国民经济各个部门,并开始逐步深入人们的日常生活。

8.1.1　GPS 系统的特点

8.1.1.1　全天候工作

全天候工作能为用户提供连续、实时的三维位置、三维速度和精密时间,不受天气的影响。

8.1.1.2　定位精度高

单机定位精度优于 10 m,采用差分定位,精度可达厘米级和毫米级。

8.1.1.3　功能多,应用广

随着人们对 GPS 认识的加深,GPS 不仅在测量、导航、测速和授时等方面得到更广泛的应用,而且其应用领域在不断扩大。

8.1.2　定位系统的发展状况

在卫星定位系统出现之前,远程导航与定位主要用无线导航系统。

8.1.2.1　无线电导航系统

(1)罗兰-C。工作在 100 kHz,由 3 个地面导航台组成,导航工作区域 2 000 km,一般精度 200~300 m。

(2)Omega(欧米伽)。工作在十几千赫,由 8 个地面导航台组成,可覆盖全球。精度几英里。

(3)多普勒系统。利用多普勒频移原理,通过测量其频移得到运动物参数(地速和偏流角),推算出飞行器位置,属自备式航位推算系统。误差随航程增加而累加,缺点是覆盖的工作区域小;电磁波传播受大气影响;定位精度不高。

8.1.2.2　卫星定位系统

(1)美国的子午仪系统(Transit)。1958 年研制,1964 年正式投入使用。由于该系统卫星数目较少(5~6 颗),运行高度较低(平均 1 000 km),从地面站观测到卫星的时间间隔较长,因而它无法提供连续的实时三维导航,且精度较低。

(2)为满足军事部门和民用部门对连续实时和三维导航的迫切要求,1973 年美国国防部制订了 GPS 计划。GPS 计划共分三个阶段:第一阶段为方案论证和初步设计阶段。从 1973 年到 1979 年,共发射了 4 颗试验卫星。研制了地面接收机及建立地面跟踪网。第二阶段为全面研制和试验阶段。从 1979 年到 1984 年,又陆续发射了 7 颗试验卫星,研制了各种用途的接收机。实验表明,GPS 定位精度远远超过设计标准。第三阶段为实用组网阶段。1989 年 2 月 4 日第一颗 GPS 工作卫星发射成功,表明 GPS 系统进入工程建设阶段。1993 年底实用的 GPS 网即(21+3)GPS 星座已经建成。在这之后将根据计划更换失效的卫星和增补卫星,目前卫星数已有 32 颗。GLONASS 系统和 GPS 系统的主要技术参数见表 8-1。

表 8-1　GLONASS 系统和 GPS 系统的主要技术参数

项　目	GPS 系统	GLONASS 系统
星座卫星数(颗)	24	24
轨道面个数(个)	6	3
轨道高度(km)	20 183	19 100
运行周期	11 小时 58 分	11 小时 15 分
轨道倾角(°)	55°	65°
载波频率(MHz)	L1:1 575.42	L1:1 602.56~1 615.50
	L2:1 227.60	L2:1 246.44~1 256.50
传输方式	码分多址	频分多址
调 制 码	C/A 码和 P 码	S 码和 P 码
时间系统	UTC	UTC
坐标系统	WGS-84	SGS-E90
SA	有(2000 年 5 月 1 日取消)	无
AS	有	无

按照定位导航功能 GPS 接收机可分成两大类:①大地测量型接收机。一般用于高精度静态定位。②导航型动态接收机。一般用于实时动态定位。

按照同时能接收的载波频率可以分为以下两类:①双频接收机。一般用于静态大地测量和高精度动态测量,其中,能同时接收 P1 和 P2 码伪距的接收机俗称双频双码接收机。②单频接收机。一般用于低精度测量和普通导航。

(3)"格鲁纳斯"GLONASS 是 Global Navigation Satellite System(全球导航卫星系统)的字头缩写,是苏联从 20 世纪 80 年代初开始建设的与美国 GPS 系统相类似的卫星定位系统,也由卫星星座、地面监测控制站和用户设备三部分组成。现在由俄罗斯空间局管理。其主要不同之处在于星座设计、信号载波频率和卫星识别方法的设计不同。

GLONASS 卫星的载波上也调制了两种伪随机噪声码:S 码和 P 码。俄罗斯对 GLONASS 系统采用了军民合用、不加密的开放政策。GLONASS 系统单点定位精度水平方向为 16 m,垂直方向为 25 m。第一颗 GLONASS 卫星于 1982 年 10 月 12 日发射升空。到目前为止,共发射了 80 余颗 GLONASS 卫星,最近一次是 2000 年 10 月 13 日发射了 3 颗卫星。截至 2001 年 1 月 10 日尚有 10 颗 GLONASS 卫星正在运行。

为进一步提高 GLONASS 系统的定位能力,俄罗斯计划将其更新为 GLONASS-M 系统。内容是改进一些地面测控站设施;延长卫星的在轨寿命到 8 年;实现系统高的定位精度:位置精度提高到 10~15 m,定时精度提高到 20~30 ns,速度精度达到 0.01 m/s。

(4)北斗卫星导航系统是我国自行开发研制的区域导航系统,由空间卫星、地面控制中心站和北斗用户终端三部分组成,北斗卫星导航定位系统由 2 颗地球静止卫星、1 颗在轨备份卫星组成。3 颗卫星的登记位置为赤道面东经 80°、140°和 110.5°,其中前两颗卫星位置的经度相距 60°,最后 1 个为备份卫星星位。

两颗工作卫星分别于 2000 年 10 月 31 日和 12 月 21 日发射升空,标志着我国拥有了自己的第一代卫星导航系统;备份卫星于 2003 年 5 月 25 日发射升空,标志着我国已自主建成完善的卫星导航定位系统。定位由用户终端向地面控制中心站发出请求,地面控制中心站对其进行位置解算后将定位信息发送给用户。它的定位基于 3 球交会原理,即以 2 颗工作卫星的已知坐标为圆心,各以测定的本星至用户机距离为半径,形成 2 个球面,用户机必然位于这 2 个球面交线的圆弧上。地面控制中心站电子高程地图库提供一个以地心为球心、以球心至地球表面高度为半径的非均匀球面。求解圆弧线与地球表面交点,若已知目标在赤道平面北侧,即可获得用户的二维位置。北斗导航定位系统将导航定位、双向数据通信各精密授时结合在一起,系统自身包含广域差分标校以提高定位精度。

但我国的"北斗"定位系统和美国的 GPS 以及俄罗斯的 GLONASS 定位系统在性能上相差很远。北斗定位系统的用户不是被动接收卫星的信号即可以解算自己的位置,它是要发射一串时间脉冲给邻近的卫星,卫星接收后再发射信号给地面的主控站,主控站负责解算往返于卫星、主站、用户之间的信号代码。最后才能将解算得到的定位信息传送到用户终端。

(5)欧盟的"伽利略"(GLILEO)定位系统,该系统的基本结构包括星座与地面设施、服务中心、用户接收机等。卫星星座由 30 颗卫星组成,卫星采用中等地球轨道,均匀地分布在高度约为 2.4 万 km 的 3 个轨道面上。地面控制设施包括卫星控制中心和提供各项服务所必需的地面设施。地面控制设施管理卫星星座、测定和播送集成信息。系统使用4个载频向全球播发5种导航信号,这些导航信号支持开放、商用、生命安全和政府管理和搜求服务。系统还划分为8个区域部分,用来发送各自区域的集成信息。区域部分由一个用于监测信号集成信息的测站网和一个数据处理中心组成。整个系统预计将在2008年投入使用,旨在于空间技术上建立欧洲独立自主的战略地位。

该计划分成4个阶段:论证阶段,时间为2000年;系统研制和在轨确认阶段,包括研制卫星及地面设施,系统在轨确认,地面设施建设并投入使用,时间为2006~2007年,首颗卫星在2005年12月发射上天,第2颗卫星于2006年初发射,这标志着在轨确认正式开始;运营阶段,2008年度的论证工作为"伽利略"计划勾画出一个轮廓。论证报告指出,计划投入32.5亿欧元的资金,服务范围覆盖全球,可以提供导航、定位、时间、通信等服务。其服务方式包括开放服务、商业服务与官方服务3个方面。美国和欧盟于2002年6月签署了一份协议:欧洲卫星定位系统结构框架保证美国和欧洲系统完全兼容、确定服务领域以及确保私营企业投资。从民用角度来看,该协议使两个系统的配合天衣无缝,从而让制造商、服务器供应商和顾客受益匪浅。2003年9月,欧盟与中国签订"伽利略"卫星定位系统合作计划。2004年10月,中欧正式签署《中欧伽利略计划技术合作协议》。该协议使中国成为第一个充分参与该共同体框架的非欧盟国家,并使中欧在卫星定位导航产业方面的合作进入实质性操作阶段,中国将注入2亿欧元参与建设。预计发展"伽利略"卫星定位技术,每年将为欧盟带来90亿欧元的经济效益。

该系统的优点是基于民用,提供误差不超过1 m的精确定位服务。与美国的GPS相比,"伽利略"系统更先进,也更可靠。美国GPS向别国提供的卫星信号,只能发现地面大约10 m长的物体,而"伽利略"的卫星则能发现1 m长的目标。人们形象地比喻说,GPS只能找到街道,而"伽利略"则可找到家门。

8.2 GPS系统的组成

8.2.1 空间部分

GPS的空间部分是由21颗工作卫星和3颗备用卫星所组成(目前的卫星数已经超过32颗),这些GPS工作卫星共同组成了GPS卫星星座,这24颗卫星平均分布在6个倾角为55°的轨道上绕地球运行,每个轨道上有4颗卫星,它们距地球表面的平均高度约为20 200 km,运行速度为3 800 m/s,卫星的运行周期约为11小时58分。每颗卫星可覆盖全球38%的面积,卫星的分布,可保证在地球上任何地点、任何时间、高度角在15°以上的天空同时能观测到4颗以上的卫星。

8.2.2 地面支撑系统

在GPS接收机接收到的卫星广播星历中,包含描述卫星运动及其轨道特征的参数,而每颗卫星的广播星历是由地面监控系统提供的。地面监控系统包括1个主控站,3个注入站,5个监测站,其分布位置如图8-3所示。主控站位于美国本土科罗拉多·斯平士的联合空间执行中心,3 个注入站分别位于大西洋的阿松森群岛、印度洋的狄哥伽西亚和太平洋的卡瓦加兰 3 个美国军事基地上,5 个监测站除了位于 1 个主控站和 3 个注入站以外,还在夏威夷设立了 1 个监测站。

图 8-3 地面监控系统分布图

8.2.2.1 监控站

监控站是在主控站直接控制下的数据自动采集中心,站内设有双频 GPS 接收机、高精度原子钟、气象参数测试仪和计算机等设备。完成对 GPS 卫星信号的连续观测,搜集当地的气象数据,观测数据经计算机处理后传送到主控站。

8.2.2.2 主控站

主控站除协调和管理所有地面监控系统的工作,还进行下列工作。

(1)根据本站和其他监测站的观测数据,推算编制各卫星的星历、卫星钟差和大气层的修正参数,并将这些数据传送到注入站。

(2)提供时间基准。各监测站和 GPS 卫星的原子钟均应与主控站的原子钟同步,或测量出其间的钟差,并将这些钟差信息编入导航电文,送到注入站。

(3)调整偏离轨道的卫星,使之在预定的轨道运行。

(4)用备用卫星以代替失效的工作卫星。

8.2.2.3 注入站

注入站是在主控站的控制下,将主控站推算和编制的卫星星历、钟差、导航电文和其他控制指令等,注入到相应卫星的存储系统中,并监测注入信息的正确性。

除主控站外,整个地面监控系统均无人值守。

8.2.3 用户设备部分

用户设备包括 GPS 接收机和相应的数据处理软件。GPS 接收机硬件一般由主板、天线和电源组成,除此之外还有计算机、气象仪器等设备。其任务是捕获卫星信号,跟踪并锁定卫星信号,对接收到的信号进行处理,测量出测距信号从卫星传播到接收机天线的时间间隔,译出卫星广播导航电文,实时计算接收机的三维坐标、速度和时间。

按用途的不同,GPS 接收机分为测量型、导航型和授时型;按使用的载波频率分为单频接收机和双频接收机。

8.3　GPS 定位的基本原理

根据测距原理的不同,GPS 定位方式可以分为伪距定位,载波相位测量定位和 GPS 差分定位。根据待定点位的运动状态可以分为静态定位和动态定位。

8.3.1　工作卫星信号

工作卫星信号包含载波、测距码(C/A 码和 P 码)、数据码(导航电文或称 D 码)。它们都是在同一个原子钟频率 $f_0 = 10.23$ MHz 下产生的,见图 8-4。

8.3.1.1　载波信号

载波信号频率使用的是无线电中 L 波段的两种不同频率的电磁波,其频率和波长分别为:

L1 载波:　$f_1 = 154 \times f_0 = 1\ 575.42$ MHz, $\lambda_1 = 19.03$ cm　(8-1)

L2 载波:　$f_2 = 120 \times f_0 = 1\ 227.60$ MHz, $\lambda_2 = 24.42$ cm　(8-2)

在载波 L1 上调制有 C/A 码、P 码和数据码,在载波 L2 上只调制有 P 码和数据码,见图 8-4。

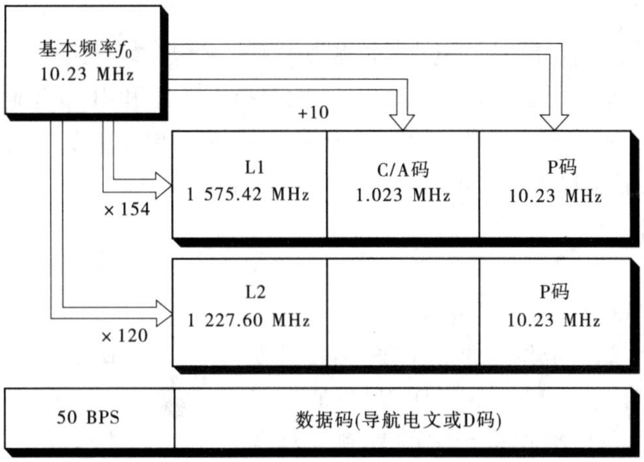

图 8-4　工作卫星信号频率的产生原理

测距码是二进制编码,由“0”和“1”组成,对电压为±1 的矩形波,正波形代表“0”,负波形代表“1”。在二进制中,一位二进制数叫作一比特(bit)或一个码元,每秒钟传输的比特数称为数码率。工作卫星采用的两种测距码 C/A 码和 P 码均属于伪随机码,它们具有良好的自相关特性和周期性,容易复制,两种码的参数列于表 8-2。

表 8-2 C/A 码和 P 码参数

参　数	C/A 码	P 码
码长（bit）	1 023	2.35×10^{14}
频率 f(MHz)	1.023	10.23
码元宽度 $t_u=1/f(\mu s)$	0.977 52	0.097 752
码元宽度时间传播的距离 ct_u(m)	293.1	29.3
周期 $T_u=N_u t_u$	1 ms	265 天
数码 P_u(bit/s)	1.023	10.23

使用测距码测距的原理是：工作卫星在自身的时钟控制下发射某一结构的测距码，经过 Δt 时间的传播后，到达 GPS 接收机；而 GPS 接收机在自己的时钟控制下产生一组结构完全相同的复制码，复制码通过一个时间延迟器使其延迟时间 τ 后与接收到的卫星测距码比较，通过调整延迟时间 τ 使两个测距码完全对齐，则复制码的延迟时间 τ 就等于要测量的卫星信号的传播时间 Δt。

C/A 码码元宽度对应的距离值为 293.1 m，如果卫星与接收机的测距码对齐精度为 1/100，则测距精度为 2.9 m；P 码码元宽度对应的距离值为 29.3 m，如果卫星与接收机的测距码对齐精度为 1/100，则测距精度为 0.29 m。显然 P 码的测距精度高于 C/A 码 10 倍，因此 C/A 码简称粗码，P 码简称精码。但是，P 码受美国军方控制，一般用户无法得到，只能利用 C/A 码进行测距。

8.3.1.2　数据码

数据码就是前面提及的导航电文，也称为 D 码，它包含了卫星星历、卫星工作状态、时间系统、卫星时钟运行状态、轨道摄动改正、大气折射改正和由 C/A 码捕获 P 码的信息等。导航电文也是二进制码，依规定的格式按帧发射，每帧电文的长度为 1 500 bit，播送速率为 50 bit/s，所以播送每帧电文的时间是 30 s。

8.3.2　伪距定位

伪距定位分单点定位和多点定位。

如图 8-5 所示，单点定位就是将 GPS 接收机安置在测点 P 上并锁定 4 颗以上的工作卫星，通过将接收到的卫星测距码与接收机产生的复制码对齐来测量各个锁定卫星测距码到接收机的传播时间 Δt_i，进而求出工作卫星至接收机的伪距值。从锁定卫星广播的星历中获得其空间坐标，采用距离交会的原理解算出天线所在点的三维坐标。设锁定 4 颗工作卫星时的伪距观测方程为式(8-3)，因此 4 个方程中刚好有 4 个未知数，所以该式有唯一解。如果锁定的工作卫星超过 4 颗时，伪距观测方程中

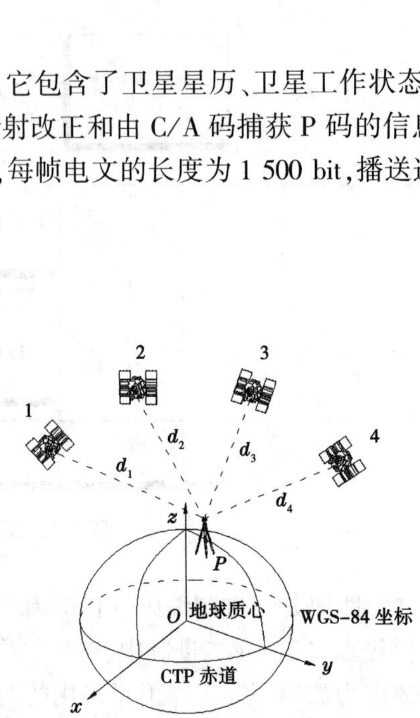

图 8-5　单点定位原理示意图

就有多余观测值,此时要使用最小二乘法原理通过平差求解待定点的坐标。

$$\left.\begin{array}{l}\sqrt{(x_1-x)^2+(y_1-y)^2+(z_1-z)^2}+c(t_1-t)=d_1\\ \sqrt{(x_2-x)^2+(y_2-y)^2+(z_2-z)^2}+c(t_2-t)=d_2\\ \sqrt{(x_3-x)^2+(y_3-y)^2+(z_3-z)^2}+c(t_3-t)=d_3\\ \sqrt{(x_4-x)^2+(y_4-y)^2+(z_4-z)^2}+c(t_4-t)=d_4\end{array}\right\} \tag{8-3}$$

式中 $d_i(i=1、2、3、4)$——4 颗工作卫星到接收机之间的伪距;

$t_i(i=1、2、3、4)$——4 颗工作卫星的信号到达接收机所经历的时间;

c——GPS 信号的传播速度;

$(x_i、y_i、z_i)(i=1、2、3、4)$——4 颗工作卫星在 t 时刻的空间直角坐标,可由卫星导航电文求得;

$t_i(i=1、2、3、4)$——4 颗工作卫星的卫星钟的钟差,由卫星星历提供;

t——接收机的钟差。

待测点坐标 x、y、z 和 t 为未知参数,由以上四个方程即可解算出待测点的坐标 x、y、z 和接收机的钟差 t。

所谓伪距是没有考虑大气电离层和对流层折射误差、星历误差的影响,在这种情形下所得到的距离不是工作卫星到接收机的真实几何距离,因而使用单点定位的精度不高。用 C/A 码定位的精度一般为 25 m,用 P 码定位的精度一般为 10 m。当美国施行 SA 技术时,将对工作卫星所发射的信号进行人为干扰,使非特许用户不能获得高精度的实时定位,此时使用 C/A 码定位的精度将下降至 50 m。

单点定位的优点是速度快、无多值问题,从而在运动载体的导航定位上得到了广泛的应用。同时,它还可以解决载波相位测量中的整周模糊度问题。

多点定位就是将多台 GPS 接收机安置在不同的测点上,同时锁定相同的工作卫星进行伪距测量,此时,大气电离层和对流层折射误差、星历误差的影响基本相同,在计算各测点之间的坐标差($\Delta x,\Delta y,\Delta z$)时,可以消除上述误差的影响,使测点之间的点位相对精度大大提高。

8.3.3 载波相位定位

由图 8-4 可知,由于载波 L1、L2 频率比测距码(C/A 码和 P 码)的频率高得多,因此其波长就比测距码短很多,由式(8-1)和式(8-2)知,$\lambda_1=19.03$ cm,$\lambda_2=24.42$ cm。如果使用载波 L1 或 L2 作为测距信号,将卫星传播到接收机天线的余弦载波信号与接收机产生的基准信号(其频率和初始相位与卫星载波信号完全相同)进行相比,求出它们之间的相位延迟,从而计算出伪距,就可以获得很高的测距精度。如果测量 L1 载波相位移的误差为 1/100,则伪距测量精度可达 19.03 cm/100=1.9 mm。

8.3.3.1 载波相位绝对定位

图 8-6 为使用载波相位测量法单点定位的情形。与相位式电磁波测距仪的原理相同,由于载波信号是余弦波信号,相位测量时只测出其不足一个整周期的相位移部分 $\Delta\phi$($\Delta\phi<2\pi$),因此存在整周数 N_0 不确定性问题,N_0 也称为整周模糊度。

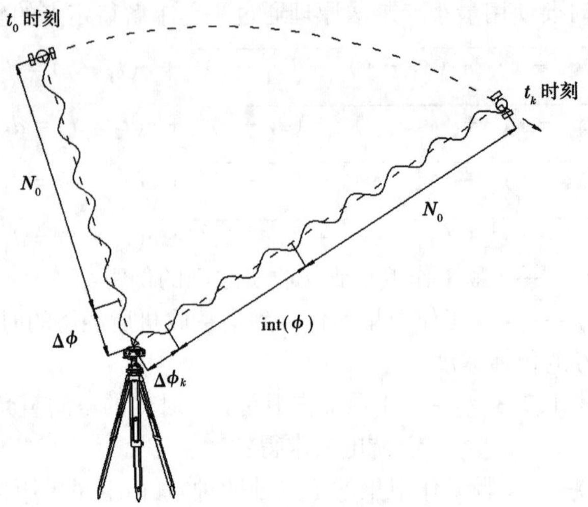

图 8-6　载波相位测距原理图

我们所说的时间包含有"时刻"和"时间间隔"两个概念。所谓时刻,即发生某一现象的瞬间。在卫星定位中,与所获数据对应的时刻也称为历元。而时间间隔,指发生某一现象所经历的过程,是这一过程始末的时刻之差。所以,时间间隔测量,也称为相对时间测量,而时刻测量相应的称为绝对时间测量。

在 t_0 时刻,某颗工作卫星发射的载波信号到达接收机的相位移为 $2\pi N_0+\Delta\phi$,则该卫星至接收机的距离为

$$\frac{2\pi N_0 + \Delta\phi}{2\pi}\lambda = N_0\lambda + \frac{\Delta\phi}{2\pi}\lambda \tag{8-4}$$

式中　λ——载波波长。

当对卫星进行连续跟踪观测时,由于接收机内有多普勒计数器,只要卫星信号不失锁,N_0 就不变,故在 t_k 时刻,该卫星发射的载波信号到达接收机的相位移变成 $2\pi N_0+\mathrm{int}(\phi)+\Delta\phi_k$,式中的 $\mathrm{int}(\phi)$ 由接收机内的多普勒计数器自动累计求出。

通过对锁定卫星进行连续跟踪观测,可以修正大气电离层折射改正 $\delta\rho_{\mathrm{ion}}$ 和对流层折射改正 $\delta\rho_{\mathrm{trop}}$,但整周模糊度 N_0 始终是未知的,能否准确求出 N_0 就成为载波相位定位的关键问题。

8.3.3.2　载波相位相对定位

载波相位相对定位一般是使用 2 台 GPS 接收机,分别安置在 2 个测点,2 个测点的连线称为基线。通过同步接收卫星信号,利用相同卫星相位观测值的线性组合来解算基线向量在 WGS-84 坐标系中的坐标增量($\Delta x,\Delta y,\Delta z$),进而确定它们的相对位置。如果其中一个测点的坐标已知,就可以据此推算出另一个测点的坐标。

根据相位观测值的线性组合形式,载波相位相对定位又分为三种:单差法、双差法和三差法。下面我们介绍前两种。

1. 单差法

如图 8-7 所示,将安置在基线端点上的 2 台 GPS 接收机对同一颗卫星进行同步观测。

考虑到接收机到卫星的平均距离为 200 300 km,而基线的距离远小于它,可以认为基线两端点的电离层和对流层改正基本相等,消除了卫星钟差改正数 v_T。

2. *双差法*

如图 8-8 所示,将安置在基线端点上的 2 台 GPS 接收机对 2 颗卫星进行同步观测,消除了基线端点 2 台接收机的相对钟差改正数。

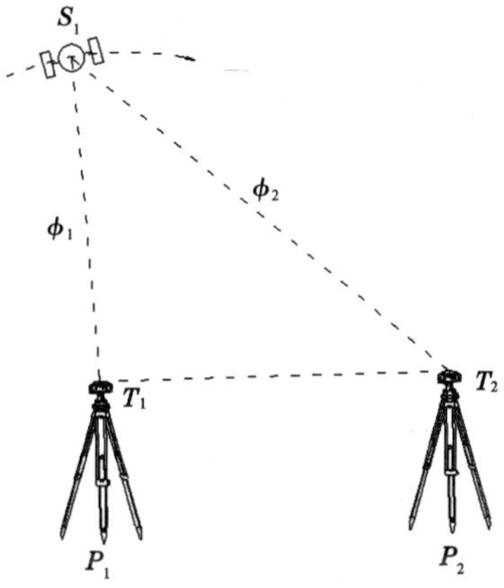

图 8-7　载波相位单差法定位

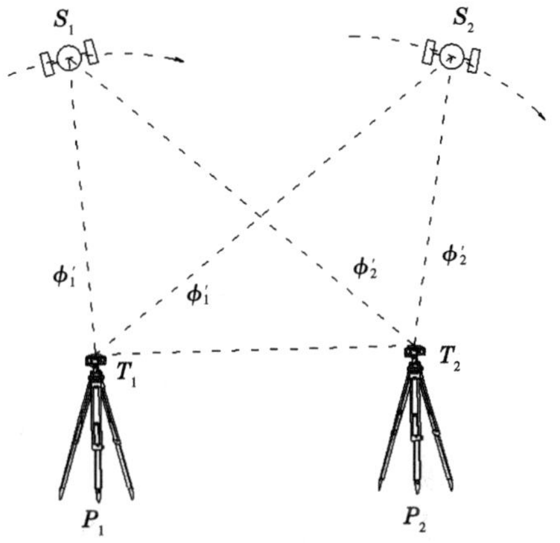

图 8-8　载波相位双差法定位

总之,载波相位定位时采用差分法,可以减少平差计算中的未知数数量,消除或减弱测站间一些共同误差的影响,提高了定位精度。

为提高相对定位精度,同步观测的时间相应较长,具体时间与基线长度、所使用的接收机类型(单频机还是双频机)和解算方法有关。

为什么这样可以提高精度呢?因为在 2 个观测站或多个观测站,同步观测相同卫星的情况下,卫星的轨道误差、卫星的钟差、接收机钟差以及电离层和对流层的折射误差等对观测量具有一样的相关性,所以利用这些观测量的不同组合进行相对定位,便可有效地消除或减弱上述误差的影响,从而提高相对定位的精度。此种伪距差分定位的方法一般也被称为经典静态相对定位法。那又为什么需要这样长的时间呢?因为在载波相位观测的数据处理中,载波相位的整周数是未知的,载波相位的整周数是精密相对定位时的一个关键值,我们把它作为待定量,在平差计算中求解,为了提高解算的可靠性,需要观测时间较长。

在高精度静态相对定位中,当仅有 2 台接收机时,一般应考虑将单独测定的基线向量联结成向量网(三角网或导线网)以增强几何度,改善定位精度。当有多台接收机时应采用网定位方式,可以检核和控制多种误差对观测量的影响,提高定位精度。

8.3.4　载波相位实时差分定位

载波相位实时差分定位技术又称 RTK(Real Time Kinematic)技术,是实时处理 2 个测站,即基准站和流动站,载波相位观测量的差分方法。此技术是将基准站采集的载波相位发给流动站进行求差解算坐标。载波相位差分可使定位精度达到厘米级。基准站和流动站差分是指采用两台 GPS 接收机,一台是基准站 GPS,另一台是用户端 GPS。原理是在已知坐标的固定点上架设一台 GPS 接收机(称基准站),通过 GPS 的定位数据和已知坐标点的数据解算出差分数据(RTCM),再通过数据链将误差修正参数实时播发出去,用户端通过数据链接收修正参数并传给 GPS 接收机(流动站),GPS 接收修正参数后和自己的定位数据进行修正解算。RTK 结构见图 8-9。

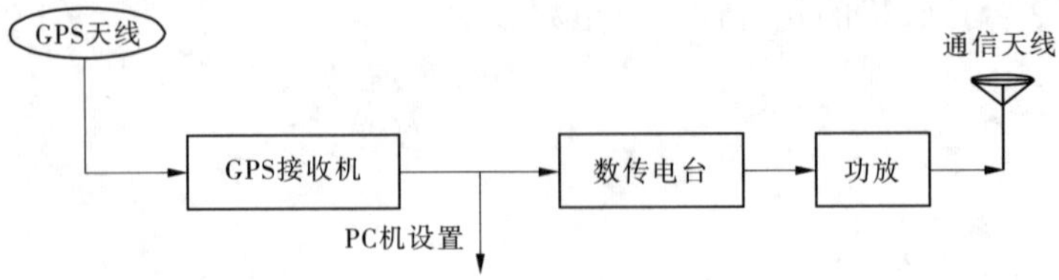

基准站结构图

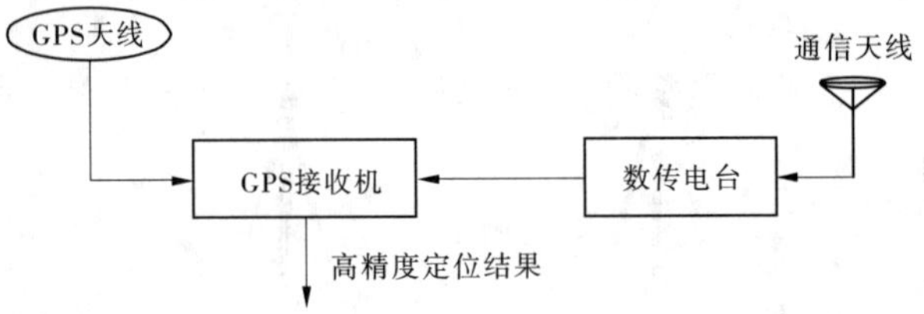

移动站结构图

图 8-9　RTK 结构图

RTK 技术系统配置如图 8-10 所示,包括以下三部分:①基准站接收机;②流动站接收机;③数据链。将基准站接收机设在具有已知坐标(也可无已知坐标,地势较高)的参考点上,连续接收所有可视 GPS 卫星信号,并将测站的坐标、观测值、卫星跟踪状态及接收机工作状态通过数据链发送出去,流动站接收机在跟踪 GPS 卫星信号的同时接收来自基准站的数据,通过 OTF(on the FLY)算法快速求解载波相位整周模糊度,通过相对定位模型获取所在点相对于基准点的坐标和精度指标。

常规控制测量如三角测量、导线测量,要求点间通视,费工费时,而且精度不均匀,外业中不知道测量成果的精度。GPS 静态相对定位测量虽然能够高精度地进行各种控制测量,但是需要长时间的采集数据,不能实时定位并知道定位精度。而用 RTK 技术进行控制测量既能实时知道定位结果,又能实时知道定位精度。这样可以大大提高作业效率。应用 RTK 技术进行实时定位可以达到厘米级的精度,因此除了高精度的控制测量仍采用 GPS 静态相对定位技术,RTK 技术可用于地形测图中的控制测量和碎部测量。

采用 RTK 技术进行测图时,仅需将流动站在要测的碎部点上放置 1~2 s 并同时输入编码,通过电子手簿或便携微机记录,在点位精度合乎要求的情况下,把一个区域内的地形地物点位测定后,回到室内或在野外用专业测图软件输出所要求的地形图。用 RTK 技术测定点位不要求点间通视,仅需一人操作,便可完成测图工作,大大提高了测图的工作效率。

采用 RTK 技术进行放样时,输入放样点坐标后,选择“放样开始”,采集手簿上显示当前点与放样点之间的关系,可以引导操作人员将仪器移动到放样点上。此技术适合困难情况下的放样工作。

(a) 基准站和电台　　(b) 移动站　　(c) 手簿

图 8-10　RTK 系统配置

8.4　GPS 测量实施

GPS 测量与经典大地测量工作相类似，按其性质可分为外业和内业。其中：外业工作主要包括选点、建立观测标志、野外数据采集以及成果质量检核等；内业工作主要包括 GPS 测量的技术设计、数据处理以及技术总结等。GPS 测量实施的工作程序，大体可分为以下几个阶段：技术设计、选点与建立标志、外业数据采集、成果检核与数据处理。

考虑到目前 GPS 测量中普遍采用的是精密定位的方法，所以我们重点介绍实施这种高精度 GPS 测量工作的基本程序与作业模式。

8.4.1　精度标准

GPS 测量控制网一般是使用载波相位表态相对定位法，即使用两台或两台以上的接收机同时对一组卫星进行同步观测。控制网的精度标准是以网中基线观测的距离误差 m_D 来定义的。

$$m_D = a + b \times 10^{-6} D \tag{8-5}$$

式中　a——距离固定误差；

b——距离比例误差；

D——基线距离。

城市及工程控制网的精度标准要求列于表 8-3。

表 8-3　城市及工程 GPS 控制网精度标准

等级	平均距离(km)	a(m)	b(1×10^{-6})	最弱边相对中误差
二等	9	≤10	≤2	1/120 000
三等	5	≤10	≤5	1/80 000
四等	2	≤10	≤10	1/45 000
一级	1	≤10	≤10	1/20 000
二级	<1	≤15	≤20	1/10 000

8.4.2　网形要求

8.4.2.1　网形设计的原则

(1)GPS 网一般应通过独立观测边构成闭合图形,例如三角形、多边形或附合路线,以增加检核条件,提高网的可靠性。

(2)GPS 网点应尽量与原有地面控制网点相重合。重合点一般不应少于 3 个(不足时应联测)且在网中均匀分布,以便可靠地确定 GPS 网与地面网之间的转换参数。

(3)GPS 网点应考虑与水准点相重合,而非重合点一般应根据要求以水准测量方法(或相当精度的方法)进行联测,以便为大地水准面的研究提供资料。

(4)为了便于观测和水准联测,GPS 网点一般应设在视野开阔和容易到达的地方。

(5)为了便于用经典方法联测或扩展,可在网点附近布设一通视良好的方位点,以建立联测方向。方位点与观测站的距离,一般应大于 300 m。

根据 GPS 测量的不同用途,GPS 网的独立观测边均应构成一定的几何图形。

8.4.2.2　三角形网

GPS 网中的三角形边由独立观测边组成。根据经典测量可知,这种图形的几何结构强,具有良好的自检能力,能够有效的发现观测成果的粗差,以保障网的可靠性。同时,经平差后网中相邻点间基线向量的精度分布均匀。但其观测工作量较大,尤其当接收机的数量较少时,将使观测工作的总时间大为延长,因此,通常只有当网的精度和可靠性要求较高,接收机数目在 3 台以上时,才单独采用这种图形。如图 8-11 所示。

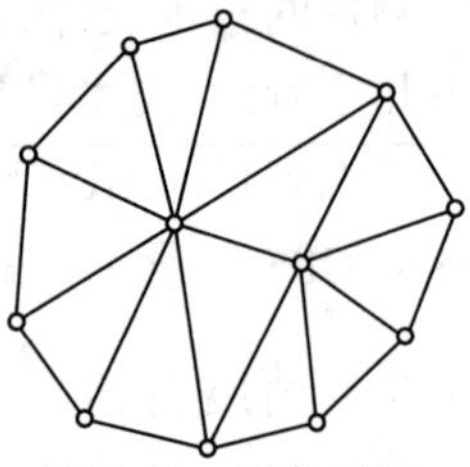

图 8-11　三角形网

8.4.2.3　环形网

环形网是由若干含有多条独立观测边的闭合环所组成的网,这种网形与经典测量中的导线网相似,图形的结构比三角形稍差。此时闭合环中所含基线边的数量决定了网的自检能力和可靠性。一般来说,闭合环中包含的基线边不能超过一定的数量。根据有关规范,对闭合环中基线的边数有以下限制:环形网的优点是观测工作量较小,且具有较好的自检性和可靠性;其缺点主要是非直接观测的基线边(或间接边)精度较直接观测边低,相邻点间的基线精度分布不均匀。作为环形网特例,在实际工作中还可以按照网的用途和实际的情况,采用附合线路。这种附合线路与经典测量中的附合导线相似。采用这种图形的条件是,附合线路两端点间的已知基线向量,必须具有较高的精度,另外,附合线路所包含的基线边数也不能超过一定的限制。如图8-12所示。

8.4.2.4 星形网

星形网的几何图形简单,但其直接观测边之间,一般不构成闭合图形,所以其检验与发现粗差的能力较差。这种网的主要优点是观测中通常只需要2台GPS接收机,作业简单。因此,在快速静态定位和动态定位等快速作业模式中,大多采用这种网形。它广泛用于工程放样、边界测量、地籍测量和碎部测量等。如图8-13所示。

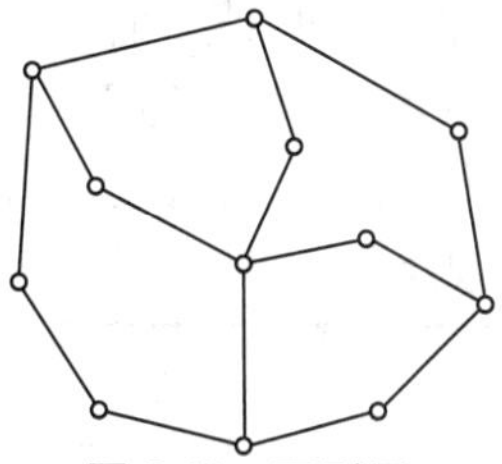

图8-12 环形网

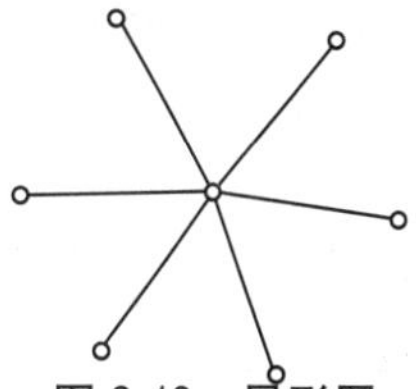

图8-13 星形网

三角形网和环形网是大地测量和精密工程测量中普遍采用的两种基本图形。用户还可以根据实际情况采用上述两种图形的混合网形。

8.4.2.5 选点

由于GPS测量观测站之间无需相互通视,而且网的图形结构也比较灵活,所以选点工作远较经典控制测量的选点工作简便。选点工作通常应遵守的原则如下:

(1)观测站(即接收天线安置点)应远离大功率的无线电发射台和高压输电线,以避免其周围磁场对GPS卫星信号的干扰。接收机天线与其距离一般不得小于200 m。

(2)观测站附近不应有大面积的水域或对电磁波反射(或吸收)强烈的物体,以减弱多路径效应的影响。

(3)观测站应设在易于安置接收设备的地方,且视野开阔。在视场内周围障碍物的高度角,一般为10°~15°,以减弱对流层折射的影响。

(4)观测站应选在交通方便的地方,并且便于用其他测量手段联测和扩展。

(5)对于基线较长的GPS网,还应考虑观测站附近是否具有良好的通信设施(电话与电报、邮电)和电力供应,以供观测站之间的联络和设备用电。

(6)点位选定后(包括方位点),均应按规定绘制点位注记,其主要内容应包括点位及点位略图、点位的交通情况以及选点情况等。

根据需要在GPS点大约300 m附近建立与其通视的方位点,以便在必要时采用常规经典的测量方法进行联测。

点位选好后,在对点位进行编号时必须注意点位编号的合理性,在野外采集时输入的观测站名是由4个任意输入的字符组成的,为了在测后处理时方便及准确,必须不使点号重复。

8.4.2.6 埋石

在GPS测量中,网点一般应设置在具有中心标志的标石上,以精确标志点位。具体标石的设置可参照有关规范,对于一般的控制网,只需要采用普通的标石或在岩层上做标志。

8.4.3 观测要求

在同步观测中,测站从开始接收卫星信号到停止数据记录的时段称为观测时段;卫星与接收机天线的连接相对水平面的夹角称卫星高度角,卫星高度角太小时不能进行观测;反映一组卫星与测站所构成的几何图形形状与定位精度关系的数值称为点位图形强度因子 PDOP,有时也把它称为精度因子。它的大小与观测卫星高度角的大小以及观测卫星在空间的几何分布及变化有关。观测卫星高度角越小,分布范围越大,其 PDOP 值越小。综合其他因素的影响,当卫星高度角设置为≥ 15°时,点位的 PDOP 值不宜大于 6。为了保证观测的质量,实际上 PDOP 一般在 4 以下才能采集数据。GPS 接收机锁定一组卫星后,将自动计算出 PDOP 值并显示在液晶屏幕上。规范对 GPS 测量作业的基本要求见表 8-4。

表 8-4 静态 GPS 测量作业技术规定

等级	二等	三等	四等	一级	二级
卫星高度角(°)	≥15°	≥15°	≥15°	≥15°	≥15°
PDOP	≤6	≤6	≤6	≤6	≤6
有效观测卫星数	≥4	≥4	≥4	≥4	≥4
平均重复设站数	≥2	≥2	≥1.6	≥1.6	≥1.6
时段长度(min)	≥90	≥60	≥45	≥45	≥45
基线平均距离(km)	300	70	15	10	5
最简独立闭合环边数	≤5	≤6	≤6	≤8	≤10
数据采样间隔(s)	10~60	10~60	10~60	10~60	10~60

注:夜间可以将观测时间缩短一半,或把距离延长一倍,大多数情况下只需对基线向量观测一个时段。为了保证观测的质量,实际上 PDOP(精度因子)一般在 4 以下才能采集数据。

总之,GPS 测量实施的主要内容包括:观测计划的拟订、仪器的选择、检核与观测工作等。作业流程图如图 8-14 所示。

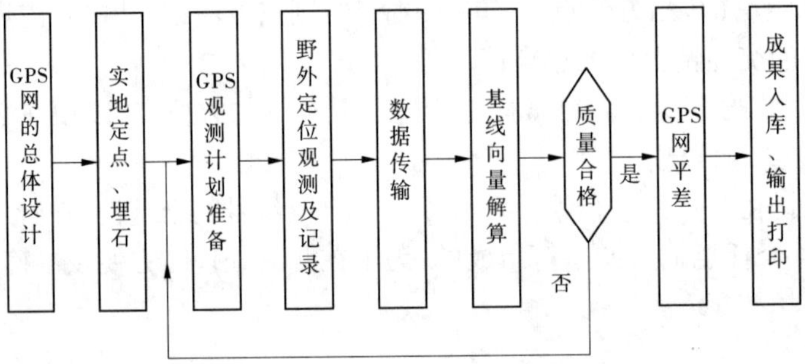

图 8-14 GPS 作业流程

8.5　使用合众思壮公司的 E640 静态 GPS 接收机进行控制测量的案例

8.5.1　合众思壮 E640 主机

E640 主机采用铝合金外壳,一体化内置接收机、GPS 天线、电池、存储器等。

E640 内置高容量可充电锂电池,充电后可支持 E640 连续工作 30 小时以上。其具有防水、防尘、抗震能力。在操作上简单易行,E640 操作界面上有 3 个按键和 3 个指示灯,如图 8-15 所示。

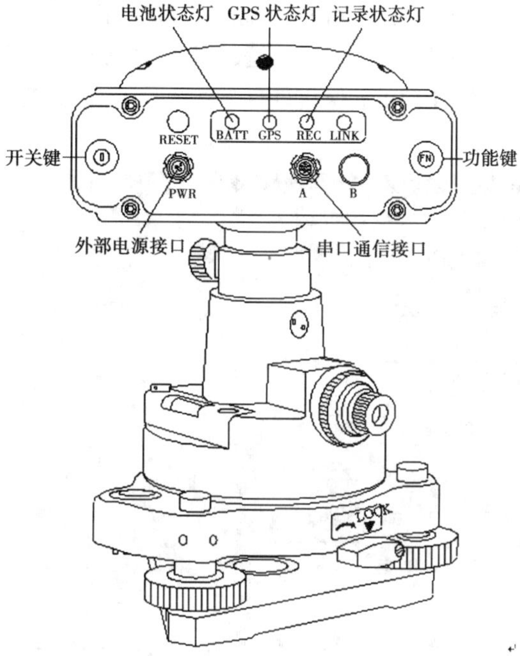

图 8-15　E640 静态 GPS 接收机

8.5.2　静态相对定位模式

8.5.2.1　作业方法

采用两台(或两台以上)E640 接收机,分别安置在一条(或数条)基线的端点,根据基线长度和要求的精度,按 E640 型 GPS 测量系统外业的要求同步观测 4 颗以上的卫星数,时段从 30 min 至几个小时不等。

8.5.2.2　作业要求

采取这种作业模式所观测的独立基线边,应构成闭合图形(如三角形、多边形),以利于观测成果的检核、增强网的强度、提高成果的可靠性和精确度。

8.5.2.3　定位精度

基线测量的精度可达($\pm 5\ \text{mm}+1\times10^{-6}\times D$),$D$ 为基线长度,单位 km。

8.5.2.4　**适用范围**

(1)建立国家大地控制网(二等或二等以下)。

(2)建立精密工程控制网,如桥梁测量、隧道测量等。

(3)建立各种加密控制网,如图根测量、道路测量、勘界测量等。

(4)观测中至少跟踪4颗卫星,同时基线边长一般不要超过15 km。

8.5.2.5　**作业范围**

控制测量及其加密:工程测量、勘界测量、地籍测量及碎部测量。

8.5.3　数据采集

8.5.3.1　**配置E640主机**

①用串口通信线缆将E640主机和PC机相连;②采用外部供电或内部锂电池供电;③开机;④安装并运行后处理软件LandTop,运行其中的“E640上位机软件”设置E640主机,界面如图8-16所示。在“E640上位机软件”中配置工具由GPS状态、设置静态、文件处理、系统信息和版本组成。

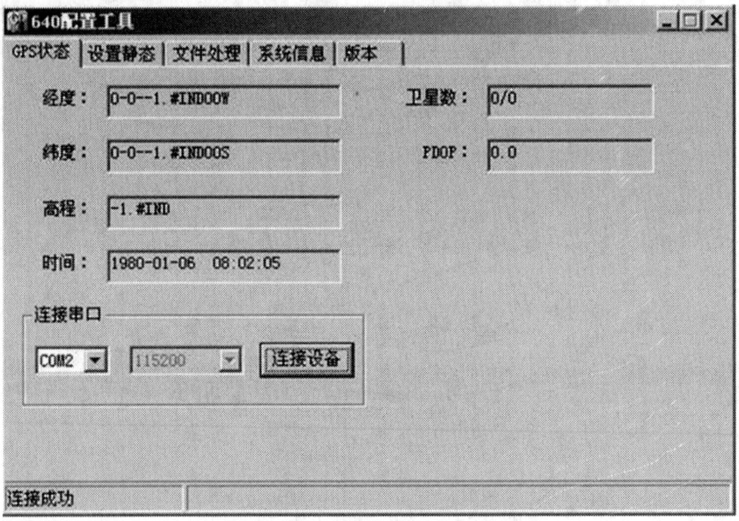

图8-16　E640配置工具

在“设置静态”中有截至仰角、PDOP、数据速率、仪器编号和记录间隔等设置。

8.5.3.2　**安置仪器**

(1)在选好的观测点上安放三脚架。注意观测站周围的环境必须符合下述条件,即远离反射源,避开电磁场干扰等。因此,安放时用户应尽量避免将接收机放在树荫和建筑物下,也不要在靠近接收机的地方使用对讲机、手机等无线电设备。

(2)取出基座,将其安放在脚架上,在测点上对中、整平基座。

(3)取出接收机,将其安放在基座上,并将其锁紧。

8.5.3.3　**量取天线高(仪器高)**

安置好仪器后,用小钢卷尺从测高片量至控制点的斜高 h,精确到mm。照此在3个互成120°的方向测量3次,3次较差不大于3 mm时,取平均值为最后结果。结束观测时,应再丈量一次天线高,以作校核。如图 8-17 所示。图中 h 为实测的控制点到测高片的斜高,$a=0.095$ m 为测高片上测高处至点中心的距离,$b=0.084$ m 为测高片上测高处至天线中心的距离,$H=\sqrt{h^2-a^2}+b$ 为天线的实际高度。

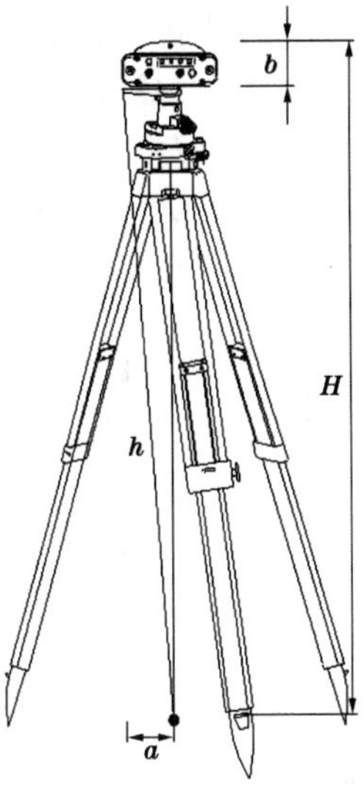

图 8-17　天线斜高的测量

8.5.3.4　启动仪器

(1)开机。确保 E640 处于关机状态,按下Ⓘ键(持续时间大于 2 s),直到听见“嘀”一声,放开Ⓘ键。此时 3 个绿色灯同时点亮,然后熄灭。

(2)确保 E640 接收到 3 颗以上的卫星信息,即 GPS 状态灯连续闪烁 3 次以上。

(3)启动数据记录。确保 E640 处于开机和非记录数据状态。按Ⓕⓝ键(持续时间大于 3 s,每秒 E640 就会“嘀”一声),放开Ⓕⓝ键,E640 会再“嘀”一声。此时记录状态灯快速闪烁,开始记录数据。

(4)测量员此时记录测站点名、时间段、仪器号和仪器高。

(5)数据采集时间段大于 60 min 后,按Ⓕⓝ键(持续时间大于 3 s,每秒 E640 就会“嘀”一声),放开Ⓕⓝ键,E640 会再“嘀”一声。记录状态灯熄灭,停止记录数据,可迁站或关机。关机严格按照下面步骤进行,按下Ⓘ键(持续时间大于 3 s),直到听见“嘀”三声,放开Ⓘ键。3 个指示灯闪烁直至熄灭,关机成功。

8.5.4　数据处理

8.5.4.1　数据导出到 PC 机

用串口通信线缆将 E640 主机和 PC 机相连,运行“E640 上位机软件”,操作方式同配置 E640 主机一样。点击“文件处理”,出现如图 8-18 所示的界面。点击“下载”将 E640 主机内存储的数据导入 PC 机中(指定文件下载路径)。

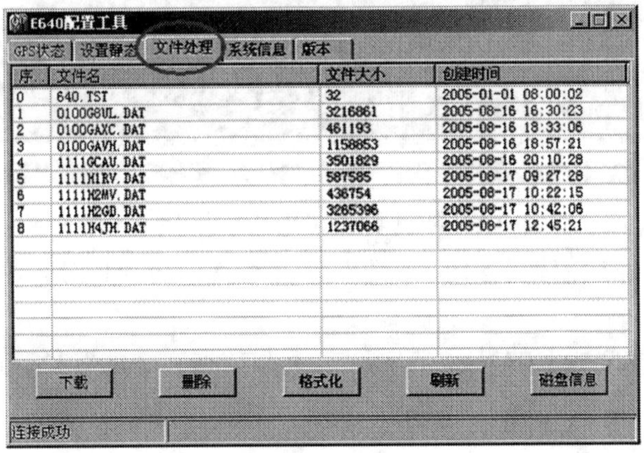

图 8-18　E640 上位机软件中的“文件处理”菜单

8.5.4.2　**启动后处理软件解算测量数据**

(1)点击图标启动 GPS 后处理软件,出现如图 8-19 所示的“新建项目”界面。输入“项目名称”,确定项目存放的路径,完成项目建立。

图 8-19　“新建项目”界面

(2)在“GPS 后处理软件主页面”中点击“文件”,在其下拉菜单中点击“导入”,如图 8-20 所示。

图 8-20　GPS 后处理软件主页面

(3)进入“导入原始数据”界面,如图 8-21 所示,在此界面选择“易测文件格式”并确定。

(4)进入如图 8-22 所示的界面,选择存放下载数据文件的路径,打开数据文件,选择数据文件,打开。

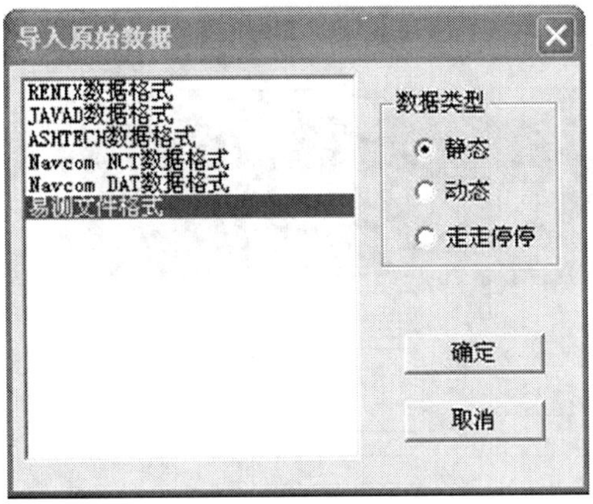

图 8-21　导入原始数据

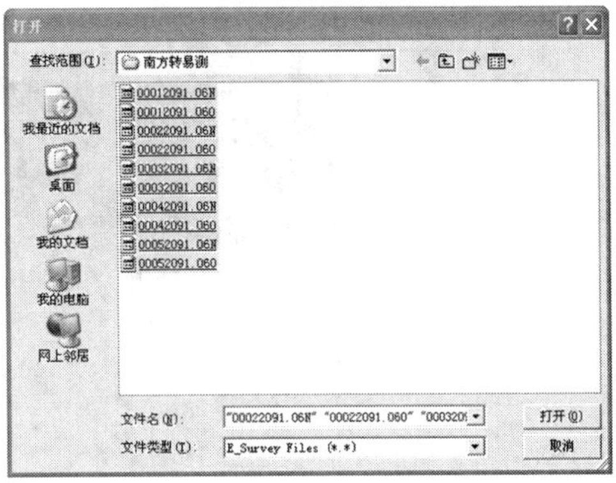

图 8-22　打开数据文件

(5)进入如图 8-23 所示的"导入预处理"界面,在此界面可以修改"名称"等。在修改点名称后点击确定,进入图 8-24 所示的界面,在此界面点击"观测站点"中的某一已知点,在其点亮处点击右键后选择"属性"。选择"已知点坐标",输入 x,y,H,并把约束选项选中,点击确定。此案例设 07 点为已知点,$x=932.368$ m,$y=988.416$ m,$H=29.747$ m。

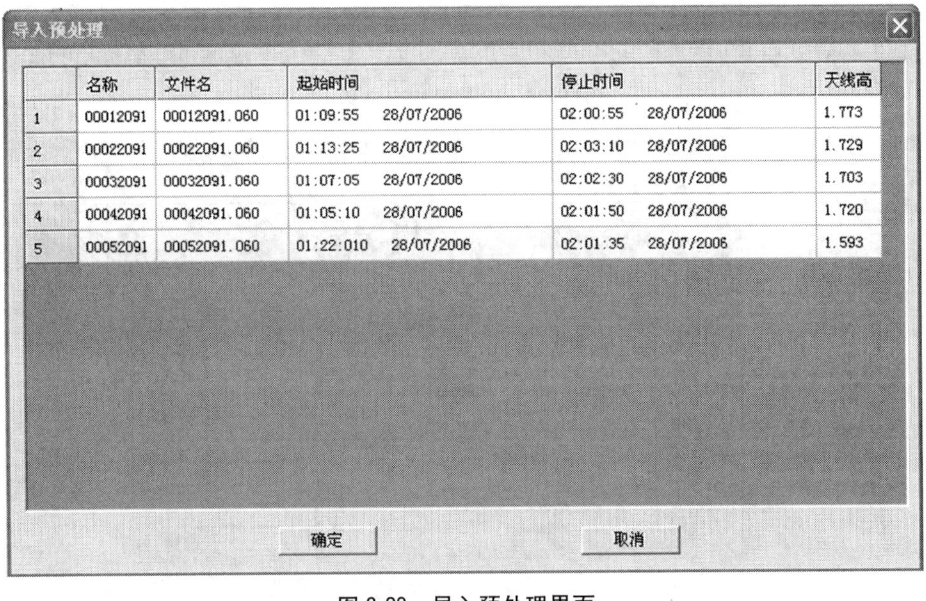

图 8-23　导入预处理界面

(6)进入如图 8-25 所示的"网平差设置",在"重置中央子午线"中输入当地的子午线的经度,此案例为 117°,并确定。

(7)点击"网平差"菜单下的"进行网平差",GPS 后处理软件进行平差后,点击"报告"菜单下的"网平差报告",得出此案例中的各测量点的坐标和高程。如图 8-26 所示。

表 8-5、表 8-6 是网平差报告生成的 Word 文档资料。

图 8-24　输入已知点坐标

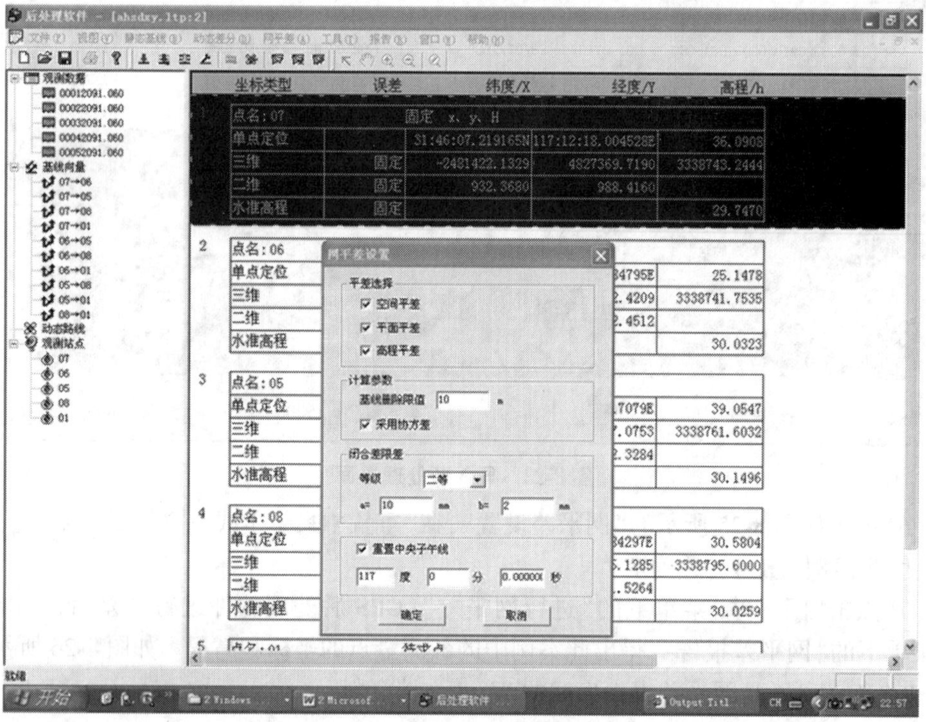

图 8-25　网平差设置

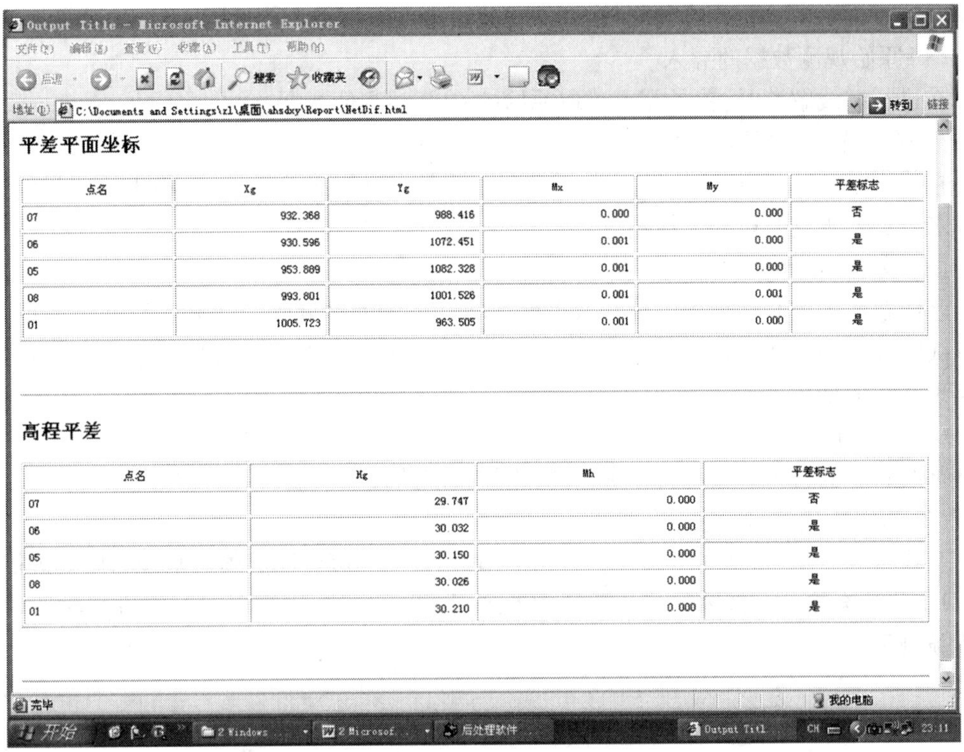

图 8-26 平差报告

表 8-5 平差平面坐标

点名	X_g	Y_g	M_x	M_y	平差标志
07	932.368	988.416	0.000	0.000	否
06	930.596	1 072.451	0.001	0.000	是
05	953.889	1 082.328	0.001	0.000	是
08	993.801	1 001.526	0.001	0.001	是
01	1 005.723	963.505	0.001	0.000	是

表 8-6 高程平差

点名	H_g	M_h	平差标志
07	29.747	0.000	否
06	30.032	0.000	是
05	30.150	0.000	是
08	30.026	0.000	是
01	30.210	0.000	是

每一个厂商所生产的接收机都会配备相应的数据处理软件，它们的使用方法有各自

不同的特点,但是,无论是哪种软件,它们在使用步骤上却是大体相同的。

(1)原始观测数据的导入。

在进行基线解算时,首先需要读取原始的 GPS 观测值数据。

(2)外业输入数据的检查与修改。

在读入了 GPS 观测值数据后,就需要对观测数据进行必要的检查,检查的项目包括:测站名、点号、观测时段和天线高等。

(3)设定基线解算的控制参数。

基线解算的控制参数用以确定数据处理软件采用何种处理方法来进行基线解算,设定基线解算的控制参数是基线解算时的一个非常重要的环节。通过控制参数的设定,可以实现基线的精化处理。

(4)基线解算。

基线解算的过程一般是自动进行的,无需过多的人工干预。

(5)基线质量的检验。

基线解算完毕后,基线结果并不能马上用于后续的处理,还必须对基线的质量进行检验,只有质量合格的基线才能用于后续的处理,如果不合格,则需要对基线进行重新解算或重新测量。

8.6 GPS 定位的误差源

我们在利用 GPS 进行定位时,会受到各种各样因素的影响。影响 GPS 定位精度的因素可以依据其具体来源分为以下四大类。

8.6.1 与 GPS 卫星有关的因素

8.6.1.1 SA

美国政府从其国家利益出发,通过降低广播星历精度(技术)、在 GPS 基准信号中加入高频抖动等方法,人为降低普通用户利用 GPS 进行导航定位时的精度。SA 的目的是对不同的用户提供不同精度的定位服务。

8.6.1.2 卫星星历误差

在进行 GPS 定位时,是将 GPS 卫星当作动态的已知点,而计算在某时刻 GPS 卫星位置所需的卫星轨道参数是通过广播星历和精密星历提供的,但不论采用哪种种类的星历,所计算出的卫星位置都会与其真实位置有所差异,这就是所谓的星历误差。

8.6.1.3 卫星钟差

卫星钟差是 GPS 卫星上所安装的原子钟的钟面时与 GPS 标准时之间的误差。

8.6.1.4 卫星信号发射天线相位中心偏差

卫星信号发射天线相位中心偏差是 GPS 卫星上信号发射天线的标称相位中心与其真实相位中心之间的差异。

8.6.2 与传播途径有关的因素

8.6.2.1 电离层延迟

由于地球周围的电离层对电磁波的折射效应,使得 GPS 信号的传播速度发生变化。

8.6.2.2 对流层延迟

由于地球周围的对流层对电磁波的折射效应,使得 GPS 信号的传播速度发生变化。

8.6.2.3 多路径效应

由于接收机周围环境的影响,使得接收机所接收到的卫星信号中还包含有各种反射和折射信号的影响,这就是所谓的多路径效应。

8.6.3 与接收机有关的因素

8.6.3.1 接收机钟差

接收机钟差是 GPS 接收机所使用的钟的钟面时与 GPS 标准时之间的差异。

8.6.3.2 接收机天线相位中心偏差

接收机天线相位中心偏差是 GPS 接收机天线的标称相位中心与其真实的相位中心之间的差异。

8.6.3.3 接收机软件和硬件造成的误差

在进行 GPS 定位时,定位结果还会受到诸如处理与控制软件和硬件等的影响。

8.6.4 其他因素

8.6.4.1 GPS 控制部分人为或计算机造成的影响

由于 GPS 控制部分的问题或用户在进行数据处理时引入的误差等。

8.6.4.2 数据处理软件的影响

数据处理软件的算法不完善对定位结果的影响。

8.7 网络 GPS 简介

VRS(Virtual Reference Station)的意思是虚拟参考站,它代表 GPS 的网络 RTK 技术。它的出现将使一个地区的所有测绘工作成为一个有机的整体,结束以前 GPS 作业单打独斗的局面。同时,它将大大扩展 RTK 的作业范围,使 GPS 的应用更广泛、精度和可靠性得到进一步提高,使从前许多 GPS 无法完成的任务成为可能。最重要的是,在具备了上述优点的同时,建立 GPS 网络使用户成本得到极大的降低。在过去的几年里,很多厂家花了大量的人力物力来进行这项代表着 GPS 发展方向技术的研究。

8.7.1 RTK 技术的局限性

自 20 世纪 90 年代初,由 Trimble 公司率先开发的这项技术一经问世,极大地拓展了 GPS 的使用空间,使 GPS 从只能做控制测量的局面中摆脱出来,而开始广泛运用于工程测量和地形测量。直到今天,如果没有 VRS 的出现,RTK 技术仍代表着高精度 GPS 的最高水平。

但 RTK 技术有着一定局限性,使得其在应用中受到限制,主要表现为:

(1)用户需要架设本地的参考站。

(2)误差随距离增长。

(3)误差增长使流动站和参考站距离受到限制(<15 km)。

(4)可靠性和可行性随距离降低。

而 VRS 技术最大意义在于,它将克服以上的局限性,扩展 RTK 的作业距离。

8.7.2 VRS 系统组成及工作原理

VRS 的出现得益于现代高科技的发展,这种全新的 RTK 定位方法从根本上提高了作业效率和测量的质量。它不再要求建立基准站从而可以节省时间,也节约了投资,还消除了不精确的控制点所产生的误差传播。

VRS 系统包括 3 个部分,分别是控制中心、固定站和用户部分。

8.7.2.1 控制中心

它是整个系统的核心,既是通信控制中心,也是数据处理中心。它通过通信线与所有的固定参考站通信;通过无线网络(CDMA、GPRS、3G)与移动用户通信。

8.7.2.2 固定站

固定参考站是固定的 GPS 接收系统,分布在整个网络中,一个 VRS 网络可包括无数个站,但最少要 3 个站,站与站之间的距离可达 70 km。固定站与控制中心之间由通信线相连,数据实时地传送到控制中心。

8.7.2.3 用户部分

用户部分就是用户的接收机,加上无线通信的调制解调器。根据自己的不同需求,放置在不同的载体上,如:汽车、飞机、农业机械和挖掘机等,当然测量用户也可以把它背在肩上。接收机通过无线网络将自己初始位置发给控制中心,并接收中心的差分信号,生成厘米级的位置信息。

VRS 网络中,各固定参考站不直接向移动用户发送任何改正信息,而是将所有的原始数据通过数据通信线发给控制中心。同时,移动用户在工作前,先通过 GSM 的短信息功能向控制中心发送一个概略坐标,控制中心收到这个位置信息后,根据用户位置,由计算机自动选择最佳的一组固定基准站,根据这些站发来的信息,整体的改正 GPS 的轨道误差,电离层、对流层和大气折射引起的误差,将高精度的差分信号发给移动站。这个差分信号的效果相当于在移动站旁边,生成一个虚拟的参考基站,从而解决了 RTK 作业距离上的限制问题,并保证了用户的精度。

VRS 技术的出现,标志着高精度 GPS 的发展进入了一个新的阶段。这种技术,集计算机网络管理技术、Internet 技术、无线通信技术和 GPS 定位技术于一身,应用了最先进的多基站 RTK 算法,得到高精度的定位要求,是 GPS 技术的突破。它必将使 GPS 的应用领域得以极大的扩展。我们认为未来 2 至 3 年,GPS 网络建设将高速发展,而这种 GPS 网络 RTK 技术,将代表着 GPS 发展的方向。

思考与练习题

1. 简述GPS的特点是什么？GPS系统的组成部分有哪些？

2. 现在有几个卫星定位系统？

3. “GPS”和“伽利略”各有几颗工作卫星？它们距离地表的平均高度各是多少？我国参与了哪个系统的技术合作？我国自己的卫星定位系统的名称是什么？它与其他定位系统在原理上有区别吗？

4. 为什么称接收机测得的工作卫星至接收机的距离为伪距？

5. 什么是同步观测？什么是卫星高度角？什么是几何图形强度因子PDOP？

6. GPS定位原理是什么？

7. 载波相位相对定位的单差法和双差法各可以消除什么误差？

8. 什么是单差法、什么是双差法？它是怎样提高精度的？静态相对定位法为什么需要较长的观测时间？简述静态相对定位的方法。

9. 测定地面一点在WGS-84坐标系中的坐标时，GPS接收机为什么要接收至少4颗工作卫星的信号。

10. 简述RTK的组成和定位流程。

11. RTK进行测量时，基准站是否一定要安置在已知点上？

12. 简述VRS的工作原理。

第9章　大比例尺地形图的测绘

【本章提要】

本章以大比例尺地形图为主,介绍了地形图的基本知识。重点讲述大比例尺地形图的传统测绘方法及地籍测量简介。

9.1　地理信息与地理空间数据

9.1.1　信息与数据

信息包括信号、数据、情报和知识等。可简单地描述为客观事物在人们头脑中的反映。

数据是对某种情况的记录,包括数值数据和非数值数据两种。后者如各种图像、表格、文字和特殊符号等。而信息则是经过加工处理后的数据,它是一种资源。

9.1.2　地理信息

地理信息是指研究对象的空间地理分布有关的信息。它是表示地表物体及环境固有的数量、质量、分布特征、属性、规律和相互联系的数字、文字、音像和图形等的总称。

地理信息不仅包含研究实体的地理空间位置、形状,还包括对实体特征的属性描述。

9.1.3　地理空间数据

地理空间数据就是指人们通过测量所得到的地球表面上地物和地貌空间位置的数据。如地图是由形象符号表示的地球表面在平面上的图形。地图就是地理空间数据最直观、最易被人们认识和使用的形式之一。

9.2　地形图的基本知识

地形图是地图的一种,它是按一定的比例和规定的符号表示地物、地貌的图件,是正射投影图。

现就地形图上几个重要的信息,如比例尺、地物符号、地貌符号加以介绍。

9.2.1　地形图的比例尺

地形图上任意一线段长度与实地相应长度之比,称为地形图的比例尺。

9.2.1.1　比例尺的种类

1. 数字比例尺

数字比例尺一般如图9-1中1:1 000形式表示。数字比例尺通常位于图幅下方正中处。

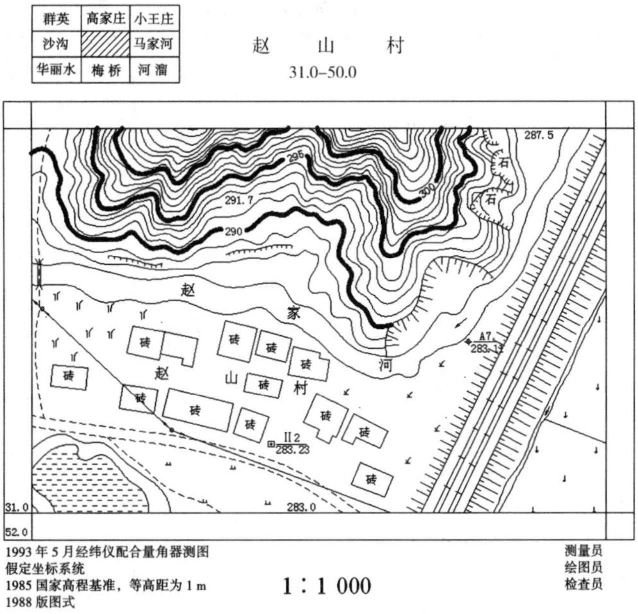

图 9-1　1:1 000 地形图

2. 图示比例尺

为了用图方便，避免或减小由图纸伸缩而引起的误差，在绘制地形图时，通常也同时绘制图示比例尺，如图 9-2 所示。它是 1:2 000 的图示比例尺，其基本单位为 2 cm，所表示的实地长度应为 40 m，分成 10 等份后，每等份 2 mm 所表示的实地长度即为 4 m。图示距离等于实地 118 m。

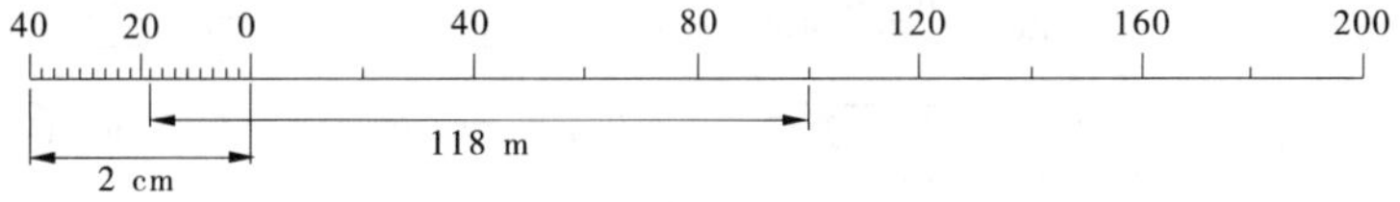

图 9-2　图示比例尺

9.2.1.2　比例尺的精度

由于正常人眼睛在图纸上的分辨率为 0.1 mm，因此，地形图上 0.1 mm 所代表的实地距离，称为比例尺的精度。

表 9-1 为各种不同比例尺的精度，可见比例尺越大，表示地物和地貌的情况越详细，精度就越高。反之，比例尺越小，表示地面情况就越简略，精度就越低。

表 9-1　不同比例尺的精度

比例尺	1:500	1:1 000	1:2 000	1:5 000	1:10 000
比例尺精度(m)	0.05	0.10	0.20	0.50	1.00

9.2.2　地物符号

地物符号根据地物的大小、测图比例尺和描绘方法的不同，可分为以下几类，如表 9-2 所示。

表 9-2 地物和地貌符号

编号	符号名称	1:500 1:1 000	1:2 000
1	GPS控制点	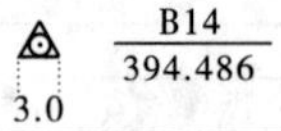	
2	三角点 凤凰山——点名 394.486——高程	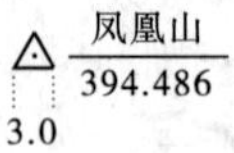	
3	导线点 I16——等级、点名 84.46——高程	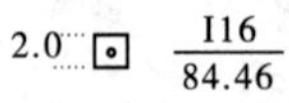	
4	埋石图根点 16——点名 84.46——高程	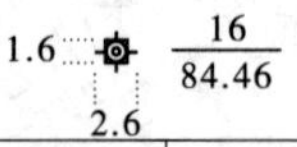	
5	一般房屋 混——房屋结构 3——房屋层数		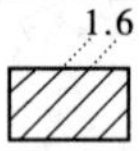
6	简单房屋	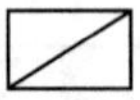	
7	建筑中的房屋		
8	架空房屋	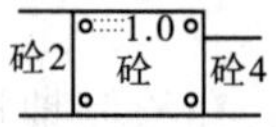	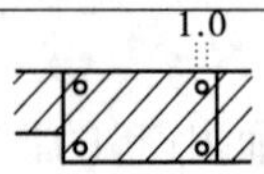
9	廊房	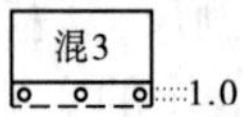	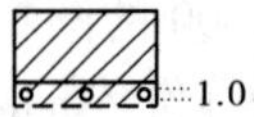
10	台阶	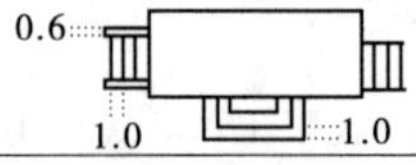	
11	体育场	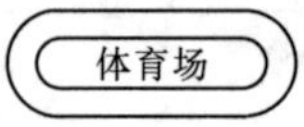	
12	过街天桥	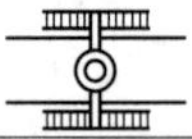	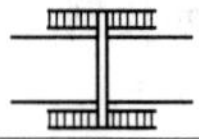
13	高速公路 a——收费站 0——技术等级代码	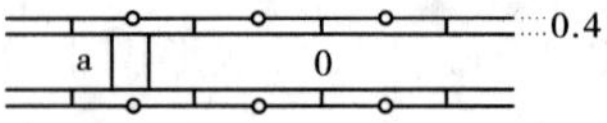	
14	等级公路 2 技术等级代码 G326——国道路线编码	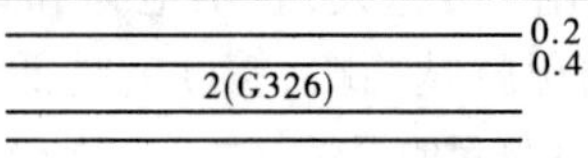	
15	乡村路 a.依比例尺的 b.不依比例尺的 c.小路	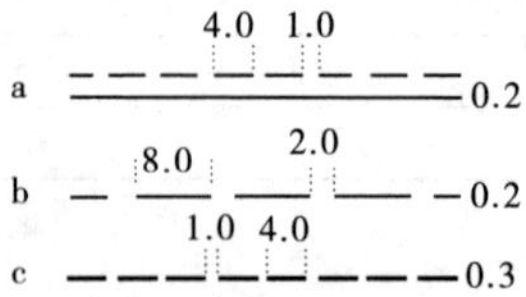	
16	场 地		
17	旱地	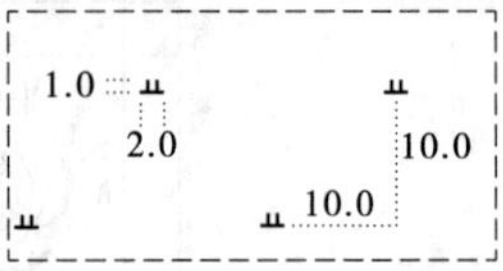	
18	花圃	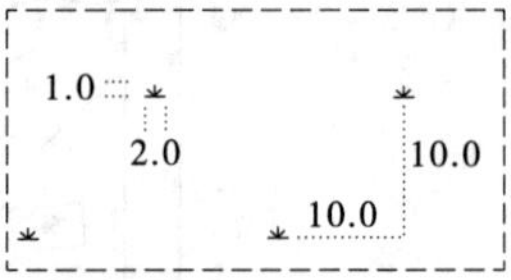	
19	林地	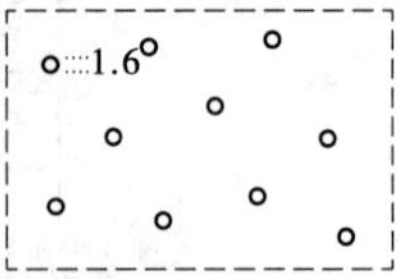	
20	人工草皮	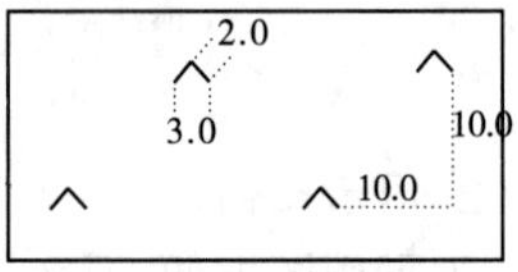	
21	稻田	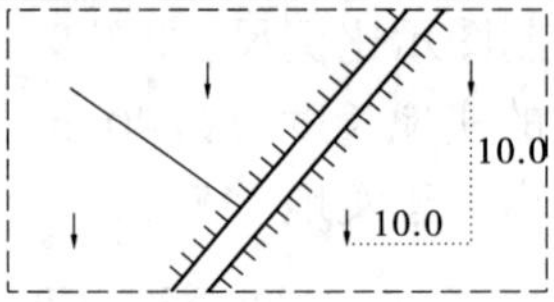	
22	喷水池		
23	等高线 a.首曲线 b.计曲线 c.间曲线	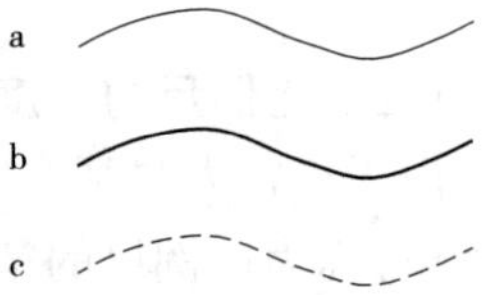	
24	地貌表示		
25	梯田坎	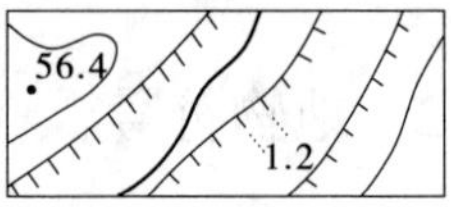	

9.2.2.1 比例符号

将地物的形状和大小依比例尺缩绘在图上,称为比例符号。

9.2.2.2 非比例符号

用规定的符号表示有些地物,其形状和大小不依比例绘出,如三角点、水准点、独立树、里程牌和钻孔等,这种符号称为非比例符号。

9.2.2.3 线形符号

其长度依比例尺缩绘,而宽度不依比例绘制的符号,称为半比例符号,如道路、通信线、管道、垣栅等。

9.2.2.4 注记符号

用文字、数字或特有符号对地物加以说明,称为地物注记符号。

9.2.3 地貌符号——等高线

地貌是指地表面的高低起伏状态,它包括山地、丘陵和平原等。在地形图上表示地貌的方法主要是用等高线和一些规定的符号加以描绘。用等高线表示地貌,不仅能表示地面的起伏形态,还能表示地面的坡度和地面点的高程。

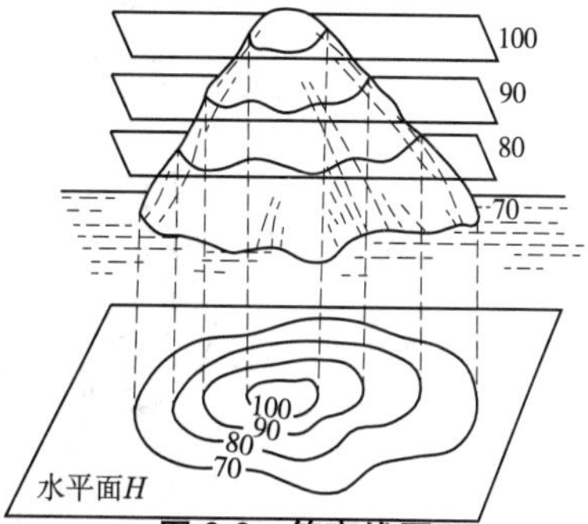

图9-3 等高线图

9.2.3.1 等高线概念

等高线是高程相等的相邻点连成的闭合曲线。如图9-3所示,有一座位于平静湖水中的小山头,山顶被湖水恰好淹没时的水面高程为100 m,假设水位下降了10 m,此时水面与山坡就有一条交线,而且是闭合曲线,曲线上各点的高程是相等的,这就是高程为90 m的等高线。当水位每下降10 m时,山坡周围就分别留下一条交线,这就是高程为80 m、70 m的等高线,将这些交线投影到水平面*H*上,再按规定的比例尺缩绘到图纸上,就可得到用等高线表示这一山头的地貌图。

9.2.3.2 等高距和等高线平距

相邻等高线之间的高差称为等高距,常以*h*表示。图9-3中的等高距为10 m。在同一幅地形图上,等高距是相同的。

相邻等高线之间的水平距离称为等高线平距,常以*d*表示。因为同一地形图上的等高距是相同的,所以等高线平距*d*的大小将反映地面坡度的变化。如图9-4所示,地面上*AB*段的坡度大于*CD*段,其等高线平距*ab*就小于*cd*;相反,地面上*CD*段的坡度小于*AB*段,从图上明显看出:*CD*段的平距大于*AB*段的平距。

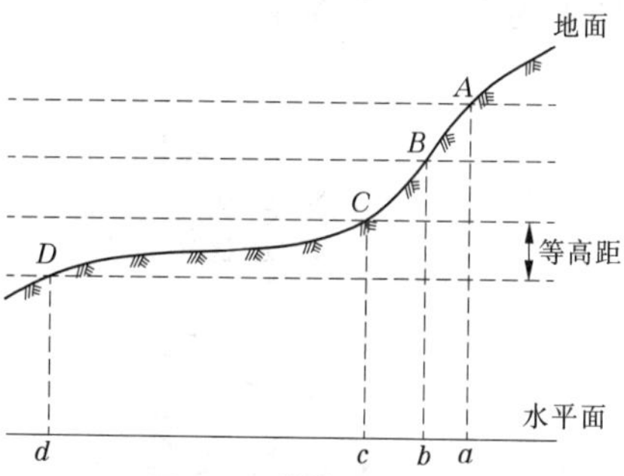

图9-4 等高距和平距

由此可见,等高线平距愈小,地面坡度就愈大;平距愈大,则坡度愈小;平距相等,则坡度相同。因此,我们可以根据地形图上等高线的疏密来判定坡度的缓陡。

9.2.3.3　**典型地貌的等高线**

地面上地貌的形态是多样的，对它进行仔细分析后，就会发现它们不外乎是山丘、洼地、山脊、山谷、鞍部等几种典型地貌的综合形态。了解和熟悉用等高线表示典型地貌的特征，将有助于识读、应用和测绘地形图。

1. 山丘、洼地及其等高线

图 9-5(a)为洼地及其等高线，图 9-5(b)为山丘及其等高线。山丘和洼地的等高线都是一组闭合曲线。在地形图上区别山丘及洼地的方法是：凡是内圈等高线的高程注记大于外圈者为山丘，小于外圈者为洼地。如果没有高程注记，则用示坡线来表示。

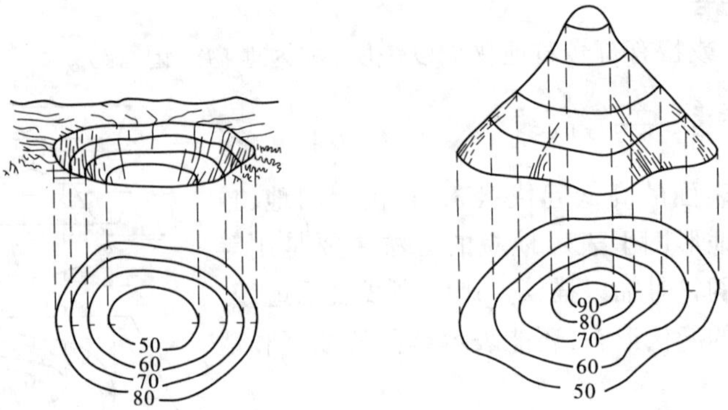

(a)洼地及其等高线　　(b)山丘及其等高线

图 9-5　山丘、洼地及其等高线

2. 山脊、山谷及其等高线

山的凸棱由山顶延伸至山脚者称为山脊。山脊最高的棱线称为山脊线，因雨水以山脊线为界流向山体两侧，故山脊线又称分水线。

山脊等高线表现一组凸向低处的曲线，如图 9-6(a)所示。图中点划线是山脊线。相邻两山脊之间的凹部称为山谷，其两侧叫谷坡，两谷坡相交部分叫谷底。而谷底最低点的连线称为山谷线，或称集水线。如图 9-6(b)所示，山谷等高线表现为一组凸向高处的曲线，图中的虚线是山谷线。

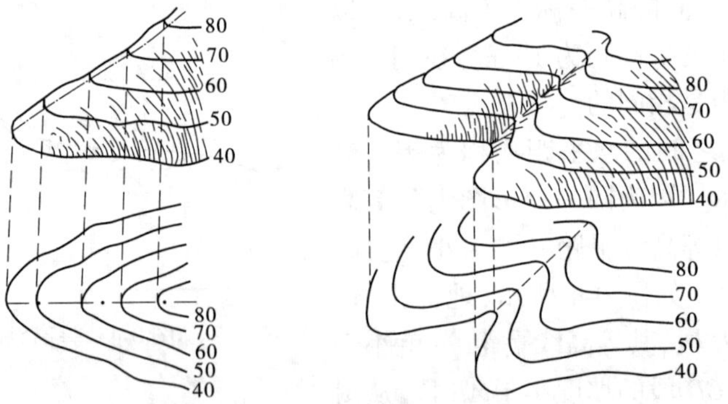

(a)山脊及其等高线　　(b)山谷及其等高线

图 9-6　山脊、山谷及其等高线

3. 鞍部

相邻两山头之间呈马鞍形的低凹部位称为鞍部，如图 9-7 所示。鞍部往往是山区道路必经之地，又称垭口。

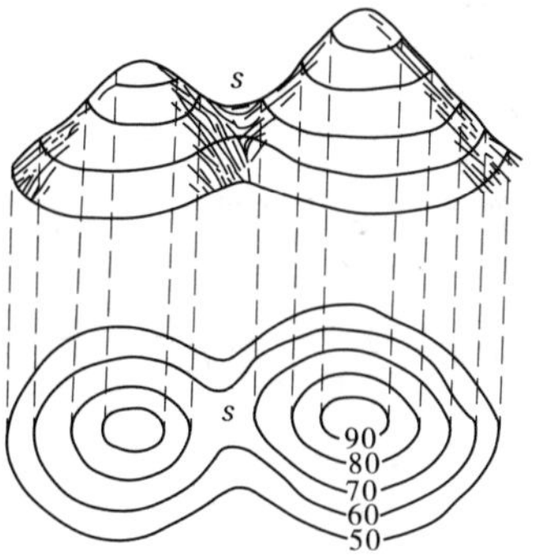

图 9-7 鞍部及其等高线

图 9-8 综合地貌和等高线

4. 陡崖

陡崖是坡度在 70°以上的陡峭崖壁，有石质和土质之分，如图 9-8 所示。陡崖采用特定符号来表示，符号的画法可参见《地形图图式》。

9.2.3.4 等高线的分类

1. 首曲线

在同一幅地形图上，按规定的等高距绘制的等高线称为首曲线，也称基本等高线。如图 9-9 所示。

2. 计曲线

为了读图方便，每隔 4 条首曲线绘制一条粗的等高线，称为计曲线，一般取 5 倍于等高距。如图 9-9 所示。

3. 间曲线

有时只用首曲线不能明显表示局部地貌，图式规定用$\frac{1}{2}h$（h 为等高距）描绘的等高线为间曲线，在图上用长虚线描绘，如图 9-9 所示。

9.2.3.5 等高线的特性

(1)同一条等高线上，各点的高程相等。

(2)等高线是闭合曲线，如不在同一图幅内闭合，则必在图外或其他图幅中闭合。

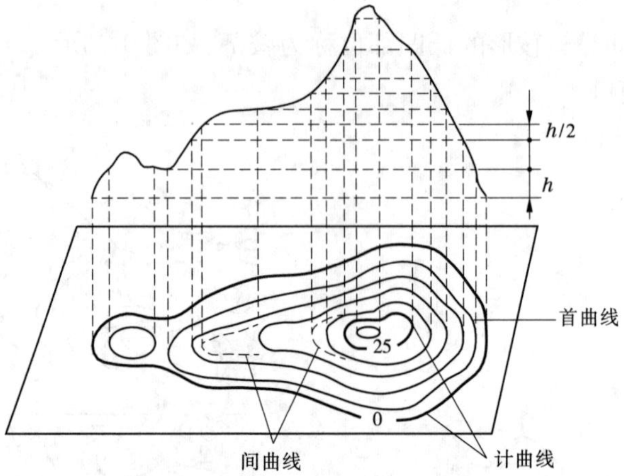

图 9-9　首曲线、计曲线、间曲线示意图

(3)不同高程的等高线不能相交。但某些特殊地貌,如陡崖等是用特定符号表示其相交或重叠。

(4)一幅地形图上等高距相等。等高线平距小表示坡度陡,平距大则表示坡度缓,平距相等则坡度相同。

(5)等高线与山脊线、山谷线成正交。

9.3　大比例尺地形图的传统测绘方法

地面上地物和地貌的特征点统称为碎部点,其平面坐标和高程测定工作称为碎部测量。

9.3.1　测图前的准备工作

测图前,除做好仪器、工具及相关数据、资料的准备工作外,还应认真准备好测图板。它包括图纸的准备、绘制坐标格网及展绘控制点等工作。

9.3.1.1　图纸准备

测绘部门采用厚度为 0.07~0.1 mm 表面磨毛后的聚酯薄膜代替图纸在野外测图。聚酯薄膜具有透明度好、伸缩性小、不怕潮湿和牢固耐用等优点,可用水洗涤以保持图面清洁,并可直接在底图上着墨复晒蓝图。但聚酯薄膜有易燃、易折和易老化等缺点,故在使用过程中应注意防火防折,并妥善保管。

9.3.1.2　绘制坐标格网

把控制点的坐标展绘在图纸上,它是碎部测量的依据,展点精度直接影响到测图的质量。因此,必须首先按规定精确地绘制坐标方格网。

测绘专用的聚酯薄膜,通常均印制有规范、精确的坐标方格网,无须自行绘制。若无坐标方格网或采用普通绘图纸进行测图,可使用坐标仪或坐标格网尺等专用仪器、工具绘制坐标方格网。若无上述专用设备,则可按下述对角线法绘制。

地形图的图幅一般分为 50 cm×50 cm 、40 cm×50 cm 或 40 cm×40 cm,要求精确绘制成 10 cm×10 cm 的直角方格网。现以绘制 50 cm×50 cm 坐标方格网为例说明,如图 9-10 所示。

先在图纸上画出两条对角线,以其交点 M 为圆心,取适当长度为半径画弧,交对角线 A,B,C,D 点,用直线相连得矩形 $ABCD$。分别从 A,B 两点起沿 AD 和 BC 方向每隔 10 cm 定点,共定出 5 点;再从 A,D 两点分别沿 AB 和 DC 方向每隔 10 cm 定点,同样定出 5 点;连接对边的相应点,即得 50 cm×50 cm 的方格网。坐标格网绘好后,应立即用直尺检查方格顶点是否在同一直线上,如图 9-10 中 ab 线,其偏离值不应超过 0. 2 mm,同时用比例尺检查各方格边长和对角线长度,方格边长应为 100 mm±0. 2 mm,对角线长度应为 141. 4 mm±0. 3 mm。误差超过允许值时,应将方格网重绘或作修改。

因绘制方格网的精度要求较高,故线条应很细(0. 1 mm),用 3H 铅笔绘制。方格网绘制完毕,应擦去辅助线条。

9. 3. 1. 3 展绘控制点

展点前,应将坐标值注在相应坐标格网边线的外侧(见图 9-11)。展点时,首先要确定图根点所在的方格,如 A 点坐标为 $x_A = 627.43$ m,$y_A = 634.52$ m,其位置在 $mnqp$ 方格内。然后按 y 坐标值分别从 p,q 点以测图比例尺向右各量 34. 52 m,得 b,a 两点。从 q,n 两点向上分别量取 27. 43 m,同法可得 c,d 两点,连接 ab 和 cd ,其交点即为 A 点位置。同法将其他各控制点展绘于图上,用比例尺量取相邻点间的长度,与相应的实际距离比较,其差值不应超过图上 0. 3 mm。经检查无误后,按图式规定绘出导线点符号,并在其右侧以分数形式注明点号及高程。如图 9-11 所示,分子为点号,分母为高程。坐标格网的表示,仅在边线(内图廓)上画 5 mm 短线,图内方格顶点画 10 mm 的"+"线即可。

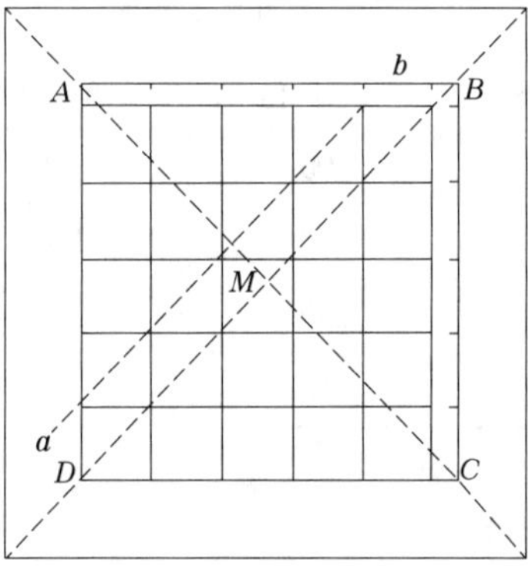

图 9-10 坐标格网绘制方法

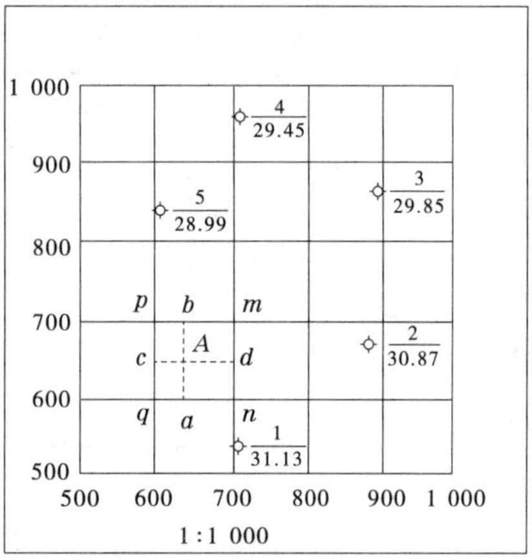

图 9-11 控制点展点方法

9. 3. 2 经纬仪测绘法

9. 3. 2. 1 碎部点的选择

要使地形能准确全面地反映地面的实际状况,碎部点的选择至关重要。

测绘地物时，碎部点应选在地物轮廓线的方向变化处，如房角点、道路转折点、交叉点，河岸线转弯点以及独立地物的中心点。连接这些特征点，便得到与实地相似的地物图形。对于形状极不规则的地物，一般规定主要地物的凹凸部分在图上大于 0.4 mm 时均应表示出来，小于 0.4 mm 时可直接用直线连接。

测绘地貌时，碎部点应选在最能反映地貌特征的山脊线、山谷线等地性线上，如山顶、鞍部、山脚及坡地的方向和坡度变化处。根据这些地貌特征点的位置和高程内插勾绘等高线，即可将实际地貌在图上表示出来。

图 9-12 为一地物、地貌透视图，图上立有尺子的地方表示碎部测量时，立尺员应选择的碎部点位置。这些点称为地形特征点。

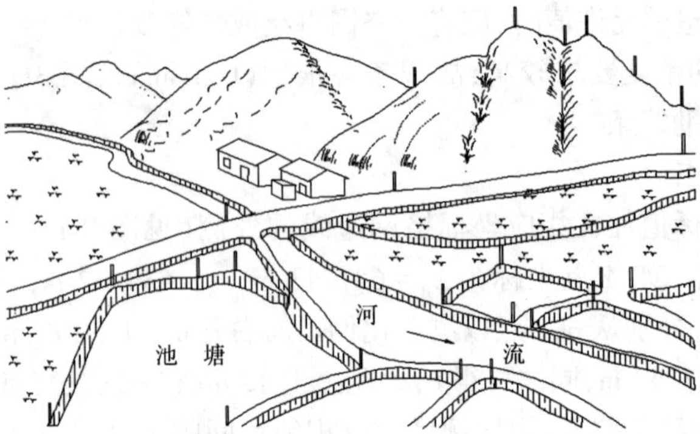

图 9-12　碎部点选择示意图

为了能准确地用等高线表示地貌形态，碎部点应有一定的密度。在地面平坦或坡度无显著变化地区，碎部点间的最大间距和测碎部点的最大视距应符合表 9-3 的规定。

当采用速测仪或测距仪用极坐标法测图时，最大测距长度应符合表 9-4 的要求。

表 9-3　一般地区地形点的最大间距和最大视距表

测图比例尺	地形点最大间距（m）	地物点最大视距（m）		地表点最大视距（m）	
		一般地区	城镇居住区	一般地区	城镇居住区
1:500	15	60		100	70
1:1 000	30	100	80	150	120
1:2 000	50	180	150	250	200
1:5 000	100	300		350	

注：1:500 比例尺测图时，在城镇居住区，地物点距离应实量，其最大长度不应超过 50 m。

表 9-4　城市建筑区的最大视距表

测图比例尺	1:500	1:1 000	1:2 000	1:5 000
最大测距长（m）	300	450	700	1 000

9.3.2.2　一个测站上的测绘工作

用经纬仪测绘法进行碎部测量是将经纬仪安置在控制点上，测出起始方向和碎部点方向之间的水平夹角，再用视距测量方法测出碎部点与测站点之间的平距和高差。根据所测水平角和平距，用量角器和比例尺把碎部点展绘到图纸上，并以此点兼作高程的小数点注记高程。最后对照实地情况，按规定符号绘出地形图。测绘工作的具体操作步骤如下：

1. 测站上的准备工作

(1)如图9-13所示，将经纬仪安置在图根点 B 上，对中、整平，量出仪器高度 i。在测站附近适当地方安置绘图板。

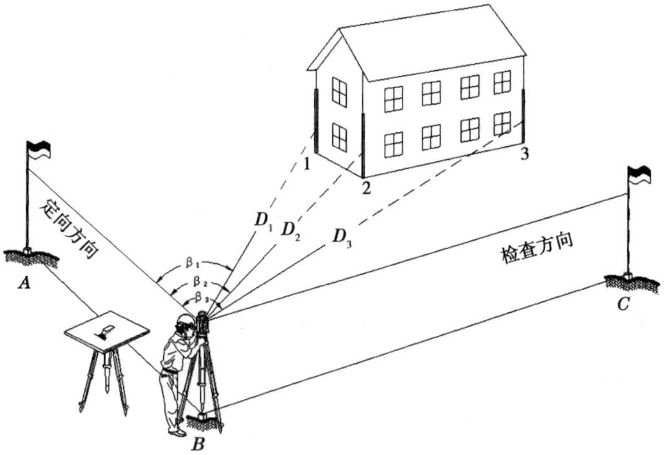

图9-13　碎部测量示意图

(2)测定竖盘指标差。

(3)进行测站定向。选择已知点 A 作为定向点，并使经纬仪照准 A 点时，水平度盘读数为0°00′。

(4)连接图上相应已知点 b、a，并适当延长，即 ba 即为该测站起始方向线，又称定向线。然后用小针通过量角器圆心的小孔插进 b 点，固定量角器圆心位置。

2. 碎部点的施测

(1)立尺员立尺于待测点上。

(2)观测员转动望远镜，以十字丝的纵丝对准尺的中央，读出水平角 β。

(3)读出中丝读数 ν。

(4)转动微倾螺旋让上丝或下丝和一整刻画相重合，数出视距长度 KL 值。

(5)使竖盘水准管气泡居中后，读出竖盘读数。

(6)由测得的视距和天顶距，按视距公式计算出相应的水平距离和高差。碎部测量的观测手簿见表9-5。

表9-5　碎部测量观测手簿

测站：B　　定向点：A　　测站高程：54.06 m　　仪器高 i=1.47 m　　指标差=+1′

点号	水平角	竖盘读数	视距(m)	中丝(m)	平距(m)	高差(m)	高程(m)	说明
1	23°17′	87°07′	38.4	0.47	38.3	+2.92	56.98	房角
2	54°32′	90°58′	47.3	1.47	47.3	−0.81	53.25	房角
3	86°43′	87°36′	59.0	1.47	58.9	+2.45	56.51	路边
4	135°37′	92°18′	20.0	2.47	20.0	−1.81	52.25	塘角

如果测站周围地势平坦,测量时可利用水平视线测出碎部点与测站点之间的平距和高差,这时观测与计算工作都可简化,从而加快测量进度。

3. 碎部点的展绘

在碎部点施测的同时,绘图员应根据测得的水平角和计算出来的水平距离与高程,用量角器(见图 9-14),把已测得的碎部点展绘到图纸上。

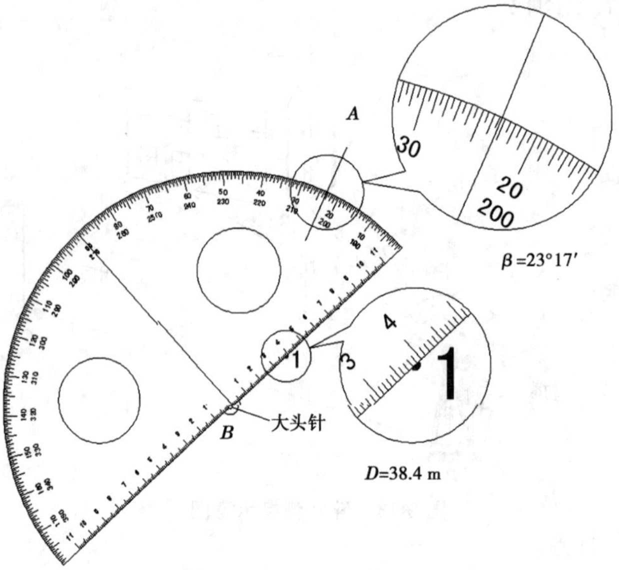

图 9-14　量角器展绘碎部点

展点时,使图上定向线对准量角器上等于水平角 β 的刻画线,沿量角器的直尺边量出按测图比例尺缩小后的水平距离,即可得到图上相应碎部点的位置。高程的字头一律朝北,当基本等高距为 0.5 m 时,高程注记至 cm,当基本等高距大于 0.5 m 时注记至 dm。绘图员应边展点边参照实地情况绘出地物,并勾绘出等高线。同时应观察所绘地物、地貌与实际情况是否相符,以便及时发现问题,并及时改正。

4. 地物、地貌的描绘

测图时,碎部点的展绘应做到随展点、随连线随描绘成图。

(1)地物的描绘。一些能按比例表示的地物,如房屋、道路、河岸线等,按形状用直线或光滑曲线描绘出来;有些不能按比例描绘的地物,则按《地形图图式》所规定的非比例符号表示。

(2)地貌的描绘。能用等高线表示的地段,应先轻轻地描绘出山脊线、山谷线等地性线,然后按测点的高程勾绘出等高线。不能用等高线表示的地段,如悬崖、峭壁、土坎、冲沟、雨裂等地貌,则按图式规定的符号画出。如图 9-15 所示,A、B 两点的高程分别为 30.9 m 和 37.6 m,设等高距为 1 m,则 A、B 两点间必有高程为 31 m、32 m、33 m、34 m、35 m、36 m、37 m 七条等高线通过。首先确定 31 m 和 37 m 等高线通过的位置,即图 9-15(a)中的 c 和 i,图中 ab 是 A、B 两点间的图上平距,可用比例尺量得。算出 ac、bi 的距离后,即可定出 c 和 i 在图上的位置,然后将 ci 六等分,即得 32 m、33 m、34 m、35 m、36 m 等高线的通

过点 d、e、f、g、h。

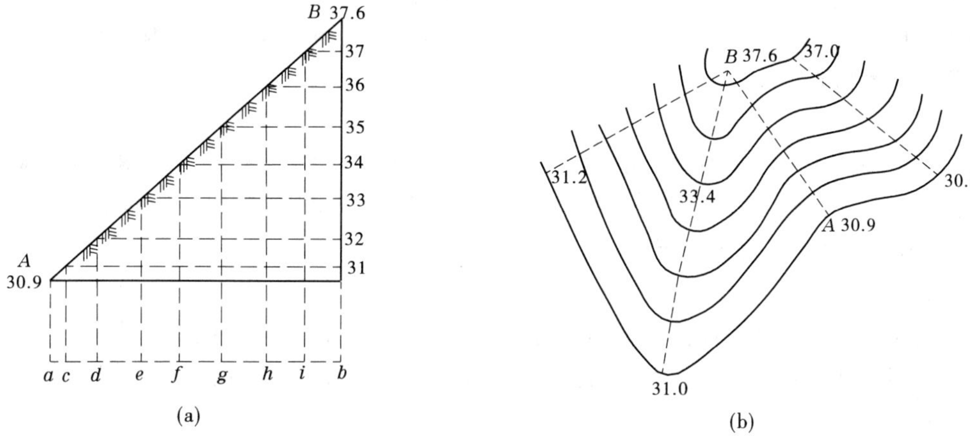

图 9-15 内插法描绘等高线

同法求其他相邻两点间的等高线位置，把相同高程的相邻点用光滑曲线依照地面起伏趋势连接起来，就是所要描绘的等高线，如图 9-15(b)所示。

在实际测绘工作中，可根据上述原理用目估法勾绘等高线。即判定两地形点间通过的等高线根数后，目估确定两端等高线的通过点，然后将这两条等高线之间的长度等分，从而确定其他等高线的通过点。

9.3.3 地形图的拼接、检查与整饰

9.3.3.1 地形图的拼接

当测区面积较大时，整个测区要分成若干幅图来进行测绘。为了使相邻图幅接边处的地物轮廓线与等高线完全吻合，需要进行地形图的拼接。

如果是使用裱糊的测图板，拼接时用宽 5 cm 的透明纸带蒙在左边图幅的接图边上，并把靠近图边的格网线、地物、地貌描绘在透明纸带上，如图 9-16 所示。然后把它蒙在右边图幅的接图边上，使图廓线与格网线对齐。若图廓线两侧相应的地物及等高线偏差不超过表 9-6 中相应误差的 $2\sqrt{2}$ 倍，可将其平均位置绘在透明纸上，并以此修改这两幅图接边处的地物和地貌位置。修改时应保证地物、地貌相互位置和走向的正确性。若使用聚酯薄膜测图时，可直接将相邻图幅的接图边接图廓线，格网线对齐进行拼接。拼接时如发现误差超限，则应到实地检查，补测修正。

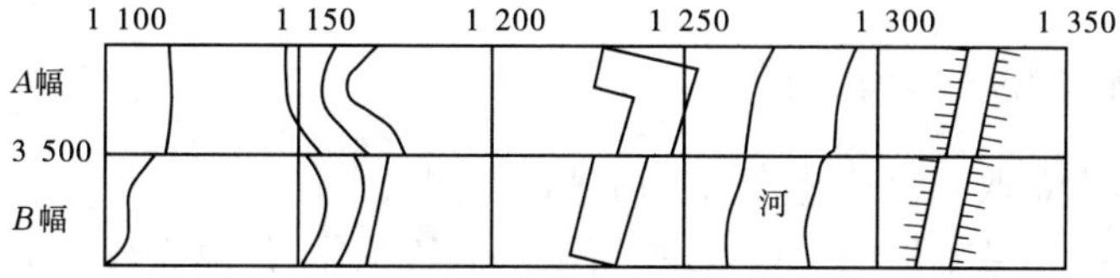

图 9-16 地形图拼接

9.3.3.2 地形图的检查

为了保证地形图质量,在测图过程中应随时进行检查,以便及时发现问题并纠正。地形图测完后,测图人员应再做一次全面检查,称为自检。检查工作可分室内检查、巡视检查和仪器设站检查。

1. 室内检查

室内检查的主要内容有手簿记录计算有无错误;图根点的点数是否符合要求;控制测量和地形测量的误差是否在限差之内;展点精度是否合乎要求;等高线和地形点的高程是否相符;图边的拼接是否正确等。

2. 巡视检查

沿选定的巡视路线将原图与实地进行对照,查看地物有无遗漏,地物形状是否相似,等高线是否与实地地貌形态相符,注记是否正确等。对巡视检查中所发现的问题应及时改正,或进行补测修正。

3. 仪器设站检查

检查时可在原已知点设站,重新测定其周围部分点的平面位置和高程,与原图相比,误差不得超过表 9-6 中相应误差的 2 倍。仪器检查量一般为整幅图的 10%~20%。

表 9-6 地物点平面位置中高差和地形点高程中误差

地区分类	点位中误差(图上 mm)	地物点间距中误差(图上 mm)	等高线高程中误差(等高距)			
			平地	丘陵地	山地	高山地
城镇居住区	0.6	±0.4	1/3	1/2	2/3	1
一般地区	0.8	±0.6				

9.3.3.3 地形图的清绘与整饰

经过图边拼接,室内、外检查均符合要求后,再进行最后的地形图清绘和整饰工作。内容包括:擦去不必要的线条、符号和数字;按图式规定绘制地物;以光滑匀称的线条按规定宽度描好等高线、加粗计曲线;用工整的字体进行注记;重新描好模糊的格网线;按规定整饰好图廓注记和接合图表。

通过清绘和整饰,做到内容齐全,线条清晰,取舍合理,注记正确,清除矛盾。最后将经过整饰的地形原图交上级检查验收。

9.4 地籍测量简介

9.4.1 地籍测量的意义和目的

地籍测量是为获取和表达地籍信息所进行的测绘工作。

地籍测量是一项基础性的、具有政府行为的测绘工作,是政府行使土地行政管理职能的、具有法律意义的行政性技术行为。其目的是为保证政府对土地的税收和保护个人土地产权。现阶段我国进行的地籍测量工作的根本目的是国家保护土地、合理利用土地、保护土地所有者和土地使用者的合法权益,为社会发展和国民经济计划提供基础资料。

地籍测量是对地块权属界线的界址点坐标进行精确测定,并把地块及其附着物的位置、面积、类型、权属界线和利用状况等要素准确地绘制在图纸上和记录在专门的表册中。地籍测量的成果包括数据集(控制点和界址点坐标等)、地籍图和地籍册。

9.4.2 地籍测量的任务、作用和现势性

9.4.2.1 地籍测量的任务按工作顺序

(1)地籍控制测量,测定地籍基本控制点和地籍图根控制点。

(2)测定行政区划界和土地权属界的界址点的坐标。

(3)调查土地使用单位的名称或个人姓名、住址、土地编号、土地数量、面积、利用状况、土地类别及房产属性等。

(4)由测定、调查获取的资料和数据编制地籍数字册和地籍图,测算地块和宗地的面积。

(5)进行地籍变更测量,包括地籍图的修测、重测和地籍簿册的修编。

9.4.2.2 地籍测绘的作用

(1)为土地整治、土地利用、土地规划和制定土地政策提供可靠依据。

(2)地籍测量具有勘验取证的法律特征,其成果具有法律效力,它为土地登记和颁发土地证,保护土地所有者和使用者的合法权益,提供可靠的物权证明材料的法律依据。

(3)为研究和制定征收土地税或土地使用费的收费标准提供准确的科学依据。

9.4.2.3 地籍测量工作有非常强的现势性

由于社会发展和经济活动使土地的利用和权利经常发生变化,而土地管理要求地籍资料有非常强的现势性,因此必须对地籍测量成果进行适时更新,所以地籍测量工作比一般基础测绘工作更具有经常性的一面,且不可能人为地固定更新周期,只能及时、准确地反映实际变化情况。地籍测量工作始终贯穿于建立、变更、终止土地利用和权利关系的动态变化之中,并且是维持地籍资料现势性的重要保障。

地籍测量工作人员必须按照《城镇地籍调查规程》(TD 1001—93)和《地籍测绘规范》(CH 5002—94)进行工作,特别是地产权属境界的界址点位置必须满足规定精度。界址点的正确与否,涉及个人和单位的权益问题。

地籍测量技术和方法是对当今测绘技术和方法的应用集成。从事地籍测量的技术人员除应有丰富的土地管理知识和丰富的测绘知识,还应具有不动产法律知识和地籍管理方面的知识。地籍测量工作从组织到实施都非常严密,它要求测绘技术人员要与地籍调查人员密切配合,细致认真地作业。

9.4.3 地籍平面控制测量

地籍图的精度优于地形图。根据《地籍测绘规范》的规定,地籍控制测量包括基本控制测量和图根控制测量。

9.4.3.1 基本控制测量

基本控制点包括国家各级大地控制点和城镇二、三、四等控制点及一、二级控制点。

控制网的布设应遵循由整体到局部,先控制后碎部,从高级到低级,分级布网,逐级加密的原则,也可以根据测区实际越级布网。控制测量可选用三角测量、三边测量、导线测量、GPS 定位测量等方法。四等以下控制网最弱点对于起算点的点位中误差不得超过±5 cm,四等控制网最弱相邻点相对中误差不得超过±5 cm。地籍图根点的密度应根据测区内建筑物的疏密程度和通视条件而定,以满足地籍要素测绘需要为原则。一般每隔 100~200 m 应有一点。

基本控制点应埋设固定标石,埋石有困难的沥青或水泥地面上可以打入刻有十字的钢桩代替标石,在四周凿刻深度为 1 cm,边长为 15 cm×15 cm 的方框,涂以红漆,内写等级及点号。

测量坐标系应采用国家统一坐标系,当投影长度变形大于 2.5 cm/km 时,可采用任意带高斯平面坐标系或采用抵偿高程面上的高斯平面坐标系,亦可采用地方坐标系;采用地方坐标系时应与国家坐标系联测。条件不具备的地方,亦可采用任意坐标系。各级控制点应参照《城市测量规范》规定要求测量其高程。

测区首级控制网是地籍控制测量的基础。可根据测区面积、自然地理条件、布网方法,并顾及规划发展远景,选择二、三、四等和一级控制网中的任一等级作为首级控制网。一般面积为 100 km^2 以上的大城市应选二等,面积为 30~100 km^2 的中等城市选二等或三等,面积为 10~30 km^2 的县城(镇)选三等或四等,在 10 km^2 以下的可选一级。首级控制应布成网状结构。

对测区内已有的控制网点应分析其控制范围和精度。当控制范围、精度符合规范要求时,可直接利用;否则应根据实际情况,进行重建、改造或扩展。

导线测量的主要技术要求见表 9-7。

表 9-7 测距导线主要技术要求

等级	附合导线总长(km)	平均边长(m)	测距中误差(mm)	测角中差(″)	测距测回数				测角测回数			方位角闭合差(″)	导线全长相对闭合差
					I		Ⅱ		J_1	J_2	J_6		
三等	15.0	3 000	±18	±1.5	4	4	4	4	8	12		$\pm3\sqrt{n}$	1/60 000
四等	10.0	1 600	±18	±2.5	2	2	4	4	4	6		$\pm5\sqrt{n}$	1/40 000
一级	3.6	300	±15	±5.0			2			2	6	$\pm10\sqrt{n}$	1/14 000
二级	2.4	200	±12	±8.0			2			1	3	$\pm16\sqrt{n}$	1/10 000

9.4.3.2 图根控制测量

图根控制点是地籍要素测量的依据。图根点在基本控制点基础上加密,通常采用图根导线加密。在等级网点基础上可连续加密二级,当受地形条件限制导线无法附合时,可布设不超过四条边的支导线,支导线点不得发展新点。图根支导线的起点上应观测两个连接角,交点上应观测左、右角,距离应往返观测或单程双测。图根导线测量的主要技术要求见表 9-8。

表 9-8　图根导线测量的主要技术要求

级别	导线长度（km）	平均边长（m）	测回数			测回差（″）	方位角闭合差（″）	导线全长相对闭合差
			测距	测角				
				DJ_2	DJ_6			
一级	1.2	120	1	1	2	18	$\pm 24\sqrt{n}$	1/5 000
二级	0.7	70	1		1		$\pm 40\sqrt{n}$	1/3 000

图根点的密度应满足地籍要素测量的需要，一般每幅 1∶500 图不少于 8 个点，1∶1 000 图不少于 12 个点，1∶2 000 图不少于 15 个点，图根点相对于起算点的点位中误差不得超过±5 cm。

图根点一般可设临时标志，当测区内基本控制点密度较疏时，应在一级图根点上适当埋设固定标石。每幅图内埋石点数量 1∶500 图不少于 4 个点，1∶1 000 图不少于 7 个点，1∶2 000 图不少于 9 个点。每个埋石点至少应与另一埋石点通视。

图根导线边长用测距仪或经检定的钢尺测定。钢尺丈量时须作往返测或单程双测。当尺长改正数大于尺长的 1/10 000 时，应加尺长改正；量距时平均尺温与检定时温度相差超过±10 ℃时，应进行温度改正；尺面倾斜大于 1.5%时，应进行倾斜改正。

图根导线内业计算可采用近似平差法。

9.4.4　地籍调查

地籍调查是土地管理的基础工作，内容包括土地权属调查、土地利用状况调查和界址调查，目的是查清每宗（块）土地的位置、权属、界线、数量、用途和等级及其地上附着物、建筑物等基本情况，满足土地登记的需要。地籍调查的工作程序如下：

（1）收集调查资料，准备调查底图；

（2）标绘调查范围，划分街道、街坊；

（3）分区、分片发放调查指界通知书；

（4）实地进行调查、指界、签界；

（5）绘制宗地草图；

（6）填写地籍调查审批；

（7）调查资料整理归档。

地籍调查底图可采用 1∶500～1∶1 000 的大比例尺地形图，也可采用与上述相同比例尺的正射影像图或放大航片。没有上述图件的地区，可利用城镇规划图件作为调查底图，在调查时，按街坊或小区现状绘制宗地关系位置图，避免出现重漏。

根据城镇的具体情况，在调查底图上标绘调查范围界线、行政界线，统一进行街道、街坊划分。

9.4.5　地籍图测绘

地形图是地物和地貌的综合图件，地籍图的测绘方法与地形图测绘相同。地籍图则是必要的地形要素和地籍要素的综合图件。地籍要素是指行政界线、权属界址点、界址线、地类界线、地块界线、保护区界线，建筑物和构筑物，道路和与权界线关联的线状地物，水系和植被，同时调查房屋结构与层数、门牌号码、地理名称和大的单位名称等。地籍要素测量成果应能满足地籍图的编制、面积量算和统计的要求。

进行地籍要素测绘之前，应对地籍权属调查资料加以核实。核实工作应在土地管理部门已完成地籍权属调查工作的基础上进行，与地籍调查人员配合，到实地一一核对。

思考与练习题

1. 什么是信息？信息有哪些特性？
2. 什么是地图？地图主要包括哪些内容？地图可分为哪几种？
3. 何谓地形图？它与普通地图有哪些区别？
4. 什么是地形图比例尺及其精度？地形图比例尺可分为哪几类？
5. 地形图上地物符号可分为哪几类？试举例说明。
6. 什么是等高线、等高距、等高线平距？它们与地面坡度有何关系？
7. 何谓山脊线、山谷线、鞍部？试用等高线绘之。
8. 等高线有哪些特性？
9. 地籍测量的意义和目的是什么？
10. 地籍调查的工作内容是什么？
11. 地籍测量的任务是什么？
12. 地籍测绘的作用是什么？
13. 地籍要素有哪些？

第 10 章　地形图的应用

【本章提要】

本章介绍了地形图的基本知识。详细介绍了地形图的基本应用。

10.1　地形图应用的基本知识

10.1.1　在地形图上确定点位坐标

如图 10-1 所示，欲求 p 点的平面直角坐标，先根据图廓上的坐标注记，找出 p 点所在坐标格网的 a、b、c、d，过 p 点作 x 轴的平行线分别 ad，bc 交于 k、g，量取 ak 和 kp，根据比例尺算出其长度。

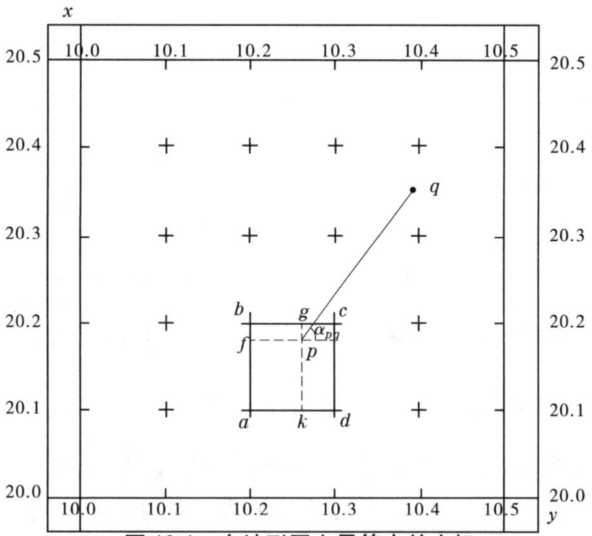

图 10-1　在地形图上量算点的坐标

$$kp = 80.2(\mathrm{m})$$
$$ak = 50.3(\mathrm{m})$$

可计算 p 点坐标。

$$x_p = x_a + kp = 20\ 100 + 80.2 = 20\ 180.2(\mathrm{m})$$
$$y_p = y_a + ak = 10\ 200 + 50.3 = 10\ 250.3(\mathrm{m})$$

如图纸变形对所量长度有影响，可用图下方的图示比例尺，量取 ak、kp 的长度，然后再依据 a 点的坐标得到 p 点的坐标。

10.1.2 在地形图上量算线段的长度

如图 10-1 所示,在图上量取 p、q 两点坐标,则可按下式求 pq 平距。

$$D_{pq} = \sqrt{(x_q - x_p)^2 + (y_q - y_p)^2} \tag{10-1}$$

也可在图上用卡规直接量取,在图示比例尺上比量,便可得到 pq 距离。

10.1.3 在地形图上量算某直线的坐标方位角

在地形图上也可用量角器直接量测。若已求出 pq 两点坐标,可反算该直线的坐标方位角(见图 10-1)。

$$\alpha_{pq} = \arctan \frac{y_q - y_p}{x_q - x_p} \tag{10-2}$$

10.1.4 在地形图上确定某点的高程

如图 10-2 所示,欲求 m 点和 n 点的高程,由于它们正处在等高线上,读出所在等高线的高程即可。在两等高线之间,c 点高程可以内插。先通过 c 点连一直线,分别量出 mn 的长度 d 和 mc 的长度 d_1。如图 10-3 所示,高差 $h_1 = d_1 \times h_0 / d$,h_0 为等高距。

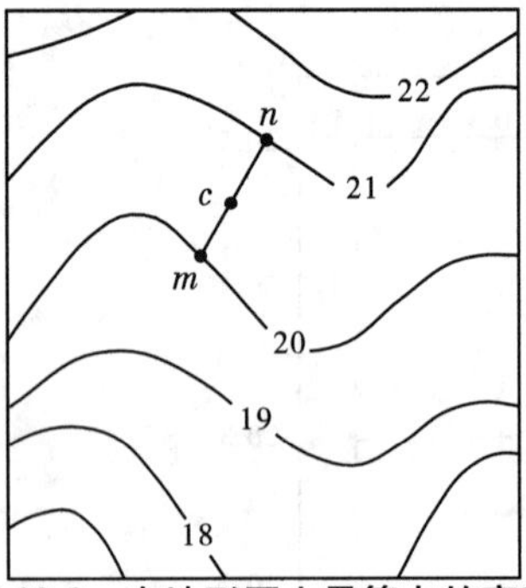

图 10-2 在地形图上量算点的高程

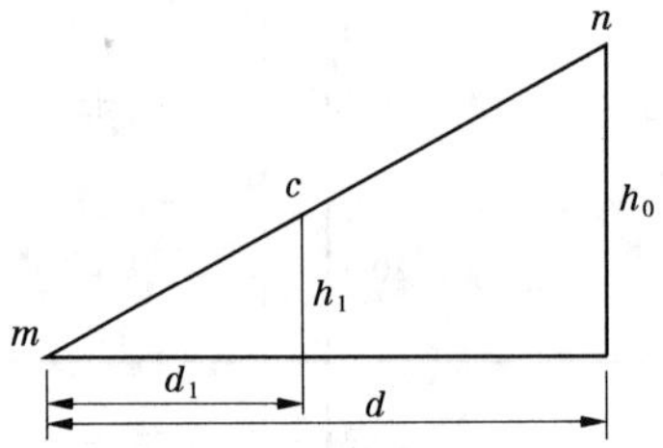

图 10-3 求 c 点的高程

10.1.5 在地形图上量测曲线长度和折线长度

地形图上有一些线路的长度,如管线、通信线、输电线等,是由一些线段转折后连结而成,因此,需从图上量测其长度。一般是按线段量取,然后累加,从而得到折线的总长度。

曲线量测,一般是用曲线计,如图 10-4 所示,其构造是在圆管手柄上安一个圆形计算盘,一周为 100 格,每 10 格为一大格,在计数盘的下端安有一个转轮,转轮在图上滚动,计数盘便计数。

先在纸上绘出一条 10 cm 的直线,用曲线计沿直线滚动,测出计数盘上的格数,几次量测后取平均值,例如为 20 格,则每小格的线长值(即分划值)q 为

$$q = 10/20 = 0.5(\text{cm})$$

在图上量测时,沿曲线描测,读取读数 n,则曲线长度

$$D = qnM$$

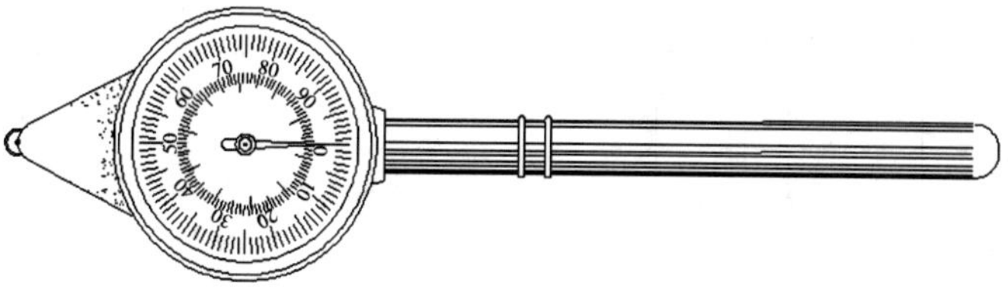

图 10-4　曲线计

式中　M——比例尺的分母。

在电子地图上量测曲线长度时,可点取曲线选择项,然后将鼠标的左键按下,沿着曲线描测,最后放开左键时,即可测得曲线长度。

10.2　面积量算

面积量算的方法由于所用手段和服务对象的不同,方法也不尽相同。

10.2.1　直接法

在实地测量面积时,可将测区分割成数个简单的几何图形,如三角形、矩形、梯形等。量测几何图形的计算元素(主要是长度),用相应公式计算面积。通常多用三角形量测底边 l 和高 h,即可计算面积:

$$A = \frac{1}{2}lk$$

若量测三边 a,b,c 的长度,令 $S = \frac{a+b+c}{2}$,则面积

$$A = \sqrt{S(S-a)(S-b)(S-c)}$$

在图上量测面积时,如果面积较大或面积图形比较规则,可用直接法进行量算。但其精度仍然有图解精度。

10.2.2　方格法

用方格法量算图上面积时,常使用方格透明薄膜(或纸),蒙在图形上进行量测。方格一般最小为 1 mm×1 mm,大方格为 5 mm×5 mm 或 10 mm×10 mm。

如图 10-5 所示,将方格纸蒙在图形上后固定,先数出 10 mm×10 mm 的大方格,然后再数出 1 mm×1 mm 的小方格。不完整的小方格为破格,估算破格的大小,凑整累计小方格数,再加上大方格数,便可统计出图形所占的方格总数,按照图形比例尺计算出实地面积。

移动方格纸后用相同方法再测算一次,两次之差应$\leqslant 0.000\,3M\sqrt{P}$,以 m^2 为单位。

10.2.3　AutoCAD 法多边形面积计算

将多边形按 1∶1比例绘入 AutoCAD 中,如图 10-6 所示,在菜单栏点击“工具”,在下拉菜单中点击“查询面积”,点击图形边界成一封闭多边形后,点击键盘回车键,显示“面积=

145 926. 173,周长 = 1 774. 193”。

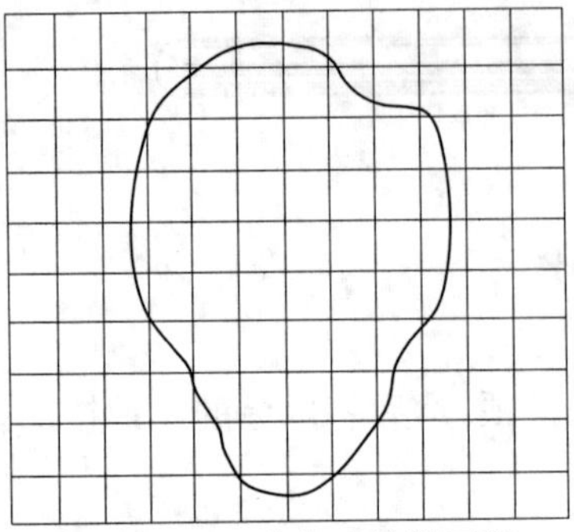

图 10-5　用方格法计算面积

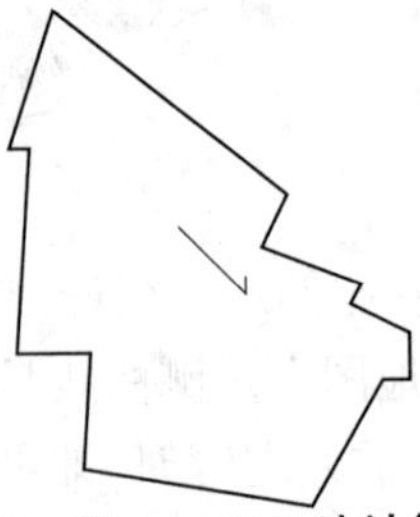

图 10-6　用 AutoCAD 法计算面积

上述结果的意义是多边形的面积为 145 926. 173 m²(约 220 亩),周长为 1 774. 193 m。

10. 3　在地形图上按一定方向绘制断面图

公路、铁路、管线工程中,为了概算工程量和提供线路的坡度,需要了解沿线路的纵向地形情况,通常利用地形图绘制断面图。

如图 10-7(a)所示,欲在地形图上从 *A* 点到 *B* 点作一断面图。首先作 *AB* 直线,与各等高线相交,其交点高程即是等高线的高程。

如图 10-7(b),作两条相互垂直的轴线,以 *AB* 为横轴,表示水平距离;以 *AH* 为纵轴,表示高程,并按比例作高程尺。在地形图上从 *A* 点量取至各交点和特征点的长度,并将其转绘到图 10-7(b)的横轴上,以各交点相应的高程作为纵坐标绘在图 10-7(b)上,将其连接,便得到 *AB* 方向的断面图。

高程比例尺的大小要根据地形起伏状况决定。一般为水平比例尺的 5~10 倍。

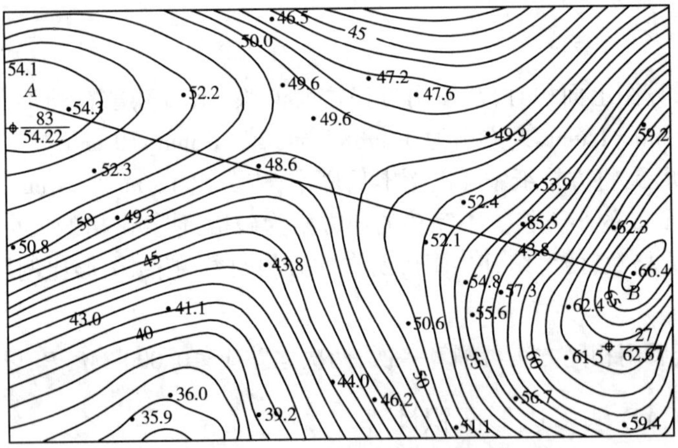

(a)

图 10-7　利用地形图绘制断面图

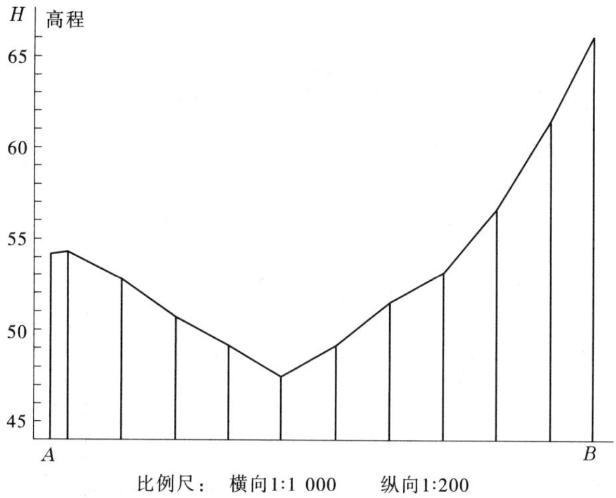

(b)
续图 10-7

在电子地形图上绘制断面图更加简单、快捷。先调出电子地形图,输入断面的两端点坐标,利用绘制断面图的程序,即可绘制断面图。

10.4 地形图在平整场地中的应用及土石方概算

在工程建设中,往往要进行建筑场地的平整。利用地形图,可进行场地平整时土石方工程量的概算。下面分两种情况介绍其计算方法。

10.4.1 要求整理成水平面

如图 10-8 所示,欲将图上范围平整为一水平场地,并要求填、挖土石方量基本平衡,其计算步骤如下。

(1)绘制方格网。在地形图上拟建场地内绘制方格网,方格的边长取决于地形图的比例尺、地形复杂的程度和土石方计算的精度,一般为 10 m 或 20 m。

(2)计算设计高程。用内插法或目估法求出各方格顶点的地面高程,注记于相应方格顶点的右上角。计算每一方格四顶点地面高程的平均值 H_i(i 为方格编号)。将所有方格的平均高程相加,再除以方格总数 n,即得设计高程 H_0。

$$H_0 = \frac{\sum_{i=1}^{n} H_i}{n} \tag{10-3}$$

本例中由式(10-3)所算得的设计高程为 62.6 m。

(3)绘出填、挖边界线。根据设计高程,在图上用内插法绘出高程为 64.84 m 的等高线(图中虚线),该等高线即为填、挖边界线,通常称为零线。

(4)计算各方格顶点的填、挖高度。

填、挖高度=地面高程-设计高程

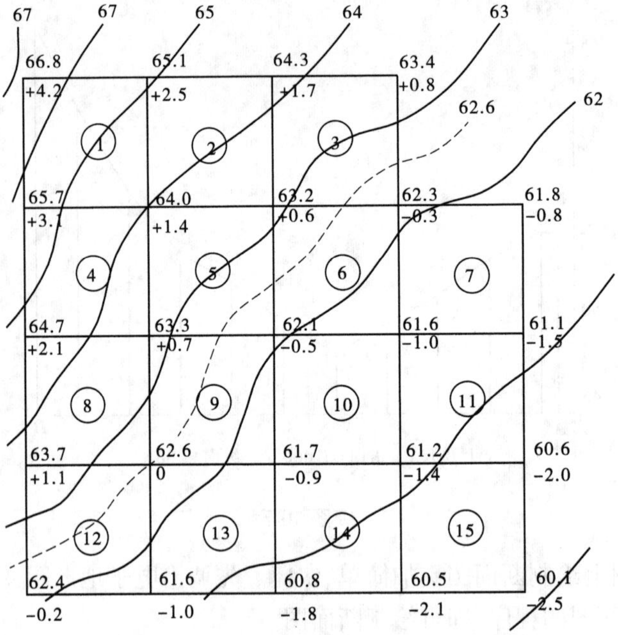

图 10-8　平整为水平场地方格法土石方计算

填、挖高度为正表示挖深，为负表示填高。然后，将填挖高度注于相应方格顶点的右下方。

(5)计算填、挖方量。先分别计算每一方格的填、挖方量，然后计算总的填、挖方量。现就方格 1,6,11 分别说明计算方法。方格 1 全为挖方，则

$$V_{挖} = \frac{1}{4} \times (4.2 + 2.5 + 1.4 + 3.1)A_{1挖} = 2.8 \times 400 = 1\ 120(\mathrm{m}^3)$$

式中　$A_{1挖}$——方格 1 的面积，本例为 400 m^2。

方格 6 既有填方，又有挖方，则

$$V_{6挖} = \frac{1}{3} \times (0.6 + 0 + 0)A_{6挖} = 0.2 \times 75.8 = 15.16(\mathrm{m}^3)$$

$$V_{6填} = \frac{1}{5} \times (0 - 0.3 - 1.0 - 0.5 + 0)A_{6填} = (-0.36) \times 324.2 = -116.712(\mathrm{m}^3)$$

式中　$A_{6挖}$、$A_{6填}$——相应挖、填面积，可在地形图上量取。

方格 11 为全填方，则

$$V_{11填} = \frac{1}{4} \times (-1.0 - 1.5 - 2.0 - 1.4)A_{11填} = (-1.5) \times 400 = -600(\mathrm{m}^3)$$

式中　$A_{11填}$——方格 11 的面积。

同法计算出其他方格的填、挖方量，然后按填、挖方量分别求和，即为总的填、挖土石方量。

10.4.2　利用 AutoCAD 确定挖填方的面积

在 AutoCAD 中绘制 20×20 的方格网如图 10-9 所示，根据图 10-10，绘一条高程为 62.6 m

的等高线。根据 10.2.3 所介绍的方法得出 4、6、7、8、9、10 方格中挖填方的面积大小。

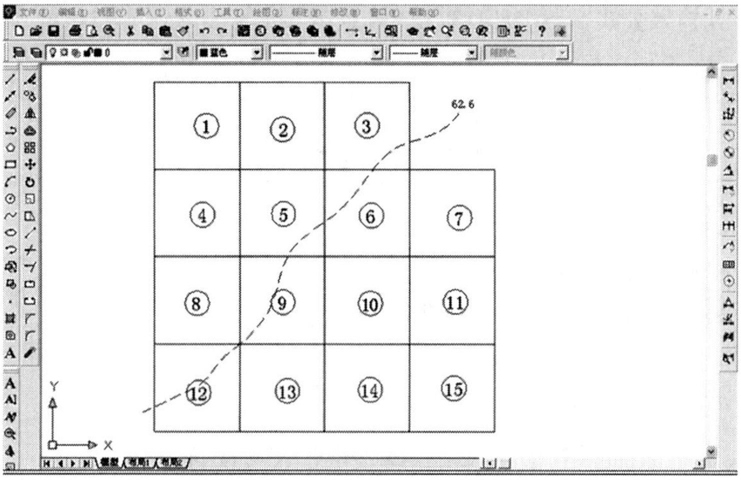

图 10-9　面积的量算

将所得数据填写在如图 10-10 所示的 Excel 的表格里。

	A	B	C	D	E	F	G	H	I	J
1	挖、填土方量计算									
2	格网名称	高差					高差和	平均高差	面积	土方量
3	1	4.2	2.5	3.1	1.4		11.2	2.8	400	1120
4	2	2.5	1.7	1.4	0.6		6.2	1.6	400	620
5	3	1.7	0.8	0.6	0	0	3.1	0.6	368.9	228.718
6	4	3.1	1.4	0.7	2.1		7.3	1.8	400	730.000
7	5	1.4	0.6	0	0	0.7	2.7	0.5	361.8	195.372
8	6	0.6	0	0			0.6	0.2	75.8	15.160
9	8	2.1	0.7	0	1.1	0	3.9	0.8	400	312
10	9	0.7	0	0			0.7	0.2	139.9	32.6433333
11	12	1.1	0	0	0	0	1.1	0.4	170.1	62.37
12								挖方总量		3316.263
13	3	0	-0.3	0			-0.3	-0.1	31.1	-3.11
14	5	0	-0.5	0			-0.5	-0.2	38.2	-6.3666667
15	6	0	-0.3	-1	-0.5	0	-1.8	-0.4	324.2	-116.712
16	7	-0.3	-0.8	-1.5	-1		-3.6	-0.9	400	-360.000
17	9	0	0	-0.5	-0.9		-1.4	-0.4	260.1	-91.035
18	10	-0.5	-1	-1.4	-0.9		-3.8	-1.0	400	-380
19	11	-1	-1.5	-2	-1.4		-5.9	-1.5	400	-590
20	12	0	-1	-0.2	0		-1.2	-0.3	229.9	-68.97
21	13	0	-0.9	-1.8	-1		-3.7	-0.9	400	-370
22	14	-0.9	-1.4	-2.1	-1.8		-6.2	-1.6	400	-620
23	15	-1.4	-2	-2.5	-2.1		-8	-2.0	400	-800
24								填方总量		-3406.194

图 10-10　利用 Excel 进行土方量的计算

说明如下。

第一行是表头，第二行是表栏名称，A 列是方格网的名称，B ~ F 列为挖、填的高差，G 列为挖、填的高差总和，H 列为挖、填的平均高差，I 列为挖、填的面积，J 列为挖、填土方量。

在 G3 单元输入公式“ = B1+C1+D1+E1+F1”，点击“回车”，拖动“填充柄”将 G3 中的公式向下复制，这样就得到高差总和，再除以高差的个数，就得到平均高差。在 J3 单元输入公式“ = H3 * I3”点击“回车”，拖动“填充柄”将 J3 中的公式向下复制。

在 J13 单元输入公式“ = SUM(J3:J11)” 点击“回车”,得到挖方总量为:3 316.263 m^3。在 J24 单元输入公式“ = SUM(J13:J23)”点击“回车”,得到填方总量为:-3 406.194 m^3。

思考与练习题

1. 在图 10-11 上,完成以下作业。

(1)图解点 m 的坐标和内插高程。

(2)图解 mn 直线的坐标方位角及距离。

(3)绘制 m,n 两点间的断面图。

(4)图解 m,n,p,q 四点的坐标,用解析法计算面积。

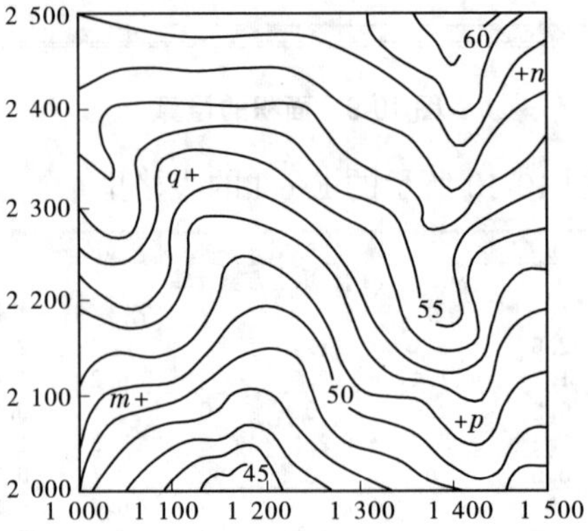

图 10-11

第 11 章　大比例尺数字测图及其在工程中的应用

【本章提要】

本章介绍了数字化测图的组成、特点、控制测量的方法，重点介绍了草图法野外数据采集和 CASS 6.1 成图软件的应用，数字地形图的应用基础，数字地形图与 GIS 的数据交换。简要介绍了信息化测绘体系。

数字化测图是随着计算机、电子测量设备、数字化成图软件的应用而迅速发展起来的全新的技术与方法。广泛用于工程测绘与设计、水利水电勘测设计、土地管理、城市勘测规划、环境保护和军事工程等部门。数字化测图作为一种全解析机助测图技术，与传统的白纸测图相比具有显著优势和发展前景，是测绘发展的技术前沿。作为反映测绘技术现代化水平的标志之一，数字化测图技术将逐步取代白纸测图，成为地形测图的主流。数字化测图技术的应用发展，极大地促进了测绘行业的自动化和现代化进程，使测量成果在利用、存储、管理、更新、显示以及传输等方面有了革命性的改变。它将为信息时代的地理信息应用提供最可靠的保障。

11.1　数字化测图的组成

数字化测图是以计算机为核心，外加输入、输出设备，通过数据接口将采集的地物、地貌信息传输给计算机进行处理，转化为数字形式，得到内容丰富的电子地图。在实际工作中，大比例尺数字化测图主要指野外实地测量即地面数字测图，也称野外数字化测图。

数字化测图系统主要由数据输入、数据处理、成果与图形输出三部分组成，其流程如图 11-1 所示。

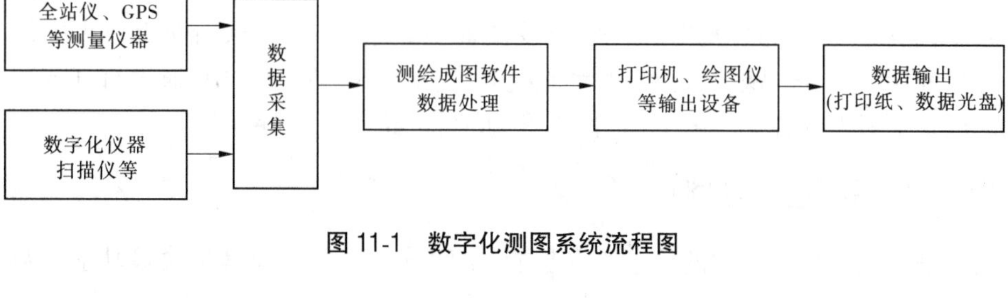

图 11-1　数字化测图系统流程图

11.2 数字化测图的特点

11.2.1 点位的精度高

传统的经纬仪配合量角器的图解测图方法,其平面位置误差主要由展绘点的误差和测定误差来衡量。一般图上误差可达±0.47 mm。经纬仪视距法测定高程点时,在较平坦地区(0°~6°)视距为150 m,高程测定误差达±60 mm,而且随着倾斜角的增大,高程测定误差会急剧增加。如只用全站仪测定,虽然测距和测角的精度大大提高,但是沿用白纸测图的方法绘制,图解地形图的精度并没有提高,这就是白纸测图致命的弱点。而数字化测图则不同,其平面位置误差约为±0 mm,测定地形点高差约为±9 mm。全站仪的测量数据作为电子信息可以自动传输、记录、存储、更新。在数据处理和成图过程中原始数据的精度毫无损失,从而获得高精度的测量成果。数字地形图较好地反映了高精度的外业测量,也更好地体现了仪器发展更新、精度提高的高科技进步的价值。

11.2.2 作业的方式便捷高效

传统的方式主要是通过野外测定、人工记录、现场人工绘制地形图。数字化测图则是野外测定、自动记录、自动解算处理、自动成图。数字化测图自动化程度高,读错、记错、展绘错的概率为零,绘制的地形图精确、规范、美观。

11.2.3 图件的更新便捷、具有可靠性和现势性

城镇的发展加速了城镇建筑物和结构的变化,采用地面数字测图能克服大比例尺白纸测图连续更新的困难,在房屋的改建、扩建、变更地籍或房产时,只需输入有关的信息,经过数据处理就能方便地做到更新和修改,始终保持图面整体的可靠性和现势性。

11.2.4 图件的实用性和应用强大

计算机与显示器、打印机联机,可以显示或打印各种资料信息;与绘图机联机时,可以绘制各种比例尺的地形图,也可以分层输出各类专题地图,满足不同的用户的需要。

11.2.5 图件的深加工和便捷利用

数字化测图的成果是分图层存放,不受图面负载量的限制,从而便于成果的加工利用。比如房屋、电力线、铁路、道路、水系地貌等存储于不同的图层中,通过打开或关闭不同的图层得到所需的各类专题图,如管线图、水系图、道路图、房屋图等。

11.2.6 GIS 的重要信息源

地理信息系统具有方便的信息查询功能、空间分析功能以及辅助决策功能。数字化测图作为 GIS 的信息源,能及时地提供各类基础数据,更新 GIS 的数据库。

11.3 控制测量

目前大比例尺野外数字测图主要使用全站仪采集数据。野外数据采集包括两个阶段,即控制测量阶段和碎部点采集阶段。先进行首级控制测量,应有足够的精度和密度,再在首级控制点上做图根点加密,图根点加密可采用辐射法。辐射法就是在通视良好的首级控制点上,用坐标测量模式的方法,一次测定几个图根点。这种方法无须平差,可直接利用测定的坐标。为了保证图根点精度,一般要进行两次观测。由于采用全站仪采集数据,测站点到目标点的距离在500 m以内可以保证测量精度,故图根点的密度一般以在1 000 m以内为原则。通视条件好的地方,图根点可稀疏些;但地物密集、通视困难的地方,图根点要密集些。

11.4 地面数字测图

地面数字测图也称为内外业一体化数字测图。地面数字测图法需要的生产设备为全站仪(或测距仪和经纬仪)、计算机和数字化测图软件。

根据所使用的设备不同,地面数字测图主要有草图法、电子平板法、简码法、数字仪录入法等多种成图方式。从实用性和篇幅考虑,本书只介绍草图法,其他几种方法读者可参阅有关书籍。

11.4.1 草图法工作流程

草图法是在野外利用全站仪采集并记录观测数据或坐标,同时勾绘现场地物属性关系草图。回到室内,再自动或手动连线成图。其流程如图11-2所示。

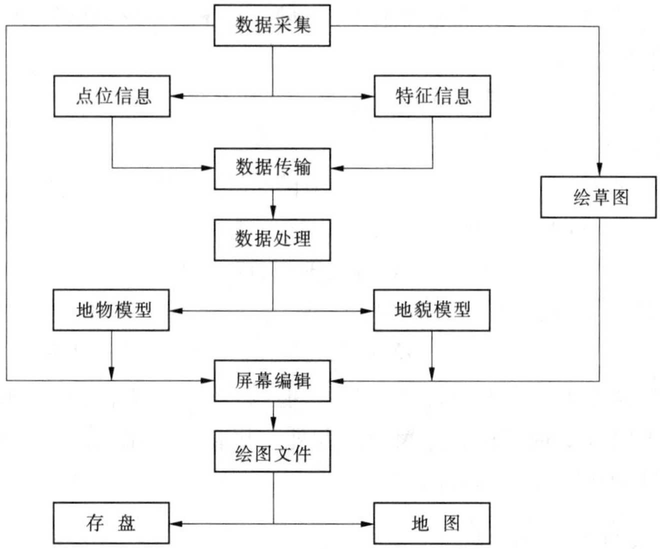

图11-2 草图法流程图

具体过程为:

(1)在野外,利用全站仪采集并记录观测数据或坐标;同时勾绘现场地物连接关系草图。

(2)回到室内,将记录数据下载到电脑,得到观测数据文件或坐标数据文件。

(3)将数据预处理为“dat”格式。

(4)直接展绘点位。

(5)编辑修改,最终出图。

草图法是一种十分实用、快速的测图方法。其优点是:在野外作业时间短,大大降低外业劳动强度,提高作业效率。由于免去了外业人员记忆图形编码的麻烦,这种作业方法,更易让一般用户接受。其缺点为不直观、容易出错。当草图有错误时,可能还需要到实地查错。

11.4.2 人员组织

11.4.2.1 观测员(1人)

(1)负责操作全站仪,观测并记录观测数据。

(2)应注意经常对零,经常与领图员对点号。

11.4.2.2 领图员(1人)

(1)负责指挥跑尺员,现场勾绘草图。

(2)要求对图式熟悉,以保证草图的简洁、正确。

(3)当人员配备紧张时,许多单位的领图员还担负着后继处理图形数据的任务。

(4)应注意经常与观测员对点号。

11.4.2.3 跑尺员(若干人)

(1)负责现场跑尺。

(2)要求对跑点有经验,以保证制图的方便。对于经验不足者,可由领图员指挥跑尺,以防引起内业制图的麻烦。

(3)当人员充足时,可根据情况多安排一些人员跑尺。

11.4.2.4 内业制图员(若干人)

(1)对于无专业制图人员的单位,通常领图员担负着后继制图的任务。

(2)对于有专业制图人员的单位,通常将外业测量和内业制图人员分开,领图员只负责绘草图,内业制图员得到草图和坐标文件,即可连线成图。

(3)草图质量一定要高,领图员绘制的草图好坏直接影响到内业成图速度及质量的高低。如果再配置一个(A3\A4)小型绘图仪,现场就可以按坐标实时展点绘图,及时检查和纠正绘图错误,减免了人工画草图的工作。对于外业经验丰富,水平相对较高的测绘小组,外业测量也可以只要观测员和跑尺员一起凭记忆将打印出来的点快速连绘成图,交给内业人员制图,这种成图方法非常高效。

11.4.3 数字成图软件的选择

实现内外业一体化数字测图的关键是要选择一种成熟的、技术先进的数字成图软件。

目前,市场上比较成熟的大比例尺数字成图软件主要有下列四种:

(1)广州南方测绘公司开发的 CASS 数字化地形地籍成图系统;

(2)北京威远仪器公司开发的 CitoMap 地理信息采集系统;

(3)北京清华山维公司开发的 EPSW 电子平板测图系统;

(4)广州开思测绘软件公司开发的 SCSG 系列多用途数字测绘与管理系统。

这些数字化测图软件一般都是应用数据库管理技术并具有 GIS 前端数据采集功能,其生成的数字地图可以多种格式文件输出并可供 GIS 软件读取。它们都是在 AutoCAD 平台上开发的,其优点是可以充分利用 AutoCAD 强大的图形编辑和计算功能。

虽然上述数字化测图软件都是在 AutoCAD 平台上开发的,但它们的图形数据和地形编码一般互不兼容。对于一个测绘生产单位而言,选择适合本单位使用的绘图软件是很必要的。首先要看该软件是否适合本单位的实际情况;再要看其可操作性、界面是否友好,是否简便易学等。本书只对南方测绘公司的 CASS 6.1 地形地籍成图软件做简要介绍。

11.4.4 CASS 6.1 的运行环境

11.4.4.1 硬件环境

处理器(CPU):Pentium Ⅲ 或更高版本,内存(RAM)最少 128 MB,至少有效 300 MB 硬盘剩余空间。视频最低为 1 026×768 真彩色。

11.4.4.2 软件环境

Microsoft Windows 9x 或以上版本的操作系统,浏览器至少为 Microsoft Internet Explorer 6.0 或更高版本,平台为 AutoCAD 2004 或 AutoCAD 2005 版本。

11.4.5 CASS 6.1 的操作界面

现以 AutoCAD 2005 为平台介绍 CASS 6.1。点击在桌面上创建的 CASS 6.1 图标,即可启动在 AutoCAD 2005 上安装 CASS 6.1 的界面,如图 11-3 所示。

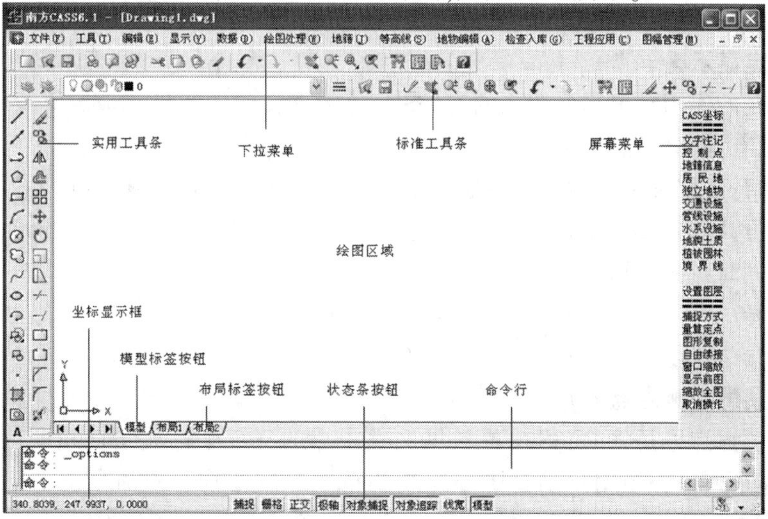

图 11-3 CASS 6.1 操作界面

它与 AutoCAD 2005 的界面及操作方法是相同。两者的区别在于下拉菜单及屏幕菜单的内容不同,各区的功能简介如下:

(1)下拉菜单区。执行主要的测量功能,通过点击下拉菜单中的命令,便可完成相应操作。

(2)屏幕菜单。所有图式符号均分门别类地设置于该菜单中,用来绘制各种类别地物,是绘图操作较频繁的菜单。

(3)绘图区域。此区域是用户主要工作窗口,用户可以利用系统工具条中的"实时平移"与"实时缩放"按钮来动态调节视窗的大小和图形位置,是显示图形及操作编辑区域。

(4)实用工具条。各种 AutoCAD 2005 命令,是绘图最快捷的方式,用户也可以在该区域设置常用的 CASS 6.1 测量工具,实质为快捷工具。

(5)命令行。此区域是命令记录区,表示系统处于准备接受命令状态和系统对操作指令反映区域,提示用户操作。

(6)状态条按钮区。它在窗口最底部,功能同 AutoCAD 2005,可以设置"对象捕捉""对象追踪"等。

(7)坐标显示框。在程序运行或有关操作过程中,有时显示程序运行进度或操作信息。

11.4.6 将野外采集数据传输到计算机并转换数据格式

打开传输软件,设置与全站仪一致的通信参数,包括通信口、波特率、数据位和校验位。点击"下载",将全站仪采集的数据导入计算机。在传输软件上点击"转换",在"打开位置"输入下载下来的路径和文件夹,指定坐标转换的格式(CASS)和保存路径,单击"转换"按钮,将野外采集的数据自动转换扩展名为"dat"的数据文件。

11.4.7 绘图处理

绘图处理分定显示区、展野外测点点号和展高程点三步进行。

11.4.7.1 定显示区

定显示区的作用是根据要输入的 CASS 坐标数据文件中的坐标值定义绘图区域的大小,以保证所有点都可见。

例如,执行下拉菜单"绘图处理\定显示区"命令,在弹出的如图 11-4 所示的标准文件选择对话框,选择 CASS 自带的坐标数据文件"YMSJ. DAT",点击"打开"按钮完成定显示区的操作。同时在命令行给出了下列提示:

最小坐标(m):X=31 067.315,Y=54 075.471

最大坐标(m):X=31 241.270,Y=54 220.000

11.4.7.2 展野外测点点号

展野外测点点号是将 CASS 坐标数据文件中点的三维坐标展绘在绘图区,并在点位的右边注记点号,以方便用户结合野外绘制的草图绘制地物。该命令位于下拉菜单"绘图处理\展野外测点点号",其创建的点位和点号对象位于"zdh"(意为展点号)图层,其中点位对象是 AutoCAD 的 Point 对象,用户可以执行 AutoCAD 的 Ddptype 命令修改点样式。

例如,执行下拉菜单"绘图处理\展野外测点点号"命令,在弹出的图 11-4 所示的标准文件选择对话框中,仍然可以选择"YMSJ. DAT"文件,单击"打开"按钮完成展点操作。用户可以在绘图区看见展绘好的碎部点点位和点号。

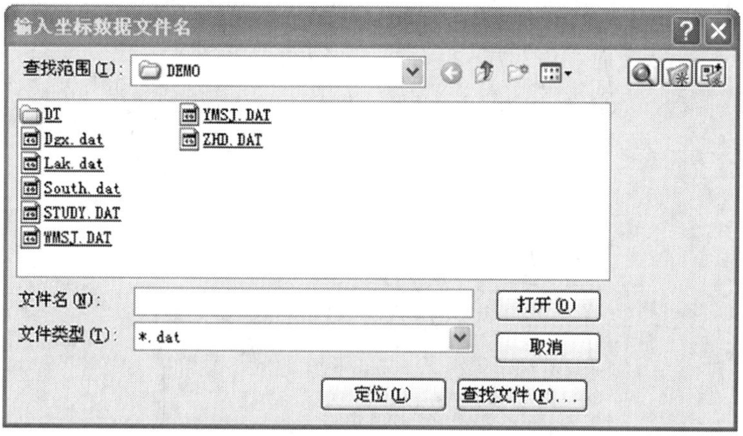

图 11-4　输入坐标数据文件名的对话框

要说明的是,虽然没有注记点的高程值,但点位本身是包含高程坐标的三维空间点。用户可以 AutoCAD 的 Id 命令,打开"节点"拾取任一碎部点来查看。如 40 号点的坐标和高程在命令行显示为:

指定点:X = 54 106. 130 0　Y=31 206. 430 0　Z=494. 700 0

11. 4. 7. 3　绘平面图

根据野外作业的草图,内业绘制平面图。点击屏幕菜单中的"定位方式"中的"坐标定位"。选择相应的地形图图式符号,然后在屏幕中将所有的地物绘制出来。系统中所有地形图图式符号都是按照图层来划分的,例如所有表示测量控制点的符号都放在"KZD"这一层,所有表示独立地物的符号都放在"DLDW"这一层,所有表示植被的符号都放在"ZBTZ"这一层,所有的居民地符号都放在"JMD"这一层。

根据外业草图,选择相应的地图图式符号在屏幕上将平面图绘出来。如草图 11-5 所示。

1. 绘制居民地

由 33、34、35 号点连成一间普通房屋。这时便可点击屏幕菜单"居民地",系统便弹出如图 11-6 所示的对话框。选择"四点房屋",这时命令区提示:

已知三点\2. 已知两点及宽度\3. 已知四点<1>:Enter

点击 33、34、35 号点(插入点)完成。

将 22、49、16 号点绘成四点房屋;37、38、41 号点绘成四点棚房;60、58、59 号点绘成四点破坏房子;12、14、15 号点绘成四点建筑中房屋。

注意:

(1)已知三点是指测矩形房子时测了三个点;已知两点及宽度则是指测矩形房子时测了两个点及房子的一条边;已知四点则是测了房子的四个角点。

(2)当房子是不规则的图形时,可用"实线多点房屋"或"虚线多点房屋"来绘。

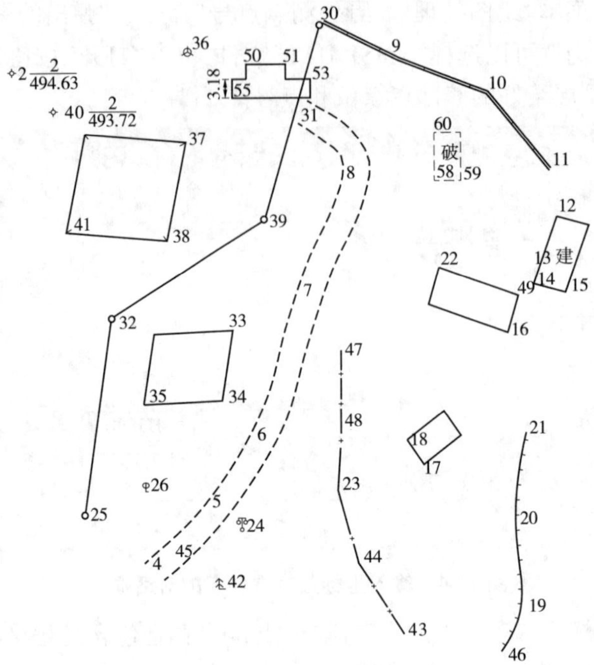

图 11-5　外业作业草图

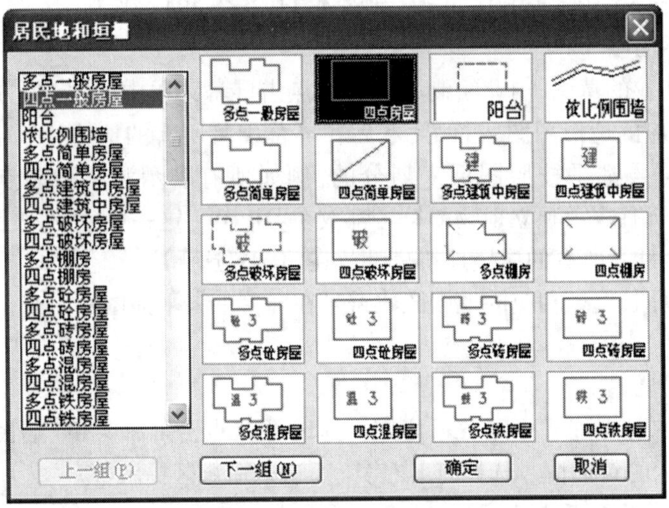

图 11-6　居民地和垣栅

(3)绘房子时,点号必须按顺序点击,如上例的点号按 34、33、35 或 35、33、34 的顺序,否则绘出来房子就不对。

依草图绘制多点一般房屋,如图 11-7 所示,测量了 50、51、53、55 四个点和丈量了一边长为 3.18 m。绘制多点一般房屋的步骤为:

点击屏幕菜单的居民地选择多点一般房屋,点击 50、51 号点,这时在命令行提示:

曲线 Q 图边长交会 B\隔一点 J\微导线 A\延伸 E\插点 I\回退 U\换向 H<指定点>:

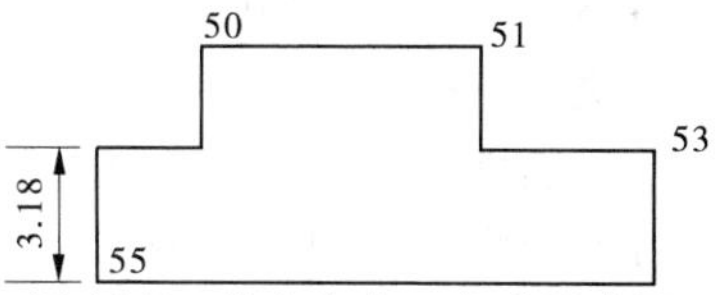

图 11-7 外业多点一般房屋草图

输入 J,回车,点击 53 号点;输入 J,回车,点击 55 号点;输入 A,回车,命令行提示:

微导线—键盘输入角度(K)\指定方向点(只确定平行和垂直方向)>

输入 K,回车,按提示输入角度(度. 分秒)270.0000;回车,输入距离(米),键入 3.18 回车,点击 50 号点完成多点一般房屋的绘制。

2. 绘制交通设施

由 4,5,6,7,8,31 连接成平行建筑等外公路。点击屏幕菜单中的“交通设施”,弹出“交通及附属设施类”对话框,选择“平等建筑等外公路”按钮并“确定”,根据命令行提示分别捕捉 4,5,6,7,8,31 六个点按回车结束指定点位操作,命令行提示如下:

拟合线<N>? y

一般选择拟合,键入 y 点击回车,命令行提示如下:

1. 边点式\2. 边宽式\(按 ESC 键退出):<1>Enter

用鼠标点取 45 号点完成平行建筑等外公路的绘制。

11.4.8 等高线

11.4.8.1 展高程点

白纸测图中,等高线是通过对测得的碎部点进行线性内插,手工勾绘而成的,这样勾绘的等高线精度较低。而在数字测图中,等高线是在 CASS 中通过创建数字地面模型 DTM 后自动生成的,生成的等高线精度相当高。

DTM 是指在一定的区域范围内,规则格网或三角形点的平面坐标(X,Y)和其他地形属性的数据集合。如果该地形属性是该点的高程坐标 H,则此数字地面模型又称为数字高程模型 DEM。DTM 从微分角度三维地描述了测区地形的空间分布,应用它可以按用户设定的等高距生成等高线,绘出任意方向的断面图、坡度图、透视图、渲染图,与数字 DOM 复合生成景观图,或者计算对象的体积、覆盖面积等。

展高程点的作用是将 CASS 坐标数据文件中点的三维坐标展绘在绘图区,并根据用户给定的间距注记点位的高程值。该命令位于下拉菜单“绘图处理\展高程点”,其创建的点位对象位于“GCD”(意为高程点)图层,其中点位对象是半径为 0.5 的实心圆。

例如,执行下拉菜单“绘图处理\展高程点”命令,命令行提示如下:

绘图比例尺 1:<500>

输入绘图比例尺的分母值后,按回车键,在弹出的标准文件选择对话框中,选择“DGX.dat”,单击“打开”按钮,命令行提示如下:

注记高程点的距离(米):

输入了注记高程点的距离后,按回车键完成展高程点操作。此时点位和高程注记对象与前面绘制的点位和点号对象重叠。为了绘制地物的方便,用户可以先关闭“GCD”图层。

11.4.8.2　建立 DTM

执行下拉菜单“等高线\建立 DTM”命令,弹出如图 11-8 所示的“建立 DTM”对话框。在该对话框中有两种建立 DTM 的方式,一种是“由数据文件生成”,另一种是“由图面高程点生成”,默认是“由数据文件生成”。在建模过程中有两种情况可供我们选择,一种要考虑陡坎,一种要考虑地性线,不选也可以。在结果显示中有三种供我们选择,一是“显示建三角网结果”,二是“显示建三角网过程”,三是“不显示三角网”,默认是“显示建三角网结果”。在此时选择“DGX. dat”,确定后,显示如图 11-9 所示的三角网,在命令行提示:

连三角网完成!,共 224 个三角形

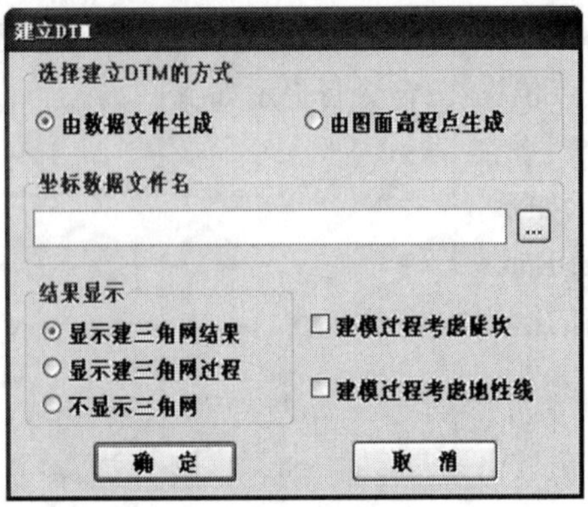

图 11-8　建立 DTM 对话框

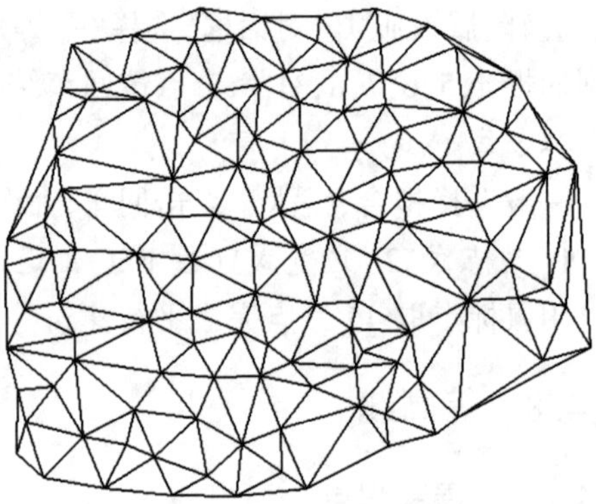

图 11-9　DGX. dat 文件生成的三角网

11.4.8.3　修改数字地面模型

由于现实地貌的多样性、复杂性和某些点的高程缺陷(如控制点在楼顶),直接使用外业采集的碎部点很难一次性生成准确的数字地面模型,这就需要通过修改三角网对生成的数字地面模型进行修改。

1. 删除三角形

如果在某局部内没有等高线通过的,则可将其局部内相关的三角形删除。删除三角形的操作方法是选择“等高线\删除三角形”命令,提示“Select objects:”,这时便可选择要删除的三角形,如果误删,可用“U”命令恢复。

2. 过滤三角形

如果 CASS 在建立三角网后无法绘制等高线或生成的等高线不光滑,可用此功能过滤掉部分形状特殊的三角形。这是由于某些三角形的内角过小或边长悬殊过大所致。

3. 增加三角形

如果要增加三角形时,可选择“等高线”菜单中的“增加三角形”项,依照屏幕的提示在要增加三角形的地方用鼠标点取,如果点取的地方没有高程点,CASS 会提示输入高程。

4. 三角形内插点

选择此命令后,可根据提示输入要插入的点:在三角形中指定点(可输入坐标或用鼠标直接点取),提示“高程(米)= ”时,输入此点高程。通过此功能可将此点与相邻的三角形顶点相连构成三角形,同时原三角形会自动被删除。

5. 删三角形顶点

用此功能可将所有由该点生成的三角形删除。这个功能常用在发现某一点坐标错误时,要将它从三角网中剔除的情况下。

6. 重组三角形

指定两相邻三角形的公共边,系统自动将两三角形删除,并将两三角形的另两点连接起来构成两个新的三角形,这样做可以改变不合理的三角形连接。

7. 删三角网

生成等高线后就不再需要三角网了,可以用此功能将整个三角网全部删除。

8. 修改结果存盘

通过以上命令修改了三角网后,选择"等高线"菜单中的"修改结果存盘"项,把修改后的数字地面模型存盘。要注意的是,修改了三角网后一定要进行此步操作,否则修改无效! 当命令区显示:"存盘结束!"时,表明操作成功。

11.4.8.4　绘制等高线

执行下拉菜单"等高线\绘制等高线"命令,弹出如图 11-10 所示的"绘制等值线"对话框。在该对话框中显示最小高程、最大高程和拟合方式。输入等高距值后点击"确定",显示如图 11-11 所示的等高线,它位于"SJW"(意为三角网)图层。

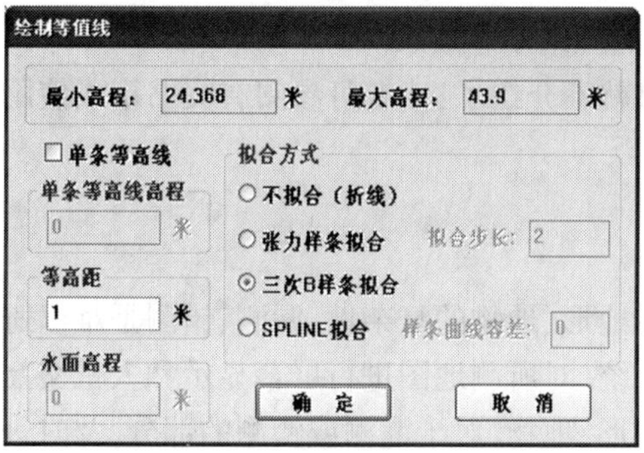

图 11-10　绘制等值线对话框

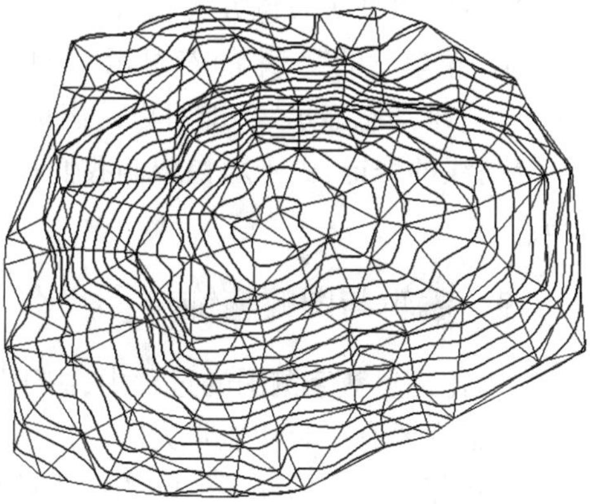

图 11-11　完成绘制等高线

11.4.8.5　三维模型

建立了 DTM 之后,就可以生成三维模型,观察立体效果。

该命令位于下拉菜单"等高线\三维模型\绘制三维模型"项,按左键,命令区提示:

最大高程: 43.90 米, 最小高程:24.37 米

输入高程乘系数<1.0>:键入 5。

整个区域东西向距离=276.96 米,南北向距离=224.77 米

输入格网间距<8.0>:键入 5

是否拟合?(1)是 (2)否 <1>Enter

如果用默认值,建成的三维模型与实际情况一致。如果测区内的地势较为平坦,可以输入较大的高程乘系数值,将地形的起伏状态放大。因此例坡度变化不大,输入高程乘系

数值为 5 将其夸张显示。这时将显示此数据文件的三维模型，如图 11-12 所示。它位于 SHOW 图层。

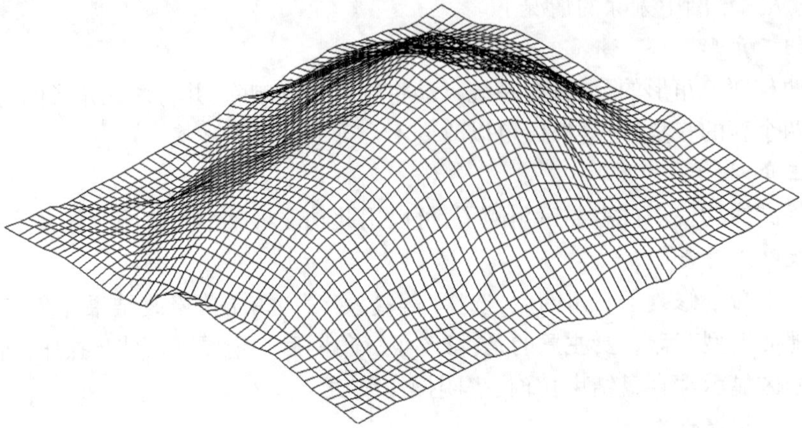

图 11-12　DGX. dat 文件生成的高程乘系数等于 5、格网间距等于 5 的三维模型效果图

要说明的是，执行“绘制三维模型”命令后，为了更清晰地观察三维地面模型效果，CASS 自动冻结了除 SHOW 图层以外的全部图层，并将 SHOW 图层设置为当前图层。

另外利用“低级着色方式”“高级着色方式”功能还可对三维模型进行渲染等操作，利用“显示”菜单下的“三维静态显示”的功能可以转换角度、视点、坐标轴，利用“显示”菜单下的“三维动态显示”功能可以绘出更高级的三维动态效果。

等高线的修饰，由于篇幅限制我们在这里就不介绍了，读者可参阅有关书籍或使用说明书。

11.4.9　编辑与图幅整饰

在大比例尺数字测图的过程中，由于实际地形、地物的复杂性，漏测、错测是难以避免的，这时必须要有一套功能强大的图形编辑系统，对所测地图进行屏幕显示和人机交互图形编辑，在保证精度情况下消除相互矛盾的地形、地物，对于漏测或错测的部分，及时进行外业补测或重测。另外，对于地图上的许多文字注记说明，如道路、河流、街道等也是很重要的。

图形编辑的另一重要用途是对大比例尺数字化地图的更新，根据实测坐标和实地变化情况，随时对地图的地形、地物进行增加或删除、修改等，以保证地图具有现势性。

对于图形的编辑，CASS 6.1 提供“编辑”和“地物编辑”两种下拉菜单。其中，“编辑”是由 AutoCAD 提供的编辑功能，即图元编辑、删除、断开、延伸、修剪、移动、旋转、比例缩放、复制、偏移拷贝等，“地物编辑”是对地物进行编辑，即线型换向、植被填充、土质填充、批量删减、批量缩放、窗口内的图形存盘、多边形内图形存盘等。下面只对“改变比例尺”“线型换向”“图形分幅”和“图幅整饰”加以说明。

11.4.9.1　改变比例尺

执行“文件\打开已有图形”命令，打开“STUDY. DWG”，屏幕上将显示如图 11-13 所示的 STUDY. DWG 文件图形。

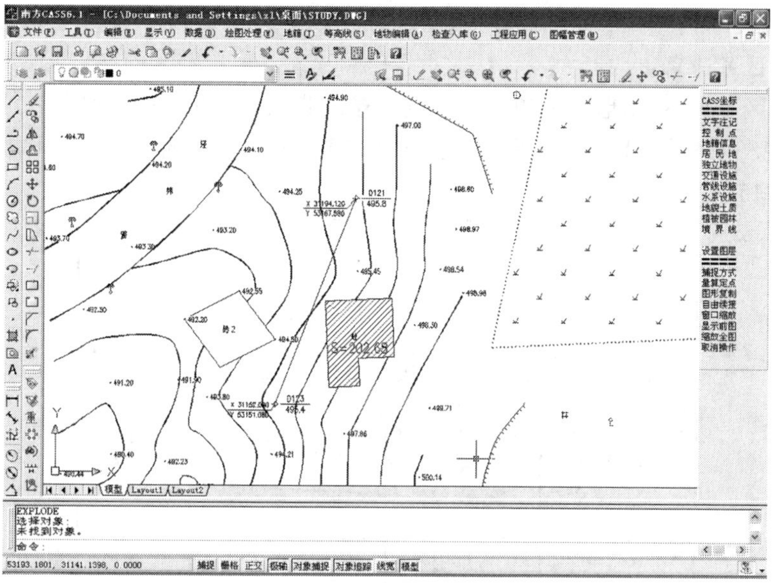

图 11-13　STUDY. DWG 图形文件示意图

执行“绘图处理\改变当前图形比例尺”,命令区提示:

当前比例尺为　1:500

输入新比例尺<1:500>　1:100 (键入 100 的点击 Enter)

是否自动改变符号大小? (1)是 (2)否 <1> Enter

这时屏幕显示的 STUDY. DWG 图就转变为 1:100 的比例尺,各种地物包括注记、填充符号都已按 1:100 的图示要求进行了转变。

11.4.9.2　线型换向

通过屏幕菜单绘出未加固陡坎、加固斜坡、不依比例围墙各一个,如图 11-14(a)所示。

执行“地物编辑\线型换向”命令,命令区提示:

请选择实体

用鼠标点击需要换向的实体,完成换向。结果如图 11-14(b)所示。

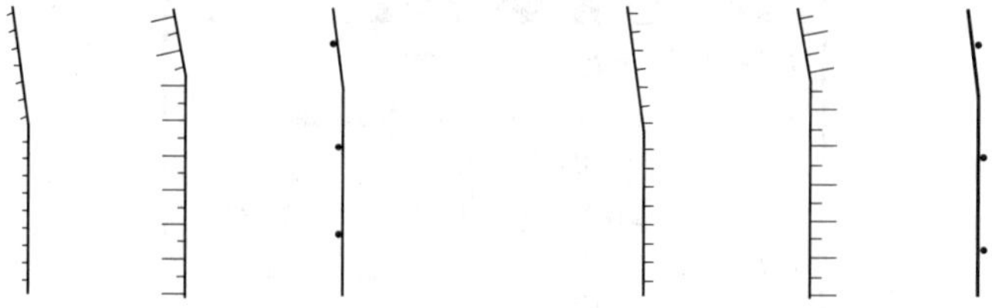

(a)　(b)

图 11-14　线性换向前后示意图

11.4.9.3　图形分幅

执行“绘图处理\批量分幅\建立格网”,命令区提示:

请选择图幅尺寸:(1)50 * 50 (2)50 * 40 (3)自定义尺寸<1> Enter

输入测区一角：

输入测区另一角：

输入测区一角：在图形左下角点击左键。输入测区另一角：在图形右上角点击左键。

这样 CASS 6.1 自动以各个分幅图的左下角的 X 坐标和 Y 坐标来命名，如“31.05–53.10”“31.05–53.15”等，如图 11-15 所示。

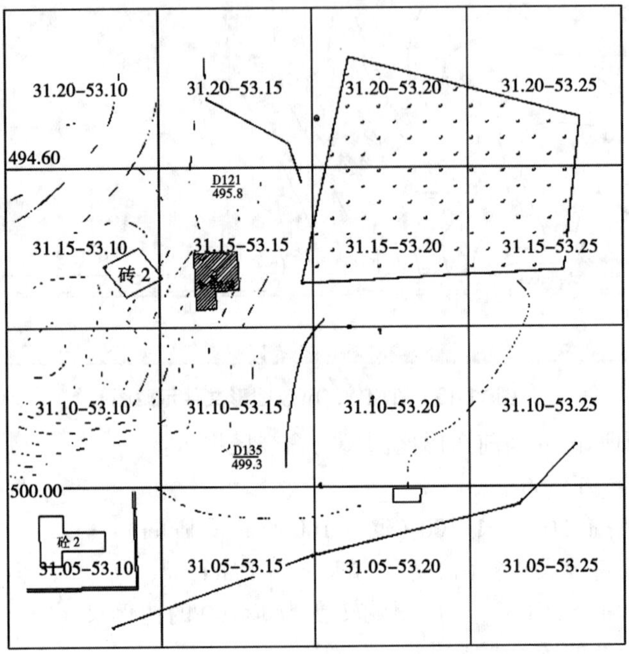

图 11-15　批量分幅建立的格网

执行“绘图处理\批量分幅\批量输出”命令，CASS 6.1 则自动将各个分幅图保存在用户指定的路径下。

11.4.9.4　图幅整饰

执行“文件\CASS 参数配置\图框设置”命令，屏幕显示如图 11-16 所示。完成设置后点击“确定”。

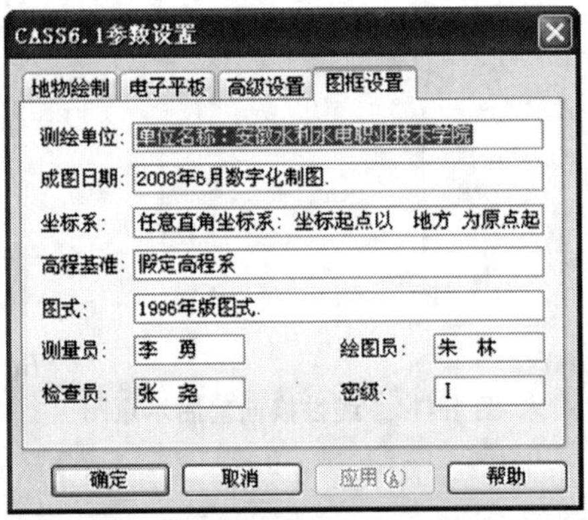

图 11-16　CASS 参数设置中的图框设置

打开“31. 15-53. 15. dwg”文件图框显示如图 11-17 所示。因为 CASS 6. 1 系统所采用的坐标系统是测量坐标,即 1∶1的真坐标,并加入 50 cm×50 cm 图廓。

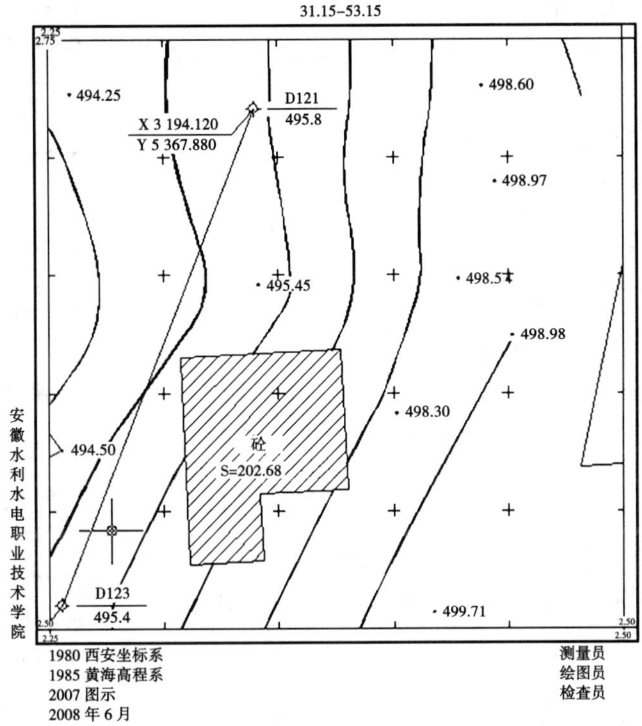

图 11-17　加入图廓的“31. 15-53. 15. dwg”平面图

11. 5　数字地形图的应用基础

本节介绍使用 CASS 6. 1 在数字地形图上查询点位坐标、直线的方位角和距离、封闭对象或指定区域的面积,计算填挖土方量,选线、绘制路线纵横断面图等命令的操作方法,这些命令放置在下拉菜单“工程应用”下,如图 11-18 所示。

11. 5. 1　查询计算与结果注记

打开“C:\Program Files\CASS 6. 1\DEMO\STUDY. DWG”图形文件,下面的查询操作都在该图形文件中进行。

11. 5. 1. 1　查询指定点的坐标

执行下拉菜单“工程应用/查询指定点坐标”命令,提示如下:

输入点:(捕捉图 11-19 中的图根点 D121)

测量坐标:X=31 194. 120 米　Y=53 167. 880 米

H=495. 800 米

如要在图上注记点的坐标,应执行屏幕菜单的“文字注记”命令,在弹出的“注记”对话框中点击坐标注记图标,鼠标点取指定注记点和注记位置后,CASS 自动标注该值的

X,Y 坐标。图 11-19 注记了图根点 D121 和 D123 点的坐标。

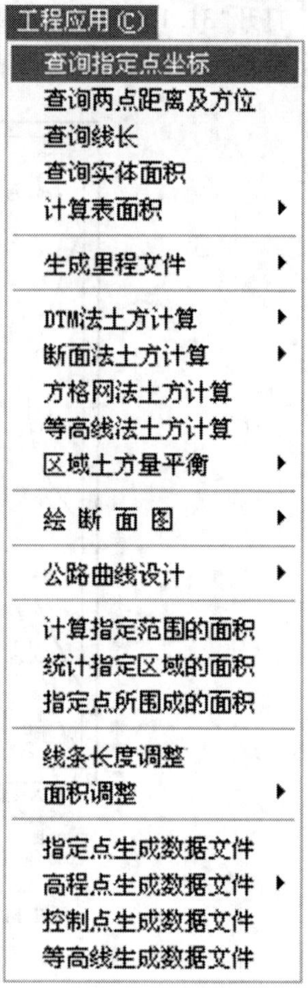

图 11-18 “工程应用”下拉菜单

11.5.1.2 查询两点的距离和方位角

执行下拉菜单“工程应用\查询两点距离及方位角”命令,提示如下:

第一点:(捕捉图 11-19 中的 D121 点)

第二点:(捕捉图 11-19 中的 D123 点)

两点间距离 = 45.273 米,方位角 = 201 度 46 分 57.39 秒

注意:如果捕捉第一点是 D123,捕捉第二点是 D121,则方位角为 21 度 46 分 57.39 秒。

11.5.1.3 查询线长

执行下拉菜单“工程应用\查询线长”命令,提示如下:

请选择要查询的线状实体:(点取混凝土和砖 2 两个对象)

选择对象: 找到 1 个,总计 2 个(点击回车确定)

CASS 弹出如图 11-20 所示的提示框,给出查询对象的线长值。

实体总长度为 112.548 米

11.5.1.4 查询封闭对象的面积

执行下拉菜单“工程应用\查询实体面积”命令,提示如下:

选择对象:(点取图 11-19 中混凝土房屋轮廓线)

实体面积为 202.683 平方米

11.5.1.5 注记封闭对象的面积

执行下拉菜单“工程应用\计算指定范围的面积”命令,提示如下:

1. 选目标/2. 选图层/3. 选指定图层的目标<1>

注:

(1)选目标:选择指定的封闭对象。

(2)选图层:键入图层名,注记该图层上的全部封闭对象的面积。

(3)选指定图层的目标:先键入图层名,再选择该图层上的封闭对象,注记它们的面积。

现以图 11-19 为例,注记封闭混凝土房屋的面积并对区域加青色阴影线的操作步骤如下:

①选目标/2. 选图层/3. 选指定图层的目标<1>Enter

是否对统计区域加青色阴影线? <Y>Enter

总面积 = 202.68 平方米

注意:CASS 将各种类型房屋都放置在 JMD(意为居民地)图层,面积注记文字位于封

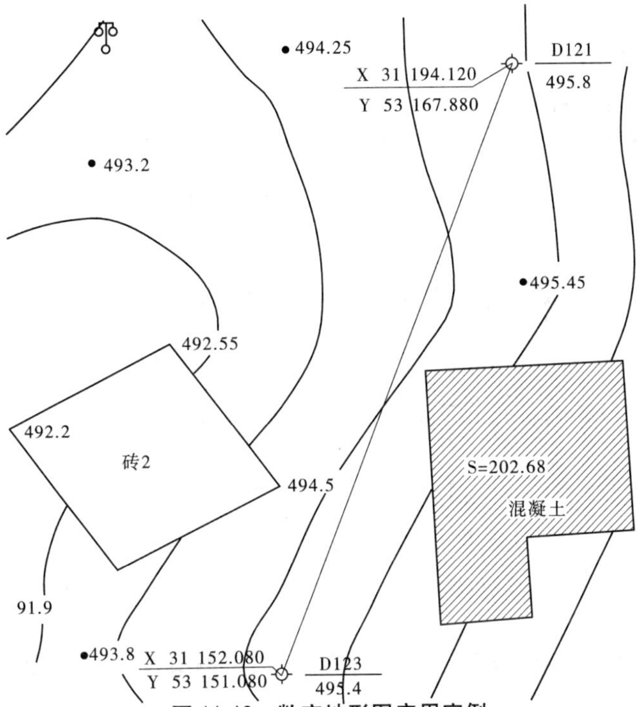

图 11-19 数字地形图应用实例

闭对象的中央，并自动放置在 MJZJ（意为面积注记）图层。

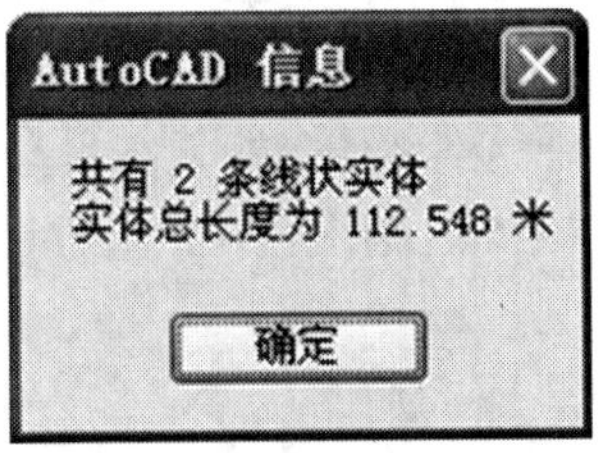

图 11-20 线长查询信息

11.5.1.6 **统计注记面积**

对图中面积注记数字求和。统计上述全部面积的操作步骤：

执行下拉菜单“工程应用\统计指定区域的面积”命令，提示如下：

面积统计－可用：窗口（W. C）／多边形窗口（WP. CP）／... 等多种方式选择已计算过面积的区域

选择对象：all（找到 256 个）

选择对象：Enter

总面积＝441. 36 平方米

11.5.1.7 **计算指定点围成的面积**

还以图 11-19 为例，指定砖 2 房屋面积的操作步骤。

执行下拉菜单“工程应用\指定点围成的面积”命令，提示如下：

指定点：

……

指定点：Enter

指定点所围成的面积＝156. 517 平方米

CASS 计算出由指定点围成的面积，只在命令行提示结果，并不注记在图上。

11.5.2 土方量的计算

土方量的计算方法有五种。

11.5.2.1 DTM 法土方计算

该法又分 4 种方法，如图 11-21 所示，由于方法类似我们只介绍“根据坐标文件”方法计算土方量。

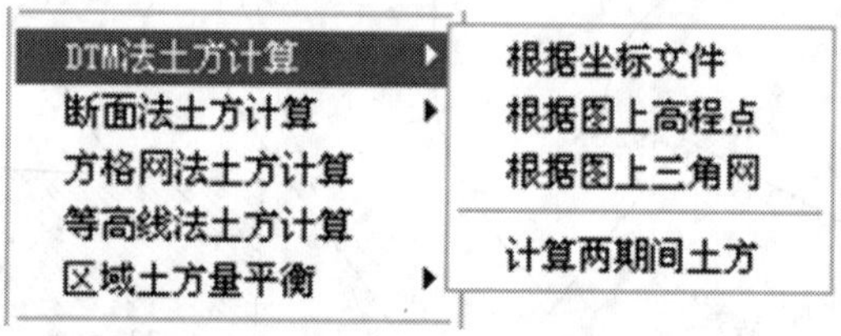

图 11-21 DTM 法土方计算

下面以“Dgx. dat”文件为例讲解操作方法。

执行下拉菜单“绘图处理\展高程点”命令，将坐标数据文件“Dgx. dat”中的碎部点三维坐标展绘在当前图形中。

执行 AutoCAD 的多段线命令，绘制一条闭合多段线作为土方计算的边界，如图 11-22 所示。

执行下拉菜单“工程应用\DTM 法土方计算\根据坐标文件”命令，提示如下：

选择土方边界线(选择闭合多段线)

CASS 弹出“输入高程点数据文件名”对话框，打开“Dgx. dat”文件。

CASS 给出“DTM 土方计算参数设置”对话框，如图 11-23 所示。

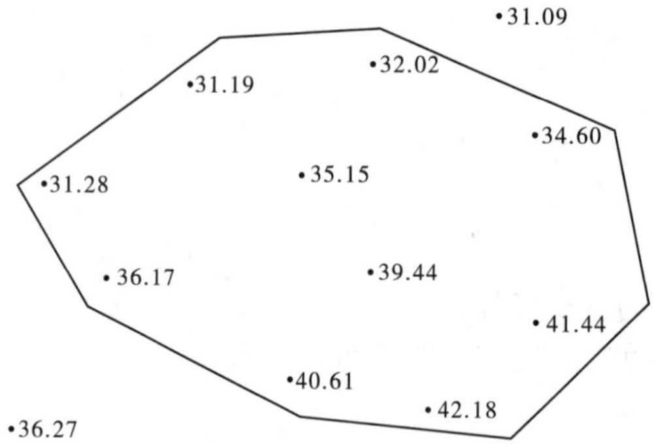

图 11-22 闭合多段线作为土方计算边界

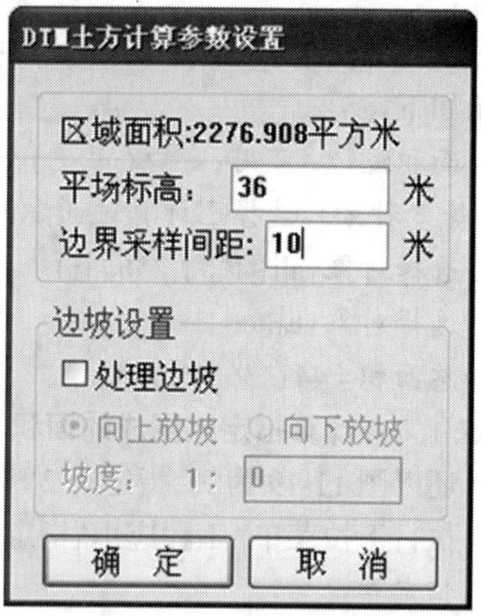

图 11-23 DTM 土方计算参数设置

在此对话框中 CASS 已计算出区域面积，用户设置“平场标高”“边界采样间距”和“边坡设置”。键入平场标高 36，边界采样间距 10，点击“确定”。在命令行显示：

挖方量=4 038. 3 立方米，填方量=2 390. 0 立方米

请指定表格左下角位置:<直接回车不绘表格>

点击屏幕空白处,完成响应后,在屏幕上指定表格位置以后 CASS 将绘制一个图 11-24 所示的土石方计算表格。

11.5.2.2　方格网法土方计算

执行下拉菜单"工程应用\DTM 法土方计算\方格网法土方计算"命令,在弹出的标准文件对话框中选择"Dgx. dat"文件后,提示如下:

选择土方计算边界线

CASS 弹出如图 11-25 所示的"方格网土方计算"对话框,键入"高程点坐标数据文件"的路径和目标高程 36,在方格宽度键入 10。完成响应后,CASS 绘制如图 11-26 所示的方格网,得出计算结果并在命令行提示如下:

最小高程=24. 368,最大高程=43. 900

总填方=2 513. 7 立方米, 总挖方=3 936. 2 立方米

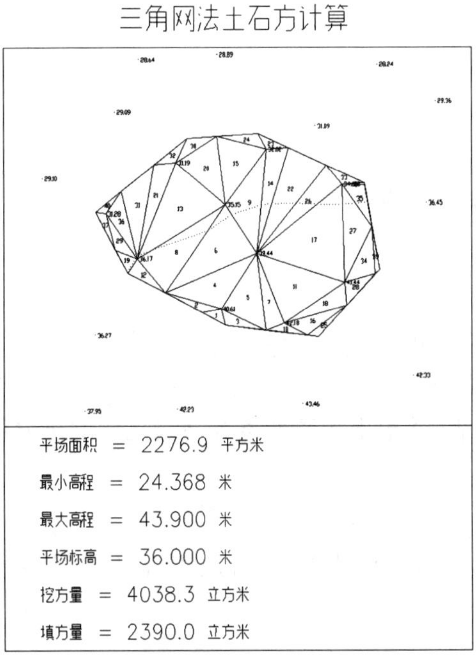

图 11-24　三角网法土石方计算表

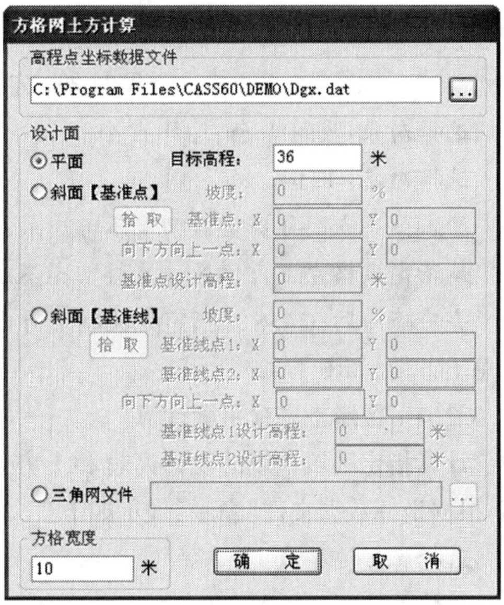

图 11-25　方格网土方计算对话框

11.5.2.3　等高线法土方计算

该命令可以计算任意两条封闭等高线间的土方量。现以"Dgx. dat"文件为例讲解操作方法。

执行下拉菜单"工程应用\等高线法土方计算"命令,提示如下:

选择参与计算的封闭等高线(依次点取图 11-11 中从山顶向山底方向的 6 条闭合等高线)

……

	挖方									
	0.0									
	0.0									
	157.1									
	1230.9									
	1972.1									
	576.1									
总面积	2276.9	107.3	540.3	616.3	515.5	412.0	240.8	78.6	2.9	填方
总填方	2513.7									
总挖方	3936.2									
平均高度										

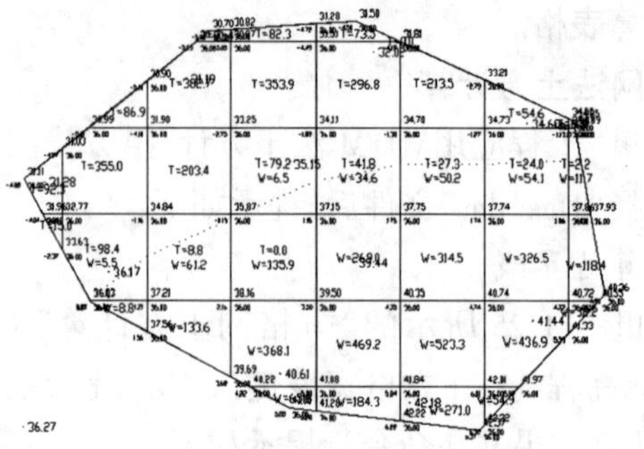

图 11-26　方格网土方计算表

选择对象:找到 1 个,总计 6 个

选择对象: Enter

输入最高点高程:<直接回车不考虑最高点>Enter

请指定表格左上角位置:<直接回车不绘表格>

完成响应后,CASS 在指定处绘制土方计算表,并给出相邻两条等高线之间的土方量和总土方量,如图 11-27 所示。

11.5.2.4　区域土方量平衡计算

计算指定区域挖填的设计高程和土方量。执行下拉菜单"工程应用\区域土方量平衡\根据坐标数据文件"命令,提示如下:

选择土方边界线

请输入边界插值间隔(米):<20> 10

土方平衡高度=36.724 米, 挖方量=3 166 立方米, 填方量=3 166 立方米

请指定表格左下角位置:<直接回车不绘表格>

完成响应后,CASS 在指定处绘制一个土方计算表和挖填平衡分界线,如图 11-28 所示。

等高线法土石方计算

计算日期:2008年4月16日　　　　计算人:朱林

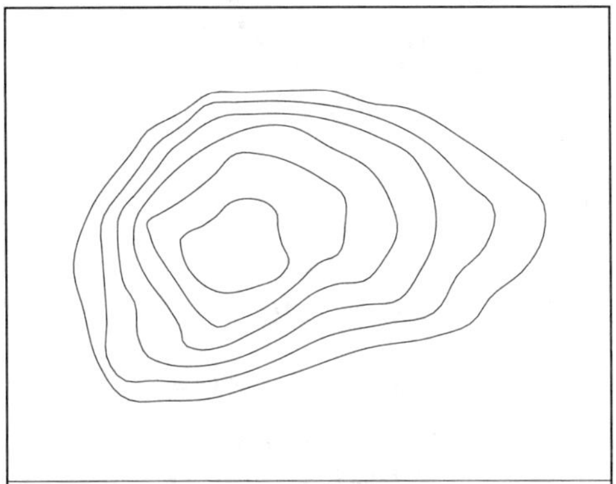

计算公式:$V=(A_1+A_2+\sqrt{A_1\times A_2})\times(h_2-h_1)/3$

A_1(平方米)	h_2(米)	A_2(平方米)	h_1(米)	V(立方米)
10 602.21	38.000	8 105.83	39.000	9 326.1
8 105.83	39.000	5 922.66	40.000	6 985.8
5 922.66	40.000	3 958.81	41.000	4 907.9
3 958.81	41.000	2 219.57	42.000	3 047.6
2 219.57	42.000	734.15	43.000	1 410.1
合　计				25 677.4

图 11-27　等高线法土方计算表

三角网法土石方计算

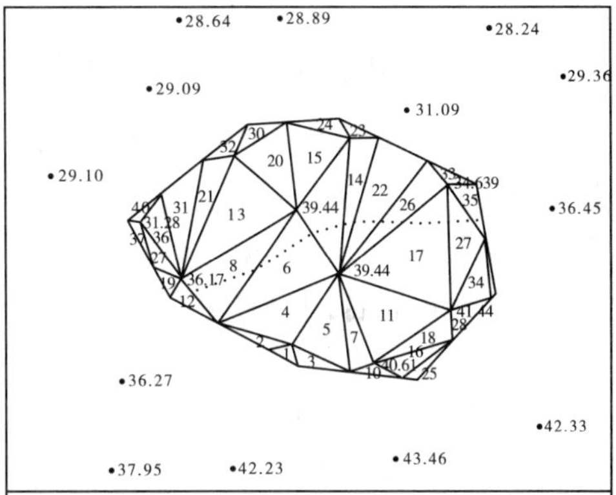

平场面积=2 276.9平方米

最小高程=24.368米

最大高程=43.900米

土方平衡高度=36.724米

挖方量=3 166立方米

填方量=3 166立方米

计算日期:2008年4月16日　　　　计算人:朱林

图 11-28　区域土方量平衡计算表

11.6　数字地形图与 GIS 的数据交换

使用数字测图软件可以将地物和地貌的位置在图上准确地表示出来,但很难将地物和地貌的属性表示出来,如图上河流的长度、宽度、水深和水质等,更不用说对这些属性数据进行各种查询和统计分析。而使用数据库系统却很容易保存和管理这些属性数据,各种查询和统计分析更是数据库系统的强项,但要将这些属性数据表示在一幅图上显然就不是数据库系统可以胜任的。因此,随着社会的发展,就出现了一种将图形管理和数据管理有机结合的信息技术,它结合了两者优势,克服了数据库和图形系统各自固有的局限性,这就是地理信息系统,即 GIS。

国际上较先进的 GIS 平台软件有美国环境系统研究所开发的 ArcView 软件、MapInfo 公司开发的 MapInfo Professional 软件、Autodesk 公司开发 AutoCAD Map 软件等。GIS 软件既管理对象的位置又管理对象的属性,并且位置和属性是自动关联的。

GIS 作为有关空间数据管理、空间信息分析及其传播的计算机系统,在近年的发展中已取得巨大的成就,并广泛应用于土地利用、资源管理、环境监测、交通运输、城市规划、经济建设以及政府各职能部门。它作为传统学科与现代科学技术相结合的产物,正逐步发展为一门处理空间数据的现代化综合性学科。

GIS 软件将所有地形要素划分为点、线、面三种要素,如图 11-5 中的平行公路、简单房屋,它对数字地形图有很高的要求,例如同图层线划相交时不能有悬挂点,同类线划相交时不能有伪结点等。因此,数字地形图进入 GIS 之前,应按照所用 GIS 软件的要求进行适当编辑,达到要求后就可以输出相应格式的数据交换文件。

11.6.1 输出 ARC/INFO SHP 格式文件

执行下拉菜单“检查入库/输出 ARC/INFO SHP 格式”命令,如图 11-29 所示,在弹出的标准文件选择对话框中键入要生成的数据文件名,CASS 自动为其加上“SHP”的扩展名,单击“保存”按钮,命令行提示如下:

请指定图幅左下角:

请指定图幅右上角:

完成响应后,即将所选图形对象数据输出到给定的数据文件中。

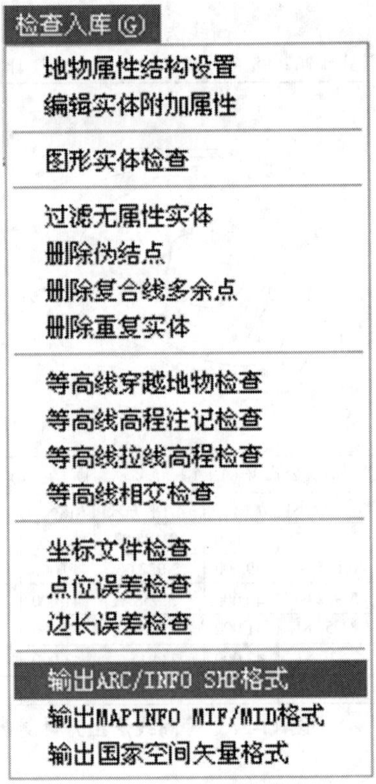

图 11-29 图形数据输出格式

11.6.2 输出 MAPINFO MIF/MID 格式文件

执行下拉菜单“检查入库/输出 MAPINFO MIF/MID 格式”命令,在弹出的标准文件选择对话框中键入要生成的数据文件名,CASS 自动为其加上“MIF”的扩展名,单击“保存”按钮,即将当前图形的全部对象数据输出到给定的数据文件中。

11.6.3 输出国家空间矢量格式

“国家空间矢量格式”是我国对国内的 GIS 软件制定的一个强制性标准,它要求国内所有的 GIS 软件都应支持这一标准。

执行下拉菜单“检查入库\输出国家空间矢量格式”命令,在弹出的标准文件选择对话框中键入要生成的数据文件名,CASS 自动为其加上“VCT”的扩展名,单击“保存”按钮,即将当前图形的全部对象数据输出到给定的数据文件中。

11.6.4 输出文本格式的数据交换文件

CASS 还可以输出扩展名为“CAS”的文本格式的数据交换文件,该文件包含有当前图形全部对象的所有几何信息和属性信息。南方测绘公司在 CASS《参考手册》中给出了其文件格式,供用户根据自己使用 GIS 软件开发转换程序时参考。

执行下拉菜单“数据\生成交换文件”命令,在弹出的标准文件选择对话框中键入要生成的数据文件名,CASS 自动为其加上“CAS”的扩展名,单击“保存”按钮,即将当前图形的全部对象数据输出到给定的数据文件中。而执行下拉菜单“数据\生成交换文件”命令,又可以将 CAS 格式的文件读入 CASS 中。

11.7 信息化测绘体系的定位与框架

11.7.1 信息化测绘及特征

信息化测绘就是在数字化测绘的基础上,在完全网络化运行环境下,实现实时有效的地理信息综合服务的测绘方式和功能形态。

它应具有以下特征:

(1)从"生产"到"服务",即体系的功能取向是从以测绘产品生产为主,转为以地理空间信息综合服务为主。

(2)从"静态"到"动态",即体系对地理信息的获取和数据库建设将从以静态生产为主,转为以动态变化监测和实时更新为主。

(3)从"局域"到"广域",即作为数据传输和信息交互的网络支撑运行环境,对于数字化测绘生产以局域网为主;要实现数据传输和信息交互彻底的网络化。

(4)从"专用"到"公用",即体系的基础设施,应从原来的以供专业使用为主,升级改造为以满足社会公共使用为主,实现测绘基础设施公用化,将其建设成为社会公共服务的平台。

(5)从"封闭"到"开放",即体系的运行主体应从测绘系统内部扩展到其他应用部门,从公益性测绘保障体系内部扩展到地理信息产业体系,形成企事业单位、政府机构和用户大众协同运作的开放机制,实现信息服务的社会化。

(6)建立信息共享相关的法规、标准体系和运行机制,实现信息共享法制化。

归纳以上特征,信息测绘化可表述为技术体系数字化、功能取向服务化、数据获取实时化、信息交互网络化、基础设施公用化、信息服务社会化、信息共享法制化。

11.7.2 信息化测绘的时代性

信息化测绘不是甩开数字化测绘,它是在数字化测绘基础上向信息服务升级和跨越。从技术层面看,信息化测绘的技术基础仍然是数字化测绘,只不过是在新阶段将按实时有效的地理信息综合服务的要求进一步向高层次发展。

向信息化测绘迈进是发展规律的必然和时代要求。在世界高新技术飞速发展和社会需求不断变化的推动下,国际上测绘的发展正在经历一场以地图生产为主转向以地理信息综合服务为主的重大变革。我国测绘也不例外,虽然经过努力已实现由传统测绘向数字化测绘的整体转化,但主要还是在生产技术层面上实现了这个转化,还不能说在信息服务功能及其相应的体制和机制上也实现了由传统向现代化的转化。因此,我国测绘当前也仍然面临着以测绘产品生产为主,向以地理信息综合服务为主的战略转变,而实现这个战略转变的必由之路,就是要走信息化测绘的道路,就是要建成信息化测绘体系。

然而这些变革和发展仅以数字化测绘为龙头,已经不足以反映其基本特征和其发展的方向了,这就需要有一个新的龙头将现代测绘引导到一个新的战略方向,这就是信息化测绘。

11.7.3 信息化测绘发展的阶段性

我国测绘的发展可分成两大阶段。改革开放前,这是在计划经济体制下,我国创立和发展了完整的传统测绘体系的阶段;改革开放以后,是在世界新技术革命浪潮推动和我国建立市场经济体制要求下,我国传统测绘体系沿着两个根本性转变的道路向现代测绘体系过渡和转化阶段。其中,从 20 世纪 80 年代到 21 世纪初,是我国传统测绘体系向数字化测绘体系转化和过渡的阶段,时间跨越了三个五年。此后,进入了发展信息化测绘的新阶段。

发展信息化测绘是一个中长期目标,其基本任务是沿着以测绘产品生产为主,向以地理信息综合服务为主的转变,逐步建成我国信息化测绘体系。期望到 2020 年,能够完全建成与经济社会发展相适应的数字中国地理空间框架和信息化测绘体系,全面提升测绘保障能力和服务水平,实现测绘事业的可持续发展,为全面建设小康社会和构建社会主义和谐社会提供可靠、适用、及时的测绘保障,使我国测绘事业的整体水平跨入世界先进行列。

11.7.4 信息化测绘的发展目标

信息化测绘体系建设其主要是体现在技术和服务上。在信息化时代,测绘的重要性越来越明显。国家"十一五"测绘事业发展需要实现以下 5 个目标:

(1)依法行政水平明显提高;

(2)基础地理信息资源更加丰富;

(3)科技创新能力显著增强,信息化测绘技术体系基本形成;

(4)测绘保障服务迈上新的台阶;

(5)地理信息产业健康快速发展。

要实现以上目标,需要加快信息化测绘体系建设,提高测绘保障服务能力,形成地理信息框架体系。这标志着信息化测绘体系建设步入了一个快速实施阶段,它必然会促进整个测绘体系的又一次升级和变革,即信息化测绘体系。

11.7.5 数字化测绘体系

以空间数据资源和 3S 技术及其集成为核心,并结合网络、存储等技术来形成数字化测绘体系。数字化测绘体系体现在整个测绘作业、生产和服务的流程中,实现数据采集、处理、管理和应用的数字化。产品形式也从传统的纸质地图变成了 4D 产品,即数字高程模型(DEM)、数字线划地图(DLG)、数字栅格地图(DRG)和数字正射影像地图(DOM),这是对传统测绘生产流程的一次革命。它不仅仅只是简单的绘制地图,它还要为社会各行各业提供所需的空间位置数据和虚拟现实系统。

11.7.6 信息化测绘技术体系

从 GIS 到 WebGIS,从 OpenGIS 到空间数据互操作,再到数据交换中心;从基础地理信息数据库到空间数据基础设施(SDI),再到空间信息基础设施(SII);从 4D 产品到 3S 技术,从元数据到地理编码数据,再到面向市场的数字导航地图(DNM);从SDI到LBS(基于位置与空间信息的服务),再到SIG(空间信息网格),这些技术的融合构成了信息化测绘体系。可见,信息化测绘体系所涉及技术的丰富程度和复杂程度并不简单。

信息化测绘技术是现代测绘科学技术经多学科交叉、融合后发展形成的,它依托数字化测绘体系,实现地理空间信息的快速获取和更新、智能化处理和一体化管理、网络化生产与分发服务,实现地理空间信息资源的融合、增值服务,使测绘信息与技术产品社会化,为社会提供多尺度、多形式的服务,是“后数字化测绘技术”时期的发展走向。信息化测绘技术主要包括全球卫星定位导航技术(GNSS)、卫星重力探测技术(SG)、卫星测高技术(SA)、航空航天遥感技术(RS)、地理信息系统技术(GIS)、信息高速公路和计算机网络技术、虚拟现实技术等。随着计算机技术、通信技术、航天遥感、卫星导航定位等科学技术的发展,人类已经能够实现自动化、智能化和实时地回答何时、何地、何目标、发生了何种变化,并且把这些时空信息随时随地提供给每一个人,服务于每一件事,传达到每一个有需求的地方。这体现了对数字化的提升,也满足了复杂巨系统的格局。

人类的社会活动和自然界的发展变化都是在时空框架下进行的,地球空间信息是它们的载体和数学基础。在信息时代由于互联网和移动通信网络的发展加上计算机终端的便携化,使时空信息服务的大众化代表了当前和未来的时代特征,也是空间信息行业能否产业化运转的关键。

由此,信息化测绘体系的建设必须依托于公共服务、公共产品、公共平台等。

11.7.7 信息化测绘体系的定位

信息化测绘体系的主要定位是测绘技术自动化、测绘成果数字化、测绘服务网络化、测绘产品社会化。

11.7.7.1 测绘技术自动化

由于地理信息的采集、处理、管理、更新和应用的全过程实现了快速化和数字化。测绘技术自动化便成为进一步发展的必然。信息化测绘必然建立以地理信息数据处理智能化、自动化为特征的测绘生产技术体系,这个体系的建立标志着测绘技术从传统模拟测绘向数字化测绘的重大变革。

11.7.7.2 测绘成果数字化

相对于传统测绘成果的纸质形式,测绘成果数字化主要表现在以下4个方面:

(1)测绘成果的信息量更加丰富;

(2)测绘成果的现势性;

(3)测绘产品形式的多样化;

(4)测绘产品的标准化。

11.7.7.3 测绘服务网络化

传统的测绘服务方式和数字化测绘的服务方式基本上都是以提供为主导,即信息化测绘的服务真正以服务为主导。因此,服务方式必然要向买方市场即需求市场模式转变。随着信息技术的飞速发展,以及Internet在全球迅速普及,使得人类社会空间在信息概念上逐步缩小,测绘服务的方式发生了根本性变化。测绘成果可分布式地存储在各个地方,通过建立地理信息一站式服务系统,建立集成化的地理信息门户网站。用户只需访问一个网站、一个查询界面,就可以对分布在各地的地理信息进行检索、访问和浏览,实现任何人都可以在任何地方、任何时候享受地理信息服务的目标。

11.7.7.4 测绘产品社会化

测绘信息服务的信息应用社会化是建立在信息资源集成化和信息服务便捷化的基础之上的,而且需要首先生产公共公开的测绘产品,其最终目标是要让地理信息和测绘产品深入到平常百姓家,让测绘和地理信息成为全社会的共同需要。只有信息资源极度丰富、信息获取途径畅通便捷、地理信息公众产品齐全,才能形成广泛的用户群,真正实现应用的社会化。

信息化测绘反映了经济社会和人民生活对测绘需求结构的变化,体现了信息社会发展的特征,是为实现国民经济和社会信息化发展目标而提出的新的测绘发展思路。

20 世纪最后 10 年,测绘充分利用空间技术和计算机技术,实现了传统测绘技术体系向地图数字化生产技术体系的转变,数字化测绘产品已经得到了比较广泛的应用。数字化测绘技术体系的建立给信息时代的测绘注入了新的内涵,测绘开始进入信息化时代。走信息化测绘发展道路,加快信息化测绘体系建设,是信息社会对测绘发展的基本要求,也是中国测绘可持续发展的必由之路。

11.7.8 信息化测绘体系的框架结构

结合数字化测绘体系的建设和认识,归纳出信息化测绘体系的框架结构,如图 11-30 所示。

信息化测绘体系的层次结构主要是由技术层、数据层、管理层、服务层和应用层 5 个层次及技术的创新、支撑与保障体系,数据的提取、建库与更新体系,信息的整合、集成与导航体系,社会化和产业化信息应用服务体系 4 个体系组成。

基于空间基准框架,可增设 GPS 连续跟踪站和差分基准站,进行 GPS 数据处理与面向全社会的信息播发,建成实时定位与导航的 GPS 综合服务系统。基于地理信息获取与处理系统,可发挥技术、装备等优势,协助专业部门建立专题数据库或集成业务化地理信息系统;通过数据采集、收集和集成,编制与更新导航电子地图,为基于位置服务(LBS)、智能交通系统(ITS)等建设项目提供数据增值服务。基于基础地理信息数据库系统,可对重要的自然或人文地理实体的位置、高度、长度、面积等空间特征数据和社会关注的地表资源环境信息进行权威、公正的静态统计与动态分析,开展空间统计、监测、趋势预测与发布服务;为社会公众提供空间数据检索、查询和下载的网络化服务,为特定用户提供在线制图、集成服务,为国家基础地理信息系统提供数据更新服务。

测绘发展到信息化测绘体系阶段并不是它的终极目标,因为社会的发展也不是到了信息化社会就停滞不前了,可以从表 11-1 来比较测绘发展的不同阶段。

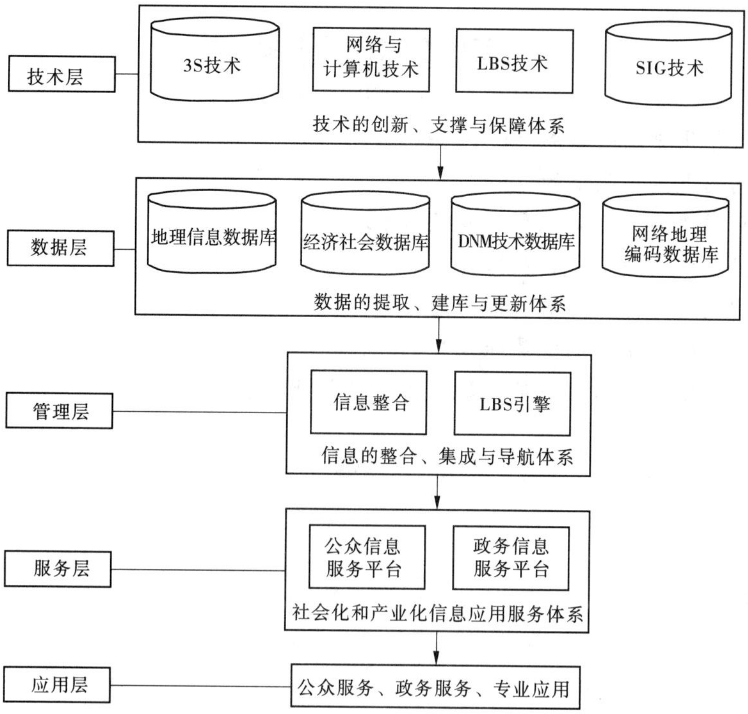

图 11-30 信息化测绘体系的框架结构

表 11-1 测绘体系发展的阶段比较表

内　容	模拟化	数字化	信息化	知识化	普适化
数据类别	模拟数据	地理数据	空间数据	时空数据	格网数据
处理对象	实体	数据	信息	知识	数据信息知识集成
产品模式	手工	4D 产品	数字导航地图 5D-DNM	ONLINE/在线智能保障	实时
技术手段	传统方式	3S 技术	3S+LBS	全球信息格网技术	4A/4W 技术
服务基础	基于地图的服务（MBS）	基于定位的服务	基于位置的服务	基于路径的服务	基于前导的服务
产品定位	绘图	测度	理解	提炼	先知
主导身份	制图者	地理信息提供者	空间信息服务者	定制服务者	按需服务者
基础设施	资料库/图库	空间数据基础设施	空间信息基础设施	空间网络基础设施	空间服务基础设施
产业定位	测绘事业	地理信息产业	空间信息产业	知识产业	创意生态产业
建设驱动	测绘系统	测绘行业	国家层位	社会需求	全民推动

思考与练习题

1. 试述数字化测图的组成、特点。
2. 试述图根点控制测量的方法。
3. 试述草图法的工作流程和具体操作方法。
4. 试述数字化成图软件和数据库系统的局限性,是什么系统结合了它们的优势?
5. 信息化测绘是什么? 基本特征是什么?
6. 信息化测绘体系的定位是什么?
7. 信息化测绘体系的框架层次是什么? 它由哪几个体系组成?

第 12 章　路线测量

【本章提要】

本章重点介绍路线工程测量中常用的测量方法,包括选线、中线测量、曲线测设、基平、中平、纵横断面绘制以及线路施工测量。

12.1　路线测量概述

路线测量包括路线勘测设计测量和道路施工测量。

12.1.1　路线勘测设计测量

路线勘测设计一般分为初测和定测两个阶段。

初测阶段的任务是:沿路线可能经过的范围布设导线,测量路线带状地形图和纵断面图,收集沿线地质、水文等资料,作纸上定线或现场定线,编制比较方案,为初步设计提供依据。

定测阶段的任务是:在选定设计方案的路线上进行路线中线、高程、横断面、纵断面、桥涵、路线交叉、沿线设施、环境保护等测量和资料调查,为施工图设计提供资料。

12.1.2　道路施工测量

道路设计完成后,需要按照设计图纸测设或恢复道路中线、测设路基边桩和竖曲线。工程逐项完工后进行竣工验收测量,为工程竣工后的使用和养护提供基础资料。

12.2　路线中线测量

路线中线测量是将路线设计中心线测设在实地上。路线中线的平面线形由直线和曲线组成,曲线又由圆曲线和缓和曲线组成,如图 12-1 所示。

中线测量的主要工作是:测设中线交点 JD 和转点 ZD、量距和钉桩、测量转点上的转角 α、测设曲线等。

图 12-1 中的 JD、ZD 等为公路测量符号。测量符号可采用英文字母或汉语拼音字母表示,但同一工程只能用一种符号。《公路勘测规范》对公路测量符号有统一规定,常用符号列于表 12-1。

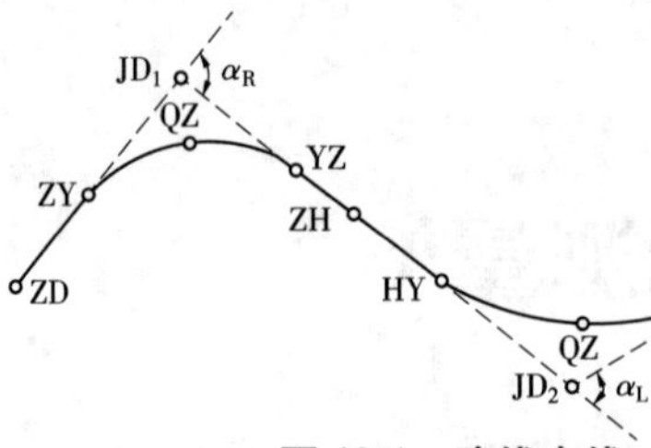

图 12-1　路线中线

表 12-1　公路测量符号

名称	中文简称	汉语拼音或国际通用符号	英文符号
交点	交点	JD	L. P.
转点	转点	ZD	T. P.
导线点	导点	DD	R. P.
圆曲线起点	直圆	ZY	B. C.
曲线中点	曲中	QZ	M. C.
圆曲线终点	圆直	YZ	E. C.
第一缓和曲线起点	直缓	ZH	T. S.
第一缓和曲线终点	缓圆	HY	S. C.
第二缓和曲线终点	圆缓	YH	C. S.
第二缓和曲线起点	缓直	HZ	S. T.
公里标		K	K
转角		α	
左转角		α_L	
右转角		α_R	
曲线半径		R	R
曲线长		L	L
切线长		T	T
外距		E	E

12.2.1　路线交点的测设

纸上定线完成后，应将图上确定的路线交点位置标定到实地。

(1)根据与地物的关系测设交点。如图 12-2(a)所示，交点 JD_5 的位置已经在地形图上选定，在图上量得该点至两房角和电线杆的距离，在现场用距离交会法测设 JD_5。

(2)根据导线点测设交点。根据导线点的坐标和交点设计坐标，计算出测设数据，用

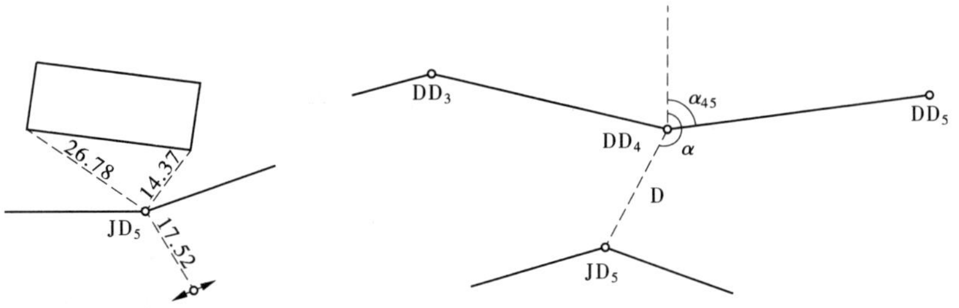

(a)根据地物测设交点　　(b)根据导线点测设交点

图 12-2　测设交点

极坐标法、距离交会法或角度交会法测设交点。如图 12-2(b)所示，根据导线点 DD_4、DD_5 和 JD_5 三个点的坐标，计算出导线边的方位角 α_{45} 和 DD_4 到 JD_5 的平距 D 和方位角 α，用极坐标法测设 JD_5。

12.2.2　路线转角的测定

路线在转折点处改变其方向，改变后的方向与原方向之间的水平夹角称为转角，亦称偏角。转角又分为右转角和左转角，如图 12-3 所示，当 $\beta<180°$ 时为右转角(α_R)，表示路线向右偏转；$\beta>180°$ 时为左转角(α_L)，表示路线向左偏转。

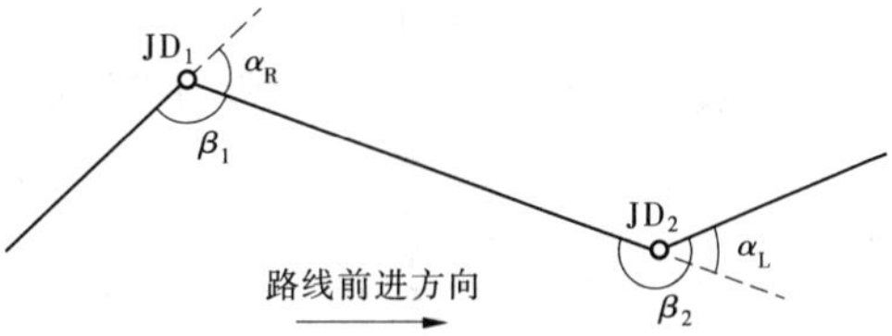

图 12-3　路线转角的定义图

12.2.3　设置里程桩

路线中线上设置里程桩的作用是标定线路中线的位置和长度，它也是施测路线纵横断面的依据。设置里程桩的工作主要是定线、量距和钉桩。距离测量可以用钢尺或测距仪，等级较低的也可以用皮尺。

里程桩分为整桩和加桩两种。如图 12-4 所示，自路线起点开始，沿中线用经纬仪或花杆定线，每隔 20 m(铁路、公路等较长的线路则每隔 50 m 或 100 m)及其整倍数用钢尺丈量距离，这样设置的里程桩，称为整桩。在整桩之间如遇有坡度变化较大或重要地物的地方要增加桩点，这样设置的里程桩，称为加桩。

木桩要与地表齐平，在旁边另打一副桩，如图 12-4(d)、(e)所示。里程桩都要以路线起点到该桩的距离进行编号，如图 12-9 所示。

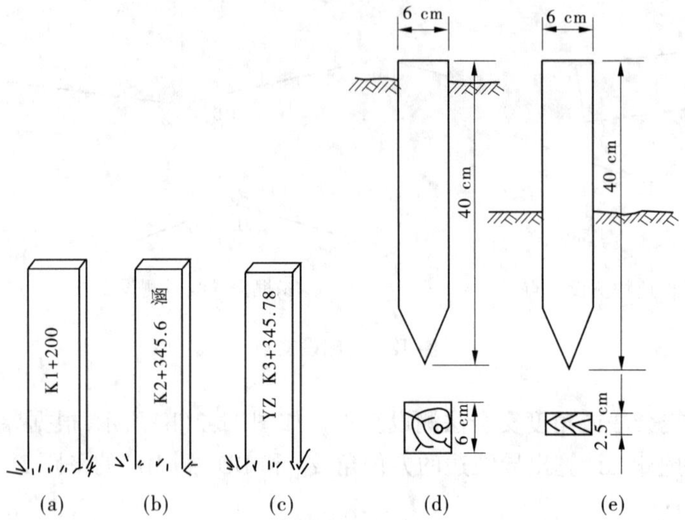

图 12-4 里程桩

12.2.4 曲线测设

当路线由一个方向转向另一个方向时,常用曲线进行连接。曲线的形式较多,其中圆曲线是最基本的平面曲线,如图 12-5 所示。圆曲线的测设工作分两个步骤。先测设曲线的主点(ZY、QZ、YZ),再依据主点测设曲线上每隔一定距离的里程桩,以详细标定曲线位置。

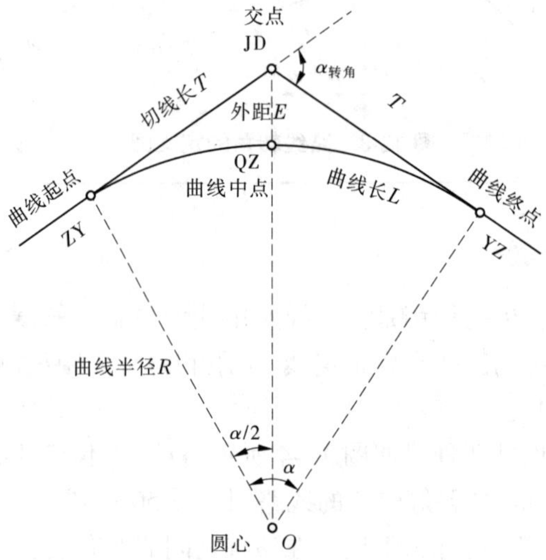

图 12-5 圆曲线及其测设元素

12.2.4.1 圆曲线主点测设

1. 主点测设元素的计算

圆曲线的起点 ZY、曲线的中点 QZ、圆曲线的终点 YZ 总称为圆曲线的主点。应根据

图上标注的偏角 $\alpha_{转角}$ 和设计曲线半径 R,用式(12-1)计算圆曲线的切线长 T、曲线长 L、外距 E 及切曲差 q。

$$\left.\begin{aligned} T &= R \cdot \tan\frac{\alpha}{2} \\ L &= R\alpha\frac{\pi}{180} \\ E &= R\left(\sec\frac{\alpha}{2} - 1\right) = R\left(\frac{1}{\cos\frac{\alpha}{2}} - 1\right) \\ q &= 2T - L \end{aligned}\right\} \tag{12-1}$$

2. 主点桩号计算

曲线主点 ZY、QZ、YZ 的桩号根据 JD 桩号和曲线测设元素计算,计算公式为

$$\left.\begin{aligned} &\text{ZY 桩号} = \text{JD 桩号} - T \\ &\text{QZ 桩号} = \text{ZY 桩号} + L/2 \\ &\text{YZ 桩号} = \text{ZY 桩号} + L \end{aligned}\right\} \tag{12-2}$$

【例 12-1】 设 JD 的桩号为 K2+522.31 m,若 $\alpha=10°49'$,设计曲线半径为 $R=1\ 200$ m,求曲线测设元素及圆曲线起点 ZY、曲线中点 QZ 和圆曲线终点 YZ 的桩号。

解 按式(12-1)计算得:

$$T = 1\ 200 \times \tan\frac{10°49'}{2} = 113.61(\text{m})$$

$$L = 1\ 200 \times 10°49'\frac{\pi}{180} = 226.54(\text{m})$$

$$E = 1\ 200 \times \left(\sec\frac{10°49'}{2} - 1\right) = 5.37(\text{m})$$

$$q = 2 \times 113.61 - 226.54$$

圆曲线起点 ZY 桩号=K2+522.31−113.61=K2+408.70

曲线中点 QZ 桩号= K2+408.70+226.54/2=K2+521.97

圆曲线终点 YZ 的桩号= K2+408.70+226.54=K2+635.24

3. 圆曲线的主点放样

①测设曲线起点 ZY 和终点 YZ。将经纬仪安置在 JD 桩上,以线路两个方向的交点或转战定向,自 JD 点起沿两视线方向分别量出切线长 T,钉下曲线起点桩 ZY 和曲线终点桩 YZ。②测设曲线的中点。以 ZY 点为后视点,测设角度$(180°-\alpha)/2$得分角线方向。沿此方向,自交点 JD 量出外距 E,钉下曲线中点桩 QZ。

12.2.4.2 圆曲线细部点的测设

测设圆曲线细部点的方法很多,这里介绍最常用的偏角法和弦线支距法。

1. 偏角法

偏角法测设圆曲线是以曲线起点 ZY 或终点 YZ 作为测站,计算出测站至曲线上任一

细部点的弦线与切线的夹角以及弦长，据此确定细部点的位置，如图 12-6 所示。

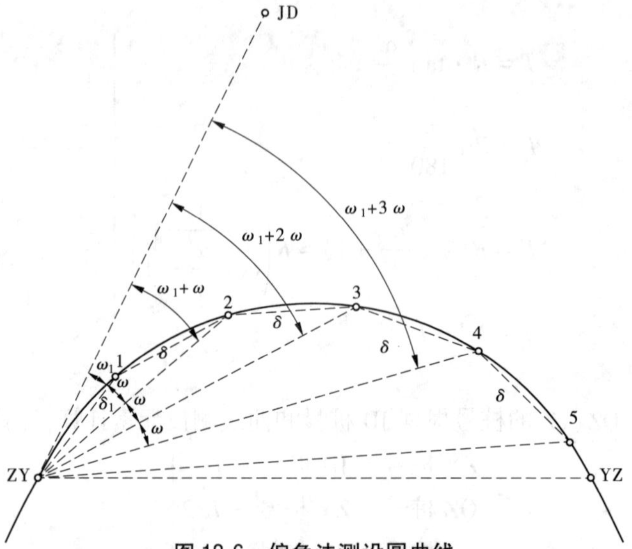

图 12-6　偏角法测设圆曲线

曲线上 1 点的里程桩，一般是整桩，其桩号减去 ZY 桩号得其弧长，根据弧长计算出圆心角，从而得出弦切角，根据已知半径 R 计算出其弦长 δ_1。曲线上 2、3、4…各细部点都是整桩，其相邻点的弦长 δ 和弦切角 ω 都是相等的。第 1 点采用极坐标法测设出，2、3、4…各细部点采用角度和距离交会法测设出。将经纬仪安置在曲线起点 ZY 上，照准 JD 设置水平度盘读数为 0°00′00″，转动照准部，当水平度盘读数为 ω_1 时，在视线方向自 ZY 量取 δ_1，钉桩得出 1 点位置；在此基础上继续转动照准部，将角度值增加一个 ω，得出视线方向，将钢尺零点对准 1 点，以弦长 δ 为半径，把钢尺置于经纬仪方向线上，定出 2 点；同法定出以后的 3、4…各细部点。设里程桩间隔为 20 m，算例见表 12-2。

2. 弦线支距法

弦线支距法是一种直角坐标法，适用于测设不需按里程定桩的建筑物圆曲线。如图 12-7 所示，设圆曲线的起点为 A，终点为 B，半径为 R。放样时，量出 AB 的长度 D，取其中点 N 作为坐标原点。按式(12-3)算出 N 点对圆心的距离 K，即

$$K = \sqrt{R^2 - \left(\frac{D}{2}\right)^2} \tag{12-3}$$

在 N 点定出 AB 的中垂线，沿垂线量取一段平距等于 R 减 K，即定出曲线的中点 M。为了定出曲线左右两段上的点位，可以先在弦线上任选一些点，设某点至中点 N 的平距为 x_i，则从该点沿垂直于 AB 的方向量出一段平距 y_i，即可定一个相应的曲线点。

$$y_i = \sqrt{R^2 - x_i^2} - K \tag{12-4}$$

如果弦线上量距不方便，可以在曲线中点 M 作一条切线代替弦线，此法叫作切线支距法，以 M 为坐标原点。这时

$$y_i' = R - \sqrt{R^2 - x_i^2}$$

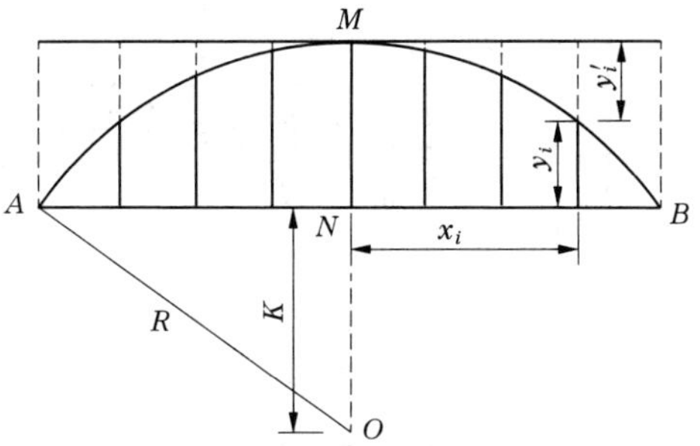

图 12-7 弦线支距法级样圆曲线

12.2.4.3 使用 Excel 计算的结果如图 12-8 所示

如图 12-8 所示图中第 1 行用作圆曲线测设元素与主点桩号的表题,第 2 行为标题栏。B3,C3,D3 单元分别输入转角的"°""′""″"值,B4 单元输入圆曲线的半径 R 值,B5 单元输入 JD 点桩号,其余单元如图所示。数值单元均为输入计算公式,由 Excel 自动计算。

在 C6 单元输入公式"=REDIANS(B3+C3/60+D3/3 600)"计算以弧度为单位的转角值,F3 单元输入公式"=B4×TAN(C6/2)"计算切线长 T,F4 单元输入公式"=B4×C6"计算弧长 L,F5 单元输入公式"=B4×(1/COS(C6/2)-1)"计算外距 E,F6 单元输入公式"=2×F3-F4"计算切曲差 q。

在 H3 单元输入公式"=B5-F3"计算 ZY 的桩号,H4 单元输入公式"=H3+F4/2"计算 QZ 的桩号,H5 单元输入公式"=H3+F4"计算 YZ 的桩号,H6 单元输入公式"=B5+F3-F6"验算 YZ 的桩号。

第 8 行用作偏角法和弦线支距法测设圆曲线数据的表题,第 9 行为标题栏如图所示。A 列 10~23 分别输入 ZY,1,2,3,4,5,6,7,8,9,10,11,YZ,QZ。B10 单元输入公式"=B5-F3",B11 单元输入 2420,B12 单元输入公式"=B11+20",将 B12 单元的公式复制到 B13~B21,B22 单元输入公式"=H3+F4",B23 单元输入公式"=H3+F4/2"。D10 单元输入 0,D11 单元输入公式"=B11-$B$10",将 D11 单元的公式复制到 D12~D23,在 F10 单元输入公式"=DEGREES(D10/$B$4)",再将 F10 单元的公式复制到 F11~F23,在 G10 单元输入公式"=2×$B$4×SIN(RADIANS(F10/2))",将 G10 单元的公式复制到 G11~G23,H11 单元输入公式"=D11-D10" 将 H11 单元的公式复制到 H12~H22,J11 单元输入公式"=G11-G10",将 J11 单元的公式复制到 J12~J22,L10 单元输入公式"=F10/2" 将 L10 单元的公式复制到 L11~L23。

M、N 列为支距法计算出的数据。M10 单元输入公式"=$B$4×SIN(RADIANS(F10))",将 M10 单元的公式复制到 M11~M23,N10 单元输入公式"=$B$4×(1-COS(RADIANS(F10)))",将 N10 单元的公式复制到 N11~N23。

	A	B	C	D	E	F	G	H
1	圆曲线测设元素与主点桩号计算							
2	已知数据				元素值		点名及桩号	
3	转角值	10	49	0	切线长T	113.60949	ZY	2408.7005
4	半径值	1200	m		弧长L	226.54374	QZ	2521.9724
5	JD桩号	2522.31	m		外矢距E	5.365968	YZ	2635.2442
6	转角值的度数(rad		0.189		切曲差D	0.6752477	验算YZ	2635.2442
7								

	偈角法测设圆曲线数据和支距法测设圆曲线数据									
9	点名	桩号里程(m)	累计弧长(m)	圆心角(°)	弦长(m)	相邻桩间弧长(m)	相邻桩间弦长(m)	偏角(°)	x	y
10	ZY	2408.700508	0	0	0			0	0	0
11	1	2420.000	11.2994923	0.539511	11.2995	11.2994923	11.29945056	0.2697555	11.299325	0.053198993
12	2	2440.000	31.2994923	1.4944407	31.2986	20.000	19.99915452	0.7472203	31.295943	0.408167783
13	3	2460.000	51.2994923	2.4493703	51.2956	20.000	19.99698102	1.2246852	51.283869	1.096348814
14	4	2480.000	71.2994923	3.4043	71.289	20.000	19.99341884	1.70215	71.257548	2.117550927
15	5	2500.000	91.2994923	4.3592297	91.2775	20.000	19.98846825	2.1796148	91.211435	3.471490463
16	6	2520.000	111.2994923	5.3141593	111.26	20.000	19.98212957	2.6570797	111.13999	5.157791336
17	7	2540.000	131.2994923	6.269089	131.234	20.000	19.97440325	3.1345445	131.03766	7.175985139
18	8	2560.000	151.2994923	7.2240186	151.199	20.000	19.96528983	3.6120093	150.89895	9.525511276
19	9	2580.000	171.2994923	8.1789483	171.154	20.000	19.95478994	4.0894741	170.71831	12.20571712
20	10	2600.000	191.2994923	9.1338779	191.097	20.000	19.94290431	4.566939	190.49026	15.21585818
21	11	2620.000	211.2994923	10.088808	211.027	20.000	19.92963376	5.0444038	210.20929	18.55509832
22	YZ	2635.244245	226.5437369	10.816667	226.207	15.24424461	15.18084239	5.4083333	225.20045	21.32075741
23	QZ	2521.972376	113.2718685	5.4083333	113.23			2.7041667	113.10373	5.342080112

图 12-8 圆曲线测设元素与主点桩号计算表与偏角法测设圆曲线数据和支距法测设圆曲线数据计算表

12.3　纵、横断面水准测量

纵断面水准测量又称为路线水准测量，它的任务是测定中线上各里程桩（简称中桩）的地面高程，绘制纵断面图，供线路纵坡设计用。

横断面测量是测定各中桩两侧垂直于中线的地面高程，绘制横断面图，供线路断面设计、计算土石方量及施工时边桩放样用。

为了保证成果的精度和检核的需要，根据“由整体到局部”的测量原则，纵断面测量一般分两步进行：一是高程控制测量（也称基平测量），即沿路线方向设置水准点，使用水准测量的方法测量点位的高程；二是中桩高程测量（也称中平测量），即利用基平测量布设的水准点，分段进行附合水准测量，测定各里程桩的地面高程。

12.3.1　纵断面水准测量

12.3.1.1　基平测量

线路较长时，在进行纵断面水准测量之前，应先沿线路每隔 1～2 km 设置一个固定水准点，300 m 左右设置一个临时水准点。水准点的位置离线路中心不应太远，而且应选在稳定而坚固的地方。水准测量的精度应满足有关规范规定的要求。

12.3.1.2　中平测量

中平测量是以两个相邻水准点为一测段，从一个水准点出发，逐个测定中桩的地面高程，附合到下一个水准点上。

测量时，在每一测站上首先读取后、前两转点 TP 的尺上读数，再读取两转点间所有中桩地面点的尺上读数，这些点称为中间点。中间点的立尺由后视点立尺人员来完成。

如图 12-9 所示，起点编号为 0+000，以后各整桩的编号依次为 0+050，0+100，…，到 1 km 处的整桩编号就是 K1+000（加号前为公里数，加号后为米数），加桩编号也与此相同，编号用红油漆在副桩上。

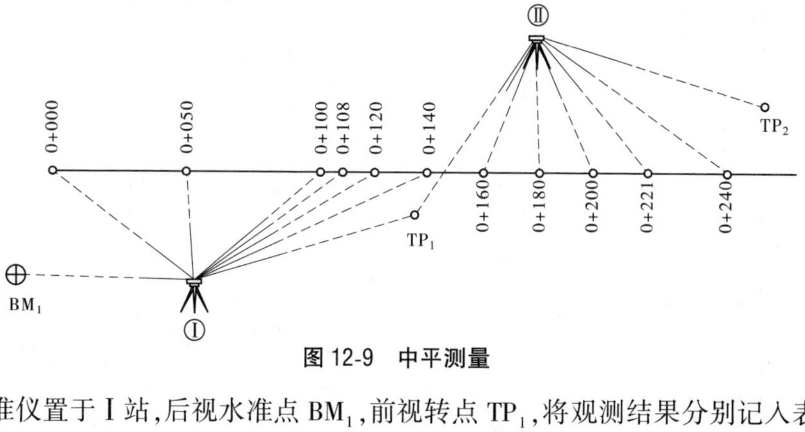

图 12-9　中平测量

将水准仪置于Ⅰ站，后视水准点 BM_1，前视转点 TP_1，将观测结果分别记入表 12-2 中“后视”和“前视”栏内；然后观测 BM_1 与 TP_1 间的各个中桩，将后视点 BM_1 上的水准尺依次立于 0+000，+050，…，0+140 等各中桩地面上，将读数分别记入表 12-2 中“中视”栏内。

为了提高观测速度,各中桩的读数只要读到厘米即可。仪器搬至Ⅱ站,后视转点 TP_1,前视转点 TP_2,然后观测竖立于各中桩点上的水准标尺。用同法继续向前观测,直至附合到水准点 BM_2,完成此测段的观测工作。

12.3.1.3　高程计算

完成了一个测段的纵断面水准测量后,要根据观测数据进行以下计算工作:高差闭合差的计算与调整。高差闭合差应小于 $\pm 40\sqrt{L}$(L 为线路长度,以 km 计)。如符合要求,则将高差闭合差用相反的符号,平均分配至各测站的高差中去,并求出改正后的高差。根据改正后的高差,推算出各转点的高程,用视线高程法计算中间点的高程。后视点高程加上第二次仪器高度时的后视读数,即得各测站的视线高程。各测站视线高程减中间前视读数,得各中间点的高程。计算实例见表 12-2。

表 12-2　纵断面水准测量(中平)手簿

测站	桩号	水准尺读数			仪器视线高程(m)	高程(m)	说明
		后视	中视	前视			
1	BM_1	2 191			14.505	12.314	水准点
	0+000		1.62			12.89	
	0+050		1.90			12.61	
	0+100		0.62			11.89	ZY_1
	0+108		1.03			11.48	
	0+120		0.91			11.60	
	0+140		0.50			15.16	
	TP_1			1 006		11.499	
2	TP_1	2 162			15.661	11.499	
	0+150		0.52			15.14	
	0+160		0.82			14.84	
	0+180		1.20			14.46	QZ_1
	0+200		1.01			14.65	
	0+221		1.06			14.60	
	0+240		1.19			14.47	
	TP_2			1 521		14.140	
3	TP_2	1 421			15.561	14.140	
	0+260		1.48			14.08	
	0+280		1.55			14.01	YZ_1
	0+300		1.56			14.00	
	0+320		1.57			11.99	
	0+335		1.77			11.79	
	0+350		1.97			11.59	
	TP_3			1 388		14.173	
4	TP_3	1 724			15.897	14.173	
	0+384		1.58			14.32	
	0+391		1.53			14.37	JD_2
	0+400		1.57			14.33	
	BM_2			1 281		14.616	(14.618)

12.3.2 纵断面图的绘制

纵断面水准测量各桩点的高程计算出来以后，即可在毫米方格纸上绘制纵断面图。绘制纵断面图时，以里程为横坐标，高程为纵坐标。为了更明显地表示出沿线路的地面高程变化情况，高程比例尺一般比水平距离比例尺大 10～20 倍。绘制方法如下（见图 12-10）。

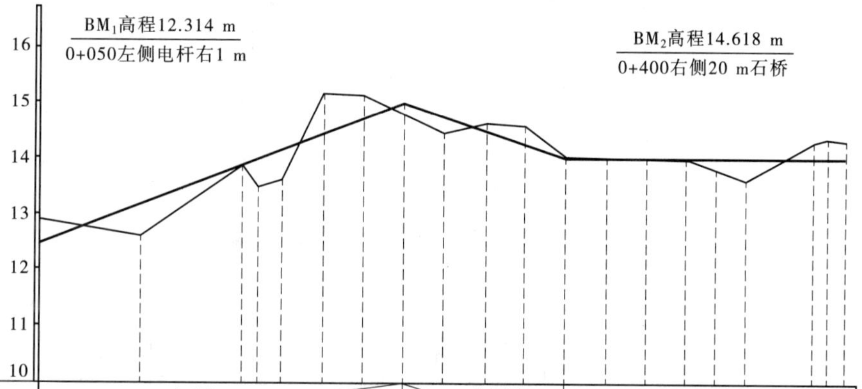

桩号	0+000	0+050	0+100	0+108	0+120	0+140	0+160	0+180	0+200	0+221	0+240	0+260	0+280	0+300	0+320	0+335	0+350	0+384	0+391	0+400
坡度与距离	1.4% 180							1.25% 80				0% 140								
设计高程	12.50	13.20	13.90	14.01	14.18	14.46	14.74	15.02	14.77	14.51	14.27	14.02	14.02	14.02	14.02	14.02	14.02	14.02	14.02	14.02
地面高程	12.89	12.61	13.89	13.48	13.60	15.16	15.14	14.84	14.46	14.65	14.60	14.08	14.01	14.00	13.99	13.79	13.59	14.32	14.37	14.33
填挖土 填		0.59	0.01	0.53	0.58			0.18	0.31				0.01	0.02	0.03	0.23	0.43			
填挖土 挖	0.39					0.70	0.40			0.14	0.33	0.06						0.30	0.35	0.31
直线与曲线			JD_1=0+221.70 T=113.78 m					Δ_R=10° 50′ L=226.90 m				R=1 200 m E=5.39 m								

图 12-10 路线纵断面图

(1)在方格适当位置绘制水平线，水平线以下绘出坡度与距离、设计高程、地面高程、桩号及直线与曲线。水平线上描绘纵断面图。

(2)自水平线的左端点开始，根据水平距离比例尺，定出各桩点的位置，并填写桩号、桩点间距离及相应的地面高程。

(3)根据中桩手簿绘出线路平面图。

(4)在水平线的左端点处作垂线，按选定的高程比例尺进行高程注记。注记高程时，应选择一个适当的高程作为起始高程。然后根据各桩点的地面高程和里程定出断面点，把相邻的断面点用直线相连，即得线路的纵断面图。

纵断面图绘好以后，可在纵断面图上进行线路设计，将设计坡度和设计高程填入相应栏内，并将设计线绘在纵断面图上。

12.3.3 横断面水准测量

横断面测量的宽度应视工程的需要而定，对于道路和管道工程，一般向两侧各测出

20～30 m。

横断面方向可用图 12-11 的十字架定出。在横断面上应选择地面坡度变化较显著的点作为断面点。断面点到中线的距离可用皮尺丈量，高程用水准仪根据中线桩点高程用视线高程法测定，如图 12-12 所示。横断面水准测量手簿见表 12-3。

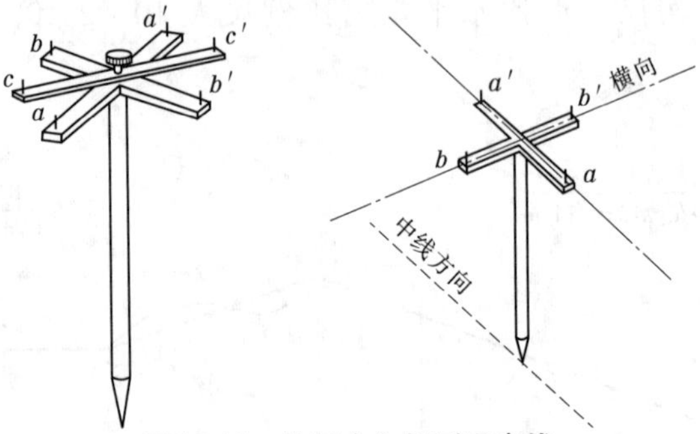

图 12-11　使用方向架测设直线

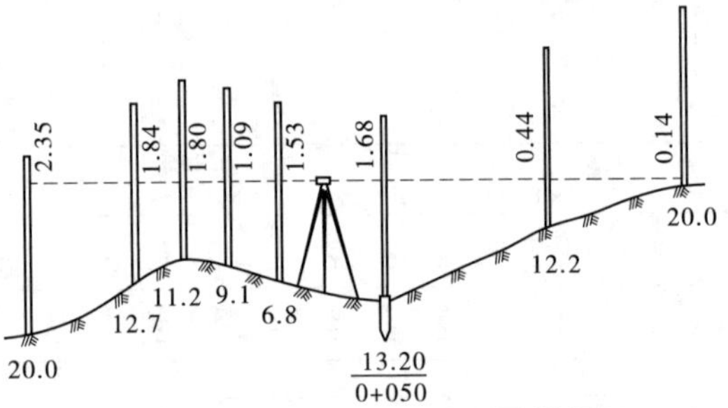

图 12-12　水准仪-皮尺法测量横断面

表 12-3　横断面水准测量手簿

$\frac{\text{前视读数}}{\text{距　离}}$（左侧）					$\frac{\text{后视读数}}{\text{桩　号}}$	（右侧）$\frac{\text{前视读数}}{\text{距　离}}$	
$\frac{2.35}{20.0}$	$\frac{1.84}{12.7}$	$\frac{1.80}{11.2}$	$\frac{1.09}{9.1}$	$\frac{1.53}{6.8}$	$\frac{1.68}{0+050}$	$\frac{0.44}{12.2}$	$\frac{0.14}{20.0}$

12.3.4　横断面的绘制

一般采用 1∶100 或 1∶200 的比例尺绘制横断面。

根据横断面测量得到的各点间的平距和高差（见表 12-3）数据，在计算纸上绘出各中桩的横断面图。如图 12-13 中的细实线所示，绘制时，先标定中桩位置，由中桩开始，逐一将特征点画在图上，再直接连接相邻点，即绘出横断面的地面线。

横断面图画好后，进行路基设计，先在透明纸上按与横断面图相同的比例尺分别绘出路堑、路堤、半填半挖的路基设计线，称为标准断面，然后按纵断面图上该中桩的设计高程把标准断面图套在实测的横断面图上，也可将路基断面设计线直接画在横断面图上，绘制成路基断面图，该项工作俗称“戴帽子”。图 12-13 粗虚线所示为半填半挖的路基断面图。

根据横断面的填、挖面积及相邻中桩的桩号,可以算出施工的土石方量。

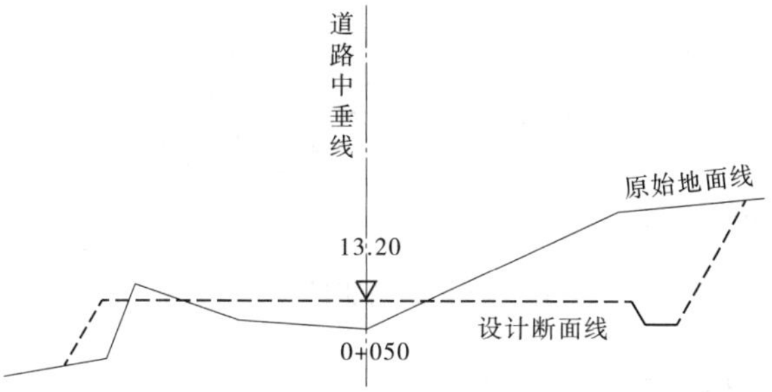

图 12-13 横断面图与设计路基图

12.4 路线施工测量

路线施工测量的主要工作包括恢复道路中线,测设施工控制桩、路基边桩和竖曲线。

从路线勘测,经过道路工程设计到开始道路施工这段时间里,往往有一部分道路中线桩点被碰动或丢失。为了确保路线中线位置的正确无误,施工前,应进行一次复核测量,将已经丢失或碰动过的交点桩、里程桩等恢复和校正好,其方法与中线测量相同。其余各项路线施工测量工作介绍如下。

12.4.1 施工控制桩的测设

由于路线中线桩在施工中要被挖掉或堆埋,为了在施工中控制中线位置,需要在不易受施工破坏、便于引测、易于保存桩位的地方测设施工控制桩,其方法如下。

12.4.1.1 平行线法

在设计的路基宽度以外,测设两排平行于中线的施工控制桩,如图 12-14 所示。控制桩的间距一般取 10~20 m。

12.4.1.2 延长线法

在路线转折处的中线延长线上以及曲线中点 QZ 至交点 JD 的延长线上测设施工控制桩,如图 12-15 所示。量出控制桩至交点的距离并记录。

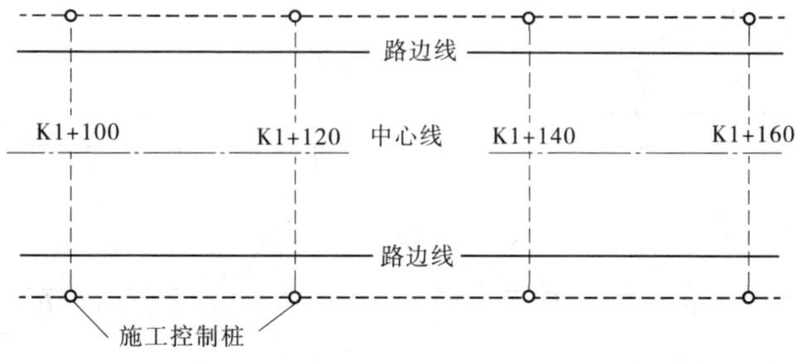

图 12-14 平行线法测设施工控制桩

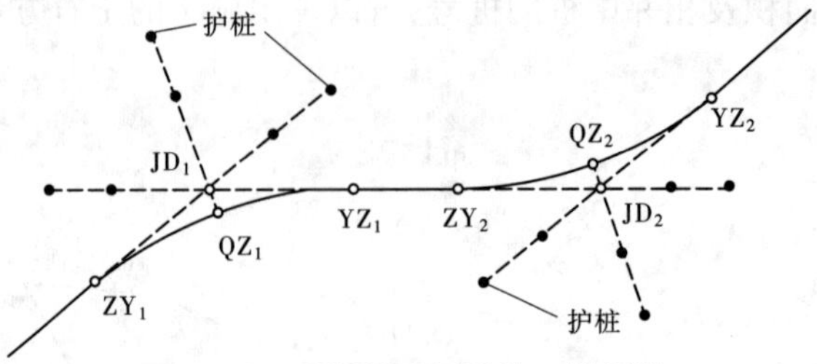

图 12-15　延长线法测设施工控制桩

12.4.2　路基边桩的测设

路基施工前,要将设计路基的边坡与原地面相交的点测设出来。该点对于设计路堤为坡脚点,对于设计路堑为坡顶点。路基边桩的位置按填土高度或挖土深度、边坡设计坡度及横断面的地形情况而定。其方法如下。

12.4.2.1　图解法

道路设计时,地形横断面及路基设计断面都已绘制在方格厘米纸上,路基边桩的位置可用图解法求得,即在横断面设计图上量取中桩至边桩的距离,然后到实地在横断面方向用皮尺量出其位置。

12.4.2.2　解析法

通过计算求得路基中桩至边桩的距离。在平地和山区,计算和测设的方法不同,介绍如下。

(1)平坦路基边桩的测设。填方路基称为路堤,如图 12-16(a)所示,挖方路基称为路堑,如图 12-16(b)所示。路堤边桩至中桩的距离为

$$l_{左} = l_{右} = \frac{B}{2} + mh \tag{12-5}$$

式中　B——路基设计宽度;

$1:m$——路基边坡;

h——填土高度或挖土深度。

路堑边桩至中桩的距离为

$$l_{左} = l_{右} = \frac{B}{2} + s + mh \tag{12-6}$$

式中　s——路堑边沟顶宽。

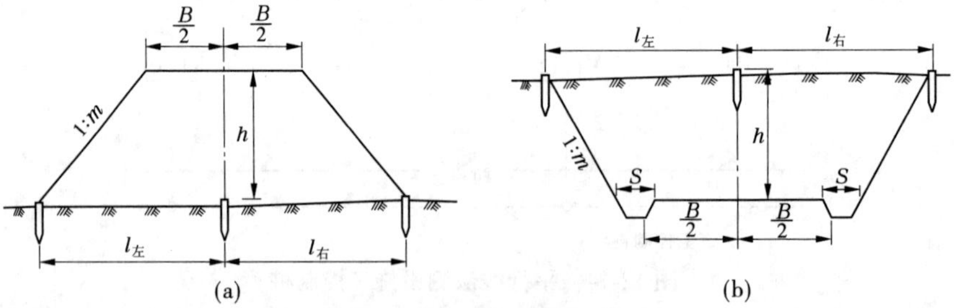

图 12-16　平坦地段路基边桩的测设

根据上式计算的距离,从中桩沿横断面方向量距,测设路基边桩。

(2)山坡地段路基边桩的测设。如图12-17(a)所示,路堑边桩至中桩的距离为

$$\left.\begin{aligned} l_{左} &= \frac{B}{2} + s + mhl_{左} \\ l_{右} &= \frac{B}{2} + s + mhl_{右} \end{aligned}\right\} \tag{12-7}$$

式中,B、s、m 均由设计确定,所以,$h_{左}$、$h_{右}$ 随 $l_{左}$、$l_{右}$ 而变。$h_{左}$、$h_{右}$ 是边桩处地面与设计路基的高差,由于边桩位置是待定的,故 $h_{左}$,$h_{右}$ 事先并不知道。实际测设时可以采用逐渐趋近法。

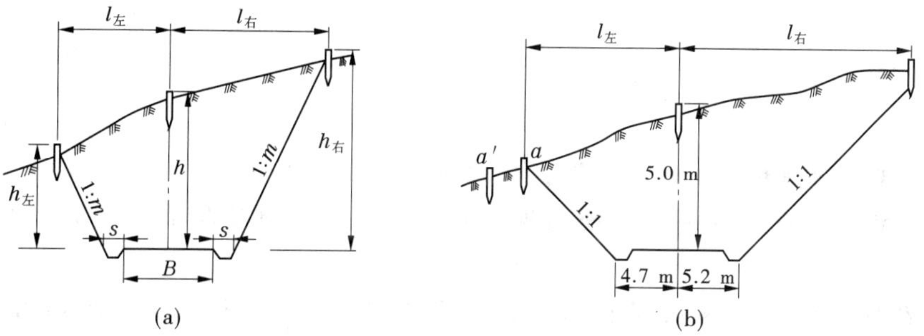

图12-17 山坡地段路基边桩的测设

在图12-17(b)中,设路基左侧加沟顶宽度为4.7 m,右侧为5.2 m,中心桩挖深为5.0 m,边坡为1∶1,以左侧为例,介绍边桩测设的逐渐趋近法。

①大致估计边桩的位置。若地面水平,则左侧边桩的距离应为4.7 m+5.0 m×1=9.7 m,图示的情况是左侧地面较中桩处低,估计边桩地面处比中桩处地面低1 m,则 $h_{左}$=5 m−1 m=4 m,代入式(12-7),求得左边桩与中桩的近似距离为:$l_{左}$=4.7 m+4 m×1=8.7 m。在实地量8.7 m,得 a' 点。②实测高差用水准仪测定 a' 点与中桩间的高差为1.3 m,则 a' 点距中桩的平距应为:$l''_{左}$=4.7 m+(5.0−1.3) m×1=8.4 m。该值比初次估算值8.7 m小,故边桩的正确位置应在 a' 点的内侧。③重新估算边桩的位置。边桩的正确位置应在离中桩8.4~8.7 m,重新估计在距中桩8.6 m处地面定出 a 点。④重测高差。测出 a 点与中桩的高差为1.2 m,则 a 点与中桩的平距为:$l_{左}$=4.7 m+(5.0−1.2) m×1=8.5 m。该值与估计值相符,故 a 点即为左侧边桩位置。

思考与练习题

1. 线路工程测量主要包括哪些内容?

2. 线路中线测量的主要任务是什么?它包括哪些主要测量工作?

3. 用偏角法测设圆曲线,设JD的桩号为0+186.30 m,偏角 α=30°45′,设计曲线半径 R=120 m。若曲线上细部整桩距为10 m,试计算曲线各要素的数值、起点与终点桩号和各细部点的偏角值。

4. 简述以偏角法测设圆曲线细部点的方法。

5. 简述纵断面水准测量的施测方法。

6. 试根据图 12-18 中的观测数据,完成纵断面图绘制工作(括号内数字为第一次仪器视线高的读数)。

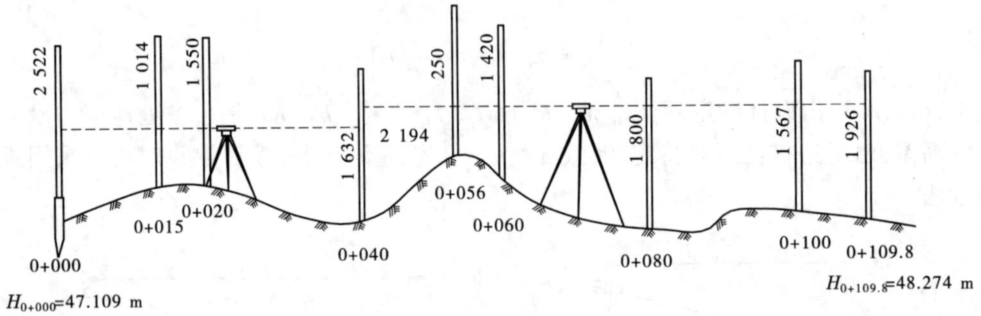

图 12-18

(1) 将观测数据填入纵断面测量手簿,并完成各项计算。

(2) 根据手簿中的有关数据绘制纵断面图。平距比例尺取 1∶500,高程比例尺取 1∶50。

(3) 在断面图上画出坡度为+5‰ 的坡度线,0+000 点管底设计高程为 45. 60 m,并计算各桩点管底设计高程。

(4) 计算各点埋置深度。

7. 为什么要进行横断面测量?如何进行?

第13章 建筑施工测量与变形观测

【本章提要】

本章主要介绍建筑物的定位和放线测量、基础施工测量、墙体工程施工测量、高层建筑施工测量。工业厂房控制网的测设,厂房柱列轴线的测设和柱基的测设,现浇柱的施工测量,厂房构件的安装测量,烟囱、水塔施工测量。建筑物沉降及水平位移的观测方法,建筑物倾斜、挠度、裂缝观测以及竣工总平面图编绘。

13.1 概　述

民用建筑指的是住宅楼、办公楼、商场、医院、食堂、水塔等建筑物。它分为单层、低层(2~3层)、多层(4~8层)和高层(9层以上)。由于建筑物类型不同,其放样方法和精度也有所不同,但总的放样程序基本相同,包括建筑物定位、细部放样、基础工程施工测量、墙体工程施工测量等。

13.2 施工前的准备工作

在施工测量之前,应先行检校所使用的测量仪器和工具。另外,还需做好以下准备工作。

13.2.1 了解设计意图,熟悉和校对图纸

通过设计图纸了解工程全貌和主要设计意图,了解对测量的要求,然后熟悉、核对与放样有关的建筑总平面图、建筑施工图和结构施工图,并检查总的尺寸是否与各部分尺寸之和相符,总平面图与大样详图尺寸是否一致等。

13.2.2 校核定位平面控制点和水准点

对建筑场地上的平面控制点,在使用前应检查校核点位是否正确,并应实地检测水准点的高程。通过校核,得出正确的测量起始数据和点位。

13.2.3 了解施工部署,制订测设方案

根据设计要求、定位条件、现场和施工方案等因素制订测设方案。

13. 2. 4　准备测设数据

除了计算必需的测设数据外,尚需从下列图纸上查取房屋内部平面尺寸和高程数据。

(1)从建筑总平面图(见图 13-1)上,查出或计算出设计建筑物与原有建筑物或测量控制点之间的平面尺寸和高差,并以此作为测设建筑物总体位置的依据。

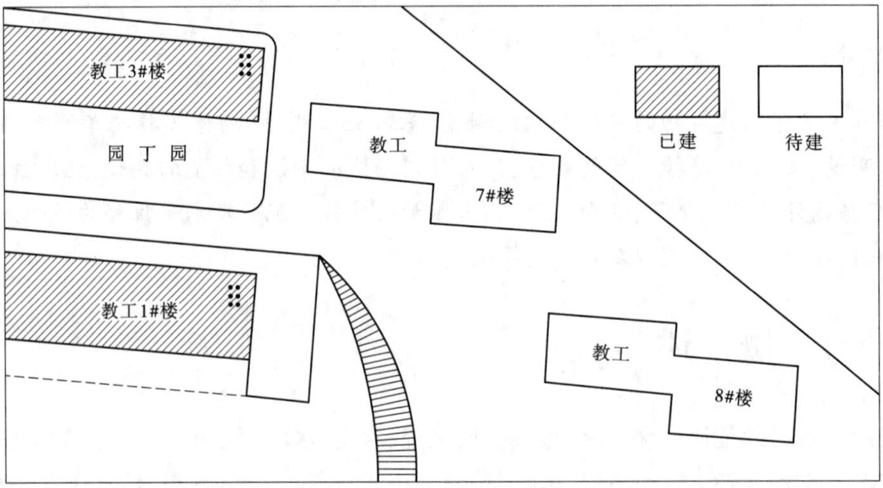

图 13-1　建筑总平面图

(2)在底层平面图(见图 13-2)及楼层平面图上,查取建筑物的总尺寸和内部各定位轴线之间的关系尺寸。它是施工放样的基本资料。

(3)从基础平面图(见图 13-3)上,查取基础边线与定位轴线的平面尺寸,以及基础布置与基础剖面的位置关系。

以上三种设计图纸是施工定位、放线的基本依据。

(4)从基础详图(见图 13-4)中,查取基础立面尺寸、设计标高以及基础边线与定位轴线的尺寸关系。它是确定基础开挖边线和基坑底面高程测设的依据。

(5)从建筑物的立面图和剖面图上,查取基础、地坪、楼板等设计高程。它是高程测设的主要依据。

13. 2. 5　绘制测设略图

如图 13-5 所示,这是根据设计总平面图和基础平面图绘制的测设略图,图上有已建的 2 号房屋和拟建的 3 号房屋之间的平面尺寸,以及定位轴线间尺寸和定位轴线控制桩等。

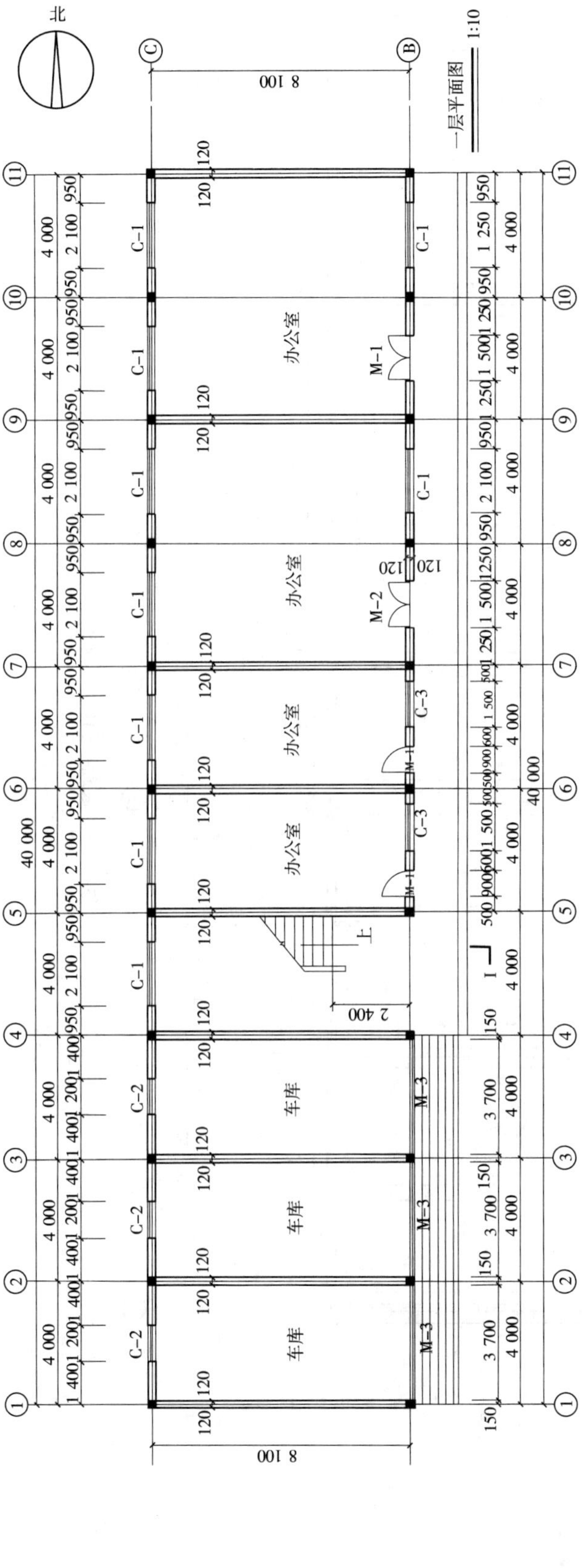

图 13-2　底层平面图　（单位:mm）

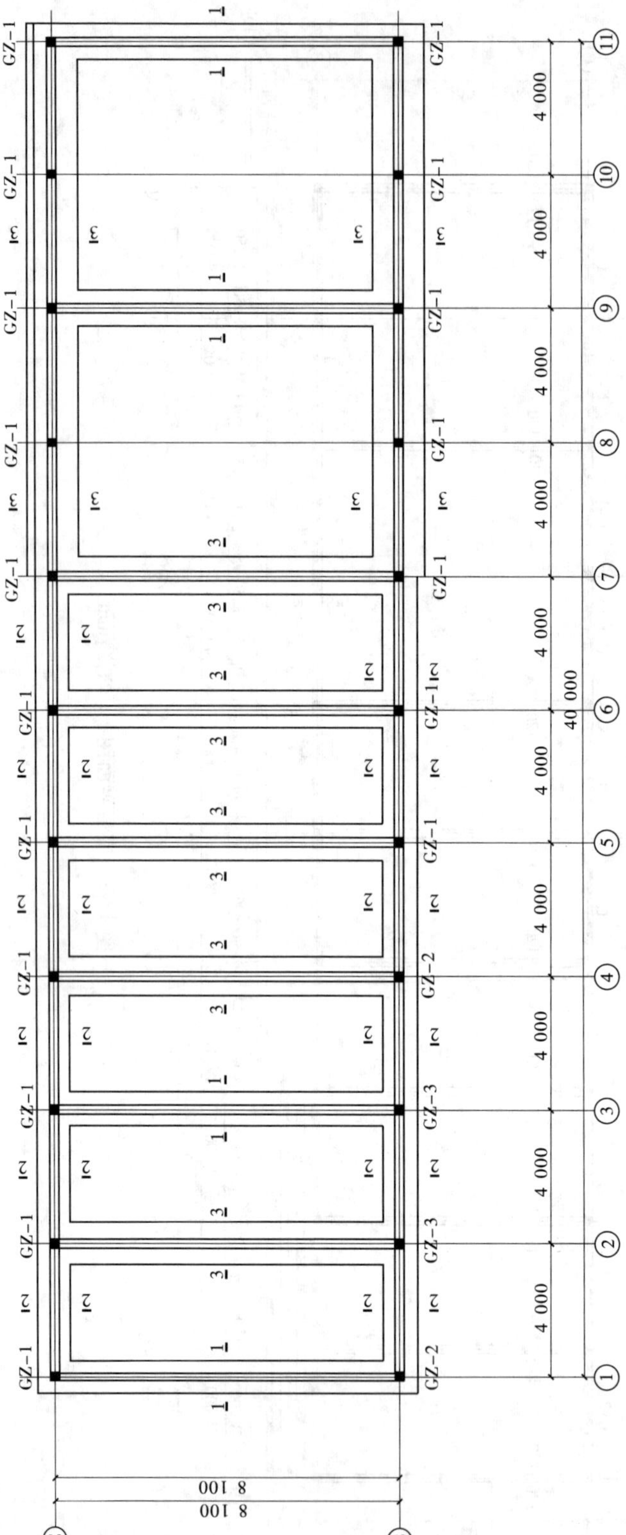

图 13-3　基础平面图　（单位:mm）

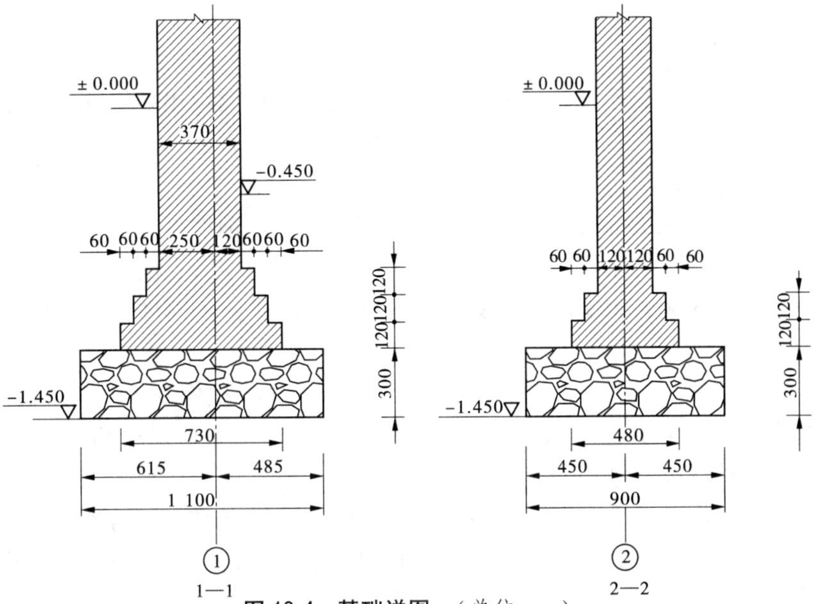

图 13-4　基础详图　（单位：mm）

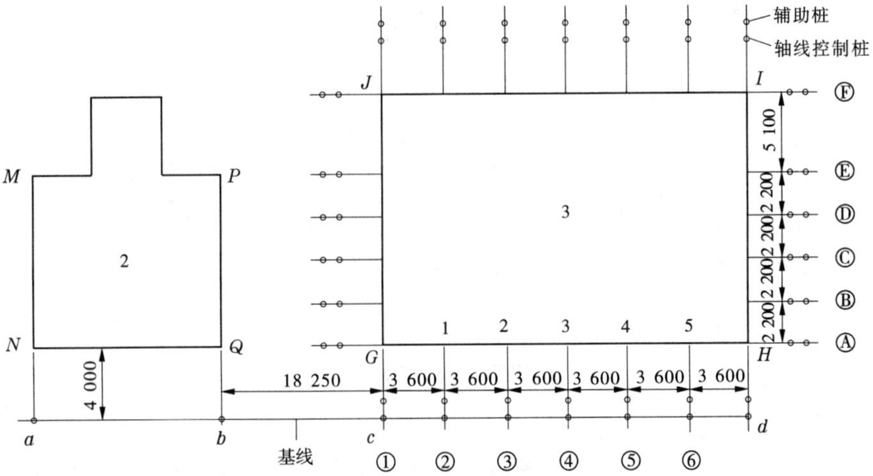

图 13-5　测设略图　（单位：mm）

13.3　建筑物的定位和放线测量

13.3.1　建筑物的定位

建筑物的定位是指根据测设略图将建筑物外墙轴线交点（简称角桩）测设到地面上，并以此作为基础测设和细部测设的依据。

由于定位条件的不同，民用建筑除了根据测量控制点、建筑基线（或建筑红线）、建筑方格网定位，还可以根据已有的建筑物定位。

13.3.2　建筑物放线

建筑物放线是指根据已知定位的外墙轴线交点桩详细测设出各轴线的交点桩(或称中心桩),然后根据交点桩用白灰撒出开挖边界线。其方法如下。

13.3.2.1　在外墙轴线周边上测设中间轴线交点桩

如图 13-6 所示,将经纬仪安置在 *G* 点上,瞄准 *H* 点,用钢尺沿 *GH* 方向量出相邻轴线间的距离,定出 1,2,…,5 各点(也可以每隔 1~2 轴线定 1 点)。同法可定出其他各点。量距精度应达到 1/5 000~1/10 000。丈量各轴线间距离时,为了避免误差积累,钢尺零端应始终在一点上。

由于基槽开挖后,角桩和中心桩将被挖掉,为了便于施工中恢复各轴线位置,应把各轴线延长到槽外安全地点,并做好标志。其方法有设置轴线控制桩(引桩)和龙门桩两种。

13.3.2.2　测设轴线控制桩(引桩)

将经纬仪安置在角桩上,瞄准另一角桩,沿视线方向用钢尺向基槽外量取 2~4 m,打入木桩,用小钉在桩顶准确标志出轴线位置,并用混凝土包裹木桩,如图 13-6 所示。大型建筑物放线时,为了确保轴线引桩的精度,通常是先测设轴线引桩,然后再根据轴线引桩测设角桩;而中小型建筑物的轴线引桩则是根据角桩测设的。如有条件也可以把轴线引测到周围原有的地物上,并做好标志,以此来代替引桩。

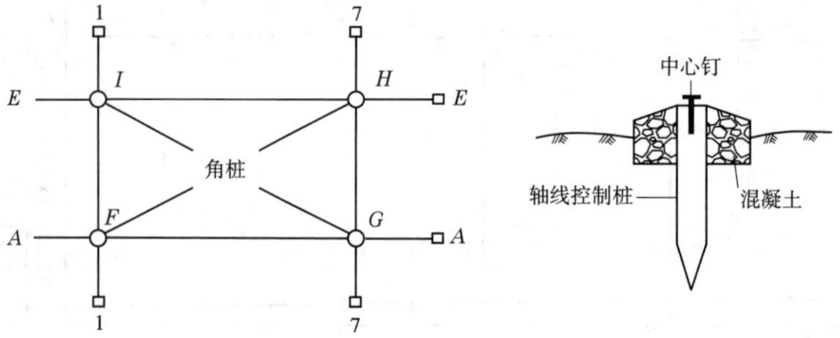

图 13-6　角桩和混凝土

13.3.2.3　设置龙门桩

在一般民用建筑中,常在基槽开挖线以外一定距离处设置龙门桩,如图 13-7 所示,其步骤和要求如下:

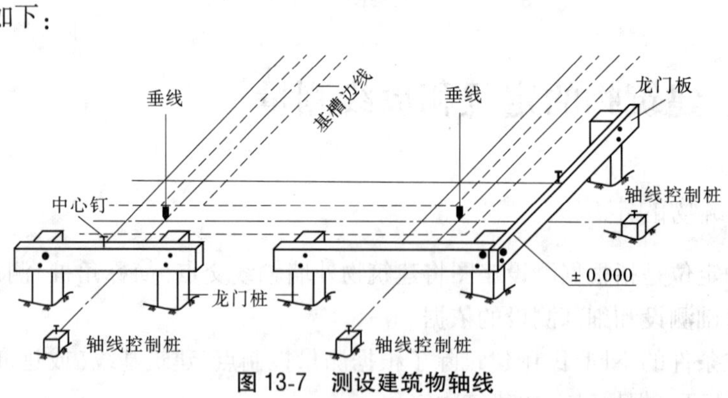

图 13-7　测设建筑物轴线

在建筑物四角和中间定位轴线的基槽开挖线以外 1.5~3.0 m 处(根据土质和基槽深度而定)设置龙门桩,桩要钉得竖直、牢固,桩外侧面应与基槽平行。

根据场地内水准点,用水准仪将±0.000 的标高测设在一个龙门桩侧面上,用红笔划一横线。沿龙门桩上测设的±0.000 线定设龙门板,使板的上缘恰好为±0.000。若现场条件不允许时,也可测设比±0.000 高或低一整数的高程,测设龙门板的高程允许误差为±5 mm。

用钢尺沿龙门板顶面检查轴线钉之间的距离,其精度应达到 1/5 000~1/10 000。经检核合格后,以轴线钉为准,将墙边线、基础边线、基槽开挖边线等标定在龙门板上。标定基槽上口开挖宽度时,应按有关规定考虑放坡的尺寸要求。

13.3.2.4　撒出基槽开挖边界白灰线

在轴线两端,根据龙门板上标定的基槽开挖边界标志拉直线绳,并沿此线绳撒出白灰线,施工时按此线进行开挖。

13.4　建筑物基础工程施工测量

13.4.1　控制基槽开挖深度

为了控制基槽开挖深度,在即将挖到槽底设计标高时,用水准仪在槽壁上测设一些水平小木桩(见图 13-8),使木桩的上表面离槽底设计标高为一固定值(如 0.500 m),用以控制挖槽深度。为了施工时方便,一般在槽壁各拐角处和槽壁每隔 3~4 m 处均设一水平桩,必要时,可沿水平桩的上表面拉上白线绳,作为清理槽底和打基础垫层时掌握标高的依据。水平桩高程测设的允许误差为±10 mm。

13.4.2　在垫层上投测基础中心线

基础垫层打好后,根据龙门板上的轴线钉或轴线控制桩,用经纬仪或拉线绳挂垂球的方法,把轴线投测到垫层上(见图 13-9),并用墨线弹出基础墙体中心线和基础边墙线,以便砌筑基础墙。由于整个墙身砌筑均以此线为准,因此这是确定建筑物位置的关键环节,一定要严格校核后方可进行砌筑施工。

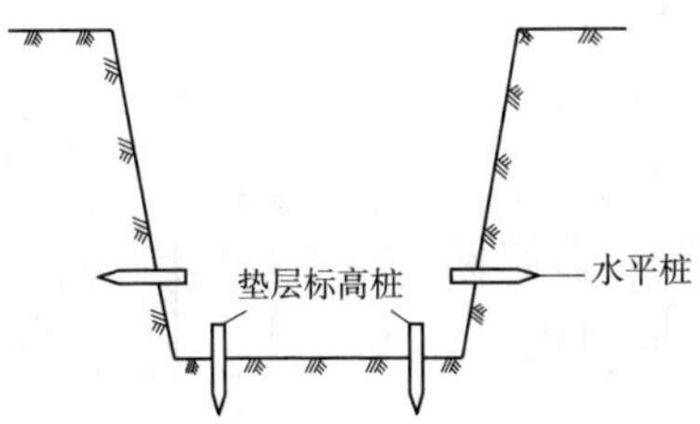

图 13-8　标定基槽深度

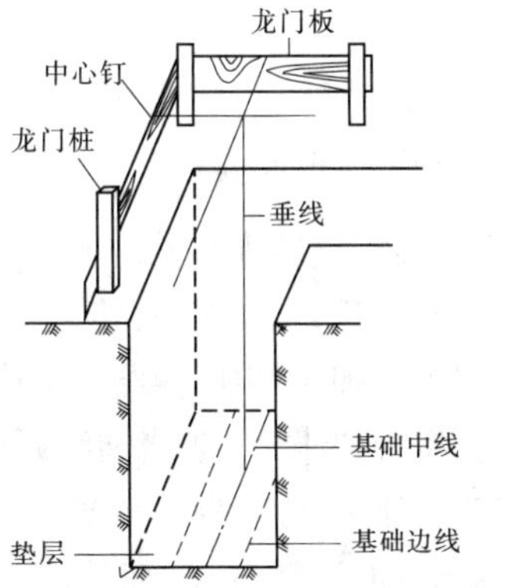

图 13-9　垫层上投测基础中心线

13.4.3 基础墙体标高控制

房屋基础墙(±0.000以下的墙体)的高度是利用基础皮数杆来控制的(见图13-10)。基础皮数杆是一根木制的杆子,事先在杆上按照设计的尺寸将砖、灰缝的厚度划出线条,并标明±0.000、防潮层等标高的位置。立皮数杆时,先在立杆处打一木桩,用水准仪在木桩侧面定出一条高于垫层标高某一数值(10 cm)的水平线,然后将皮数杆上标高相同的一条线与木桩上的同高水平线对齐,并用大铁钉把皮数杆与木桩钉在一起,作为基础墙砌筑时拉线的标高依据。

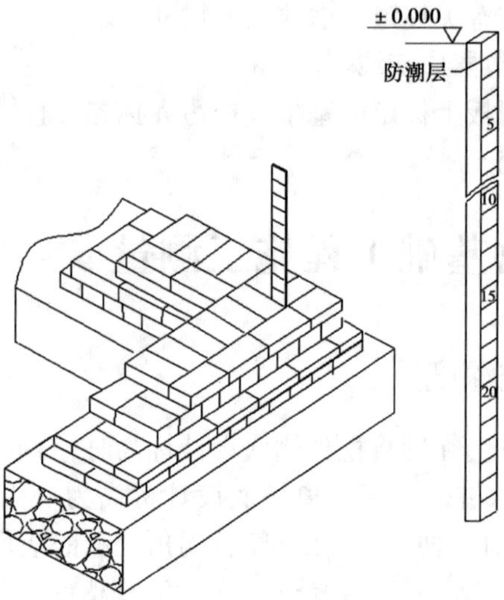

图13-10　基础皮数杆的应用

13.4.4 基础墙顶面标高检查

基础施工结束后,应检查基础墙顶面的标高是否符合设计要求(也可检查防潮层)。可用水准仪测出基础墙顶面上若干点的高程,并与设计高程比较,允许误差为±10 mm。

13.5 墙体工程施工测量

13.5.1 墙体弹线定位

利用轴线引桩或龙门板上的轴线钉和墙边线标志,用经纬仪或拉线绳、吊垂球的方法,将轴线投测到基础顶面或防潮层上,然后用墨线弹出墙中心线和墙边线。检查外墙轴线交角是否为直角,符合要求后,把墙轴线延伸并画在外墙基上,做好标志,并作为向上投测轴线的依据,如图13-11所示。同时把门、窗和其他洞口的边线,也画在外墙基础立面上。

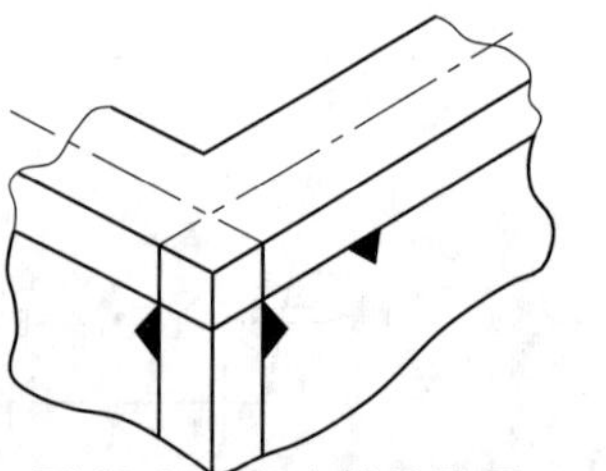

图13-11　标志轴线位置

13.5.2 墙体各部位高程的控制

在墙体施工中,墙身各部位高程通常也用皮数杆控制。墙身皮数杆上根据设计尺寸,在砖、灰缝厚度处划出线条,并且标明±0.000、门、窗、楼板等的标高位置,如图 13-12 所示。墙身皮数杆的测设与基础皮数杆的相同。测设±0.000 标高线的允许误差为±3 mm。一般在墙身砌起 1 m 后,就在室内墙身上定出+0.5 m 的标高线,作为该层地面施工及室内装修的依据。在第二层以上墙体施工中,为了使同层四角的皮数杆立在同一水平面上,要用水准仪测出楼板面四角的标高,取平均值作为本层的地坪标高,并以此作为本层立皮数杆的依据。

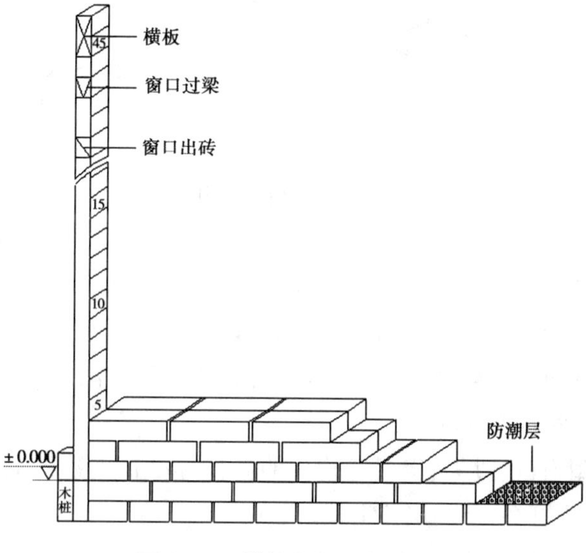

图 13-12 墙体各部位高程控制

当精度要求较高时,可用钢尺沿墙身自±0.000 起向上直接丈量至楼板外侧,确定立杆标志。框架式结构的民用建筑,墙体砌筑是在框架施工后进行的,故可在柱面上画线,以此代替皮数杆。

13.6 主体施工测量

13.6.1 轴线投测

在多层建筑墙身砌筑过程中,为了保证建筑物轴线位置正确,可用经纬仪把轴线投测到各层楼板边缘或柱顶上。每层楼板中心线应测设长线(列线)1~2 条,短线(行线)2~3 条,其投点容许误差为±5 mm。然后根据由下层投测上来的轴线,在楼板上分间弹线。如图 13-13 所示,投测时,把经纬仪安置在轴线控制桩上,后视首层墙底部的轴线标志点,用正倒镜取中的方法,将轴线投测到上层楼板边缘或柱顶上。当各轴线投测到楼板上之后,要用钢尺实量其间距作为校核,其相对误差不得大于 1/2 000。经校核合格后,方可开始该层的施工。为了保证投测质量,使用的仪器一定要经检验校正,安置仪器一定要严格居中、整平。为了防止投点时仰角过大,经纬仪距建筑物的水平距离要大于建筑物的高度,否则应采用正倒镜延长直线的方法将轴线向外延长,然后再向上投点。

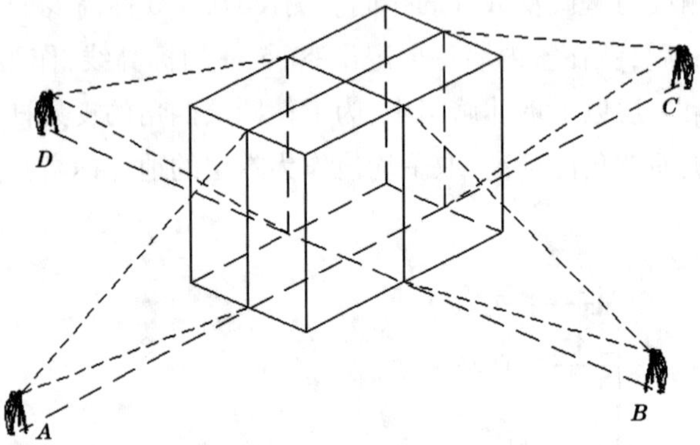

图 13-13　轴线投测

13.6.2　高程传递

多层建筑物施工中,要由下层梯板向上层传递高程,以便使楼板、门窗口、室内装修等工程的高程符合设计要求。高程传递一般可采用以下几种方法进行。

13.6.2.1　利用皮数杆传递高程

±0+000 高程,门窗口、过梁、楼板等构件的高程都已在皮数杆上标明。一层楼砌好后,再从第二层立皮数杆,一层一层往上接。

13.6.2.2　利用钢尺直接丈量

在高程精度要求较高时,可用钢尺沿某一墙角自±0.000 起向上直接丈量,把高程传递上去。然后根据由下面传递上来的高程立皮数杆,作为该层墙身砌筑和安装门窗、过梁及室内装修、地坪抹灰时控制高程的依据。

13.6.2.3　吊钢尺法

在楼梯间悬吊钢尺(钢尺零点朝下),用水准仪读数,把下层高程传到上层(见图 13-14)。二层楼面的高程 H_2 可根据一层楼面高程 H_1 计算求得

$$H_2 = H_1 + a + (c - b) - d \tag{13-1}$$

13.6.2.4　普通水准测量法

使用水准仪和水准尺,按普通水准测量方法沿楼梯间也可将高程传递到各层楼面。

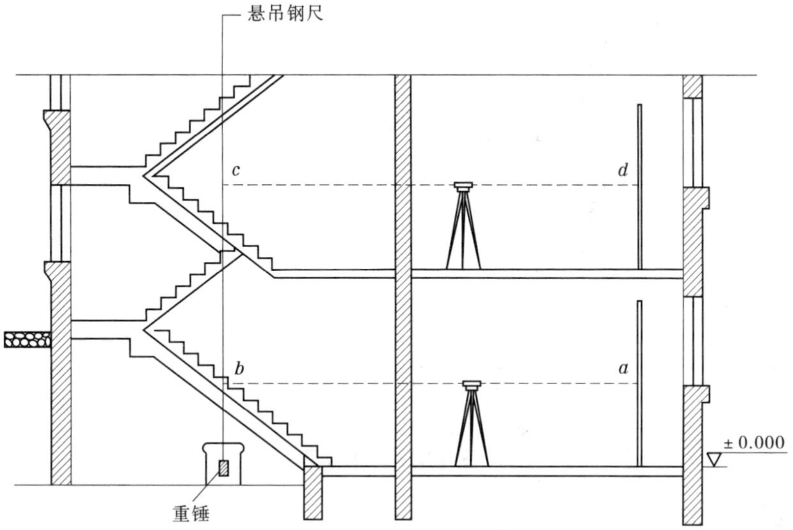

图 13-14 吊钢尺法传递高程

13.7 高层建筑施工测量

高层建筑由于层数多、高度高,结构竖向偏差对工程受力影响大,因此施工中对竖向投点的精度要求也高。由于建筑结构复杂,设备和装修标准较高。尤其是高速电梯的安装,对施工测量精度的要求更高。因此,如何从低处向高处精确地传递轴线和高程,就显得尤为重要。

13.7.1 桩位放样及基坑标定

在软土地基区的高层建筑常用桩基,一般采用钢管桩或钢筋混凝土方桩。由于高层建筑的上部荷载主要由钢管桩或钢筋混凝土方桩承受,所以对桩位要求较高,其定位偏差不得超过有关规范的要求,为此在定桩位时必须按照建筑施工控制网,实地定出控制轴线,再按设计的桩位图中所示尺寸逐一定出桩位(见图 13-15),定出桩位尺寸之后必须再进行一次校核,以防定错。

高层建筑由于采用箱形基础和桩基础较多,所以其基坑较深,有时深达 20 m。在开挖基坑时,应当根据规范和设计所规定的(高程和平面)精度完成土方工程。对于基坑轮廓线的标定,常用的方法有以下几种。

13.7.1.1 投影交会法

根据建筑物的轴线控制桩(见图 13-15),利用经纬仪投影交会测设出建筑物所有外围的轴线桩,然后按设计图纸用钢尺定出其开挖基坑的边界线。

13.7.1.2 主轴线法

建筑方格网一般都确定一条或两条主轴线。主轴线的形式有 L 形、T 字形或十字形等布置形式,这些主轴线是作为建筑物施工的主要控制依据。因此,当建筑物放样时,按照建筑物柱列线或轮廓线与主轴线的关系,在建筑场地上定出主轴线后,根据主轴线逐一

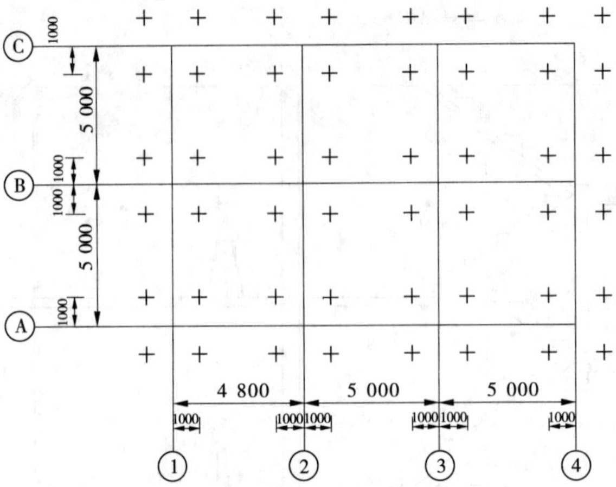

图 13-15 桩位图

定出建筑物的轮廓线。

13.7.1.3 **极坐标法**

高层建筑物的造型从单一的方形向多面体形等复杂的几何型式发展，这给建筑物的放样定位带来了一定的复杂性，极坐标法是比较灵活的放样定位方法。具体做法如下：首先按设计要素如轮廓坐标与施工控制点的关系，计算其方位角及边长，在控制点上按其计算所得的方位角和边长，逐一测定点位。将建筑物的所有轮廓点位定出后，再检查是否满足设计要求。

总之，根据施工场地的具体条件和建筑物几何图形的繁简情况，测量人员可选择最合适的方法进行放样定位，再根据测设出的建筑物外围轴线定出其开挖基坑的边界线。

13.7.2 轴线的竖向投测

高层建筑物施工测量中的主要问题是控制垂直度，就是将建筑物基础轴线准确地向高层引测，保证各层相应的轴线位于同一铅直面内，控制垂直偏差，使轴线向上投测的偏差值不超限。高层建筑轴线向上投测的竖直偏差值在本层内不超过±5 mm，全高不超过楼高的1/1 000，累计偏差不超过20 mm。

13.7.2.1 **外控法**

外控法是在建筑物外部，利用经纬仪，根据建筑物的轴线控制桩来进行轴线的竖向投测。高层建筑物的基础工程完工后，经纬仪安置在轴线控制桩上，将建筑物主轴线精确地投测到建筑物底部，并设立标志，以供下一步施工与向上投测用。另外，以主轴线为基准，重新把建筑物角点投测到基础顶面，并对原来作的柱列轴线进行复核。随着建筑物的砌筑升高，要逐步将轴线向上投测传递。外控法(参见图13-13)向上投测建筑物轴线时，是将经纬仪安置在远离建筑物的轴线控制桩上，分别以正、倒镜两次投测取其中点，得到投测在该层上的轴线点。按此方法分别在建筑物纵、横主轴线的控制桩上安置经纬仪，就可在同一层楼面上投测出轴线点。楼面上纵、横轴线连线构成的交点，即是该层楼面的施工控制点。

当建筑物楼层增至相当高度(一般为10层以上)时，经纬仪向上投测的仰角增大，投点精度会随着仰角的增大而降低，且观测操作也不方便。因此，必须将主轴线控制桩引测到远处的稳固地点或附近大楼的屋面上，以减小仰角。为了保证投测质量，使用的经纬仪必须经过严格的检验校正，尤其是照准部水准管轴应严格垂直仪器竖轴。安置经纬仪时必须使照准部水准管气泡严格居中。

13.7.2.2　**内控法**

高层建筑物轴线的竖向投测目前大多使用重锤或铅垂仪等仪器，利用内控法来进行。根据使用仪器的不同，内控法有吊线坠法、激光铅垂仪法等。

1. 吊线坠法

吊线坠法一般用于高度在 50～100 m 的高层建筑施工中，可用 10～20 kg 重的特制线坠，用直径 0.5～0.8 mm 钢丝悬吊，在±0.000 首层地面上以靠近高层建筑结构四周的轴线点为准，逐层向上悬吊引测轴线和控制结构的竖向偏差。如南京市金陵饭店主楼(高 110.75 m)和北京市中央彩色电视中心主楼(高 112 m)就是采用吊线坠法作为竖向偏差的检测方法，效果很好。在用此法施测时，要采取一些必要措施，如用铅直的塑料管套着坠线，以防风吹，并采用专用观测设备，以保证精度。

2. 激光铅垂仪法

铅垂仪又称垂准仪，置平仪器上的水准管气泡后，仪器的视准轴即处于铅垂位置，可以据此向上或向下投点。若采用内控法，首先应在建筑物底层平面轴线桩位置预埋标志，其次在施工时要在每层楼面相应位置处都预留孔洞，供铅垂仪照准及安放接收用，图 13-16(a)是向上作铅垂投点，图 13-16(b)是向下作铅垂对点。

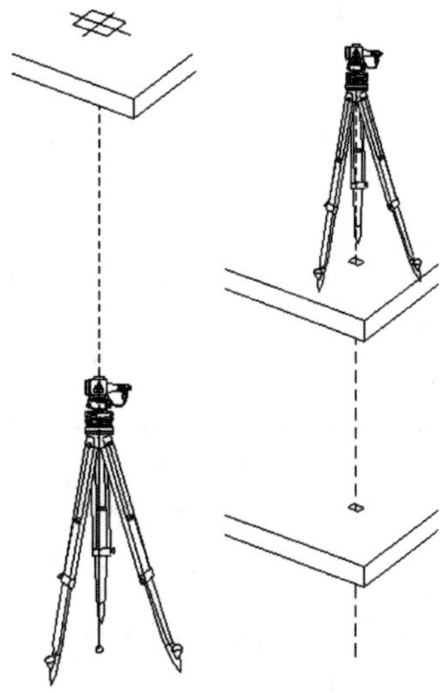

(a) 向上作铅垂投点　(b) 向下作铅垂对点

图 13-16　铅垂仪投点

另外，用经纬仪或全站仪加上弯管目镜亦可进行内控法投测。

13.8　工业建筑施工测量

13.8.1　工业厂房控制网的测设

工业厂房多为排架式结构，对测量的精度要求较高。工业建筑在基坑施工、安置基础模板、灌注混凝土、安装预制构件等工作中，都以各定位轴线为依据指导施工。因此，在工业建筑施工中，均应建立独立的矩形施工控制网。

对于中小型厂房，可建立单一的厂房矩形控制网，如图 13-17 所示，*A*、*B*、*C*、*D* 分别为矩形控制网的角点，其测设方法是：根据厂区控制网按直角坐标法定出长边上的 *A*、*B* 两点，然后以 *AB* 边为基线再测设 *C*、*D* 两点，最后在 *C*、*D* 处安置仪器，检查角度，并丈量 *CD*

边长以进行检查。

对于大型工业厂房或系统工程,应先根据厂区控制网定出矩形控制网的主轴线(一般是相互垂直的主要柱列轴线或设备基础轴线),然后根据主轴线测设矩形控制网,如图 13-18 所示。主轴线端点布置在开挖范围以外,并埋设 1~2 个辅助点桩。*AOB* 与 *COD* 为十字轴线。首先测设主轴线,将长轴 *AOB* 测设于地面上,再以长轴为基线测设出 *COD*,并进行方向改正,使主轴线严格垂直,主轴线交角容许误差为±3″~±5″。轴线的方向调整好后,以 *O* 为起点进行精密量距,以确定纵横主轴线各端点的位置,主轴线边长的精度为不低于 1/30 000。然后测设矩形控制网,在主轴线的端点 *A*、*B*、*C*、*D* 处分别安置经纬仪,都以 *O* 为后视点,分别测设直角,交会出 *E*、*F*、*G*、*H* 角点,然后再精密丈量 *AH*、*AE*、*GB*、*BF*、*CH*、*CG*、*DE*、*DF*,其精度要求与主轴线相同。若量距所得角点位置与角度交会法定点所得点位置不一致,则应调整。

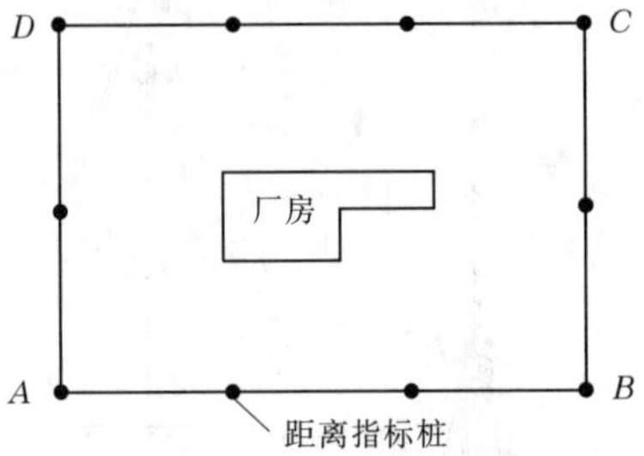

图 13-17　厂房矩形控制网图

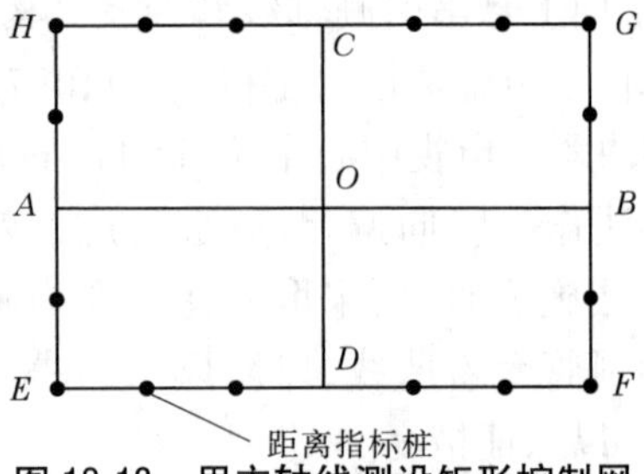

图 13-18　用主轴线测设矩形控制网

此外,在测设矩形控制网时,沿控制网各边每隔几个柱子的间距应设置一距离指标桩,距离指标桩的间距一般为柱距的整数倍。

13.8.2　厂房柱列轴线的测设和柱基的测设

13.8.2.1　厂房柱列轴线的测设

测定厂房矩形控制网后,根据施工图上设计的柱距和跨度,用钢尺沿矩形控制网各边采用内分法测设出柱列轴线控制点位置,如图 13-19 所示,*P*、*Q*、*R*、*S* 是厂房矩形控制网的 4 个控制点,*A*、*B*、*C* 和①、②、…、⑨等轴线均为柱列轴线,其中定位轴线 *B* 轴和⑤轴为主轴线,并用桩位标志出来。这些轴线共同构成了厂房柱网,它们是厂房细部测设和施工的依据。

13.8.2.2　杯形基础的施工测量

首先,定位柱基础,用两台经纬仪分别安置于两条相互垂直的柱列轴线的轴线控制桩上,沿轴线方向交会出各柱基的中心位置。再根据基础图进行柱基放线,用灰线把基坑开挖边线标出,并在距开挖边线 0.5~1.0 m 处打 4 个定位小木桩,如图 13-20 所示,桩顶采用同一标高,以利用定位桩控制基础施工标高,同时在桩顶用小钉标明中线方向,供修坑立模用。在实际操作中,统一以轴线定位,但应注意有的轴线不一定是基础的中线,应避免基础施工中发生错误。

然后进行基础的抄平放线,基坑挖到接近坑底标高时,在基坑四壁上测设相同高程的水平桩,桩顶与坑底设计标高一般相差 0.3~0.5 m,以此作为基坑修坡和检查坑深的依

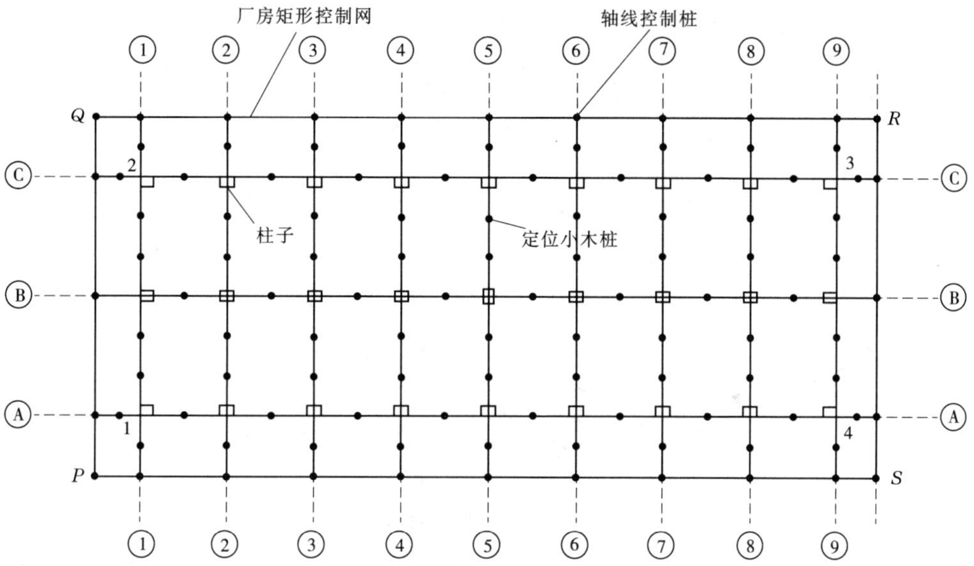

图 13-19 柱列轴线的测设

据。此外,还应在坑底边沿及中央打入小木桩,使桩顶高程等于垫层设计高程,以便于在桩顶拉线并打垫层。

垫层打好以后,根据柱基定位桩把基础轴线投测到垫层上,并弹上墨线标志,作为支模的依据。把线坠挂在定位桩的小线上,将模板及杯芯上已画好的轴线位置与垂线对齐,即可定出基础模板及杯口的正确位置。然后,在模板的内表面用水准仪引测基础面的设计标高,并画线标明。在支杯底模板时,应注意使浇灌后的杯底标高比设计标高略低 3~5 cm,以便拆模后填高修平杯底,如图 13-21 所示。

最后,根据轴线控制桩,用经纬仪把柱中线投测到基础顶面上,作好柱轴线标记,供吊装柱子时使用。为了修平杯底,须在杯口内壁测设一条比基础顶面略低 10 cm 的标高线,或一条与杯底设计标高的距离为整分米数的标高线。

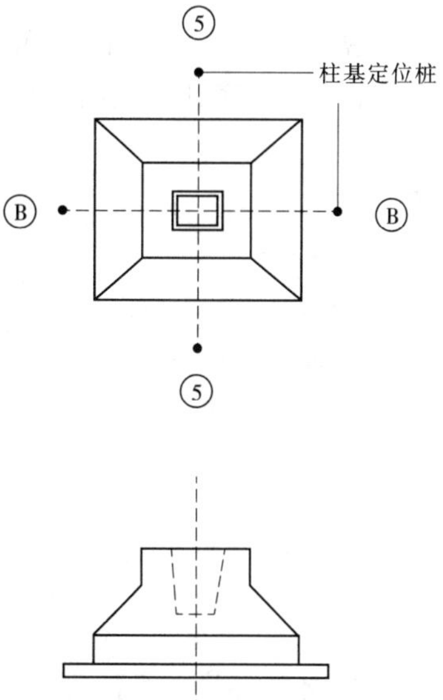

图 13-20 杯形基础定位桩图

13.8.3 厂房构件的安装测量

13.8.3.1 柱子安装前的准备工作

首先,将每根柱子按轴线位置编号,用钢尺量出牛腿四个棱的柱底到牛腿面的长度,取平均值得出柱长 L,并检查柱子尺寸是否满足设计要求。然后,在柱身的三个侧面用墨线弹出柱中心线,每面在中心线上按上、中、下用红漆划出“▶”标志,以供校正柱子的垂直度时使用,如图 13-22 所示。最后,还要调整杯底标高,杯底标高等于牛腿面的设计标高减柱长,即公式

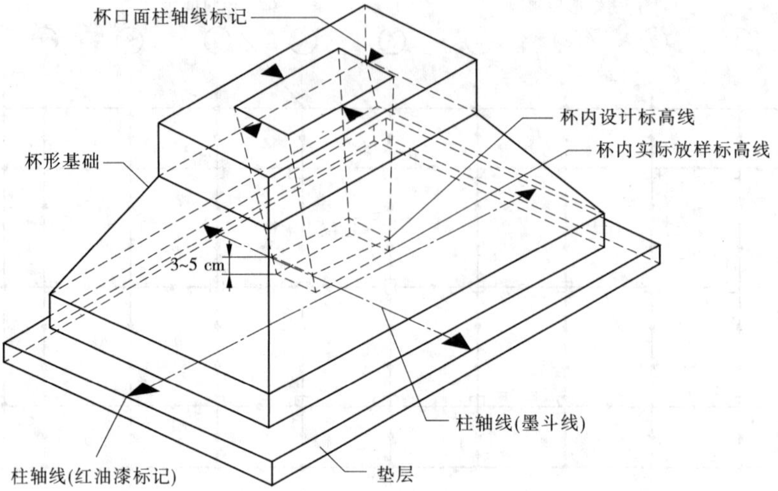

图 13-21　测设杯内标高

$$H_{杯底} = H_{面} - L \tag{13-2}$$

式中　$H_{杯底}$——基础杯底的标高；

$H_{面}$——牛腿面的设计标高；

L——柱底到牛腿面的长度。

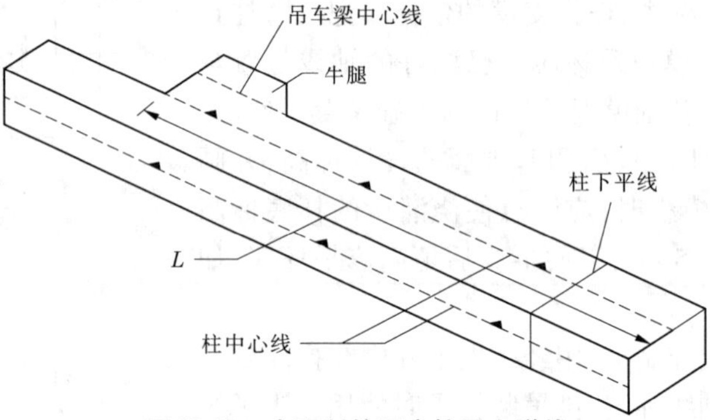

图 13-22　在预制的厂房柱子上弹线

调整杯底标高的具体做法是先根据牛腿设计标高，沿柱子的中心线用钢尺量出与杯口基础内壁上已测设的标高线相同的柱下平线，分别量出杯口内标高线至杯底的高度，与柱下平线到柱底的高度进行比较，以确定找平厚度后修整杯底，使牛腿面标高符合设计要求。

13.8.3.2　柱子的竖直校正

预制钢筋混凝土柱插入杯口后，先进行初步固定，应使柱底部三面的中线与杯口上已划好的中线对齐，并用钢楔或木楔做临时固定，如有偏差，可锤打木楔或钢楔将其拨正，容许误差应不超过±5 mm。柱子立稳后，用水准仪检测±0.000 标高线是否符合设计要求，容许误差应不超过±3 mm。

初步固定后即可进行柱子的垂直校正。在柱基的纵横中心线上，距柱子约为 1.5 倍柱高处,安置两架经纬仪,先照准柱底中线,固定照准部,慢慢抬高望远镜,如柱身上的中线标志或所弹中心墨线偏离视线,表示柱子不垂直,可通过调节柱子拉绳或支撑、敲打楔子等方法使柱子垂直,如图13-23所示。柱子垂直度容许误差为:10 m以内应不超过±10 mm,10 m以上应不超过1/1 000的柱高,最大应不超过±20 mm。满足要求后立即灌浆,以固定柱子位置。

在实际工作中,如图13-24所示,常把成排的柱子都竖起来,然后进行校正。这时可把两台经纬仪分别安置在纵横轴线的一侧,偏离轴线不要超过15°,安置一次仪器可校正几根柱子。

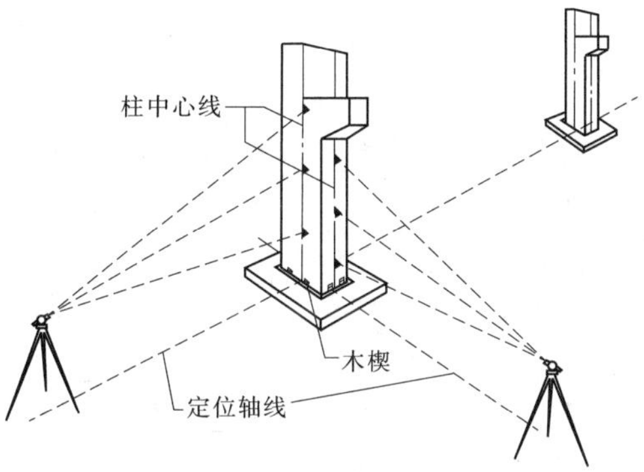

图13-23 柱子垂直度校正图

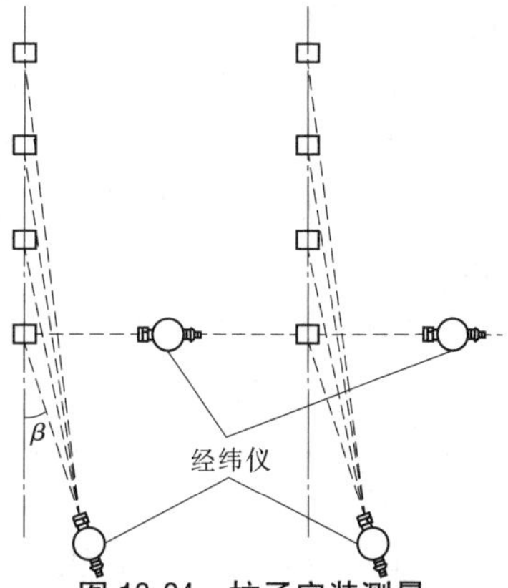

图13-24 柱子安装测量

在进行柱子垂直校正时,应注意随时检查柱子中线是否对准杯口的柱中线标志,并要避免日照影响校正精度,校正工作宜在早晨或阴天进行。

13.8.3.3 吊车梁的安装测量

进行吊车梁的安装测量,主要是为了保证吊车梁中线位置和标高满足设计要求。

(1)吊车梁安装时的中线测量。吊车梁吊装前,在两端牛腿面上弹出梁的中心线,然后根据厂房控制网或柱中心线,在地面上测设出两端的吊车梁中心线控制桩,并在一端点安置经纬仪,瞄准另一端,将吊车梁中心线投测在每根柱子牛腿面上,并弹以墨线,吊装时吊车梁中心线与牛腿上中心线对齐,其容许误差应不超过±3 mm。若投射时视线受阻,可从牛腿面上悬吊垂球来确定位置。安装完毕后,用钢尺丈量吊车梁中心线间距,即吊车轨道中心线间距,检验是否符合行车跨度,其误差不得超过±5 mm,如图13-25所示。

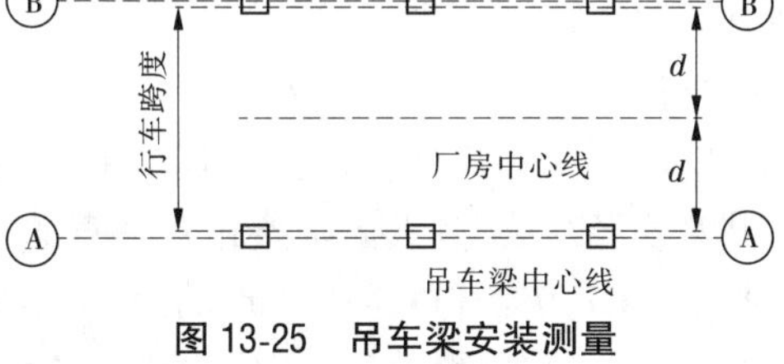

图13-25 吊车梁安装测量

(2)吊车梁安装时的高程测量。根据控制网在柱身上测设±0.000的标高线,以及柱牛腿面的标高,计算出高差,沿柱侧面自±0.000的标高线量取高差值,在柱身上定出牛腿面的设计标高点,作为整平牛腿面及加垫板的依据。然后再根据±0.000 标高线,在柱上端测设一个比吊车梁面设计标高高 5~10 cm 的标高点,据此点修复梁面。梁面整平以后,安置水准仪于吊车梁上,检测吊车梁面的标高是否符合设计要求,容许误差应不超过(±3~±5)mm。

(3)吊车梁上测设轨道中心线。吊车梁安装好后,再用经纬仪从地面把车梁中心线(亦即吊车轨道中心线)投到吊车梁顶上,作为安装轨道的依据。

由于安置在地面中心线上的经纬仪不可能与吊车梁顶面通视,因此一般采用中心线平移法,如图 13-26 所示,在地面平行于 AA′轴线,间距为 1 m 处测设 EE′轴线。然后安置经纬仪于 E 点,瞄准 E 点进行定向。抬高望远镜,使从吊车梁顶面伸出的长度为 1 m 的直尺端正好与纵丝相切,则直尺的另一端即为吊车轨道中心线上的点。

然后用钢尺检查同跨两中心线之间的跨距 L,与其设计跨距之差应不超过 10 mm。经过调整后用经纬仪将中心线方向投到特设的角钢或屋架下弦上,作为以后安装吊车梁时用经纬仪校直轨道中心线的依据。

(4)吊车轨道安装时的高程测量。在轨道安装前,要用水准仪检查梁顶的高程。每隔 3 m 在放置轨道垫块处测一点,以测得结果与设计数据之差作为加垫块或抹灰的依据。在安装轨道垫块时,应重新测出垫块高程,使其符合设计要求,以便安装轨道。

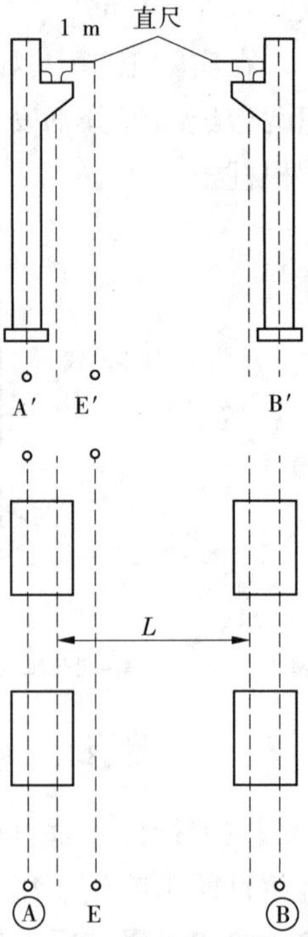

图 13-26 吊车轨道安装

(5)吊车轨道检查测量。轨道安装完毕后,应进行一次轨道中心线、跨距及轨道高程的检查,以保证能安全架设和使用吊车。

13.8.4 烟囱、水塔施工测量

烟囱和水塔的共同特点是基础面积小、主体高、地基负荷大,这就要求施工测量要严格控制筒身中心线的垂直偏差,以减少偏心。如砖、混凝土烟囱筒身中心线的垂直度允许误差为:烟囱高在 100 m 以下,误差值应不超过烟囱高度的 1.5‰,应不超过 100 mm;烟囱高在 100 m 以上,误差值应不超过烟囱高度的 1‰,应不超过 50 mm。

烟囱与水塔的施工测量相近似,其主要工作都是严格控制中心的定位,保证筒身的垂直。下面以烟囱为例介绍其测量方法。

13.8.4.1 烟囱的基础中心定位

施工定位时,首先按图纸要求,根据场地控制网及烟囱的中心坐标,先测设出烟囱的中心桩 O。然后在中心桩上安置经纬仪,测设出两条相互垂直的定位轴线,如图 13-27 所示,并在轴线上设控制桩 A'、B'、C'、D',各桩距中心点的距离一般为烟囱高度的 1.5 倍。此外,在不影响桩点稳定的情况下,靠近烟囱处在定位轴线上各埋设一定位桩 A、B、C、D,以此作为施工放线、恢复烟囱中心的依据。

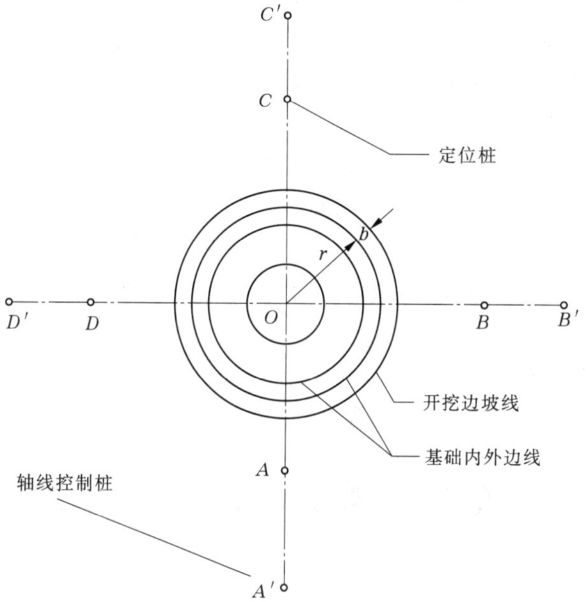

图 13-27 烟囱的定位测量

13.8.4.2 烟囱基础的施工测量放样

烟囱基础的开挖常采用“大开口法”进行施工，以中心控制点为圆心。以烟囱底部半径 r 加上基坑放坡宽度 b 为半径，用皮尺在地上画圆并撒灰线，在标明挖坑边线后进行基础开挖。

当挖土接近设计标高时，用水准仪在坑的四周测设高于坑底标高整分米数的水平标高桩，作为控制基坑挖土深度和打垫层的依据。在基础抄平后，根据烟囱的中心控制桩，用经纬仪将烟囱中心投测在基坑内，以供基础绑筋、支模时掌握尺寸，并作为浇注混凝土基础的中心控制点。

基础混凝土凝固前，应在基础面上中心点处埋设钢筋作为标志。根据定位轴线，用经纬仪把烟囱中心投到标志上，并刻上“+”字，作为烟囱竖向投点和控制半径的依据。

13.8.4.3 烟囱筒身施工放样

在烟囱施工中，应随时将中心点引测到施工作业面上，以检查筒身垂直偏差和筒身几何尺寸。引测的方法有：吊线垂法，此法操作简单、经济，但精度较低，一般用于高度不超过 70 m 的烟囱施工；经纬仪投点法，精度较高，但操作复杂，施工场地大；激光垂准仪铅直定位法，此法操作简单，精度高。

1. 用吊线垂法投测中心点

在施工工作面上横放木方，在中心处挂线坠。线坠重量视烟囱高度而定，一般用 8～15 kg 线坠、直径 1 mm 的细钢丝。下面人员指挥上面操作人员移动垂线，直到垂球对准中心桩为止。然后根据投测点检查筒身半径及外皮尺寸是否符合设计要求。一般砖烟囱每砌约 1.2 m 引测一次，混凝土烟囱升一次模板约 2.5 m 引测一次。

2. 经纬仪投点法

高度不大的烟囱一般每升高 10 m 要用经纬仪检测一次。检查时，在轴线延长线的控

制桩 A'、B'、C'、D' 上依次安置经纬仪，分别瞄准相应的定位桩 A、B、C、D，抬高望远镜，把各轴线控制点投测到施工工作面上，并做标志。然后按标记4点拉小线，其交点即为烟囱的中心点，该中心点用来检核垂球引测的中心点和筒身尺寸是否正确。

3. 激光垂准仪铅直定位法

高大的烟囱、水塔施工多用激光垂准仪投点定位。定位时，仪器安置在烟囱底部的中心标志上，启动激光器。在操作平台的烟囱中心安置接收靶环，靶环中心即筒身中心。激光在靶环上照出光斑，旋转仪器360°，若光斑始终在一点上，表示光束垂直，否则进一步调平仪器。光斑与靶环中心的偏离值即烟囱中心的垂直误差；若有，应在施工中加以纠正。

4. 烟囱筒体标高控制

烟囱筒体标高控制是用水准仪在筒壁上测出整分数的标高线，再用钢尺量取高度。

13.9 建筑物变形观测和竣工总平面图测绘

13.9.1 建筑物变形观测概述

建筑物在施工和使用过程中，都会发生变形，包括沉降、倾斜、位移等，并由此产生裂缝、构件挠动、扭转等，严重的会影响建筑物的正常使用，甚至危及建筑物的安全。为了掌握建筑物、构筑物在施工中和竣工后的变形情况，正确指导施工，保证工程质量，检验工程设计的正确性和确保建筑物、构筑物的安全使用，应在施工和运行管理期间对建筑物、构筑物进行变形观测。尤其是对不良地基条件下的大型工程，如高层建筑、重要厂房、大型设备的基础等，以及使用、生产工艺对变形有特殊要求的建筑物、构筑物，要进行变形观测。建筑物的变形观测包括沉降观测、位移观测、倾斜观测、裂缝观测。

建筑物的变形观测，是周期性地对布置在建筑物上的观测点进行重复观测，以求得观测点位置的变化量。观测工作质量的高低，取决于观测点的布设、观测的精度和频率是否合适。

13.9.2 沉降观测

13.9.2.1 水准点和沉降观测点的设置

建筑物沉降观测的水准点一定要有足够的稳定性，同时为了保证水准点高程的正确性和便于相互检核，水准点一般不得少于3个，并选择其中一个最稳定的点作为水准基点。

进行沉降观测的建筑物、构筑物上应埋设沉降观测点。观测点的数量和位置，应能全面反映建筑物、构筑物的沉降情况。一般观测点是均匀布置的，但在荷载有变化的部位、平面形状改变处、沉降缝的两侧、具有代表性的支柱和基础上、地质条件改变处等，应加设足够的观测点。沉降观测点及埋设可参见图13-28。

水准点与观测点之间的距离应适当，相距太远会影响观测精度，相距太近又会影响水准点的稳定性，从而影响观测结果的可靠性，通常水准点和观测点之间的距离以60~100

m 为宜。

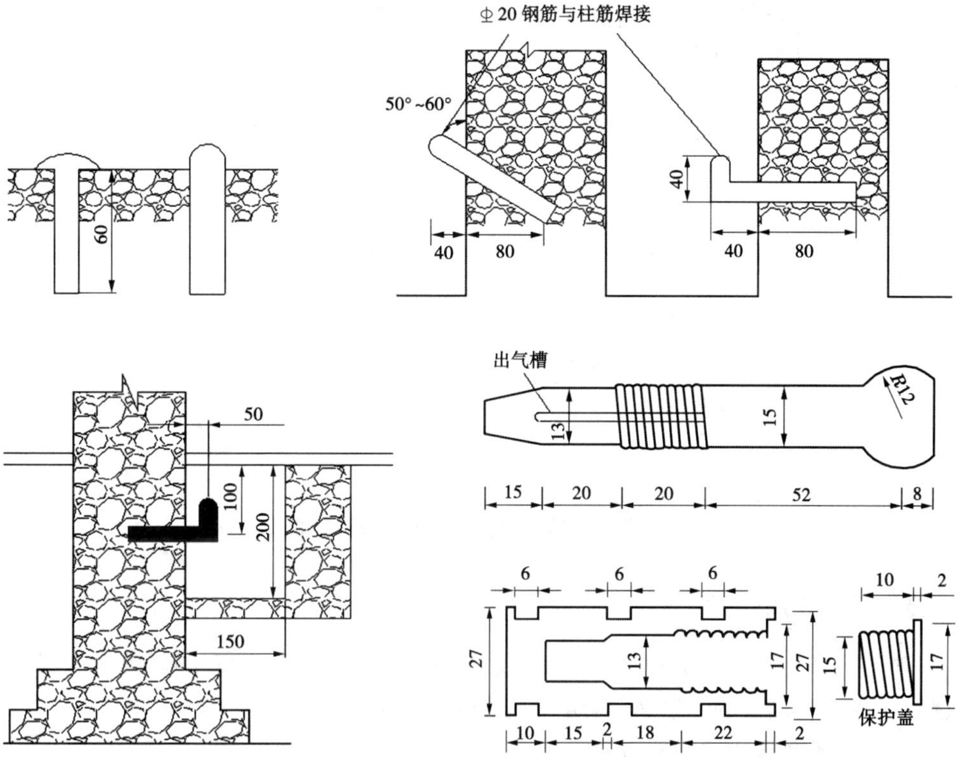

图 13-28　沉降观测点的埋设　(单位:mm)

13.9.2.2　沉降观测的一般规定

1. 观测周期

一般待观测点埋设稳固后,且在建(构)筑物主体开工前,即进行第一次观测。在建筑物主体施工过程中,一般为每建 1~2 层观测一次;大楼封顶或竣工后,一般每月观测一次,如果沉降速度减缓,可改为 2~3 个月观测一次,至沉降稳定。

2. 观测方法和仪器的要求

对于多层建筑物的沉降观测,可采用 DS1 精密水准仪,用二等水准测量方法进行。为了保证水准测量的精度,观测时,前、后视宜用同一根水准尺,视线长度一般不超过 50 m,前、后视距要尽量相等。

3. 沉降观测的工作要求

沉降观测是一项较长期的连续观测工作,为了保证观测成果的正确性,应尽可能做到四固定:①固定观测人员;②使用固定的水准仪和水准尺;③使用固定的水准基点;④按规定的日期、方法及既定的路线、测站进行观测。

13.9.2.3　沉降观测的成果整理

首先,每次观测后,应检查记录的数据和计算是否正确,精度是否合格。然后调整闭合差,计算各沉降观测点的高程。最后将各观测点的高程、观测日期、荷载等有关数据记入沉降量统计表,并计算相邻两次观测之间的沉降量和累计沉降量。

为了掌握和分析建筑物沉降情况，还应绘制时间与沉降量关系曲线和时间与荷载关系曲线等(见图 13-29)。

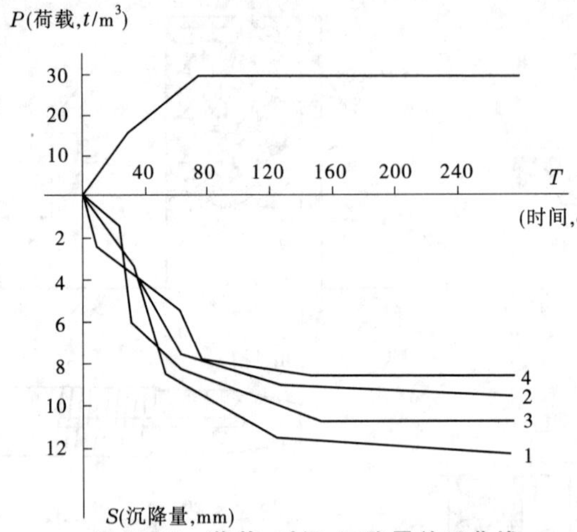

图 13-29　荷载、时间、沉降量关系曲线

13.9.3　建筑物的倾斜观测

不均匀沉降会导致建筑物、构筑物的倾斜，建筑物、构筑物越高，倾斜就越明显，其影响就越大，因此对高耸的建筑物、构筑物应进行倾斜变形观测。

13.9.3.1　一般建筑物的倾斜观测

建筑物的倾斜观测应在与观测部位相垂直的两面墙上进行，通常采用经纬仪投影法。如图 13-30 所示，在离建筑物墙面大于 1.5 倍墙高的地方选定固定观测点 A，安置经纬仪，然后瞄准墙顶一固定观测点 M，用正、倒镜取中点的方法定出下面的观测点 m_1，同法，在与其相垂直的另一墙面方向上，在距墙面 1.5 倍墙高的固定观测点 B 处，安置经纬仪，瞄准上观测点 N，定出下观测点 n_1。过一段时间，在原固定观测点处安置经纬仪，分别瞄准原上观测点 M、N，用正、倒镜取中点法，定出下观测点 m_2、n_2。若 m_1 与 m_2，n_1 与 n_2 不重合，则说明建筑物发生了倾斜，用尺量得两方向上的偏移量 Δm、Δn，然后用矢量相加法可求得建筑物的总偏移量，即

$$\Delta = \sqrt{(\Delta m)^2 + (\Delta n)^2} \tag{13-3}$$

建筑物的倾斜度计算为

$$i = \tan\alpha = \Delta / H \tag{13-4}$$

式中　H——建筑物高度；

　　α——建筑物的倾斜角。

13.9.3.2　塔形物的倾斜观测

塔形建筑物，如烟囱、水塔的倾斜观测，应在互相垂直的两个方向分别测出顶部中心对底部中心的偏移量，然后用矢量相加的方法，计算出总的偏差值及倾斜方向。

如图 13-31 所示，在烟囱、水塔的纵、横轴线上，距烟囱约为 1.5 倍烟囱高度的地方，分别建立固定观测点，在纵轴线观测点上安置经纬仪，在烟囱底部地面垂直视线方向放一

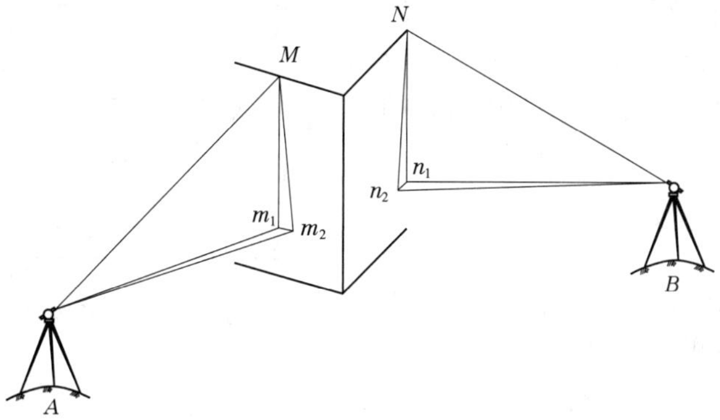

图 13-30　建筑物倾斜观测

横木。然后分别照准烟囱底部边缘两点,向横木上投点,得 1、2 两点,量得其中点 A。再照准烟囱顶部边缘两点,向横木上投点,得 3、4 两点,定出其中点 A',量得 A、A'两点间的距离 a,即为构筑物在横轴线方向上的中心垂直偏差。同样方法,在横轴线观测点上安置经纬仪,可测出纵轴线方向上的中心垂直偏差值 b。

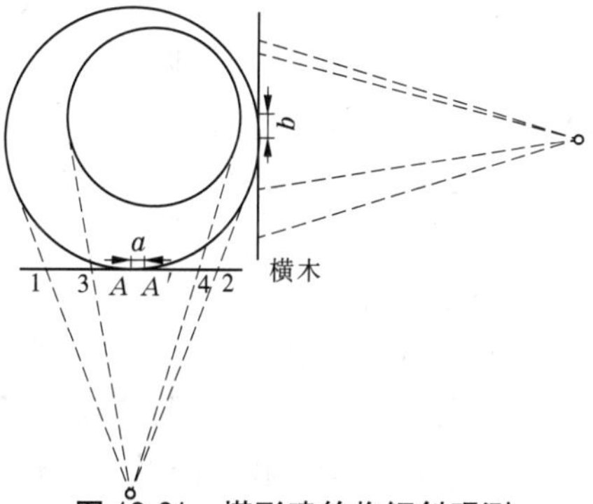

图 13-31　塔形建筑物倾斜观测

由矢量相加的方法可求得顶部中心对底部中心的总偏心距,即

$$c = \sqrt{a^2 + b^2} \tag{13-5}$$

构筑物的倾斜度与建筑物相同,为

$$i = c/H \tag{13-6}$$

式中　H——构筑物的高度。

13.9.4　建筑物的裂缝观测

当发现建筑物有裂缝时,除了要增加沉降观测次数,应立即检查建筑物裂缝的分布情况,对裂缝进行编号,并对每条裂缝定期进行裂缝观测。观测周期视裂缝大小、性质、开裂速度而定。

为了观测裂缝的发展情况,要在裂缝处设置标志。常用的标志有:石膏板标志,白铁片标志。

13.9.4.1　石膏板标志

石膏板厚 10 mm,宽 50~80 mm,长度视裂缝宽度而定,在裂缝两边牢固固定。当裂缝继续发展时,石膏板也随之开裂,这可直接反映出裂缝的发展情况。

13.9.4.2　白铁片标志

用两块白铁片,一片为 150 mm×150 mm 的正方形,固定在裂缝一侧,使其一边与裂缝边缘对齐;另一片为 60 mm×200 mm 的长方形,固定在裂缝的另一侧,并使其中一部分与正方形白铁片相叠,如图 13-32 所示,然后在两块白铁片表面涂上红漆,如裂缝继续发展,两块白铁片将逐渐拉开,露出正方形白铁片上原被覆盖没有涂红漆的部分,用尺子量出其宽度,为裂缝加大的宽度。裂缝加大的宽度,连同观测时间一并记入观测记录中。

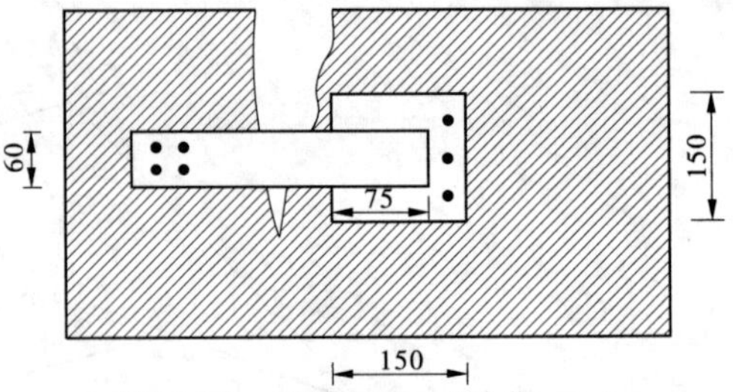

图 13-32　裂缝观测　(单位:mm)

13.9.5　竣工总平面图的编绘

施工总平面图是施工单位在工程竣工后、交付使用前所提交的技术文件之一。在施工过程中,由于设计时没有考虑到临时变更、施工误差等原因,工程的竣工位置和设计位置可能不完全一致,因此应绘制竣工总平面图。它是设计总平面图经过施工后对实际情况的全面反映,也是工程竣工投入使用后能顺利的进行维修,及时消除地下管线故障,以及工程扩建或改建的依据。

13.9.5.1　竣工总平面图的内容及分类

1. 竣工总平面图的分类及附件

竣工总平面图按工程性质分为综合竣工总平面图,工业管线竣工总平面图,厂区铁路、公路竣工总平面图。

为了全面反映竣工成果,竣工总平面图的附件资料如下:①地下管线竣工纵断面图;②铁路、公路竣工纵断面图;③建筑场地及其附近的测量控制点布置图,坐标与高程一览表;④建筑物或构筑物沉降及变形观测资料;⑤工程定位、检查及竣工测量的资料;⑥设计变更文件;⑦ 建设场地原始地形图等。

2. 竣工总平面图的比例

竣工总平面图的比例尺应根据企业规模的大小和工程密集程度而定,一般厂区内用1:500或1:1 000,厂区外、城郊用1:1 000~1:5 000。竣工总平面图的图例符号应与原设计总平面图一致。

3. 竣工总平面图的内容

(1)测量控制点、建筑方格网、主轴线等平面和高程控制点的点位。

(2)建筑物的房角坐标及高程,各种管线进出口位置和高程,并注明房屋编号、名称、结构层数、面积和竣工日期。

(3)地下管线的转折点、起终点及检修井的坐标,井盖、井底、沟槽和管顶的高程,以及管道及检修井的编号、名称、管径、管材、间距、坡度和流向。

(4)架空管线的转折点、结点、交叉点和支点的坐标,支架间距,基础标高等。

(5)交通线路的起终点、交叉点和转折点坐标,曲线元素,路面、人行道、绿化带界线等。

(6)特种构筑物如沉淀池、烟囱、煤气罐及其附属构筑物的外形和四角坐标,沉淀池的深度等。圆形构筑物如烟囱、水塔的中心坐标,各种管线的接口位置、尺寸及基础面的标高,烟囱及筒体高度等。

(7)其他如室外场地的围墙拐角点坐标、绿化地边界等。

13.9.5.2 竣工总平面图的编绘

1. 绘制竣工总平面图的依据

(1)设计总平面图、单位工程平面图、纵横断面图和设计变更资料。

(2)定位测量资料、施工检查资料及竣工测量资料。

2. 根据设计资料展点成图

凡按设计坐标定位施工的工程,应以测量定位资料为依据,按设计坐标(或相对尺寸)和标高编绘。建筑物和构筑物的拐角、起点、转折点应根据坐标数据展点成图;对建筑物和构筑物的附属部分,如无设计坐标,可用相对尺寸绘制。若设计变更,则应根据设计变更资料编绘。

3. 根据竣工测量资料或施工检查测量资料展点成图

在工业及民用建筑施工过程中,在每一个单位工程完成后,应该进行竣工测量,并提交该工程的竣工测量成果。

对有竣工测量资料的工程,若竣工测量成果与设计值之相比不超过所规定的定位误差时,按设计值编绘;否则应按竣工测量资料编绘。

4. 展绘竣工位置时的要求

到竣工时,根据竣工测量成果,用黑墨水绘出工程竣工的实际情况,在一般没有设计变更的情况下,墨线绘的竣工位置与底图上用铅笔绘的设计位置应该重合,但坐标及标高数据与设计值比较会有微小出入,否则,应擦去相应设计建筑物的铅笔画线,按竣工测量的数据用墨线重新画出。随着施工的进展,逐渐在底图上将铅笔线都绘成墨线,并在图上注明工程名称、坐标、标高及有关说明。对于各种地上、地下管线,应用各种不同颜色的墨线绘出其中心位置,注明转折点及井位的坐标、高程及有关说明;如注不下时,可列在成果表中作为附件,并和其他验收数据、说明书、附件等竣工资料一起保存在档案资料中。

5. 编绘竣工总平面图时的现场实测工作

绘制竣工总平面图时,如遇下列情况,施工单位应按竣工图要求的内容进行现场实测。

(1)由于未能及时提出建筑物或构筑物的设计坐标,而在现场指定施工位置的工程;

(2)设计图上只标明工程与地物的相对尺寸而无法推算坐标和标高;

(3)由于设计多次变更,无法查对设计资料;

(4)竣工现场的竖向布置、围墙和绿化,施工后尚保留的大型临时建筑。

竣工总平面图编绘完成后,应经原设计及施工单位技术负责人审核、会签。

思考与练习题

1. 建筑物的定位和放样前的准备工作有哪些?
2. 简述民用建筑物的测设程序和方法。
3. 民用建筑物施工中,高程传递的方法有哪些?
4. 高层建筑物的轴线投测方法有哪些?各有什么特点?
5. 在工业厂房的测设中,施工场上已布设了建筑方格网,为什么还要建立独立的厂房控制网？

6. 柱子吊装前，需要做些什么准备工作？柱子吊装时，如何校正它的标高和竖直度？柱子吊装后，应满足哪些要求？

7. 烟囱施工测量的主要任务是什么？

8. 建筑物的变形观测有哪几个项目，倾斜观测有哪些计算？

9. 编绘竣工总平面图的目的是什么？需要使用哪些资料？编绘工作如何进行？

参考文献

[1] 中华人民共和国行业标准 . CJJ/T 8—2011 城市测量规范[S]. 北京:中国建筑工业出版社,2012.

[2] 中华人民共和国国家标准 . GB/T 14912—2005 1:500 1:1 000 1:2 000 外业数字测图技术规程[S]. 北京:中国标准出版社,2005.

[3] 中华人民共和国国家标准 . GB/T 20257. 1—2007 国家基本比例尺地图图示 1:500 1:1 000 1:2 000 地形图图示[S]. 北京:中国标准出版社,2008.

[4] 中华人民共和国国家标准. GB/T 18314—2009. 全球定位系统(GPS)测量规范[S]. 北京:中国标准出版社,2009.

[5] 中华人民共和国国家标准. GB/T 12897—2006 国家一、二等水准测量规范[S]. 北京:中国质检出版社(原中国标准出版社),2006.

[6] 中华人民共和国国家标准. GB/T 12898—2009 国家三、四等水准测量规范[S]. 北京:中国标准出版社,2009.

[7] 中华人民共和国行业标准 . JGJ 8—2007 建筑变形测量规范[S]. 北京:中国建筑工业出版社,2007.

[8] 宁津生. 测绘学概论[M]. 武汉:武汉大学出版社,2008.

[9] 覃辉. 土木工程测量[M]. 上海:同济大学出版社,2013.

[10] 王勇智. GPS 测量技术[M]. 北京:中国电力出版社,2012.